航天科技图书出版基金资助出版

有源雷达散射截面减缩——理论与应用

Active Radar Cross Section Reduction: Theory and Applications

[印] 赫玛·辛格 (Hema Singh)
[印] 拉凯什·莫汉·杰哈 (Rakesh Mohan Jha) 著
刘佳琪 张生俊 王明亮 王伟东
艾 夏 刘 鑫 薛 晖 译

中国宇航出版社
·北京·

图书在版编目(CIP)数据

有源雷达散射截面减缩 : 理论与应用 / (印) 赫玛·辛格 (Hema Singh), (印) 拉凯什·莫汉·杰哈 (Rakesh Mohan Jha) 著 ; 刘佳琪等译. -- 北京: 中国宇航出版社, 2021. 1
书名原文: Active Radar Cross Section Reduction: Theory and Applications
ISBN 978 - 7 - 5159 - 1819 - 8

Ⅰ. ①有… Ⅱ. ①赫… ②拉… ③刘… Ⅲ. ①有源雷达－散射截面－断面减缩率－研究 Ⅳ. ①TN958

中国版本图书馆 CIP 数据核字(2021)第 008117 号

责任编辑 赵宏颖　　**封面设计** 宇星文化

出 版 发 行	中国宇航出版社		
社 址	北京市阜成路 8 号 (010)60286808	**邮 编**	100830 (010)68768548
网 址	www. caphbook. com		
经 销	新华书店		
发行部	(010)60286888 (010)60286887		(010)68371900 (010)60286804(传真)
零售店	读者服务部 (010)68371105		
承 印	天津画中画印刷有限公司		
版 次	2021 年 1 月第 1 版		2021 年 1 月第 1 次印刷
规 格	880 × 1230	**开 本**	1/32
印 张	12. 75	**字 数**	385 千字
书 号	ISBN 978 - 7 - 5159 - 1819 - 8		
定 价	98. 00 元		

本书如有印装质量问题，可与发行部联系调换

航天科技图书出版基金简介

航天科技图书出版基金是由中国航天科技集团公司于2007年设立的，旨在鼓励航天科技人员著书立说，不断积累和传承航天科技知识，为航天事业提供知识储备和技术支持，繁荣航天科技图书出版工作，促进航天事业又好又快地发展。基金资助项目由航天科技图书出版基金评审委员会审定，由中国宇航出版社出版。

申请出版基金资助的项目包括航天基础理论著作，航天工程技术著作，航天科技工具书，航天型号管理经验与管理思想集萃，世界航天各学科前沿技术发展译著以及有代表性的科研生产、经营管理译著，向社会公众普及航天知识、宣传航天文化的优秀读物等。出版基金每年评审1～2次，资助20～30项。

欢迎广大作者积极申请航天科技图书出版基金。可以登录中国宇航出版社网站，点击“出版基金”专栏查询详情并下载基金申请表；也可以通过电话、信函索取申报指南和基金申请表。

网址：http：//www.caphbook.com

电话：(010) 68767205，68768904

献给 R. 纳拉辛哈教授

译者的话

有源雷达散射截面（RCS）减缩或有源隐身是继传统的外形整形和吸波材料应用之外的又一隐身新技术。有源 RCS 减缩与动态可重构、智能化、自适应等概念有关联，因此，近二三十年来其一直是致力于创新的研究者们关注的重点，主要特征在于频率响应的可重构性和自适应与智能化的可行性。从途径或手段角度看，有源 RCS 减缩可以分为有源对消技术和有源阻抗重构技术，前者的主要途径是利用目标自身的散射控制形成主动的对消波，后者的主要途径是利用有源器件的可调性能，调整结构阻抗，形成散射调制。

《有源雷达散射截面减缩——理论与应用》一书是两位印度作者基于公开发表的大量文献资料，对这一技术进行的系统总结，书中强调了基于相控阵技术进行重构的重要性，对有源 RCS 减缩技术的发展具有重要的参考意义。

本书由试验物理与计算数学重点实验室组织翻译。张生俊、薛晖翻译第 1、8 章及序、致谢、附录及后记等内容，王明亮翻译第 2、3 章，艾夏翻译第 4、5 章，刘鑫翻译第 6 章，王伟东翻译第 7 章。全书由张生俊统稿，张生俊、莫锦军统校，刘佳琪总校。

感谢莫锦军教授对本书翻译和校对提出的宝贵意见和建议。

本书由译者花费大量工余时间翻译而成。我们牺牲的是与家人共享的休闲时间，收获的是本书与大家的见面，在此感谢家人们的付出。本书译、校过程中，已对原书部分错误进行修正，但限于时间和能力，书中不当之处在所难免，欢迎读者批评指正，可联系

zhangsj98@sina.com 或出版社。

本书得到国家自然科学基金面上项目（资助号 61172019，61571031，61671044）以及航天科技图书出版基金的资助。

张生俊

序

逻辑使你从字母 A 想到字母 Z，而想象力则会带你到任何地方。

——佚名

规避雷达探测一直是航空航天工程的一个重要课题。实现低可探测平台——如战斗机、无人驾驶飞机、导弹甚至战舰——的最初的直观尝试，源自以减缩平台 RCS 为目的，对雷达吸波材料（RAM）和外形整形技术的应用。

自 20 世纪 40 年代以来，大家一直在持续努力研究 RAM 的设计。同样，外形整形技术与电磁散射、绕射理论的发展并肩而行。20 世纪 60 年代出现的边缘电磁绕射公式促使 70 年代洛克希德公司开出发 F-117 夜鹰战斗机，这款战斗机以用来减缩 RCS 的面片化外形为特征。随后，弯曲表面电磁绕射公式也体现在 80 年代出现的诺斯罗普·格鲁门公司的 B-2 幽灵轰炸机的融合结构中。

然而，必须明白的是，不管是外形整形还是 RAM，都属于无源 RCS 减缩（RCSR）的范畴。正确辨识这些概念后会发现，它们基本上都只适合于窄带 RCSR。因而，雷达可以在更宽的频率范围内切换或扫描，从而抵消这些低可探测平台的隐身策略。

基于此，还需要对空基和海军的目标结构进行宽带电磁设计，以规避来自任意方向、任意频率及任意极化的雷达探测。实际上，热切期望的方案是“某种程度上”敏感并产生一个相反的回波来形成对消。这就是有源 RCSR 的本质。

实现低可探测平台的有源 RCSR 取决于：1）有源天线单元的集

成；2）舰载或机载天线分析；3）共形电磁分析。

过去 30 多年间，舰载/机载天线构型已经成熟。共形天线具有最小遮挡及与相竞争的空气动力学冲突最小的优点。共形天线的研究已经持续了将近 40 年。过去 10 年中，现代共形天线理论似乎已经系统化。

过去 20 年中，有源天线单元被广泛研究。实际上，相控阵天线提供了一种（但不是唯一的）途径来产生有源 RCSR 所需的自适应方向图。因而，我们的观点是，有源 RCSR 是一个恰逢其时的想法！

作者们所在的印度电磁中心（CEM）积极致力于 RCS 研究。由于 RAM 曾经被认为是“高度机密的领域”，我们电磁中心带头以著作的形式解密这一主题：

维努瓦，K. J.，拉凯什·莫汉·杰哈，《雷达吸波材料：从理论到设计和表征》，克拉维尔科学出版社（Kluwer Academic Publishers），美国波士顿，诺维尔，ISBN：0－792－39753－3，209 p.，1996.

本书是这个系列的第二部。

鉴于上述原因，本书的重点是应用到有源 RCSR 的相控阵天线的分析和算法。书中详细讨论了使有源 RCSR 技术可行的所有方面，包括互耦。

然而，本书的最终目标是低可探测平台。因此，除了相控阵天线外，作为平行概念，也讨论了 RAM 设计、等离子体隐身、有源 FSS 及超材料设计等进展。

赫玛·辛格

拉凯什·莫汉·杰哈

致　谢

我们诚挚地感谢位于班加罗尔的 CSIR 国家航天实验室主任希亚姆·切迪，感谢他一直对电磁中心各种活动的支持，以及他对本书写作的正式许可。

还要感谢 CSIR 的杰出科学家 U. N. 辛哈博士，感谢他不断鼓励我们努力完成这项工作，并尽快完成手稿。

本书作者同时就职于位于新德里的科学与创新研究科学院(AcSIR)，一个被视同于大学的机构。我们很荣幸地感谢 AcSIR 代理主任纳格什·耶尔教授与作者无数次的交流，他常常强调，横向思考和创新应该是 CSIR 科学家和院士开展研究工作的基石。

P. R. 马哈帕特拉教授（雷达信号处理）和迪潘克尔·班纳吉教授（先进材料技术），这两位来自印度科学研究所班加罗尔分所的中坚力量给予我们许多宝贵的建议。我们向他们保证，他们的每一条建议我们在开发有源 RCSR 新思路的过程中都认真考虑了。

电磁中心幸运地拥有几位具有不同专长的科学家。我们特别高兴地与 R. U. 奈尔博士（天线罩与电磁材料表征）、希夫·纳拉扬博士［频率选择表面（FSS）与超材料）］及巴拉马蒂·乔杜里博士(超材料与电磁计算）保持专业互动和技术讨论。我们还要感谢电磁中心技术官员 K. S. 韦努先生在实验方面的支持。

我们还要借此机会感谢我们电磁中心的合作者——美国华盛顿州西雅图波音研发部经理杰森·P. 鲍默先生。我们在飞机射频仿真方面的合作成果已经广泛出版，这些合作成果在吸波材料和超材料的背景下，在本书中找到了一个视角。我们还要感谢杰森·P. 鲍默先生为我们与西雅图波音研发部的一些超材料先驱们有趣而激动人心的讨论提供的便利。

写一本多卷图书永远不是易事。我们要感谢目前在CSIR国家航天实验室电磁中心任职的艾丽娅·梅农女士通读部分手稿，以帮助减少语法错误。

我们很高兴地感谢来自剑桥大学出版社印度分部的商业编辑曼尼什·乔杜里先生的鼓励和支持。

赫玛·辛格要感谢她的女儿石田以及父母，感谢他们在本书编写期间持续给予的合作和鼓励。她还要感谢她的兄弟拉杰夫、桑吉夫、桑迪普以及他们的配偶，感谢他们在本书完成中给予的巨大支持和信任。

拉凯什·莫汉·杰哈要感谢他的妻子雷努和女儿维史努皮亚，感谢她们在本书撰写过程中给予的持续理解和支持。他还要感谢他的女儿卡努皮亚·瓦赞达以及她的丈夫维沙尔·瓦赞达，感谢他们对这项工作表现出的极大的兴奋和热情。

赫玛·辛格

拉凯什·莫汉·杰哈

目 录

第 1 章　雷达散射截面减缩导论

1.1　引言

自第二次世界大战以来，隐身或雷达散射截面（RCS）减缩和控制就一直是大家感兴趣的话题。最初采用木头或其他复合材料作为飞机材料，来尝试降低飞机可探测度，因为这些材料对雷达的反射比金属小。在最初的系统化研究之后，外形隐身和涂层隐身（通过使用吸波材料）成为 RCS 减缩（RCSR）的主要技术。

隐身战斗机 F－22 是通过外形隐身实现 RCSR 最显著的例子。该飞机机翼的主体和下垂端以及飞机后端边缘具有相似的扫掠角度。并且，机身和座舱盖为光滑表面，侧方倾斜。所有表面交接处，如机舱门以及座舱盖的缝隙，都是锯齿形。该飞机的垂直尾翼是倾斜的，发动机前侧被削除，采用了弯曲形（S 形）进气道。最后，所有的武器都放在飞机机身内部（采用内埋方式——译者注）。相对于飞机传统外形，这些改变产生了可观的 RCS 减缩效果。

相比之下，自 20 世纪 50 年代以来雷达吸波材料（RAM）涂层就一直被用于实现低 RCS 飞机设计。RAM 还可用于减缓飞机表面上安装的天线之间的电磁耦合和串扰。洛克希德公司开发的侦察机 U－2 和战斗机 F－117 是为数不多的几个将 RAM 用作 RCSR 的例子。

在关注飞机结构散射行为的过程中，人们已经建立了足够丰富的知识库，已经确认了这些结构在总体散射特征中起主要作用的参数。例如，在垂直入射时平面或腔体会产生强的雷达回波。类似的，可以确定进气和排气系统为飞机头向和后向角度上 RCS 的主贡献源，而垂尾则是其侧向角度上雷达特征信号的主贡献源。

数值技术已经开发多年，用于定量预估飞机结构不同部分的散射。它促进了飞机最优 RCS 的平衡设计。采用这类技术设计制造的飞机包括 F－117A 以及 B－2 类隐身飞机。

通过避免使用强雷达回波外形以及使强雷达回波角度偏离到其他方向，可减小头向 RCS。多次反射是除外形取向和入射波极化之外强散射的重要因素之一。如果电磁波进入一个长而封闭的金属导体外壳中，它将多次弹射并可能产生指向雷达波源的强散射场。可通过对外壳内表面涂覆吸波材料或重新设计外壳的形状来降低与雷达回波有关的场。例如，弯曲的管道可以显著增加反射次数，因而可以减弱入射能量的反射而对气动性能没有任何不利影响。尤其是这样一个腔体，应有较大的截面纵横比。SR－71 发动机进气道是这种利用多次弹射实现低 RCS 设计的例子。

对于航空航天飞行器而言，头向 RCS 低是很重要的。然而，当在鼻锥天线罩内有一个大的雷达天线时，实现低 RCS 就变成一个实实在在的挑战。为降低头向 RCS，人们已经尝试将雷达天线相对于鼻锥轴向偏置一个角度，但这并不能形成低可见性。另一种选择是像 YF－23 和波音 X－32 那样重新设计一个细长的鼻锥。这么做的主要目的是阻挡敌方雷达信号进入鼻锥天线罩。通过将入射雷达波转移到其他方向，或通过平板天线将雷达波反射到其他方向来达到这一目的。此外，还可以调整天线方向图，使零深方向指向敌方雷达，这可以看作是有源 RCSR 的一个实例。

RAM 和进气道表面的对齐需要采用智能设计。而且，低可探测度要求的频率范围很大，常常覆盖两到三个数量级。众所周知，涂层的本构参数取决于频率和温度。空气高速经过飞行器的发动机喷嘴，导致此处温升很高，因此，我们期望 RAM 涂层在高温下仍然有效。俄罗斯的研究人员在隐身设计中开发了吸波涂层与技术，实现了苏霍伊Su－35 战斗机头向 RCS 降低一个数量级，使雷达对目标的探测距离减半。此外，经过处理的 Su－35 战斗机座舱盖能够反射入射雷达波，消除内部金属部件对RCS的贡献。

这种电磁（EM）设计试图改变飞机表面属性，目的是使飞机“不可见”。本质上，减小了由雷达探测到的飞机反射电磁波的等效面积。此概念即众所周知的“隐身”。

最初采用的隐身技术与频率相关，因此总体效果受限。RCS预估与控制涉及许多不同学科的研究人员和工程师，必须同时考虑与电磁、信号处理、材料、结构、气动等有关的属性。

1.2　雷达特征信号的概念

虽然在我们脑海里电磁特征信号是航空航天飞行器探测语境中的主要概念，但是还有其他特征信号也是基于这一目的而考虑的。这些特征信号包括声（噪声）、光（可见光）、红外（热）和雷达特征信号。

1）声特征信号。飞机的声特征信号（波长2～16 m）是由其涡流、机翼、旋翼、螺旋桨和发动机的空气动力学噪声引起的。噪声强度与翼展载荷和速度成正比。对这种特征信号的减缩有助于声隐身。与涡扇发动机和活塞发动机相比，电动机的噪声更低，但其不足之处是寿命短。然而，另一方面，小的质量和低的气动阻力对降低噪声效果更显著。在距离不变的情况下，声音的衰减与波长的平方成反比，这使得低频噪声成为声隐身的重要因素。这就是大型战术飞机涡扇发动机安装在机翼上方的原因，这有助于避免压缩机噪声以及排气噪声向地面辐射。

发动机类型也是声特征信号的一个重要参量。与两冲程活塞发动机相比，四冲程活塞发动机具有更高的燃烧效率，不过其噪声衰减较低，而两冲程活塞发动机具有更低的噪声频率，因而从声隐身的角度考虑，四冲程发动机不是一个好的选择。

但是可以通过在发动机上涂覆吸声材料来降低这种燃烧引起的噪声。可以通过只涂覆那些发出噪声的地方来减小由于增加涂层所导致的质量增加。

2）光特征信号。飞行器的尺寸和形状是采用光特征信号探测的重要因素。在固定探测阈值时，与背景的对比也很重要，背景的亮度取决于大气条件和相对于太阳的目标位置。飞行器的表面纹理和大气反射照度是决定光特征信号（波长 0.4～0.7 μm）强度的其他因素。

3）热特征信号。热或红外特征信号（波长 0.75 μm～1 mm）是由飞机发动机喷流、螺旋桨和水平旋翼产生的热量导致的。可以通过朝地面行进来避免飞机尾气的热量被探测。这一路径转移使得降低地基探测器对飞机的探测概率成为可能。此外，低发射率材料（例如 Ag，Al）可用于避免辐射，发动机尾气应由其他机身部件遮蔽，以使热辐射偏离地面。

4）雷达特征信号。雷达特征信号（波长 3 mm～30 cm）与飞机上的射频（RF）辐射有关。它们大多是反射的 RF 信号。可以通过使用 RAM 涂层或改变飞机的外形来减小这些特征信号。对于包括边缘和拐角在内的重点部位要给予特别关注。必须小心设计，以使飞机上没有一个面会被雷达信号垂直照射。类似的，对于以较小角度入射的信号，垂直面（如垂直尾翼）是雷达特征信号的重要贡献源。避免角反射器型的几何外形很可取，因为以直角相交的表面可产生强烈的雷达回波。另外，最显著的散射贡献也可能来自飞行器上安装的天线/传感器。这些传感器和信号可能会明显增加飞行器的 RF 特征信号。

1.3 飞机的 RCS

RCS 是目标可观测度的一个估计，而目标可观测度取决于其外部特征和电磁特性。RCS 本质上和从目标反射回接收机的电磁能量与入射电磁能量之比有关（Knott 等人，2004 年）。当电磁波照射到一个物体上时，部分能量被吸收掉，剩余的能量可解释为反射和绕射。解释电磁散射现象的一个重要特征是散射体的电尺寸。此外，对于除球形以外的形状，其雷达信号回波与入射波极化相关。电磁波的散射可能随极化而变化。一般表面上传播的表面射线具有有限的挠率，其传播路径不能局限于一个平面上，这样，其方向连续变化，导致极化方向的改变。

从雷达角度来看，目标的 RCS 具有一个表观尺寸。它本质上是在雷达照射下目标上各散射中心贡献的相干叠加。换句话说，目标上包含各种热点的结构会将照射的电磁能量再次辐射出去。这些具有相关幅度和相位、各自独立的散射场，叠加成最终的散射场。总散射场包括镜面方向的反射，尖锐边缘、角的绕射，多次散射，表面波，爬行波，阴影效应等。因而，目标的形状和尺寸以及由此而来的散射中心，决定了 RCS 与方位角和频率相关的程度和闪烁。

例如，对一架飞机，沿鼻锥方向进行照射时的回波主要来自发动机进气道；如果照射角度偏离鼻锥方向，主翼边缘将成为总体 RCS 的主贡献源之一；对于超过一定限度直到 70°的入射角，散射主要来自前机身和发动机机舱，超过该角直到垂直入射，侧向散射的主贡献源来自机身和垂尾。类似的，当方位角接近 ±180°时，发动机尾喷管是散射的主贡献源。因而，飞机的总体 RCS 是所有各类回波的相干叠加。

此外，为满足各种应用功能，飞机结构上安装了很多的传感器及天线。这可以显著增强飞机的 RCS。天线或天线阵列系统的散射可归因于其结构和馈电网络散射。当馈电网络适配时，RCS 称为天线结构项 RCS（Shrestha 等人，2008 年），因为在这种情况下没有来自馈电网络的反射，天线的 RCS 仅仅是其结构散射所致。换句话说，天线结构项 RCS 是天线表面对入射波的感应电流的函数（Jenn，1995 年）。必须牢记的是，虽然基于不同解释的其他定义应用领域很广泛，但本书中将使用上述定义。

当馈电网络不适配时，天线 RCS 将由来自其结构以及馈电网络的反射共同组成。由馈电网络产生的散射称为天线模式项散射

（Yuan 等人，2008 年）。因而，天线 RCS 是天线结构项 RCS 与天线模式项 RCS 的总和。

天线结构项 RCS 不仅与天线结构有关，还与其安装的平台（飞机）有关（Perez 等人，1997 年）。可以将飞机视为一系列的楔和面，或者一系列参数化表面的组合（Wang 等人，2001 年），甚至是非均匀有理 B 样条（Domingo 等人，1995 年）。接下来是使用数值电磁技术[①]，如一致性绕射理论（UTD）、物理光学（PO）、等效电流法（ECM）[②]、矩量法（MoM）、有限差分时域（FDTD）法等，来预估总散射，以得到飞机总的结构项 RCS。由于经常涉及 RCS 的高频渐进计算，因此在第 1.3.1 节中以“射线追踪技术”为标题讨论其先决条件。

1.3.1　射线追踪技术

原则上，射线追踪确定了源和观察点之间每一个可能的射线路径。作为一种几何方法，射线追踪的计算代价与结构的电尺寸无关。射线路径基于广义费马原理。直接射线以及所有的反射、双反射、绕射、反射绕射、表面波以及爬行波都纳入考虑。

在自由空间中，应用了几何光学（GO）原理。用复数场表示波的幅度和方向。射线追踪本质上是确定表面上射线反射、发射和脱离点的确切位置。在接收端，与射线相关的场由射线路径每个个体贡献源的相干叠加确定。

在 RCS 预估中，射线追踪基本上是在电尺寸大于入射波长时与高频渐进方法一起使用。渐进方法包括几何光学（GO）、几何绕射理论（GTD）、物理光学（PO）、物理绕射理论（PTD）、一致性绕射理论（UTD）等。

---

① 译者注：一般基于高频渐进近似的方法简称为高频法，基于数值全波求解的方法称为数值法。本书中作者统一将这些基于几何建模数值计算的方法称为数值方法。

② 译者注：ECM 应为 Equivalent Current Method（等效电流法），原文误为 Electronic Counter Measures（电子对抗措施）。

实际上，对于电大尺寸目标，低频方法，即矩量法、有限元方法（FEM）常常是不可行的。尽管可以使用高速、大内存计算机，但能够通过此类方法处理的目标尺寸对于实际应用情形而言还是太小。相反，高频方法虽然简单，但给出了相对而言较为精确的结果。这些方法相对简单的原因在于假设目标上每个部分散射的能量都与其他部分无关。因此，目标上一部分感应场只与照射它的电磁波有关，而与其他部分的散射场无关。这使得预估感应场并将其沿物体积分以得到 RCS 的计算变得相对简单。

给定表面点上的射线可以通过三种可能的方式定义：1）有限长度（点到点）射线；2）半无限长度（点到方向）射线；3）无限长度射线。可以有两种对称的亚构型，即近场-远场变换构型和远场-近场变换构型。可以基于射线路径的可逆性来进行这种分析。最后一种构型是无限长射线，可以是单站的，也可以是双站的。

射线追踪方法中最关键的步骤是获得射线与表面的交点。已经引入了几种开域方法来确定交点。将射线打到其上的平面/非平面表面以不同方式进行分割，以确定反射点。其中一种这样的方法涉及有限体积内的递归细分（Whitted，1980 年）。这里，将表面进行分割，并为每个子表面生成有限体积，持续这一过程直到射线不再与表面相交。有限体积可以视为球或封闭的盒子（Whitted，1980 年；Pharr 和 Humphreys，2010 年）。另一种方法是将表面分割为三角形面元（Kajiya，1982 年；Snyder 和 Barr，1987 年），然而，表面分割成面元会导致计算成本升高。

通过将参数曲面转换为隐式公式，可以用代数方式解决计算成本高的问题（Manocha 和 Demmel，1994 年），此时产生参数空间中两个面相交的问题。方程组的解给出了平面相交形成的曲线。基于数值技术的方法，即拉盖尔（Laguerre）方法（Kajiya，1982 年）、递归牛顿法（Martin 等人，2000 年）可以用于这一求解。或者，可以通过将其扩展为高阶矩阵行列式来求解隐式方程（Manocha 和 Demmel，1994 年）。但是，对于更高次表面，这些方法就受到了计算复杂度增加的限制。一些研究者将表面近似为平面，并由射线与有限体积相交确定初始点（Martin 等人，2000 年；Sturzlinger，1998 年）。诸如准牛顿迭代和共轭梯度法这样的优化算法也可用于预估交点（Joy 和 Murthy，1986 年）。

如果没有交点，射线将向接收机传输，将其视为直接射线。在距离 s 上与直接射线相关的场表示为（Pathak 和 Kouyoumjian，1974 年；Pathak 等人，2013 年）

$$E_{\mathrm{direct}}(s)=E_i(0)A(s)\mathrm{e}^{-\mathrm{j}ks} \tag{1-1}$$

式中 $\mathrm{e}^{-\mathrm{j}ks}$ ——射线场的相位；

$k=\dfrac{2\pi}{\lambda}$。

$A(s)$ 是由下式给出的幅度变化

$$A(s)=\sqrt{\frac{\rho_1\rho_2}{(\rho_1+s)(\rho_2+s)}} \tag{1-2}$$

式中 ρ_1 和 ρ_2——给定表面点上波前的主曲率半径。

当射线打到表面上，其传播取决于表面特性。对于透明或半透明表面，射线可能从表面反射或者透射表面。射线场的衰减取决于表面的本构参数。距离 s 处的传输场由下式给出

$$E_T(s)=E_iA^tT\mathrm{e}^{-\mathrm{j}ks} \tag{1-3}$$

其中，透射系数 T 取决于入射射线的极化（Jordan 和 Balmain，1976 年）。幅度变化 A^t 取决于表面和入射波的曲率半径，由下式给出（Kouyoumjian，1965 年）

$$\begin{aligned}\frac{1}{\rho_1^t}&=\frac{1}{2}\left(\frac{1}{\rho_1^i}+\frac{1}{\rho_2^i}\right)+\frac{1}{f_1}\\ \frac{1}{\rho_2^t}&=\frac{1}{2}\left(\frac{1}{\rho_1^i}+\frac{1}{\rho_2^i}\right)+\frac{1}{f_2}\end{aligned} \tag{1-4}$$

(f_1, f_2) 为凹（凸）表面的焦距，(ρ_1, ρ_2) 对凹表面为负，对凸表面为正。

表面上的反射场由下式给出

$$E_R(s)=E_iA^rR\mathrm{e}^{-\mathrm{j}ks} \tag{1-5}$$

其中，反射系数 R 取决于极化性质（平行和垂直）。

射线打到角或边缘上时出现的另一种现象是绕射。垂直打到表面的射线产生柱面波前。相反，对于斜入射射线，绕射波将是圆锥形的。表面上的绕射场由下式给出（Kouyoumjian，1965年）

$$E_D(s)=E_i A^d D \mathrm{e}^{-jks} \tag{1-6}$$

式中　D ——取决于极化的绕射系数。

当射线以切向打到表面时，其沿本地测地线传播，并沿切向离开表面，这称为爬行波。使用广义费马定理确定这些射线轨迹。此外，一条射线可能经历多个交点，如反射，然后进行边缘绕射，并再次进行透射。射线追踪的缺点是这种多次传播现象会导致计算复杂度增加。因而，需要加速和优化程序来高效和快速求解。

1.4　RCS减缩

目前，无源技术的广泛知识基础可用于控制电磁散射。这些无源技术通常涉及外形整形或应用RAM。这种方法的有效性取决于频率、入射角及入射波的极化。

结构整形的主要目标是最大限度地减少朝雷达方向散射的能量。已发现这类RCS控制方法应对单站雷达探测很有效。如果一个航空航天飞行器，如飞机、导弹或无人机（UAV），结构轮廓设计只在一个很小的角度范围对雷达是可见的，则可以考虑通过避免这一角度区域朝向雷达来实现隐身。然而，一个方位角下的RCS减缩常常伴随着另一个方位角下的RCS增加，记住这一点很重要。为了在整个工作频带都获得可接受的低可观测度，常常需要同时采用外形整形和RAM这两种方法。

除了上述无源技术，也有人提出其他RCSR方法，如使用人工磁导体（AMC）（Paquay等人，2007年）、频率选择表面（FSS）以及有源RCSR。AMC结构（Yeo和Kim，2009年）是将入射能量散射到其他方向，因而显著降低了镜面反射。

有源与无源 RCSR 技术的本质差别在于，在无源技术中，由于幅度和相位差，来自目标的部分散射波对消掉了来自其他部分同样的波，而有源技术则通过将来波与阵列或基于传感器的系统中形成的散射场之间的相消干涉来实现对消。对入射波的有源对消使得平台对探测雷达“不可见”。

1.4.1 通过外形整形减缩 RCS

通过外形整形实现 RCSR 是一种基于几何光学的高频技术。如果目标是电大的，入射波将主要朝镜面方向反射。例如，圆柱表面在从侧向观察时，会产生沿其长度方向的镜面反射。球表面会反射任意点的波，与其取向无关。只有当镜面反射被抑制或消除时，来自其他方向的散射才显著起来。将结构进行整形以减少出现边缘、表面不连续以及拐角（如二面角、三面角），主要目的是在非镜面方向重定向反射波，从而使后向散射最小（Lynch，2004 年）。

外形整形必须遵守装备（如飞机、导弹、船等）的气动要求。如果导弹鼻锥能制成尖的而不是圆的，头向的镜面散射将显著降低[①]。另一个例子是发动机进气道，如果进气道采用弯曲形状，则可以减小发动机及进气道内壁的反射。此外，将进气道嵌入到机身内，可以隐藏发动机开口，使其避开雷达照射。战斗机 F－117 具有整形过的机翼和机身，使朝向雷达方向的反射最小。雷达吸波结构（RAS）设计基于反射原理。如果入射角从端射到边射方向变化，则照射雷达方向的反射增加。

由边缘绕射波形成的后向散射场也是对总 RCS 有重要贡献的散射源，对于垂直入射下的直的不连续边缘，这些绕射波是相干的（Ufimtsev，1996 年）。这种绕射发生在飞机机翼的后缘、机翼和襟翼或方向舵之间的间隙、货舱门边缘等这些位置。这种后向散射可

---

① 译者注：此处原文为鼻锥应制成圆的而不是尖的，疑有误。从侧向的镜面散射而言，原文这一说法正确，但联系到上下文，此处应指头向（前向）RCS，结论应相反。

以通过将边缘锯齿化、将表面替换为电磁软表面或在表面应用 RAM 实现减缩。

1.4.2　利用 RAM 减缩 RCS

本质上，RAM 吸收入射电磁能并将其转换为热，因而减小了朝向雷达的散射能量。我们已经知道，与用于前向散射控制相比，RAM 对后向散射控制十分有效（Hiatt 等人，1960 年）。RAM 具有相对高的介电常数和磁导率虚部值，这种涂层会产生散射波极化的变化。

自 20 世纪 50 年代，Salisbury 屏和 Dallenbach 层等窄带 RAM 涂层开始使用，然而，现代雷达系统的频率范围很大，因此，对宽带 RAM 的需求十分明显。飞机上使用的典型 RAM 可以是铁氧体基涂料或复合材料。但是，使用 RAM 会产生重大影响。首先，它们中的大多数都是有毒的；其次，RAM 涂层要求精确的涂覆技术，因为整个平台的涂层厚度和光滑度必须均匀一致。

理想情况下，由于速度和有效载荷的考虑，RAM 不应带来重量方面的问题。它应该具有高的机械强度，并应具有耐蚀性、化学稳定性，并且不会在高温下带电，它应该具有宽带 RCSR 能力。最后，它应该在所有方向都有效（Vinoy 和 Jha，1996 年）。RAM 的应用过程经常涉及能够精确控制涂层厚度的机器人喷枪。此外，为得到预期结果，需要严格地控制这些涂层的本构参数误差以及均匀性，因而，RAM 的实施成本经常过高。另一个问题是，RAM 也增加了平台的质量，这可能对飞行器气动性能产生严重影响。

针对不同的平台，已经开发了适合橡胶、棉-玻璃、环氧树脂以及云母组分的 RAM 涂层。其他可能作为涂层的材料有石墨纤维、芳纶及铁氧体。材料可以是多种形式的，如片状、蜂窝、层压板等。片状、线状或微球状铁氧体材料可以加到玻璃-环氧树脂或硅橡胶中。油墨和涂层可应用到聚酰亚胺薄膜或环氧树脂蜂窝上。

雷达吸波涂料也可涂覆于装备表面。这些涂料由具有朝向入射波极化响应的小铁氧体粒子组成。这种涂料是通过将块状铁氧化物与各种聚合物树脂混合得到的，如环氧树脂和塑料，包括涂料厚度在内的本构参数固化了最大吸收的谐振频率。

1.4.3 有源 RCS 减缩

对于航空航天飞行器而言，不仅其结构对雷达特征信号有贡献，而且安装在飞行器上的天线和传感器也是必须关注的问题。即使通过外形整形和 RAM 涂覆进行结构的有效隐身设计，这些传感器的贡献也仍然显著。天线的 RCS 有两个部分，即结构项散射（即结构项——译者注）RCS 和模式项散射（即模式项——译者注）RCS，是另一个需要处理的重要问题。

某些情况下，安装在平台上的天线 RCS 在平台总 RCS 中占主导地位。这种情况下，可以通过自适应权重估计来控制相控阵天线的辐射方向图，达到控制 RCS 的目的。这一特征与有源 RCS 控制有关，因此与有源 RCSR 有关。

飞行器的有源 RCSR 涉及自适应阵列、数字波束赋形和基于现场可编程门阵列（FPGA）的系统。相控阵以及有效的权重适配产生了使每个探测雷达无效的方向图，并同时在期望的方向保持足够的增益。FPGA 系统进行信号分析、数据库搜索以及波形生成和控制。事先确定飞行器的结构项 RCS 和模式项 RCS，并存储在数据库中，数据库与有源 RCS 集成，以便最终生成飞机的低 RCS。这是在相控阵系统的信号处理与控制模块中完成的。该模块对测量到的雷达信号参数进行分析，然后在 RCS 数据库中搜索相应的目标回波数据，从而进行相干回波振幅和相位参数的实时调整。

有源 RCSR 本质上是实现软件和硬件二者的组合，通过利用高速微电子器件、相控阵天线技术和信号处理方法实现。一旦相干集成，通过相控阵实现的有源 RCSR，可以对消掉阵列安装平台的结构项 RCS，因而有助于实现低可探测平台。

航空航天飞行器的整体有源 RCSR 概念如图 1-1 所示。想法是获得显著的 RCSR 以及对任意实际场景的控制。很明显，相控阵 RCS 预估与控制是平台整体 RCSR 的重要里程碑。这涉及预估天线阵列的 RCS 以及研发和实施在实时情况下实现期望的适合方向图的有效算法。

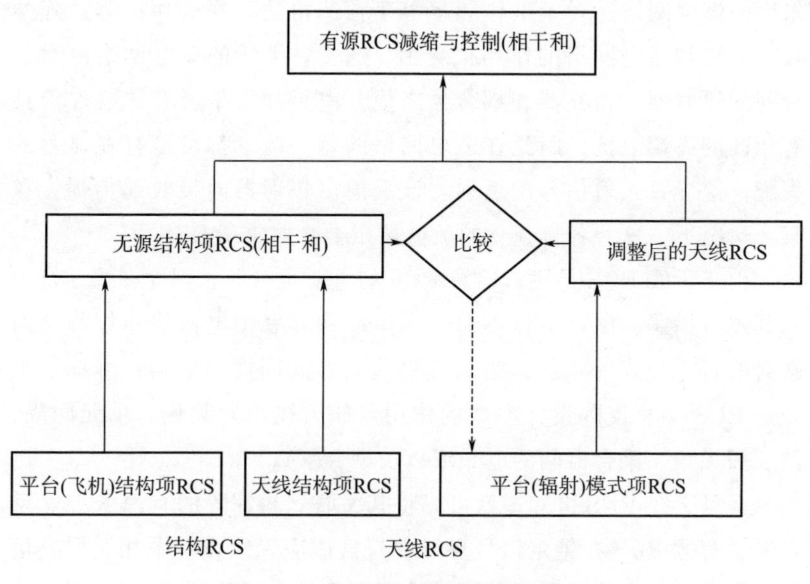

图 1-1　有源 RCS 减缩与控制概念

1.5　本书的架构

类似于飞机结构的 RCS 预估与控制涉及多学科交叉的专业知识，物体的散射特征不仅仅是一个电磁问题，因为除高效计算能力外，它还涉及材料与结构问题。安装在航空航天飞行器上的相控阵天线的 RCS，是飞行器整体特征信号的主贡献源。因而，精确预估包括其馈电网络和互耦效应在内的天线 RCS 很重要。本书包括了相控阵 RCS 和互耦效应解析预估。

本书从低可探测平台的 RAM 分析开始。第 2 章概括了经典多层媒质和电介质型超材料中的电磁波传播。讨论了半无限和有限介质层的反射和透射系数。可以利用新型电介质和超材料媒质特性设计抗反射涂层，并讨论了这种涂层的反射/透射行为。

相控阵对信号的散射取决于阵列的几何构型、工作频率以及所采用的馈电网络。对于工作频率等于探测雷达频率的相控阵，阵列几何形状和馈电网络的作用很突出。通常，天线的馈电网络由有序排列的辐射器、相移器和耦合器组成。由于并不是所有的器件都具有相同的终端阻抗，因此在馈电网络的每一级上都可能存在显著的失配。这导致入射信号的反射，该反射由辐射器向接收端传播。在某些情况下，这些各自独立的散射场相干叠加成高 RCS。

由于天线 RCS 是飞行器总 RCS 的重要贡献源，因此在第 3 章中对其进行描述。该章中详细讨论了串联和并联馈电网络相控阵带内散射的解析公式。一般认为天线单元是各向同性辐射器；解释了天线总 RCS 中相控阵设计参数的作用，如天线单元数量、单元间隔、波束扫描角、耦合器间的电长度以及耦合系数。

一旦天线 RCS 已知，就可以将其关联到相控阵的有源 RCS，反过来，有源 RCS 在给定信号环境中与自适应天线方向图相关联。信号场景中可能有多个期望的源以及探测信号。这些源可以是窄带的，也可以是宽带的。即使在多径效应情况下，相控阵也应能满足这种信号环境的需求。如果相控阵不向任何探测源发射任何能量，原则上，它将对探测源“不可见”，因而彻底降低了飞机的可观测性。相控阵的这一能力取决于有效的自适应算法，由最佳权重确定合适的天线方向图来实现。

第 4 章讨论了相控阵中的有源 RCSR。讨论了各种类型的自适应算法，包括最小均方法、递归最小二乘法、标准矩阵求逆算法、加权最小二乘法和线性约束最小二乘法。还针对相控阵中的探测抑制，研究了包括多径效应在内的不同信号环境的影响。

在实际情形中，天线单元间的耦合对相控阵性能影响明显。第 5 章描述了具有不同配置的偶极子阵列中的互耦效应。对不同参数的偶极子阵列，提出了输出信噪比（SNR）对互耦效应的依赖关系。讨论了诸如单元间距、偶极子长度、几何排布（并排、平行阶梯）等参数对互阻抗和SNR的影响。这种互耦效应必须包含在偶极子阵列的RCS预估中。

第6章描述了具有串联和并联馈电网络——包括互耦效应在内——的偶极子阵列的RCS公式。推导了馈电网络不同层级上的阻抗，包括在偶极子单元、移相器和耦合器终端的阻抗。对进入阵列孔径并经由移相器和耦合器流向终端负载的信号进行了追踪分析。阵列系统在不同层级上的散射是依据因阻抗失配导致的反射和透射来确定的。还讨论了有助于RCS优化的参数化分析。分析了偶极子参数、孔径分布、阵列配置、终端负载阻抗和互耦效应的作用。

旁瓣对消器在相控阵中也有应用。这些对消器对入射干扰的抑制能力可用于有源RCSR。旁瓣对消器的另一个优点是它们对波达方向（DOA）失配的鲁棒性。这种对消器的性能增强是由于在自适应阵列处理中包含了盲均衡和不同约束的实现。第7章描述了这种旁瓣对消器应用在有源RCSR中的性能。讨论了广义旁瓣对消器（GSC）、具有决策反馈的GSC（DF-GSC）、具有全盲和半盲适配的DF-GSC等方案，以这些方案为基础提出了对探测源的有源对消方法。

近年来，在RCSR领域出现了几个令人激动的新概念。这些想法在降低整个频段内的可观测性方面是很有效的。第8章讨论了RCSR技术中的一些新趋势。通过使用嵌入式天线和共形承载天线替代凸出表面的传统天线，隐身的效果得到进一步增强。此外，频率选择表面（FSS）促进了结构的带宽增强和RCS控制。基于FSS的方法在天线阵列设计、低RCS天线罩和低可探测结构中变得流行起来。具有新传播特性的超材料也可用于RCS控制。另一个感兴趣的领域是基于等离子体的RCSR。预计有源和无源RCSR技术的适当组合将更好地实现结构的有效隐身，无论对于导弹、飞机还是无人驾驶飞行器平台，都是如此。

1.6 结论

通常通过使用散射或吸收原理来实现 RCSR。对于任何雷达，只有从目标散射的 EM 波到达雷达时，它才能探测到目标。利用这一事实，可以通过适当的外形整形使入射波转向远离接收机的方向，或通过使用 RAM 吸收入射波，来降低探测概率。这些无源技术涉及针对目标形状或材料的适当电磁设计。然而，无源技术（涂层和整形）通常与频率相关。借助于最先进的超材料、FSS 和基于等离子体的技术，可以进一步降低目标的可探测性。可以在飞机结构中嵌入 FSS 或超材料结构实现低 RCS 设计。

另一方面，有源 RCSR 涵盖了飞机的动态场景，其中雷达散射源数量可能会有所不同。安装在飞机上的相控阵通过调整其辐射方向图来适应这种情况，这样就没有能量传输到探测雷达，从而使其对雷达“不可见”。这种有源 RCSR 具有实现低可探测性的巨大潜力。可以通过并行工程方法，获取对隐身飞机的无源和有源 RCSR 的适当组合。

参考文献

Domingo，M.，F. Rivas，J. Perez，R. P. Torres，and M. F. Catedra. 1995. 'Computation of the RCS of complex bodies modeled using NURBS surfaces.' IEEE Antennas and Propagation Magazine 37（6）：36－47.

Hiatt，R. E.，K. M. Siegel，and H. Weil. 1960. 'Forward scattering by coated objects illuminated by short wavelength radar.' Proceedings of IRE 48：1630－35.

Jenn，D. C. 1995. Radar and Laser Cross Section Engineering. AIAA Education Series. Washington，DC. 476.

Jordan，E. D. and K. C. Balmain. 1976. Electromagnetic Waves and Radiating Systems. Prentice－Hall of India. 753.

Joy，K. I. and N. B. Murthy. 1986. 'Ray tracing parametric surface patches utilising numerical techniques and ray coherence.' ACM Siggraph Computer Graphics 20（4）：279－85.

Kajiya，J. T. 1982. 'Ray tracing parametric patches.' Computer Graphics 16（3）：245－54.

Knott，E. F.，J. Shaeffer，and M. T. Tuley. 2004. Radar Cross Section. Second edition. Raleigh，NC：Scitech Publishers，611.

Kouyoumjian，R. G. 1965. 'Asymptotic high－frequency methods.' Proceedings of IEEE 53：864－76.

Lynch，D. A. 2004. Introduction to RF Stealth. Raleigh，NC：Scitech/Peter Peregrinus，575.

Manocha，D. and J. Demmel. 1994. 'Algorithms for intersecting parametric and algebraic curves I：Simple intersections.' ACM Transactions on Graphics 13（1）：73－100.

Martin, W., E. Cohen, R. Fish, and P. Shirley. 2000. 'Practical ray tracing of trimmed NURBS surfaces.' Journal of Graphics Tools 5 (1): 27 - 52.

Paquay, M., J. C. Iriarte, P. Gonzalo, and P. D. Maagt. 2007. 'Thin AMC structure for radar crosssection reduction.' IEEE Transactions on Antennas and Propagation 55: 3630 - 38.

Pathak, P. H., G. Carluccio, and M. Albani. 2013. 'The uniform geometrical theory of diffraction and some of its applications.' IEEE Antennas and Propagation Magazine 55 (4): 41 - 69.

Pathak P. H. and R. G. Kouyoumjian. 1974. 'A uniform geometrical theory of diffraction for an edge in a perfectly conducting surface.' Proceedings of IEEE 62: 1448 - 61.

Perez, J., J. A. Saiz, O. M. Conde, R. P. Torres, and M. F. Catedra. 1997. 'Analysis of antennas on board arbitrary structures modeled by NURBS surfaces.' IEEE Transaction on Antennas and Propagation 45: 1045 - 53.

Pharr, M. and G. Humphreys. 2010. Physically Based Rendering: From Theory to Implementation. Burlington, MA: Elsevier, 1167.

Shrestha, S., M. D. Balachandran, M. Agarwal, L. - H. Zou, and K. Varahramyan. 2008. 'A method to measure radar cross section parameters of antennas.' IEEE Transactions on Antennas and Propagation 56: 3494 - 500.

Snyder, J. M. and A. H. Barr. 1987. 'Ray tracing complex models containing surface tessellations.' ACM Siggraph Computer Graphics 21 (4): 119 - 28.

Sturzlinger, W. 1998. 'Ray tracing triangular trimmed free - form surfaces.' IEEE Transactions on Visualisation and Computer Graphics 4 (3): 202 - 14.

Ufimtsev, P. Y. 1996. 'Comments on diffraction principles and limitations of RCS reduction techniques.' Proceedings of IEEE 84: 1828 - 51.

Vinoy, K. J. and R. M. Jha. 1996. Radar Absorbing Materials: From Theory to Design and Characterisation. Norwell, Boston: Kluwer Academic Publishers, 209.

Wang, S., Z. -C. Shih, and R. -C. Chang. 2001. 'An efficient and stable ray tracing algorithm for parametric surfaces.' Journal of Information Science and Engineering 18: 541-61.

Whitted, T. 1980. 'An improved illumination model for shaded display.' ACM Graphics and Image Processing Magazine 23: 343-49.

Yeo, J. and D. Kim. 2009. 'Novel tapered AMC structures for backscattered RCS reduction.' Journal of Electromagnetic Waves and Applications 23: 697-709.

Yuan, H. W., X. Wang, S. X. Gong, and P. Zhang. 2008. 'A numerical method for analyzing the RCS of a printed dipole antenna with feed structure.' Journal of Electromagnetic Waves and Applications 22: 1661-70.

第 2 章　低可探测平台雷达吸波材料分析

2.1　引言

给定材料中电磁波的传播主要取决于材料的介电常数（ε）和磁导率（μ）等本构参数和材料厚度。宏观意义上，这些参数描述了介质中诱导产生的电极化和磁极化的影响作用，其值可能是负数，也可能是正数。众所周知，超材料与负介电常数和磁导率相关（Veselago，1968 年）。超材料可能是负介电常数 ε（ENG）、负磁导率 μ（MNG）或者介电常数和磁导率均为负数，即双负（DNG）（Shelby 等人，2001 年）。人们已经提出了多种分析方法用于求解平面波在多层结构中的传播问题（Ziolkowski 和 Heyman，2001 年；Kong，2002 年；Cory 和 Zach，2004 年）。超材料中的电磁波传播会呈现出负折射和其他有趣的现象。电介质-超材料涂层的反射/透射特性对于控制航空航天目标结构的雷达信号特征，进而实现低可探测平台，具有战略性应用价值。

本章系统地描述了电磁波在多层媒质中的传播。这类多层媒质包括电介质-电介质和电介质-磁介质。假设电介质材料都是均匀的，对于入射到不同介电常数和磁导率参数的平板媒质的电磁波，反射场和透射场是确定的。电磁波在这些平板中的传播可表示为在不同媒质材料中的多次反射和透射，这类材料包括半无限大空间介质、有限厚度电介质材料层和有耗电介质材料层。利用波数的复数特性表示有耗电介质的吸波性能。下面将讨论入射电磁波频率、材料厚度和本构参数对多层媒质反射率的影响规律。选择合适的设计参数有利于设计和开发雷达吸波材料涂层。

2.2　经典多层媒质中的电磁波传播

本节将讨论多层媒质阻抗的基本表达式，菲涅耳（Fresnel）反射系数以及平行极化和垂直极化的反射系数和透射系数。电磁波的传播用这些系数表示。这些媒质可能是半无限空间、有限厚度电介质层或有耗电介质层（Brekhovskikh 等人，1965 年）。利用复波数表示有耗电介质中的吸波性能，然后分析电介质层厚度对反射系数的影响。

电磁波的反射与透射。平面波表示为

$$\boldsymbol{E} = \boldsymbol{E}_0 \mathrm{e}^{i(\boldsymbol{k}\cdot\boldsymbol{r}-\omega t)} \tag{2-1}$$

其中，$\boldsymbol{E}_0$ 是平面波振幅，波向量 $\boldsymbol{k}$ 可表示为

$$\boldsymbol{k} = \frac{\omega}{c}\sqrt{\varepsilon\mu} \tag{2-2}$$

其中，$\omega = 2\pi f$，f 是媒质中行进的平面波的频率。相应的，平面波的磁场 $\boldsymbol{H}$ 可表示为

$$\boldsymbol{H} = \frac{c}{\mu\omega}\boldsymbol{k} \times \boldsymbol{E} \tag{2-3}$$

其中，$c = 3 \times 10^8$ m/s，$\mu = \mu_0\mu_r$ 是媒质的磁导率。$\mu_0 = 4\pi \times 10^{-7}$ H/m，μ_r 是媒质的相对磁导率。

媒质的特征阻抗可表示为

$$\eta = \sqrt{\frac{\mu}{\varepsilon}} \tag{2-4}$$

其中，$\varepsilon = \varepsilon_0\varepsilon_r$ 是媒质的介电常数，$\varepsilon_0 = 8.854 \times 10^{-12}$ F/m，ε_r 是媒质的相对介电常数。

当平面波照射到平面界面时，法向阻抗定义为

$$Z = \frac{E_t}{H_t} \tag{2-5}$$

如果平面波以入射角 θ（图 2-1）照射到界面上，它将部分反射、部分透射，这取决于材料属性、入射角度和频率。

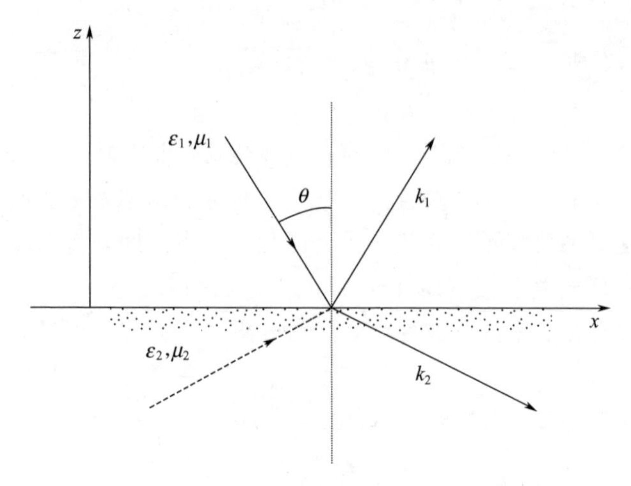

图 2-1　平面电磁波在平板交界面上的反射与折射

由于 $E_t=E$，$H_t=H\cos\theta$，对于垂直极化，电场向量 $\boldsymbol{E}$ 垂直于入射平面，根据式（2-5），可得到

$$Z_1=\frac{E}{H\cos\theta}=\frac{\eta}{\cos\theta} \tag{2-6}$$

其中，η 是媒质的特征阻抗。

类似的，对于平行极化，由于 $E_t=E\cos\theta$，$H_t=H$，因此，可得到

$$Z_1=\frac{E\cos\theta}{H}=\eta\cos\theta \tag{2-7}$$

对于反射波

$$\frac{E_t}{H_t}=-Z_1 \tag{2-8}$$

在垂直入射情况下，法向阻抗的绝对值与媒质的特征阻抗是完全相同的。如果图 2-1 代表交界面上的入射电场，垂直极化下，在第一个媒质（ε_1，μ_1）中的总电场能够表示为入射场和反射场的总和。

$$E_T = E_0 \exp(-\mathrm{j}ky\cos\theta)\exp(\mathrm{j}kx\sin\theta) + E_0\exp(\mathrm{j}ky\cos\theta)R_{\perp}\exp(\mathrm{j}kx\sin\theta)$$

$$E_T = E_0[\exp(-\mathrm{j}ky\cos\theta) + R_{\perp}\exp(\mathrm{j}ky\cos\theta)]\exp(\mathrm{j}kx\sin\theta) \tag{2-9}$$

其中，$R_{\perp}$ 是垂直极化下的反射系数。将 $y=0$ 代入到式（2-9）中，边界上的切向电场和磁场可表示为

$$E_t = E_0(1+R_{\perp})\exp(\mathrm{j}kx\sin\theta);H_t = E_0\frac{1}{Z_1}(1-R_{\perp})\exp(\mathrm{j}kx\sin\theta)$$

因此，在交界面上

$$\frac{E_t}{H_t} = Z_1\frac{1+R_{\perp}}{1-R_{\perp}} \tag{2-10}$$

根据边界条件，在交界面上切向电场是连续的。也就是说，式（2-10）的右侧（RHS）等于阻抗 Z_2，即第二种媒质（ε_2，μ_2）中的切向场分量比

$$Z_1\frac{1+R_{\perp}}{1-R_{\perp}} = Z_2 \tag{2-11}$$

或

$$R_{\perp} = \frac{Z_2 - Z_1}{Z_2 + Z_1} \tag{2-12}$$

对于平行极化，反射系数 $R_{\parallel}$ 可用相同的表达式确定；但是，阻抗值 Z_1 将由式（2-7）给出，而不是式（2-6）。因此，反射系数的通用表达式可写为

$$R = \frac{Z_2 - Z_1}{Z_2 + Z_1} \tag{2-13}$$

透射系数为 $T=1-R$（原书有误，已修正——译者注）

$$T = \frac{2Z_1}{Z_2 + Z_1} \tag{2-14}$$

介电常数和磁导率是媒质的本构参数，其值为复数。因此，反射系数和透射系数也是复数。也就是说，这些系数具有幅度和相位。

2.2.1 半无限大空间媒质

菲涅耳反射系数取决于媒质的电参数。如果频率为 ω 的平面波照射到两个半无限大媒质（ε_1，μ_1；ε_2，μ_2）的交界面上，透射系数和反射系数（Knott 等人，1985 年）如图 2－2 所示，可表示为

$$R_{\|,\perp}=\mp\frac{Z_1-Z_2}{Z_2+Z_1} \tag{2-15}$$

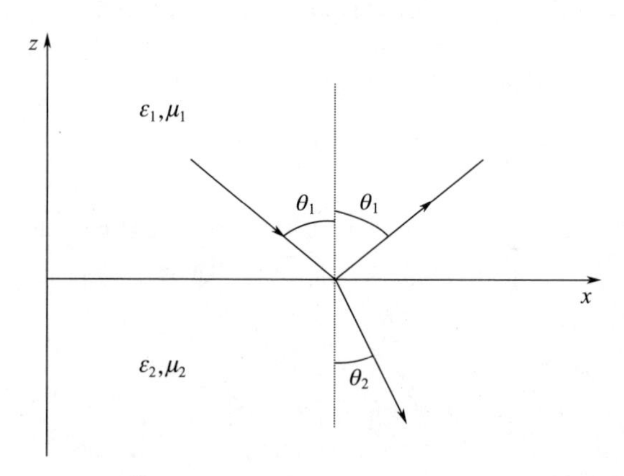

图 2－2 平面电磁波照射到两个不同材料参数的半无限大媒质交界面

利用式（2－6）和（2－7），平行极化下的反射系数（Jordan 和 Balmain，1976 年）可表示为

$$R_{\|}=\frac{\eta_2\cos\theta_2-\eta_1\cos\theta_1}{\eta_2\cos\theta_2+\eta_1\cos\theta_1}=-\frac{\eta_1\cos\theta_1-\eta_2\cos\theta_2}{\eta_1\cos\theta_1+\eta_2\cos\theta_2}=-\frac{\dfrac{\eta_1}{\eta_2}\cos\theta_1-\cos\theta_2}{\dfrac{\eta_1}{\eta_2}\cos\theta_1+\cos\theta_2}$$

$$R_{\|}=-\frac{\cos\theta_1\sqrt{\dfrac{\mu_1\varepsilon_2}{\varepsilon_1\mu_2}}-\cos\theta_2}{\cos\theta_1\sqrt{\dfrac{\mu_1\varepsilon_2}{\varepsilon_1\mu_2}}+\cos\theta_2} \tag{2-16}$$

类似的，对于垂直极化

$$R_{\perp}=\frac{\dfrac{\eta_2}{\cos\theta_2}-\dfrac{\eta_1}{\cos\theta_1}}{\dfrac{\eta_2}{\cos\theta_2}+\dfrac{\eta_1}{\cos\theta_1}}=\frac{\eta_2\cos\theta_1-\eta_1\cos\theta_2}{\eta_2\cos\theta_1+\eta_1\cos\theta_2}=\frac{\dfrac{\eta_2}{\eta_1}\cos\theta_1-\cos\theta_2}{\dfrac{\eta_2}{\eta_1}\cos\theta_1+\cos\theta_2}$$

$$R_{\perp}=\frac{\sqrt{\dfrac{\mu_2\varepsilon_1}{\varepsilon_2\mu_1}}\cos\theta_1-\cos\theta_2}{\sqrt{\dfrac{\mu_2\varepsilon_1}{\varepsilon_2\mu_1}}\cos\theta_1+\cos\theta_2} \tag{2-17}$$

在交界面上利用 Snell 折射定律，$k_1\sin\theta_1=k_2\sin\theta_2$， 其中 $k_i=\omega\sqrt{\mu_i\varepsilon_i}$

$$\cos\theta_2=\sqrt{1-\frac{k_1^2}{k_2^2}\sin^2\theta_1}=\sqrt{1-\frac{\mu_1\varepsilon_1}{\mu_2\varepsilon_2}\sin^2\theta_1} \tag{2-18}$$

将 $\cos\theta_2$ 的值代入到式（2-16）和（2-17）中，我们得到

$$R_{\parallel}=-\frac{\cos\theta_1\sqrt{\dfrac{\mu_1\varepsilon_2}{\varepsilon_1\mu_2}}-\sqrt{1-\dfrac{\mu_1\varepsilon_1}{\mu_2\varepsilon_2}\sin^2\theta_1}}{\cos\theta_1\sqrt{\dfrac{\mu_1\varepsilon_2}{\varepsilon_1\mu_2}}+\sqrt{1-\dfrac{\mu_1\varepsilon_1}{\mu_2\varepsilon_2}\sin^2\theta_1}} \tag{2-19}$$

$$R_{\perp}=\frac{\sqrt{\dfrac{\mu_2\varepsilon_1}{\varepsilon_2\mu_1}}\cos\theta_1-\sqrt{1-\dfrac{\mu_1\varepsilon_1}{\mu_2\varepsilon_2}\sin^2\theta_1}}{\sqrt{\dfrac{\mu_2\varepsilon_1}{\varepsilon_2\mu_1}}\cos\theta_1+\sqrt{1-\dfrac{\mu_1\varepsilon_1}{\mu_2\varepsilon_2}\sin^2\theta_1}} \tag{2-20}$$

如果 $\mu_1=\mu_2=\mu_0$， 表达式（2-19）和（2-20）变为

$$R_{\parallel}=-\frac{\sqrt{\dfrac{\varepsilon_2}{\varepsilon_1}}\cos\theta_1-\sqrt{1-\dfrac{\varepsilon_1}{\varepsilon_2}\sin^2\theta_1}}{\sqrt{\dfrac{\varepsilon_2}{\varepsilon_1}}\cos\theta_1+\sqrt{1-\dfrac{\varepsilon_1}{\varepsilon_2}\sin^2\theta_1}} \tag{2-21}$$

$$R_{\perp}=\frac{\sqrt{\dfrac{\varepsilon_1}{\varepsilon_2}}\cos\theta_1-\sqrt{1-\dfrac{\varepsilon_1}{\varepsilon_2}\sin^2\theta_1}}{\sqrt{\dfrac{\varepsilon_1}{\varepsilon_2}}\cos\theta_1+\sqrt{1-\dfrac{\varepsilon_1}{\varepsilon_2}\sin^2\theta_1}} \tag{2-22}$$

图 2-3 给出了在不同无损耗媒质中反射系数与入射角之间的关系曲线。显然，在特定的入射角条件下，即所谓的布儒斯特角，$R_{\parallel}$ 为零。这个角度取决于 $\varepsilon_2/\varepsilon_1$ 的比值大小（Ruck 等人，1970 年）。而且，在垂直入射时，平行极化和垂直极化下的反射系数幅度是相同的。

对于无耗电介质，反射系数和透射系数之间具有内在关系，即

$$|R|^2+|T|^2=1 \tag{2-23}$$

因此，透射系数也可表示为

$$|T|=\sqrt{1-|R|^2} \tag{2-24}$$

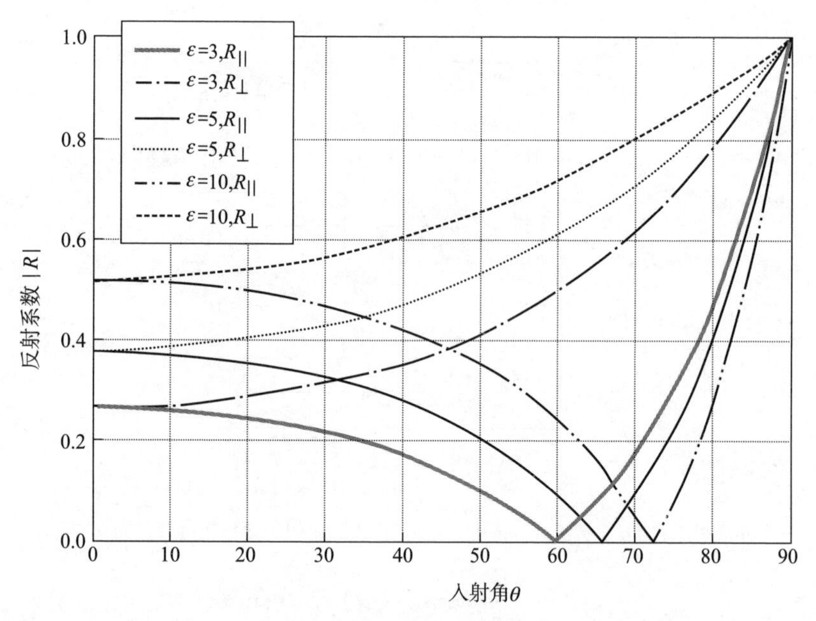

图 2-3　两个半无限大媒质交界面上的反射系数随入射角的变化曲线

对于平面电磁波照射到两个半无限大媒质交界面的情形，图 2-4 给出了透射系数与入射角之间的关系曲线。

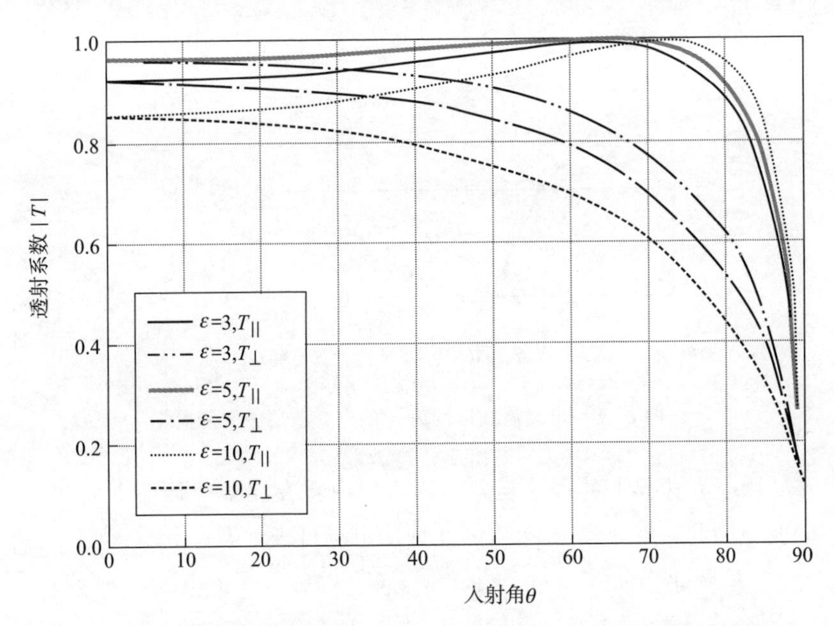

图 2-4　两个半无限大媒质交界面上的透射系数随入射角的变化曲线

2.2.2　平板电介质层

在上述电磁波反射与透射的分析中，没有考虑媒质厚度。在本小节中，将讨论电磁波在平板电介质层中的传播问题。假设电介质层厚度为 d（图 2-5）。

设 xz 平面为入射平面。电磁波传播依次通过的媒质和电介质层分别标记为 1、2、3。

在每一个媒质层内，传播方向与媒质层平面的法线方向之间的夹角分别定义为 θ_1、θ_2、θ_3；相应的，Z_1、Z_2、Z_3 是三种媒质的法向阻抗。对于平行极化和垂直极化，能够利用式（2-6）和（2-7）计算获得这三个阻抗值。

通常，对于垂直极化，媒质的法向阻抗可表示为

$$Z_i=\frac{1}{\cos\theta_i}\sqrt{\frac{\mu_i}{\varepsilon_i}},\ i=1,2,3,\cdots,N$$

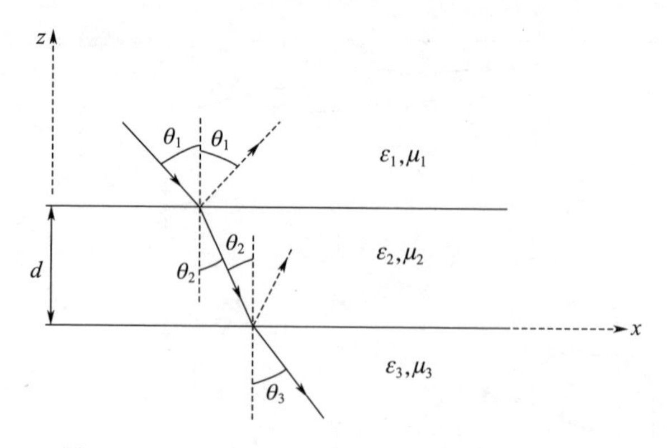

图 2-5　电磁波在厚度为 d 的电介质层中的传播

由于在边界上的多次反射，媒质层内将存在多个传播方向相反的波。因此，电介质层（ε_2，μ_2）内的电场可表示为

$$E_2 = E_{2y} = [C_1 \exp(-\mathrm{j}\alpha_2 z) + C_2 \exp(\mathrm{j}\alpha_2 z)]\exp(\mathrm{j}\sigma_2 x) \tag{2-25}$$

其中，$\alpha_2 = k_{2z} = k_2 \cos\theta_2$，$\sigma_2 = k_{2x} = k_2 \sin\theta_2$，$C_1$ 和 C_2 是常数。

相应的磁场的切向分量可表示为

$$H_{2x} = \frac{1}{Z_2}[C_1 \exp(-\mathrm{j}\alpha_2 z) - C_2 \exp(\mathrm{j}\alpha_2 z)]\exp(\mathrm{j}\sigma_2 x) \tag{2-26}$$

在界面 $z=0$ 上，E_{2y}/H_{2x} 的比值必须等于媒质 3 的阻抗 Z_3。

因此，在 $z=0$ 上，式（2-26）除以式（2-25），可得

$$Z_2 \frac{C_1 + C_2}{C_1 - C_2} = Z_3$$

或

$$\frac{C_2}{C_1} = \frac{Z_3 - Z_2}{Z_3 + Z_2} \tag{2-27}$$

在电介质层和媒质 1 的交界面上，即 $z=d$ 上，我们可得到

$$Z_{\text{in}}=\left(\frac{E_{2y}}{H_{2x}}\right)_{z=d}=\frac{C_1\exp(-\mathrm{j}\alpha_2 d)+C_2\exp(\mathrm{j}\alpha_2 d)}{C_1\exp(-\mathrm{j}\alpha_2 d)-C_2\exp(\mathrm{j}\alpha_2 d)}Z_2$$

$$=\frac{\exp(-\mathrm{j}\alpha_2 d)+\dfrac{C_2}{C_1}\exp(\mathrm{j}\alpha_2 d)}{\exp(-\mathrm{j}\alpha_2 d)-\dfrac{C_2}{C_1}\exp(\mathrm{j}\alpha_2 d)}Z_2$$

将式（2-27）除以 $\frac{C_2}{C_1}$，我们得到

$$Z_{\text{in}}=\frac{\exp(-\mathrm{j}\alpha_2 d)+\left(\dfrac{Z_3-Z_2}{Z_3+Z_2}\right)\exp(\mathrm{j}\alpha_2 d)}{\exp(-\mathrm{j}\alpha_2 d)-\left(\dfrac{Z_3-Z_2}{Z_3+Z_2}\right)\exp(\mathrm{j}\alpha_2 d)}Z_2$$

$$=\frac{(Z_3+Z_2)\exp(-\mathrm{j}\alpha_2 d)+(Z_3-Z_2)\exp(\mathrm{j}\alpha_2 d)}{(Z_3+Z_2)\exp(-\mathrm{j}\alpha_2 d)-(Z_3-Z_2)\exp(\mathrm{j}\alpha_2 d)}Z_2$$

$$=\frac{Z_3[\exp(\mathrm{j}\alpha_2 d)+\exp(-\mathrm{j}\alpha_2 d)]-Z_2[\exp(\mathrm{j}\alpha_2 d)-\exp(-\mathrm{j}\alpha_2 d)]}{Z_2[\exp(\mathrm{j}\alpha_2 d)+\exp(-\mathrm{j}\alpha_2 d)]-Z_3[\exp(\mathrm{j}\alpha_2 d)-\exp(-\mathrm{j}\alpha_2 d)]}Z_2$$

$$Z_{\text{in}}=\frac{Z_3-\mathrm{j}Z_2\tan\alpha_2 d}{Z_2-\mathrm{j}Z_3\tan\alpha_2 d}Z_2 \tag{2-28}$$

如果电介质层的输入阻抗是已知的，就可以根据各层的输入阻抗而不是反射媒质的阻抗来分析多层媒质对电磁波的反射。

在媒质1中，电场和磁场可表示为

$$E_{1y}=\{C_3\exp[-\mathrm{j}\alpha_1(z-d)]+C_4\exp[\mathrm{j}\alpha_1(z-d)]\}\exp(\mathrm{j}\sigma_1 x) \tag{2-29}$$

$$H_{1x}=\frac{1}{Z_1}\{C_3\exp[-\mathrm{j}\alpha_1(z-d)]-C_4\exp[\mathrm{j}\alpha_1(z-d)]\}\exp(\mathrm{j}\sigma_1 x) \tag{2-30}$$

在 $z=d$ 的界面上，E_{1y} 与 H_{1x} 的比值必须等于电介质层的输入阻抗。因此，在 $z=d$ 的界面上，用式（2-29）除以式（2-30），我们可得到

$$\left(\frac{E_{1y}}{H_{1x}}\right)_{z=d}=Z_{\text{in}}=Z_1\frac{C_3+C_4}{C_3-C_4}$$

$$\frac{C_4}{C_3}=\frac{Z_{\text{in}}-Z_1}{Z_{\text{in}}+Z_1} \tag{2-31}$$

其反射系数可表示为

$$R=\frac{Z_{\text{in}}-Z_1}{Z_{\text{in}}+Z_1} \tag{2-32}$$

将 Z_{in} 的值代入到式（2-28）中，我们可得到

$$R=\frac{\dfrac{Z_3-\mathrm{j}Z_2\tan\alpha_2 d}{Z_3-\mathrm{j}Z_1\tan\alpha_2 d}Z_2-Z_1}{\dfrac{Z_3-\mathrm{j}Z_2\tan\alpha_2 d}{Z_2-\mathrm{j}Z_3\tan\alpha_2 d}Z_2+Z_1}=\frac{Z_3Z_2-Z_2Z_1-(Z_2^2-Z_3Z_1)\mathrm{j}\tan\alpha_2 d}{Z_3Z_2+Z_2Z_1-(Z_2^2+Z_3Z_1)\mathrm{j}\tan\alpha_2 d}$$

$$=\frac{Z_3Z_2-Z_2Z_1-(Z_2^2-Z_3Z_1)\left[\dfrac{\exp(\mathrm{j}\alpha_2 d)-\exp(-\mathrm{j}\alpha_2 d)}{\exp(\mathrm{j}\alpha_2 d)+\exp(-\mathrm{j}\alpha_2 d)}\right]}{Z_3Z_2+Z_2Z_1-(Z_2^2+Z_3Z_1)\left[\dfrac{\exp(\mathrm{j}\alpha_2 d)-\exp(-\mathrm{j}\alpha_2 d)}{\exp(\mathrm{j}\alpha_2 d)+\exp(-\mathrm{j}\alpha_2 d)}\right]}$$

$$R=\frac{(Z_3+Z_2)(Z_2-Z_1)\exp(-\mathrm{j}\alpha_2 d)+(Z_3-Z_2)(Z_2+Z_1)\exp(\mathrm{j}\alpha_2 d)}{(Z_3+Z_2)(Z_2+Z_1)\exp(-\mathrm{j}\alpha_2 d)+(Z_3-Z_2)(Z_2-Z_1)\exp(\mathrm{j}\alpha_2 d)} \tag{2-33}$$

对于电介质层两侧区域为相同介电常数和磁导率材料的特殊情况，即 $Z_1=Z_3$，反射系数可表示为

$$R=\frac{(Z_2^2-Z_3^2)\exp(-\mathrm{j}\alpha_2 d)-(Z_2^2-Z_3^2)\exp(\mathrm{j}\alpha_2 d)}{(Z_2+Z_3)^2\exp(-\mathrm{j}\alpha_2 d)+(Z_2-Z_3)^2\exp(\mathrm{j}\alpha_2 d)}$$

$$R=\frac{Z_2^2-Z_3^2}{Z_3^2+Z_2^2+2\mathrm{j}Z_3Z_2\cot\alpha_2 d} \tag{2-34}$$

如果 $d=0$，即没有电介质层存在的情况下，表达式（2-33）变为 $R=\dfrac{Z_3-Z_1}{Z_3+Z_1}$，即半无限大空间媒质 1 和 3 交界面上的反射系数。相应的透射系数由下面推导过程得到。

在媒质 3 中，透射波的场强幅度可表示为

$$E_{3y}=Y\exp(-\mathrm{j}\alpha_3 z+\mathrm{j}\sigma_3 x) \tag{2-35}$$

其中，Y 是常数。

由于E_y在界面$z=0$上是连续的，即$E_{3y}=E_{2y}$。在$z=0$上，式（2-25）与（2-35）相等，我们可得到

$$Y\exp(\mathrm{j}\sigma_3 x)=(C_1+C_2)\exp(\mathrm{j}\sigma_2 x)$$

$$Y=C_1+C_2(\text{由于}\ \sigma_3=\sigma_2) \tag{2-36}$$

类似的，在$z=d$界面上，由于E_y是连续的，令式（2-25）和（2-29）相等

$$C_3+C_4=C_1\exp(-\mathrm{j}\alpha_2 d)+C_2\exp(\mathrm{j}\alpha_2 d)$$

由于$R=\dfrac{C_4}{C_3}$，

$$C_3(1+R)=C_1\exp(-\mathrm{j}\alpha_2 d)+C_2\exp(\mathrm{j}\alpha_2 d) \tag{2-37}$$

式（2-36）除以（2-37），可得

$$\frac{Y}{C_3(1+R)}=\frac{C_1+C_2}{C_1\exp(-\mathrm{j}\alpha_2 d)+C_2\exp(\mathrm{j}\alpha_2 d)}$$

$$\frac{Y}{C_3}=(1+R)\frac{1+\dfrac{C_2}{C_1}}{\exp(-\mathrm{j}\alpha_2 d)+\dfrac{C_2}{C_1}\exp(\mathrm{j}\alpha_2 d)}$$

利用C_2/C_1替代式（2-27），用R替代式（2-33），我们可得到

$$T=\frac{Y}{C_3}=\frac{1+\dfrac{Z_3-Z_2}{Z_3+Z_2}}{\exp(-\mathrm{j}\alpha_2 d)+\dfrac{Z_3-Z_2}{Z_3+Z_2}\exp(\mathrm{j}\alpha_2 d)}\times$$

$$\left[1+\frac{(Z_3+Z_2)(Z_2-Z_1)\exp(-\mathrm{j}\alpha_2 d)+(Z_3-Z_2)(Z_2+Z_1)\exp(\mathrm{j}\alpha_2 d)}{(Z_3+Z_2)(Z_2+Z_1)\exp(-\mathrm{j}\alpha_2 d)+(Z_3-Z_2)(Z_2-Z_1)\exp(\mathrm{j}\alpha_2 d)}\right]$$

$$=\frac{2Z_3}{(Z_3+Z_2)\exp(-\mathrm{j}\alpha_2 d)+(Z_3-Z_2)\exp(\mathrm{j}\alpha_2 d)}\times$$

$$\left\{\frac{2Z_2[(Z_3+Z_2)\exp(-\mathrm{j}\alpha_2 d)+(Z_3-Z_2)\exp(\mathrm{j}\alpha_2 d)]}{(Z_3+Z_2)(Z_2+Z_1)\exp(-\mathrm{j}\alpha_2 d)+(Z_3-Z_2)(Z_2-Z_1)\exp(\mathrm{j}\alpha_2 d)}\right\}$$

$$T=\frac{4Z_3Z_2}{(Z_3+Z_2)(Z_2+Z_1)\exp(-\mathrm{j}\alpha_2 d)+(Z_3-Z_2)(Z_2-Z_1)\exp(\mathrm{j}\alpha_2 d)} \tag{2-38}$$

令 $d=0$，式（2-38）变为 $T=\dfrac{2Z_3}{Z_3+Z_1}$，它是媒质3和媒质1交界面上的透射系数。

2.2.3 界面上的多次反射/透射

有几种方法可以用来推导多层媒质的反射和透射。在本小节中，通过分别考虑每一个边界来推导平面电磁波的反射/透射。考虑了法向入射的特殊情况。对于单位振幅的入射波，认为来自某一层的反射是几个独立电磁波的叠加。

这些电磁波可以描述如下：1）来自媒质1和媒质2之间边界的反射波（R_{21}），如图2-6（a）所示；2）通过媒质层前表面折射的波，从后表面（媒质2和媒质3的界面）反射的波和从媒质2到媒质1的折射波。最终的电磁波为 $T_{12}R_{32}T_{21}\exp(2\mathrm{j}k_2d)$，如图2-6（b）所示；3）穿过该媒质层的电磁波，经历了后表面（媒质2和媒质3）的两次反射和前表面（媒质2和媒质1）的一次反射后，传输到媒质1。最终的电磁波是 $T_{12}R_{32}R_{12}R_{32}T_{21}\exp(4\mathrm{j}k_2d)$，如图2-6（c）所示。这里，$T_{12}$ 代表电磁波从媒质1传播到媒质2时在边界上的透射系数。

反射系数 R_{12} 代表电磁波从媒质2向媒质1的反射。如果 k_2 是复数，因子 $\exp(4\mathrm{j}k_2d)$ 表示当电磁波向前和向后穿过媒质层时相位的改变和幅度的衰减。综合上述所有的电磁波，我们可得到

$$R_{21}+T_{12}R_{32}T_{21}\exp(\mathrm{j}2k_2d)+T_{12}R_{12}R_{32}^2T_{21}\exp(\mathrm{j}4k_2d)+T_{12}R_{12}^2R_{32}^3T_{21}\exp(\mathrm{j}6k_2d)+\cdots \tag{2-39}$$

由于入射波是单位幅度，式（2-39）将等于 R，即电介质层（媒质2）的反射系数。因此

$$R=R_{21}+T_{12}T_{21}R_{32}\exp(\mathrm{j}2k_2d)\sum_{n=0}^{\infty}[R_{12}R_{32}\exp(\mathrm{j}2k_2d)]^n \tag{2-40}$$

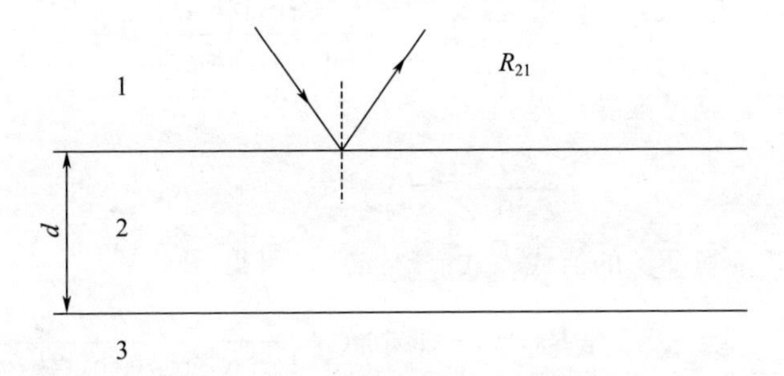

(a) 电介质层前表面的电磁波反射

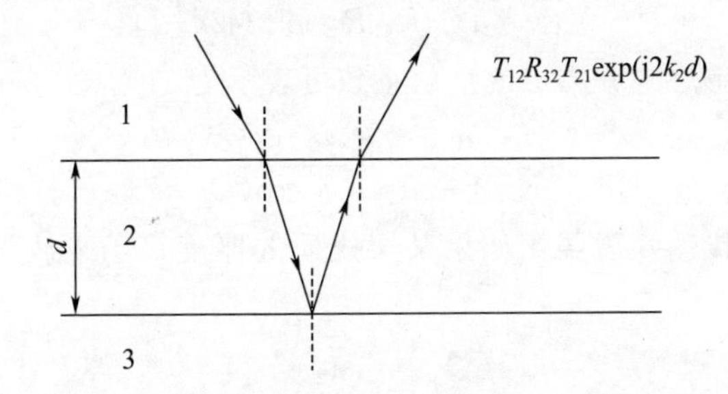

(b) 有限厚度电介质层前表面的电磁波反射与折射

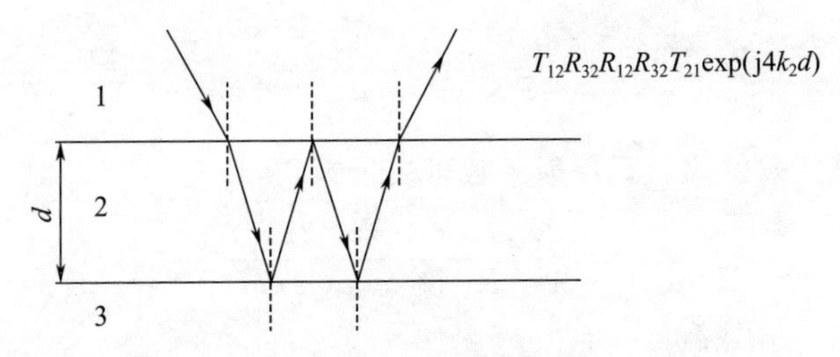

(c) 有限厚度电介质层前表面的电磁波多次反射与折射

图 2-6　电磁波在不同表面的反射、多次反射与折射

利用 $\sum_{n=0}^{\infty} a^n = \frac{1}{1-a}$；$a < 1$，我们可得到

$$R = R_{21} + T_{12}T_{21}R_{32}\exp(\mathrm{j}2k_2d)\frac{1}{1-R_{12}R_{32}\exp(\mathrm{j}2k_2d)}$$

或

$$R = R_{21} + T_{12} T_{21} R_{32} \frac{\exp(\mathrm{j}2k_2 d)}{1 - R_{12} R_{32} \exp(\mathrm{j}2k_2 d)} \tag{2-41}$$

然后，经过推导可得到

$$T_{12} = \frac{2Z_1}{Z_2 + Z_1} = 1 + R_{21} = 1 - R_{12}$$

将 T_{12} 和 T_{21} 的值代入式（2-41），可得

$$\begin{aligned} R &= R_{21} + (1 + R_{21})(1 - R_{21}) R_{32} \frac{\exp(\mathrm{j}2k_2 d)}{1 - R_{12} R_{32} \exp(\mathrm{j}2k_2 d)} \\ &= \frac{R_{21}[1 + R_{21} R_{32} \exp(\mathrm{j}2k_2 d)] + (1 - R_{21}^2) R_{32} \exp(\mathrm{j}2k_2 d)}{1 + R_{21} R_{32} \exp(\mathrm{j}2k_2 d)} \end{aligned}$$

因此，单层电介质层的反射系数可表示为

$$R = \frac{R_{21} + R_{32} \exp(\mathrm{j}2k_2 d)}{1 + R_{21} R_{32} \exp(\mathrm{j}2k_2 d)} \tag{2-42}$$

半波长传输媒质层： 如果某层媒质的厚度等于半波长的整数倍 m，即

$$d = m \frac{\lambda_2}{2}$$

那么

$$2k_2 d = 2 \times \frac{2\pi}{\lambda_2} \times m \frac{\lambda_2}{2} = 2\pi m$$

根据式（2-42），反射系数可表示为

$$R = \frac{R_{21} + R_{32} \exp(\mathrm{j}2\pi m)}{1 + R_{21} R_{32} \exp(\mathrm{j}2\pi m)}$$

由于 $\exp(\mathrm{j}2\pi m) = 1$

$$R = \frac{R_{21} + R_{32}}{1 + R_{21} R_{32}} \tag{2-43}$$

将 $R_{21} = \dfrac{Z_2 - Z_1}{Z_2 + Z_1}$ 和 $R_{32} = \dfrac{Z_3 - Z_2}{Z_3 + Z_2}$ 代入到式（2-43）中，可得

$$R = \frac{\dfrac{Z_2 - Z_1}{Z_2 + Z_1} + \dfrac{Z_3 - Z_2}{Z_3 + Z_2}}{1 + \left(\dfrac{Z_2 - Z_1}{Z_2 + Z_1}\right)\left(\dfrac{Z_3 - Z_2}{Z_3 + Z_2}\right)} = \frac{Z_3 - Z_1}{Z_3 + Z_1} = R_{31}$$

这个公式表明半波长电介质层对入射波无反射，反射系数等于媒质 1 和媒质 3 交界面上的反射系数。而且，对于媒质 1 和媒质 3 相同的情况（$Z_3 = Z_1$），$R = 0$。对于斜入射情况这个公式也是适用的，但是需要用 $2k_2 d\cos\theta_2 = 2\pi m$ 替换 $2k_2 d = 2\pi m$ 。

四分之一波长传输媒质层：对于 $2k_2 d = 2\pi m$ 这样的厚度，我们将式（2-42）表示的反射系数重写为

$$
\begin{aligned}
R &= \frac{R_{21} + R_{32}\exp(\mathrm{j}2k_2 d)}{1 + R_{21}R_{32}\exp(\mathrm{j}2k_2 d)} \\
&= \frac{R_{21} + R_{32}\left[\dfrac{1+\mathrm{j}\tan(k_2 d)}{1-\mathrm{j}\tan(k_2 d)}\right]}{1 + R_{21}R_{32}\left[\dfrac{1+\mathrm{j}\tan(k_2 d)}{1-\mathrm{j}\tan(k_2 d)}\right]} \\
&= \frac{(R_{21}+R_{32}) + \mathrm{j}(R_{32}-R_{21})\tan(k_2 d)}{(1+R_{21}R_{32}) + \mathrm{j}(R_{21}R_{32}-1)\tan(k_2 d)} \\
&= \frac{(R_{21}+R_{32})\cos(k_2 d) + \mathrm{j}(R_{32}-R_{21})\sin(k_2 d)}{(1+R_{21}R_{32})\cos(k_2 d) + \mathrm{j}(R_{21}R_{32}-1)\sin(k_2 d)}
\end{aligned}
$$

取反射系数模的平方，即反射损耗，有

$$
|R|^2 = \frac{(R_{21}+R_{32})^2\cos^2(k_2 d) + (R_{32}-R_{21})^2\sin^2(k_2 d)}{(1+R_{21}R_{32})^2\cos^2(k_2 d) + (R_{21}R_{32}-1)^2\sin^2(k_2 d)}
$$

$$
|R|^2 = \frac{(R_{21}+R_{32})^2 - 4R_{32}R_{32}\sin^2(k_2 d)}{(1+R_{21}R_{32})^2 - 4R_{32}R_{32}\sin^2(k_2 d)} \tag{2-44}
$$

对于四分之一波长媒质层

$$
d = m\frac{\lambda_2}{4}
$$

上式隐含 $2k_2 d = \pi m$ 。第一个最小值出现在 $m = 1$ 时，即 $k_2 d = \frac{\pi}{2}$ 。将 $k_2 d = \frac{\pi}{2}$ 代入到式（2-44）中，我们可得到

$$
|R|^2 = \frac{(R_{21}+R_{32})^2 - 4R_{21}R_{32}\sin^2\dfrac{\pi}{2}}{(1+R_{21}R_{32})^2 - 4R_{21}R_{32}\sin^2\dfrac{\pi}{2}} = \frac{(R_{21}-R_{32})^2}{(1-R_{21}R_{32})^2}
$$

或

$$R_{\min}=\frac{R_{21}-R_{32}}{1-R_{21}R_{32}} \tag{2-45}$$

如果 $R_{21}=R_{32}$，将完全不会在电介质层上发生反射。对于这种情况，阻抗关系式可表示为

$$R_{21}=R_{32}$$

$$\frac{Z_2-Z_1}{Z_2+Z_1}=\frac{Z_3-Z_1}{Z_3+Z_1} \tag{2-46}$$

$$Z_2=\sqrt{Z_3Z_1}$$

因此，通过在两种媒质中插入一个四分之一波长电介质层，能够完全消除界面上的反射。电介质层的阻抗应该等于这两种媒质阻抗的几何平均值。如果该电介质层的厚度等于四分之一波长的奇数倍，例如 $\frac{3\lambda}{4}$，$\frac{5\lambda}{4}$ 等，也能够观察到类似的效果。

当电磁波穿过空气-电介质层-水组成的媒质（$\varepsilon_{\text{air}}=1$，$\varepsilon_{\text{water}}=81$）时，反射率的百分数如图 2-7 所示，电介质层的厚度从 0 到半波长变化。对于无损耗电介质平板，不同介电常数下 $|R|^2$ 随 d/λ_0 的变化曲线如图 2-8 所示。

另一方面，R 和 T 随电介质平板厚度的变化曲线如图 2-9 所示。图中给出了不同电介质的结果曲线。由图可知，反射系数和透射系数随电介质层厚度呈现周期性的变化规律。

2.2.4 有耗电介质层

在以上几节中，针对无损电介质层推导了透射系数和反射系数。现在，通过不同媒质中的复波数 k_1，k_2，k_3，考虑一般媒质的损耗特性。已知边界处的折射角关系式为

$$k_3\sin\theta_3=k_2\sin\theta_2=k_1\sin\theta_1 \tag{2-47}$$

其中，即使入射角 θ_3 是实数，θ_2 和 θ_1 也是复数。利用 Snell 折射定律，对于入射角 θ_3，我们有

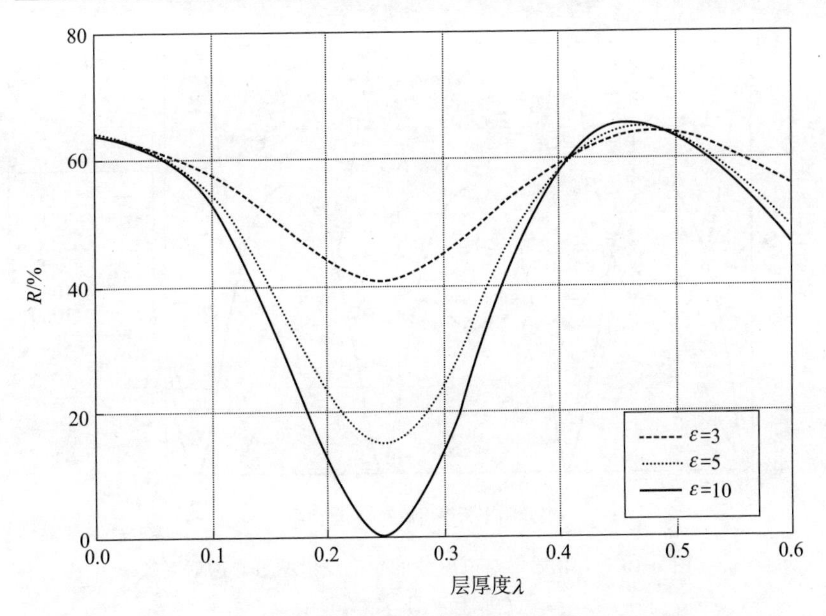

图 2-7　空气与水之间的电介质层对电磁波的反射率

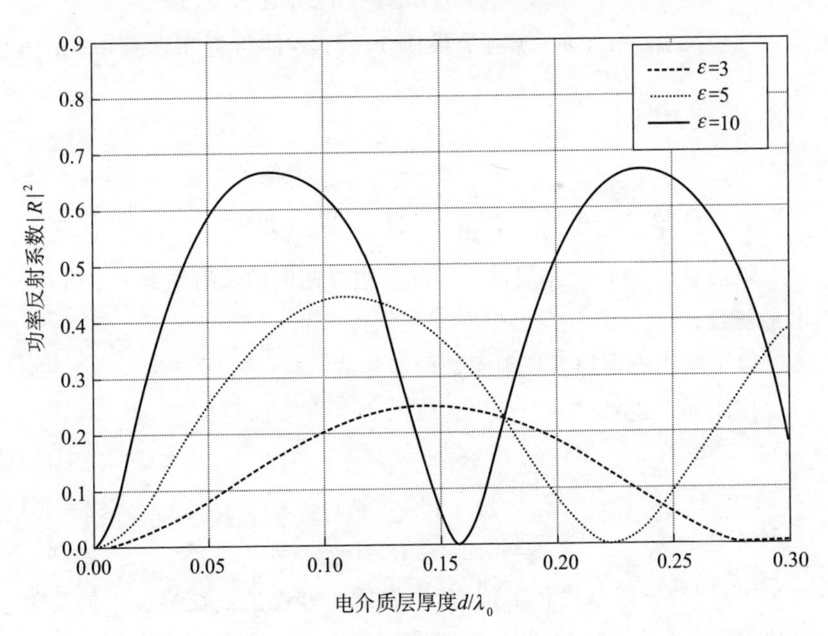

图 2-8　电介质层对电磁波的功率反射系数

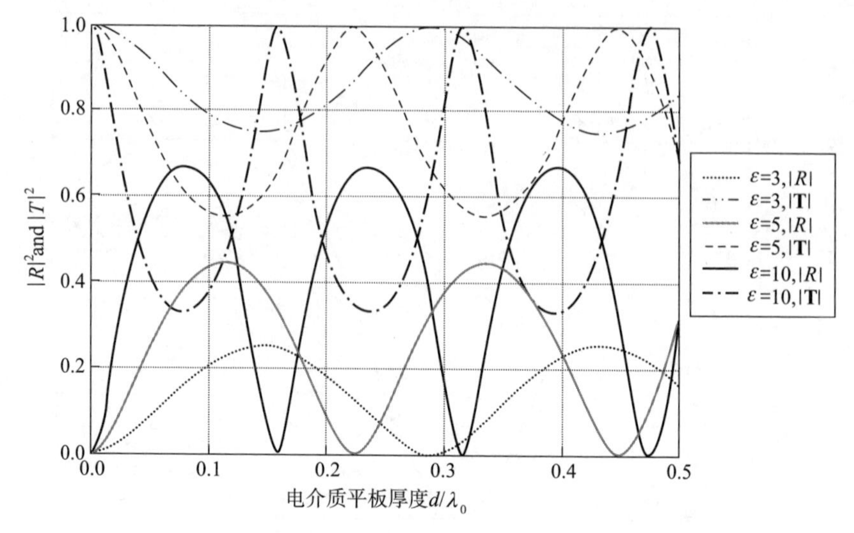

图 2-9　电介质层对电磁波的功率反射系数和透射系数

$$n_3 \sin\theta_3 = n_2 \sin\theta_2 = n_1 \sin\theta_1$$

这里的 n_1，n_2，n_3 分别是媒质 1，2，3 的折射率，其中，$n_i = \sqrt{\varepsilon_i \mu_i}$ 。

因此，有

$$\theta_2 = \sin^{-1}\left(\sin\theta_3 \sqrt{\frac{\varepsilon_3 \mu_3}{\varepsilon_2 \mu_2}}\right),\ \theta_1 = \sin^{-1}\left(\sin\theta_2 \sqrt{\frac{\varepsilon_2 \mu_2}{\varepsilon_1 \mu_1}}\right)$$

阻抗 Z_1，Z_2，Z_3 是复数，因此，边界两侧的反射系数 R_{21} 和 R_{32} 也是复数。

以下给出有耗媒质反射系数的表达式。

使用如下记号

$$2\alpha_2 d = 2k_2 \cos\theta_2 d = \alpha + \mathrm{j}\beta \tag{2-48}$$

$$Z_i = \gamma_i + \mathrm{j}\delta_i,\ i = 1,2,3 \tag{2-49}$$

$$R_{21} = \rho_{21} \mathrm{e}^{\mathrm{j}\phi_{21}},\ R_{32} = \rho_{32} \mathrm{e}^{\mathrm{j}\phi_{32}} \tag{2-50}$$

用式（2-49）代替阻抗 Z_i，媒质 1 和媒质 2 交界面上的反射系数可表示为

$$R_{21}=\frac{Z_2-Z_1}{Z_2+Z_1}=\frac{(\gamma_2+\mathrm{j}\delta_2)-(\gamma_1+\mathrm{j}\delta_1)}{(\gamma_2+\mathrm{j}\delta_2)+(\gamma_1+\mathrm{j}\delta_1)}$$

$$=\frac{(\gamma_2-\gamma_1)+\mathrm{j}(\delta_2-\delta_1)}{(\gamma_2+\gamma_1)+\mathrm{j}(\delta_2+\delta_1)}$$

对其取模，我们得到

$$|R_{21}|=\sqrt{\frac{(\gamma_2-\gamma_1)^2+(\delta_2-\delta_1)^2}{(\gamma_2+\gamma_1)^2+(\delta_2+\delta_1)^2}}$$

或

$$|R_{21}|^2=\rho_{21}^2=\frac{(\gamma_2-\gamma_1)^2+(\delta_2-\delta_1)^2}{(\gamma_2+\gamma_1)^2+(\delta_2+\delta_1)^2} \tag{2-51}$$

类似的

$$|R_{32}|^2=\rho_{32}^2=\frac{(\gamma_3-\gamma_2)^2+(\delta_3-\delta_2)^2}{(\gamma_3+\gamma_2)^2+(\delta_3+\delta_2)^2} \tag{2-52}$$

R_{21} 的相位可表示为

$$\phi_{21}=\tan^{-1}\left(\frac{\delta_2-\delta_1}{\gamma_2-\gamma_1}\right)-\tan^{-1}\left(\frac{\delta_2+\delta_1}{\gamma_2+\gamma_1}\right)$$

$$=\tan^{-1}\left(\frac{\dfrac{\delta_2-\delta_1}{\gamma_2-\gamma_1}-\dfrac{\delta_2+\delta_1}{\gamma_2+\gamma_1}}{1+\dfrac{\delta_2-\delta_1}{\gamma_2-\gamma_1}\cdot\dfrac{\delta_2+\delta_1}{\gamma_2+\gamma_1}}\right)$$

因此

$$\tan\phi_{21}=\frac{\dfrac{\delta_2-\delta_1}{\gamma_2-\gamma_1}-\dfrac{\delta_2+\delta_1}{\gamma_2+\gamma_1}}{1+\dfrac{\delta_2-\delta_1}{\gamma_2-\gamma_1}\cdot\dfrac{\delta_2+\delta_1}{\gamma_2+\gamma_1}}$$

$$=\frac{(\delta_2-\delta_1)(\gamma_2+\gamma_1)-(\delta_2+\delta_1)(\gamma_2-\gamma_1)}{(\gamma_2-\gamma_1)(\gamma_2+\gamma_1)+(\delta_2-\delta_1)(\delta_2+\delta_1)}$$

$$\tan\phi_{21}=\frac{2(\delta_2\gamma_1-\delta_1\gamma_2)}{\gamma_2^2-\gamma_1^2+\delta_2^2-\delta_1^2} \tag{2-53}$$

类似的

$$\tan\phi_{32}=\frac{2(\delta_3\gamma_2-\delta_2\gamma_3)}{\gamma_3^2-\gamma_2^2+\delta_3^2-\delta_2^2} \tag{2-54}$$

利用幅度和相位表示的反射系数 R 可写为 $R=\rho e^{j\phi}$ 。利用式（2－42），有

$$R=\frac{R_{21}+R_{32}\exp(j2\alpha_2 d)}{1+R_{21}R_{32}\exp(j2\alpha_2 d)}$$

使用式（2－48）和（2－49）给出的记号，反射系数可写为

$$R=\frac{\rho_{21}e^{j\phi_{21}}+\rho_{32}e^{j\phi_{32}}\exp[j(\alpha+j\beta)]}{1+\rho_{21}e^{j\phi_{21}}\rho_{32}e^{j\phi_{32}}\exp[j(\alpha+j\beta)]}$$

$$=\frac{\rho_{21}e^{j\phi_{21}}+\rho_{32}e^{j\phi_{32}}e^{j\alpha}e^{-\beta}}{1+\rho_{21}e^{j\phi_{21}}\rho_{32}e^{j\phi_{32}}e^{j\alpha}e^{-\beta}}=\frac{e^{j\phi_{21}}\{\rho_{21}+\rho_{32}[e^{j(\phi_{32}+\alpha-\phi_{21})}]e^{-\beta}\}}{1+\rho_{21}\rho_{32}[e^{j(\phi_{32}+\alpha+\phi_{21})}]e^{-\beta}} \tag{2-55}$$

$$|R|^2=\frac{[e^{j\phi_{21}}(\rho_{21}+\rho_{32}(e^{j(\phi_{32}+\alpha-\phi_{21})})e^{-\beta})]\ [e^{-j\phi_{21}}(\rho_{21}+\rho_{32}(e^{-j(\phi_{32}+\alpha-\phi_{21})})e^{-\beta})]}{[1+\rho_{21}\rho_{32}(e^{j(\phi_{32}+\alpha+\phi_{21})})e^{-\beta}]\ [1+\rho_{21}\rho_{32}(e^{-j(\phi_{32}+\alpha+\phi_{21})})e^{-\beta}]}$$

$$|R|^2=\frac{\rho_{21}^2+2\rho_{21}\rho_{32}e^{-\beta}\cos(\phi_{32}-\phi_{21}+\alpha)+\rho_{32}^2e^{-2\beta}}{1+2\rho_{21}\rho_{32}e^{-\beta}\cos(\phi_{32}+\phi_{21}+\alpha)+\rho_{21}^2\rho_{32}^2e^{-2\beta}} \tag{2-56}$$

这个公式给出了有耗电介质层的绝对反射系数。为了得到与反射系数相关的相位，考虑将式（2－55）改写为

$$R=\frac{\rho_{21}e^{j\phi_{21}}+\rho_{32}e^{j\phi_{32}}\exp[j(\alpha+j\beta)]}{1+\rho_{21}e^{j\phi_{21}}\rho_{32}e^{j\phi_{12}}\exp[j(\alpha+j\beta)]}=\frac{e^{j\phi_{21}}\{\rho_{21}+\rho_{32}[e^{j(\phi_{32}+\alpha-\phi_{21})}]e^{-\beta}\}}{1+\rho_{21}\rho_{32}[e^{j(\phi_{32}+\alpha+\phi_{21})}]e^{-\beta}}$$

$$=e^{j\phi_{21}}\left\{\frac{\rho_{21}+\rho_{32}e^{-\beta}[\cos(\phi_{32}+\alpha-\phi_{21})+j\sin(\phi_{32}+\alpha-\phi_{21})]}{1+\rho_{21}\rho_{32}e^{-\beta}[\cos(\phi_{32}+\alpha+\phi_{21})+j\sin(\phi_{32}+\alpha+\phi_{21})]}\right\}$$

所以

$$\phi=\phi_{21}+\tan^{-1}\left[\frac{\rho_{32}e^{-\beta}\sin(\phi_{32}+\alpha-\phi_{21})}{\rho_{21}+\rho_{32}e^{-\beta}\cos(\phi_{32}+\alpha-\phi_{21})}\right]-\tan^{-1}\left[\frac{\rho_{21}\rho_{32}e^{-\beta}\sin(\phi_{32}+\alpha+\phi_{21})}{1+\rho_{21}\rho_{32}e^{-\beta}\cos(\phi_{32}+\alpha+\phi_{21})}\right] \tag{2-57}$$

对处于空气中的薄层水介质对电磁波的反射，式（2－56）表示的反射系数幅度是确定的。反射系数与水介质层厚度的函数关系曲线如图 2－10 所示。空气中的波长为 $\lambda_1=10$ cm，电介质层中的波长为 $\lambda_2=3$ cm，并且 $k_2=(5+j0.45)\ \text{cm}^{-1}$ 。

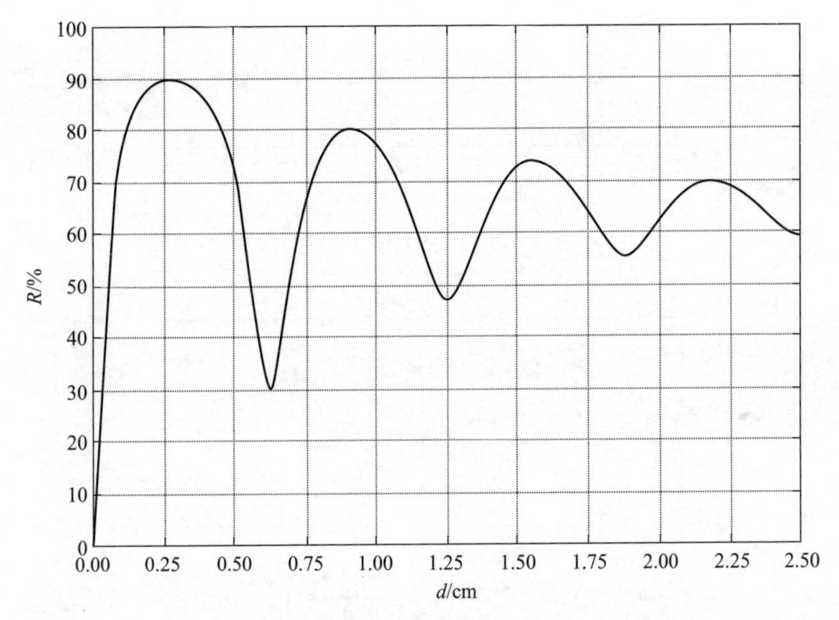

图 2-10　单层水介质对电磁波（$\lambda = 10$ cm）的反射

由于电介质的损耗特性由复值的量，特别是 k_2 来体现，因此可以直接用式（2-33）而不是式（2-56）来得到结果。要注意，吸收层的反射系数呈现出随介质厚度振荡变化的特性。但是，随着媒质厚度增加，振荡的幅度减小。对于足够大的 β，式（2-56）中除了第一项以外的其他所有项均可忽略，从而有 $R = \rho_{21}$。换句话说，当电介质层非常厚时，电磁波被完全吸收，无法到达电介质层的后表面。

2.2.5　任意数量的电介质层

当电介质的层数超过 3 层时，反射系数和透射系数的分析变得复杂起来。这是由于电磁波在多层媒质中传播时会发生多次反射和透射。本节将讨论 n 层媒质的输入阻抗 $Z_{\text{in}}^{(n)}$ 的一般表达式。利用该输入阻抗，很容易得到反射系数。我们先考虑多层的半无限大媒质，

总共包含了 $(n+1)$ 层，如图 2-11 所示。

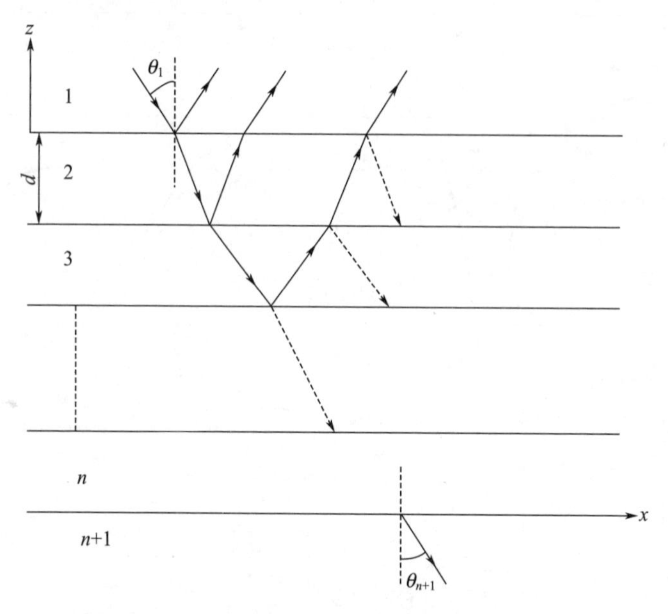

图 2-11　平面波在多层介质中的多次反射与折射

在 xz 平面，平面电磁波以角度 θ_1 入射到第一层媒质。假设 z 轴垂直于媒质层的边界，由于界面上的多次反射，除了媒质 1 以外，在每一层媒质中都存在相反方向的电磁波。

在第 i 层中电磁波的相位变化可由下式给出

$$\phi_i = \alpha_i d_i \tag{2-58}$$

其中，$\alpha_i = k_i \cos\theta_i$，$i=1, 2, \cdots, n+1$，它是波向量在第 i 层中的 z 向分量；层厚度为 $d_i = z_i - z_{i+1}$；z_i 是第 i 层和第 $(i+1)$ 层之间的坐标边界。

某一层的法向阻抗由下式给出

$$Z_i = \frac{1}{\cos\theta_i}\sqrt{\frac{\mu_i}{\varepsilon_i}} \tag{2-59}$$

我们首先分析电磁波在媒质 1 和媒质 2 交界面上的反射，其中，媒质 1 在正 z 方向延伸到无限大［图 2-12（a）］。

然后，反射系数由下式给出

$$R=\frac{Z_{\text{in}}-Z_1}{Z_{\text{in}}+Z_1},Z_{\text{in}}=Z_2 \tag{2-60a}$$

对于媒质 2 和媒质 3 之间的边界（其中，媒质 2 拉伸到无限大），反射系数表达式如下

$$R=\frac{Z_{\text{in}}^{(3)}-Z_2}{Z_{\text{in}}^{(3)}+Z_2},\ Z_{\text{in}}^{(3)}=\frac{Z_2-\mathrm{j}Z_1\tan\phi_1}{Z_1-\mathrm{j}Z_2\tan\phi_1}\cdot Z_1 \tag{2-60b}$$

上式来源于式（2-28）。假设已知媒质层后表面的阻抗 Z_2 和媒质层内相位的改变量 ϕ_1，这个表达式对于确定媒质层前表面（相对于入射波）的阻抗 Z_{in} 具有重要意义。

假设有媒质 2 和媒质 3 两层介质，媒质 1 延伸到无限大［图 2-12（b）］，第 2 层媒质后表面的阻抗就是第 3 层媒质前表面的输入阻抗 $Z_{\text{in}}^{(3)}$。这可以认为是与切向电场和磁场相关的边界条件。因此

$$Z_{\text{in}}^{(2)}=\frac{Z_{\text{in}}^{(3)}-\mathrm{j}Z_2\tan\phi_2}{Z_2-\mathrm{j}Z_{\text{in}}^{(3)}\tan\phi_2}\cdot Z_2 \tag{2-61}$$

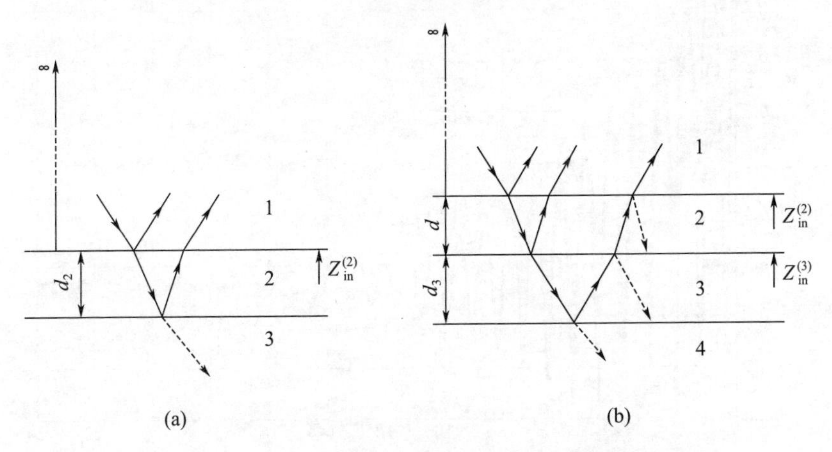

图 2-12　多层电介质层反射/折射示意图

类似的，可以由式（2-60）从一层到另一层连续地依次得到任意多层电介质层的输入阻抗。换言之，第 n 层前表面处的输入阻抗可以表示为

$$Z_{\text{in}}^{(n)}=\frac{Z_{\text{in}}^{(n+1)}-\mathrm{j}Z_n\tan\phi_n}{Z_{\text{in}}-\mathrm{j}Z_{\text{in}}^{(n+1)}\tan\phi_n}\cdot Z_n \tag{2-62}$$

相应的反射系数可表示为

$$R=\frac{Z_{\text{in}}^{(n)}-Z_{n-1}}{Z_{\text{in}}^{(n)}+Z_{n-1}} \tag{2-63}$$

我们注意到上述表达式与单层介质的反射系数具有完全相同的形式。

图 2-13 给出了 10 GHz 时多层媒质的反射系数。图中考虑了两种情况：1）三层媒质，包括空气、胶合板（$\varepsilon=2.5+\mathrm{j}0.16$）和钢铁（$\varepsilon=1+\mathrm{j}1.8\times10^7$，$\mu=470$）；2）四层媒质，包括空气、有耗电介质（$\varepsilon=1.5+\mathrm{j}3$，厚度 1 mm）、胶合板和钢铁。改变胶合板的厚度，计算垂直入射情况的反射系数。

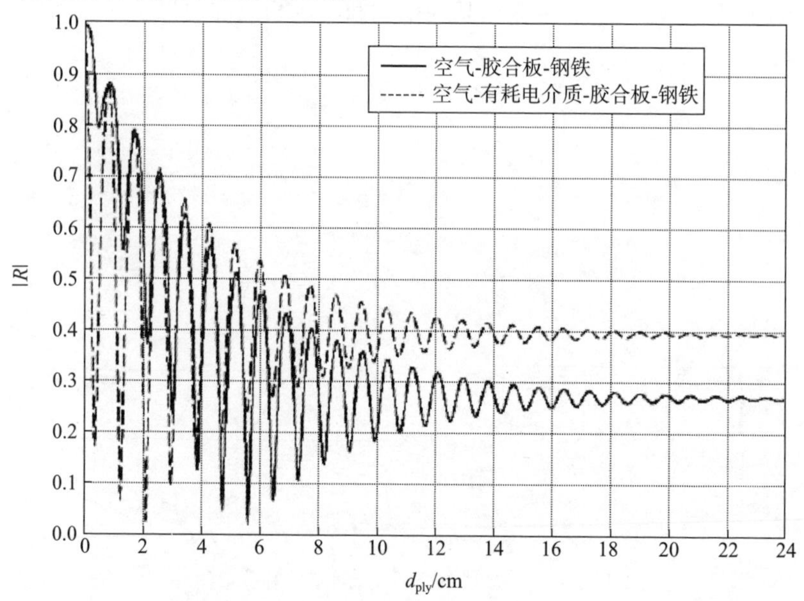

图 2-13　多层媒质的反射系数。法向入射，$f=10$ GHz。第一种情况：三层媒质，空气、胶合板（$\varepsilon_r=3+\mathrm{j}0.2$）和钢铁（$\varepsilon_r=1+\mathrm{j}2\times10^7$，$\mu_r=480$）；第二种情况：四层媒质，空气、有耗电介质（$\varepsilon=1.6+\mathrm{j}2.6$，厚度1 mm）、胶合板和钢铁。

显然，反射系数的幅度是振荡函数，其变化周期几乎等于在胶合板材料中的半波长。其最小值和最大值出现在 $\lambda/4$，$\lambda/2$ 等位置附近（Klement 等人，1988 年）。对于四层媒质，即增加一个有耗电介质层时，反射系数的振荡趋势也随之发生改变。

在三层媒质情况下，可以观察到随着胶合板的厚度增大，反射系数的模减小。但是，$|R|$ 的最小值和最大值的差值随着胶合板厚度的增加而变大，直到厚度近似等于 6 cm($\approx 2\lambda$)。具体而言，可以看到 $|R|$ 的最小值等于 0.01。

这可以用反射波的破坏性叠加来解释［图 2-14（a）］。这两个反射波是：1）胶合板层前表面反射的波；2）钢铁层表面反射的波。因为传播的路径不同，这些电磁波具有不同的幅度和相位。而且，当 d_{ply} 增加超过 9 cm 时，$|R|$ 逐渐减小直到等于 0.275，该值对应于该层厚度为无限大。

对于四层媒质，即当在胶合板上增加有耗电介质层（$\varepsilon = 2.6 + j1.6$，厚度等于 1 mm）时，$|R|$ 振荡曲线的最小值和最大值的差值比三层媒质时更明显。只有在胶合板厚度约为 3 cm（$\approx \lambda$）时，才会出现这种情况，这是由于存在吸波的电介质层［图 2-14（b）］的缘故。$|R|$ 的第一个极小值是其绝对最小值，出现在胶合板厚度接近 1.4 mm 时。对于厚度足够大的胶合板，反射系数 $|R|$ 可达到 0.53。

接下来考虑三层媒质（空气-电介质-钢铁）中波的传输与反射。对于介电常数实部不同的各种电介质（图 2-15），反射系数是确定的。由图可知，随着媒质 2 介电常数实部增大，三层媒质 $|R|$ 的最小值和最大值之差也增大。虚部 j0.16 表明这种电介质是有耗的。而且，对于厚度足够大的媒质 2，随着介电常数实部增大，反射系数 $|R|$ 会收敛到一个更高的值。

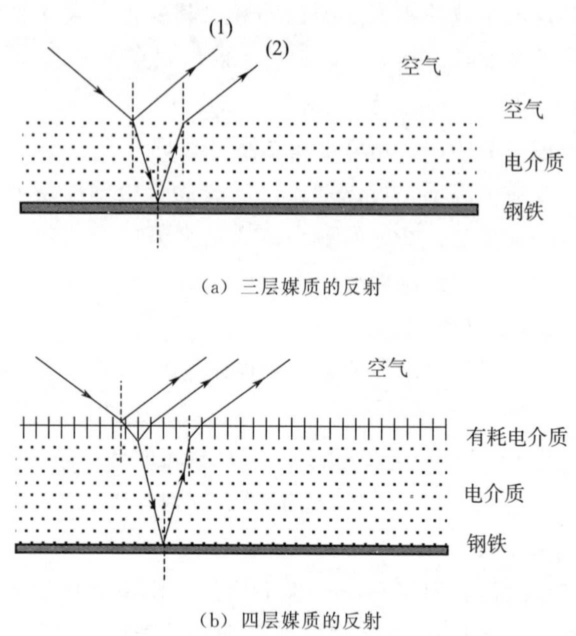

(a) 三层媒质的反射

(b) 四层媒质的反射

图 2 - 14 三层、四层媒质的反射

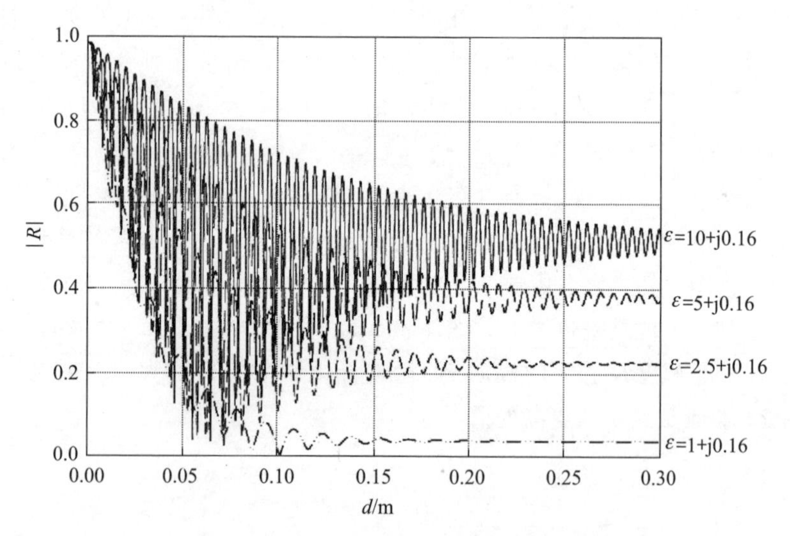

图 2 - 15 位于空气和铁之间的不同介质的三层媒质的反射系数（f = 10 GHz）

2.3　多层电介质型超材料中的电磁波传播

任意材料的电磁辐射都是由介电常数（ε）和磁导率（μ）这两个本构参数决定的。根据 ε 和 μ 的实部对材料进行分类，主要包括双正型（DPS）、负介电常数型（ENG）、负磁导率型（MNG）和双负型（DNG）四类，如表 2-1 所示。具有负介电常数和负磁导率的材料（Veselago，1968 年）即当前众所周知的超材料（或左手/后向波材料）。

对于在电介质中传播的单色平面电磁波，有

$$k \times E = \frac{\omega}{c}\mu H\text{；}k \times H = -\frac{\omega}{c}\varepsilon E \tag{2-64}$$

其中，E 和 H 分别是电场和磁场，$k = 2\pi/\lambda$，$\omega = 2\pi f$，c 是传播速度。对于自然界存在的材料，ε，$\mu > 0$；E 、H 和 k 遵循右手规则［图 2-16（a）］。但是，如果 ε，$\mu < 0$，例如超材料，这三个向量遵循左手规则［图 2-16（b）］。这就是自然界存在的材料被称为右手材料（RHM），而超材料被称为左手材料（LHM）的原因。

表 2-1　基于 ε 和 μ 的材料分类

类型	ε	μ
DPS	+ve	+ve
ENG	−ve	+ve
MNG	+ve	−ve
DNG	−ve	−ve

与自然界存在的传统材料相比，超材料对电磁波的折射呈现出不同的现象（Pendry，2000 年），并遵循以下公式

$$\frac{\sin\theta}{\sin\psi} = \frac{n_2}{n_1} = \frac{\sqrt{\varepsilon_2\mu_2}}{\sqrt{\varepsilon_1\mu_1}} \tag{2-65a}$$

其中，θ 和 ψ 分别是入射角和折射角。如果其中一种媒质是左手材

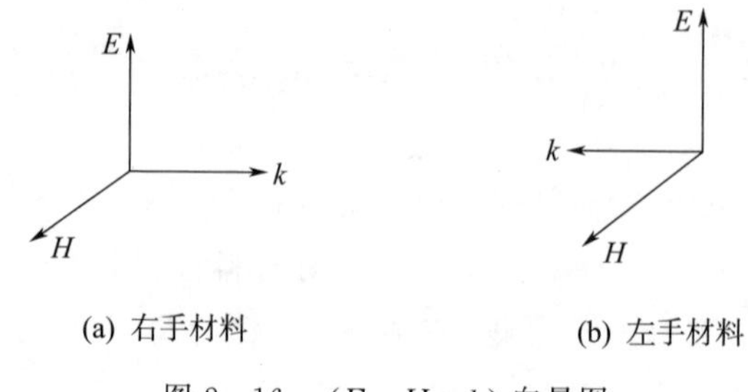

图 2-16　(E, H, k) 向量图

料，折射射线和入射射线将位于界面法线的同一侧。超材料展现出的这一独一无二的特性被称为负折射。因此，对于超材料而言，Snell 定律可写为（Shelby 等人，2001 年）

$$\frac{\sin\theta}{\sin\psi}=\frac{n_2}{n_1}=\frac{p_2}{p_1}\left|\frac{\sqrt{\varepsilon_2\mu_2}}{\sqrt{\varepsilon_1\mu_1}}\right| \tag{2-65b}$$

其中，p_1 和 p_2 分别是第一种和第二种媒质的右手性，其值分别为 1（RHM）和－1（LHM）。因此，可以推断在自然材料和超材料的交界面上 Snell 定律会发生反转（图 2-17）。

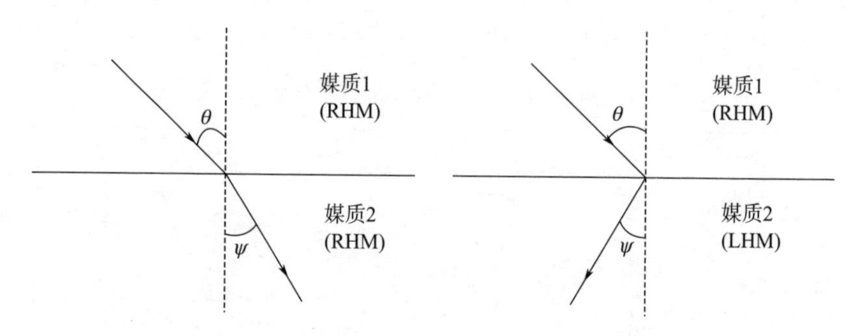

(a) 媒质 1 和媒质 2 是右手材料　　(b) 媒质 1 是右手材料，媒质 2 是左手材料

图 2-17　电磁波通过两种媒质交界面的传播

进而，可以将超材料分为 ENG、MNG 和 DNG 三类材料。自然界的材料被称为 DPS，它的 ε 和 μ 都是正数。图 2-18 给出了电磁波在这类媒质中的传播。可以看到，对于 DPS 材料，以传统方式发生

反射和折射。对于 DNG 材料，由于 ε 和 μ 都是负数，折射率仍保持为正数（$n=\sqrt{\varepsilon\mu}$）。

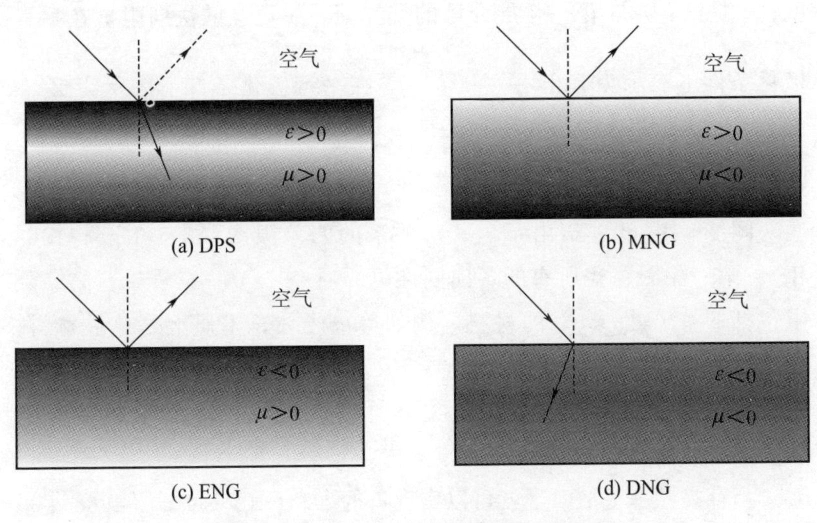

图 2-18　基于电磁参数的材料分类

由于 Snell 定律的逆转，尽管 DNG 和 DPS 都会产生折射（或透射）现象，但其本质是完全相反的。另外，当 ε 和 μ 中的一个为负数时，折射率变为负数，并且是个虚数。这就是电磁波不能在这些材料中传播的原因，电磁波被反射回入射媒质中（Veselago，1968 年）。

2.3.1　电介质-超材料层的反射特性

本小节讨论电磁波在多层电介质-超材料结构中的传播问题。图 2-19（a）给出了电磁波通过超材料传播的示意图。可以看到 Snell 折射定律出现了反转，因此，电磁波折射进入材料边界法线的同一侧。当媒质是电介质和超材料的组合时，电磁波的传播将出现不同的现象。在 xz 平面内，平面波以角度 θ_{n+1} 入射到第 $n+1$ 层媒质上。z 轴垂直于媒质层的边界。由于在边界上的多次反射，除了媒质 1 之外，在每种媒质层内均存在相反方向传播的电磁波。

在第 i 层内的相位变化可表示为 $\phi_i=\alpha_i d_i$，其中，$\alpha_i=k_i\cos\theta_i$，$i=1$，2，…，$n+1$ 是第 i 层波向量的 z 向分量，$d_i=z_i-z_{i-1}$ 是层厚度；z_i 是第 i 层与第 $i+1$ 层介质的交界面。媒质层的法向阻抗在垂直极化条件下表示为 $Z_i=\dfrac{1}{\cos\theta_i}\sqrt{\dfrac{\mu_i}{\varepsilon_i}}$，在平行极化条件下表示为 $Z_i=\cos\theta_i\sqrt{\dfrac{\mu_i}{\varepsilon_i}}$。

图 2-19（b）给出了 $\varepsilon-\mu$ 关系的四象限图（Veselago，1968 年）。第一象限覆盖所有的各向同性电介质（$\varepsilon>0$，$\mu>0$）。第二象限包括 $\varepsilon<0$，$\mu>0$ 的材料，例如等离子体，本质上是色散材料，对于这种材料，折射率是负数，导致对入射波形成反射。第三和第四象限包括负磁导率材料，这类材料包括具有张量 ε，μ 的旋光物质，例如铁磁体金属材料和半导体。

当存在频率色散时，就可以实现负的 ε 和 μ（Veselago，1968 年）。在电介质中嵌入细的金属线和方形、圆形开口谐振环，通过 Drude、Lorentz 和谐振色散模型，就可以在超材料中实现负的介电常数和磁导率。人们已经提出了众多的模型用于描述材料特性的频率依赖性。这些模型都是基于入射电磁波的场向量对材料电/磁偶极子的作用。这些模型可给出材料的极化率和磁化率（从而可给出 ε 和 μ）。

Drude-Lorentz 模型是超材料中最常用的模型。f_{mp} 和 f_{ep} 参数分别代表磁和电等离子体频率，f_m 是阻尼频率，f_{mo} 是磁谐振频率，γ_e 和 γ_m 分别表示电和磁阻尼因子，分别对应媒质的电损耗和磁损耗。

表面涂覆超材料的 PEC：如果电磁波照射到背衬 PEC 的薄层色散材料上，典型的传播特征如图 2-20 所示。其中，超材料涂层厚度为 1 mm。首先，假设色散层是由细金属丝组成的超材料。对于三层结构（空气-超材料-PEC），利用式（2-60）和（2-61）计算其反射系数①。色散参数分别为 $f_{ep}=42.9$ 和 $\gamma_e=0.001$。

---

① 原文为“式（2-66）和式（2-67）”有误。

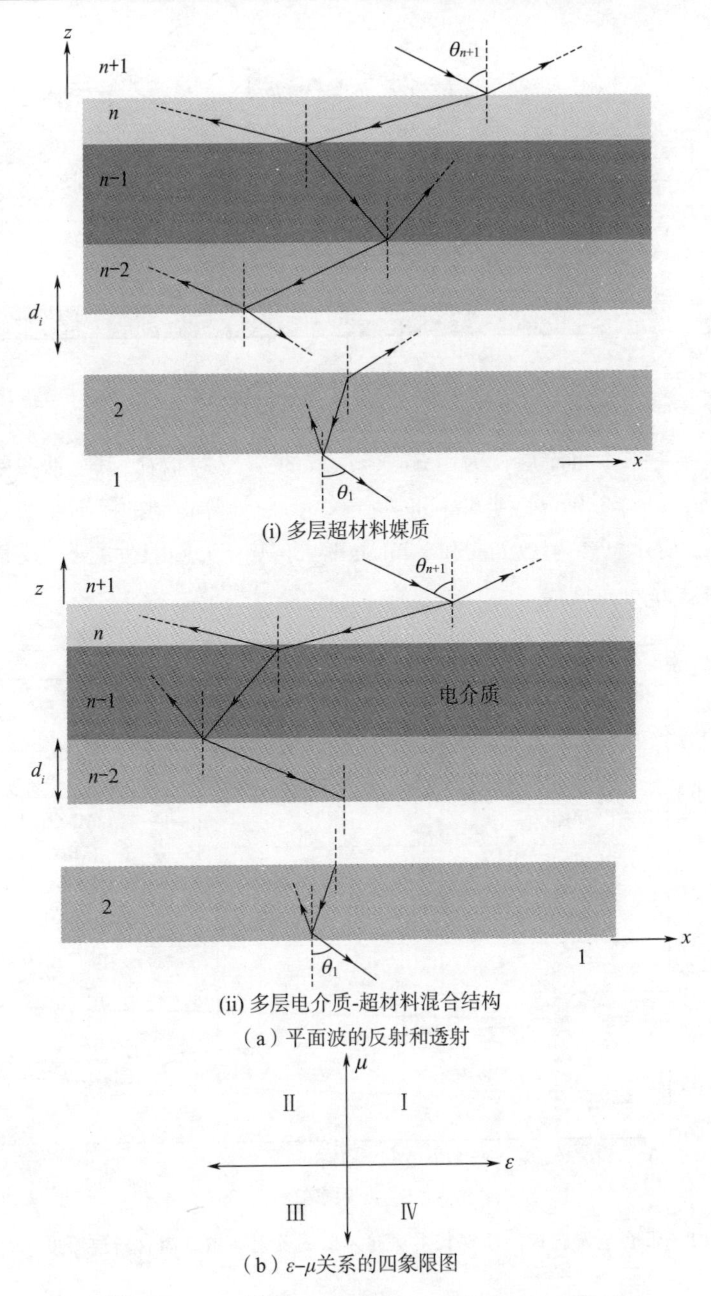

图 2-19　平面波的反射和透射及 ε-μ 关系的四象限图

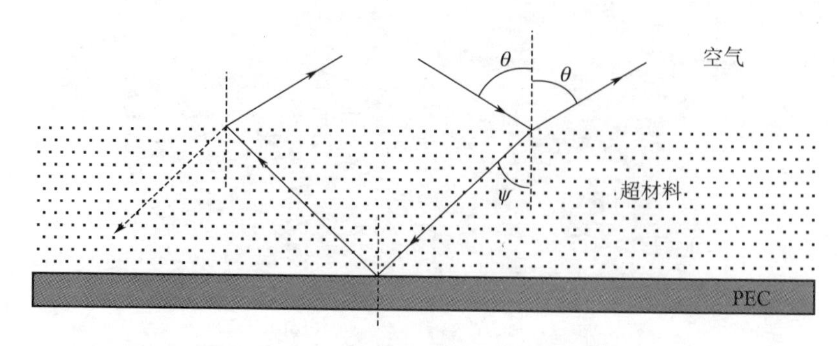

图 2-20 含超材料涂层 PEC 的电磁波传播

接下来，将涂层视为由 SRRs 组成的 MNG 材料，其色散参数分别为 $f_{ep}=42.9$、$f_{mo}=0.5$ 和 $\gamma_e=0.001$。计算得到的反射系数如图 2-21 所示（参考 Oraizi 和 Abdolali，2010 年）。由图可见，反射系数的虚部均为负数。

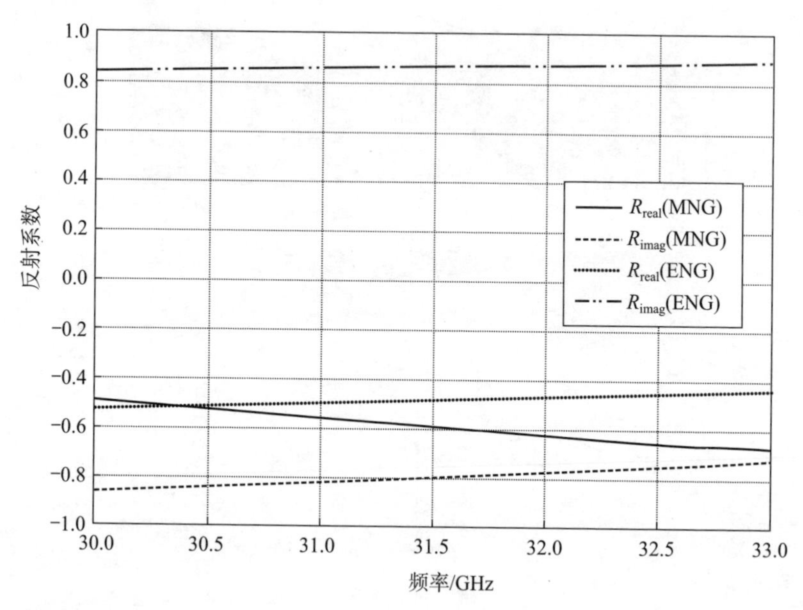

图 2-21 带有金属背板的超材料对法向入射的反射系数（超材料层厚度=1 mm）

图 2－22 给出了表面涂覆色散材料的 PEC 平板在 Ku 波段波垂直入射情况下的反射率。图中给出了不同电介质涂层和超材料涂层（金属棒和金属环）的反射率曲线（参考 Oraizi 和 Abdolali，2010 年）。

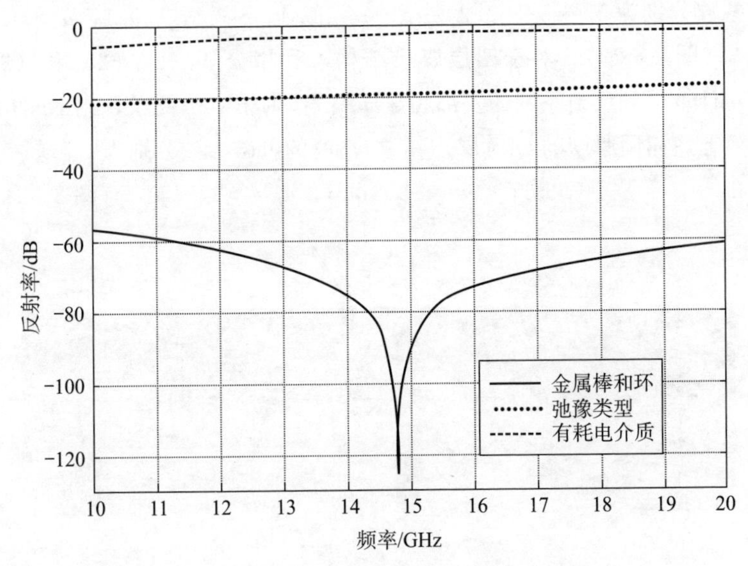

图 2－22　表面带有厚涂层 PEC 的反射率（厚度 30 mm）

对于三层媒质（空气－超材料－PEC），利用式（2－60）和（2－61）可计算得到反射系数。涂层厚度为 30 mm。很显然，在 PEC 平板表面涂覆合适的超材料，在特定频率下能够获得零反射。利用下面的公式能够计算得到材料的介电常数和磁导率。

有耗电介质：

$$\varepsilon=\frac{\varepsilon_r}{f^{\alpha}}-\mathrm{j}\,\frac{\varepsilon_i}{f^{\beta}};\mu=\mu_r$$

弛豫类型：

$$\varepsilon=\varepsilon_r;\mu=\frac{\mu_m(f_m^2-\mathrm{j}f_m f)}{f^2+f_m^2}$$

金属棒和金属环：

$$\varepsilon = 1 - \frac{f_{ep}^2}{f^2 - \mathrm{j} f \gamma_e}; \mu = 1 - \frac{f_{mp}^2 - f_{mo}^2}{f - f_{mo}^2 - \mathrm{j} f \gamma_m}$$

两层平板型超材料媒质：这里考虑两层平板结构。首先，设定这两层媒质为非色散 DPS 材料，其厚度分别为 6 mm 和 7 mm，电磁参数分别为 $\varepsilon_1 = 5 - \mathrm{j}0.2$，$\mu_1 = 1 - \mathrm{j}0.1$，$\varepsilon_2 = 3 - \mathrm{j}0.1$，$\mu_2 = 4 - \mathrm{j}0.5$（图 2-23）。对于四层媒质结构，利用公式（2-62）和（2-63）计算得到反射系数的实部和虚部[①]。作为第二个例子，用 DNG 层替换上述相同厚度的 DPS 层，其中 DNG 的电磁参数分别为 $\varepsilon_1 = -5 - \mathrm{j}0.2$，$\mu_1 = -1 - \mathrm{j}0.1$，$\varepsilon_2 = -3 - \mathrm{j}0.1$，$\mu_2 = -4 - \mathrm{j}0.5$（图 2-24）。

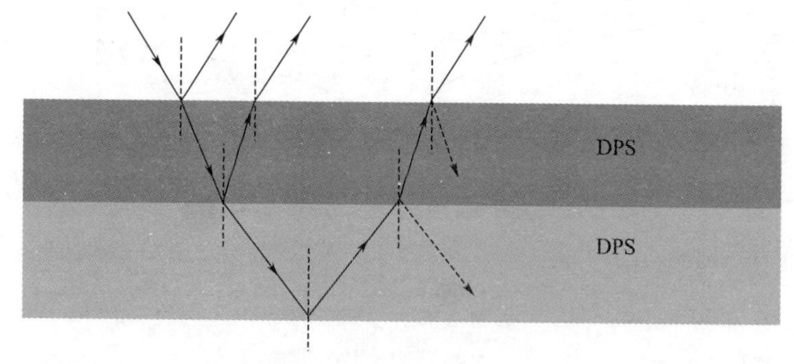

图 2-23　两层 DPS 结构的电磁波传播

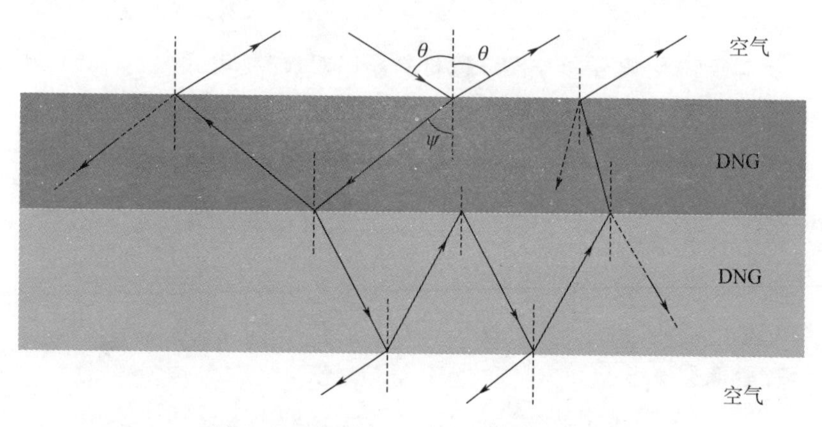

图 2-24　两层 DNG 结构的电磁波传播

① 原著有误，已修正。

图2-25给出了1～100 GHz频率范围内的反射系数计算结果（参考Oraizi和Abdolali，2010年）。由图可以看出，当用DNG层替换DPS层后，反射系数的实部保持不变。DNG结构与DPS结构的反射系数虚部成互为镜像关系。

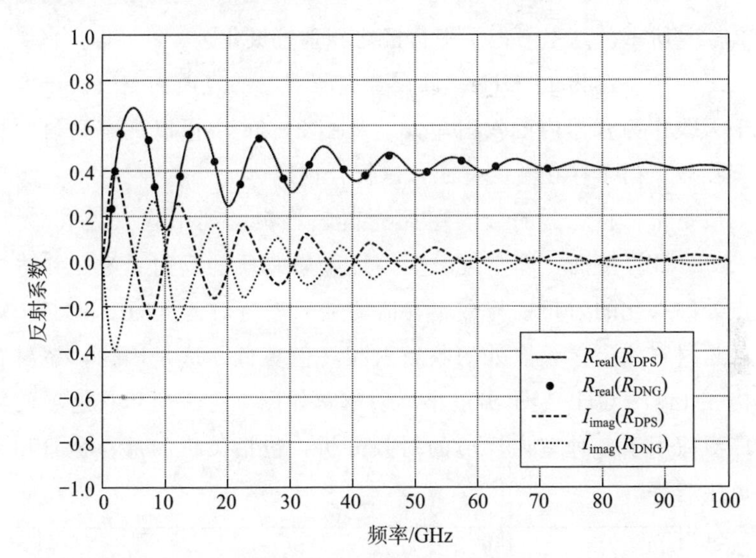

图2-25 两层结构的反射系数。厚度：6 mm和7 mm。第一种情况：DPS材料 $\varepsilon_1=6-j0.2$，$\mu_1=1-j0.1$，$\varepsilon_2=4-j0.1$，$\mu_2=5-j0.5$。第二种情况：DNG材料 $\varepsilon_1=-6-j0.2$，$\mu_1=-1-j0.1$，$\varepsilon_2=-4-j0.1$，$\mu_2=-5-j0.5$

2.3.2 封闭矩形腔体内的射频仿真

不同配置类型的反射系数可用于分析从所有端部封闭起来的矩形腔体/壳体内的射频场。这里给出了位于密封矩形容器内的接收点处构建射频场的预估。矩形容器的几何尺寸为180 cm×160 cm×140 cm。源位于侧壁的中心（0，0，0），距表面20 cm。接收点P（0，1.45，0）恰好位于源的对侧侧壁的中心。

利用成像方法追踪射线路径，得到容器内的反射点。这种方法确定了源相对于反射平面的像，并基于反射的阶数区分图像。这些像作为二次源，产生更高阶的反射。进一步追踪每一条射线并及时分离以得到时间相关解。通过对所有发射点和所有图像的贡献进行求和，预估得到接收点处的场（Choudhury 等人，2013 年）。接收点处场的构建是根据传播时间确定的，因而，也是根据弹射次数确定的。对于密封金属矩形容器（$\sigma=10^4$ S/m），归一化的射频场构建如图 2-26 所示。这里考虑了平行极化和垂直极化。

工作频率选为 15 GHz。假设金属容器内的媒质为空气。半波偶极子天线作为容器内的发射单元。从图 2-26 中可以观察到射频场没有收敛。由于存在金属壁面，这符合预期。

接下来，将容器的金属壁面涂覆超材料。利用式（2-66）和（2-67）计算壁面，即空气-超材料-金属媒质的反射系数。并将接收点处归一化的射频场与金属容器的结果进行对比（图 2-26）。可见，超材料涂层接收点处的收敛射频场值更低。这是因为，超材料结构在 14.78 GHz 显示出最小反射率，如图 2-22 所示。这项研究可广泛应用于各种室内环境的射频分析，包括飞机内部、客舱和飞行员座舱等。

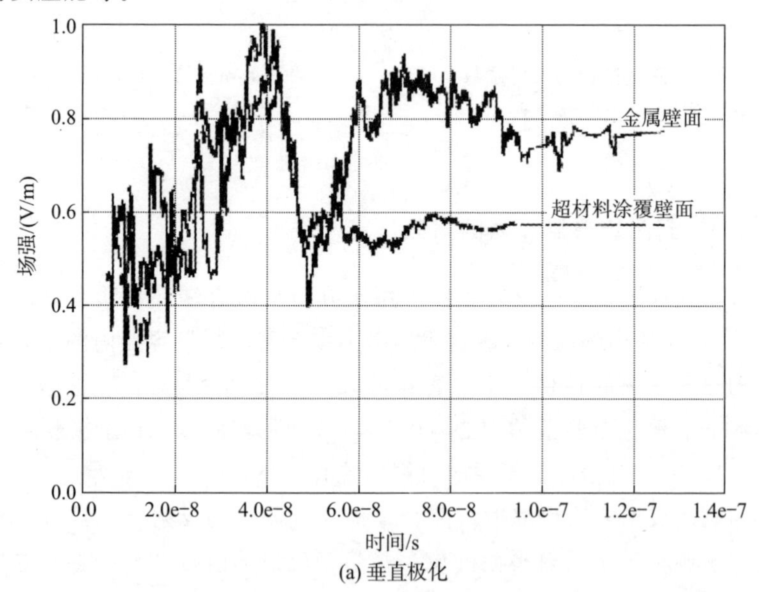

(a) 垂直极化

图 2-26　矩形容器内 20 次反射的射频场。频率=15 GHz；金属壁面；$\sigma=10^4$ S/m；超材料涂覆壁面；厚度=30 mm

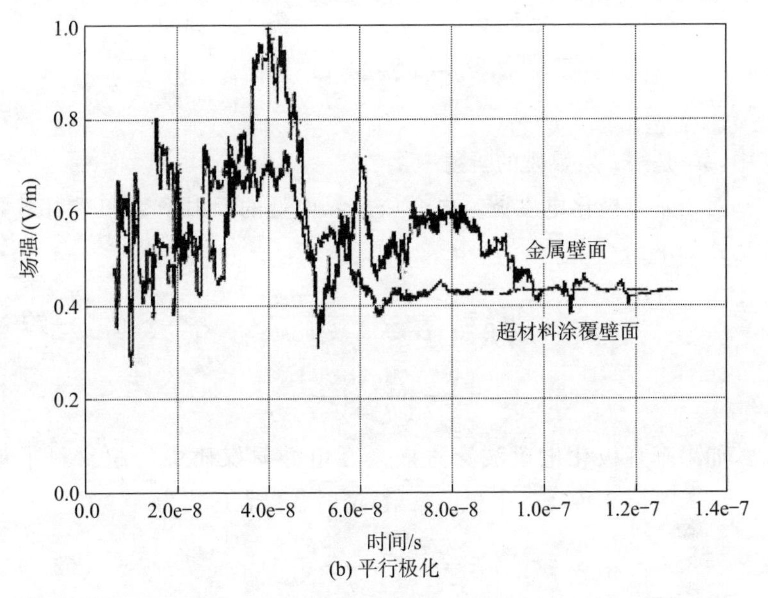

(b) 平行极化

图 2-26　矩形容器内 20 次反射的射频场。频率＝15 GHz；金属壁面；$\sigma = 10^4 \mathrm{S/m}$；超材料涂覆壁面；厚度＝30 mm（续）

2.4　抗反射和高反射电介质/超材料涂层

本节利用迭代方法讨论平面多层结构的传播特征（由 Cory 等人提出，1993 年）。多层结构选择为超材料和传统电介质层的复合。分别针对抗反射和高反射结构，计算反射系数和透射系数。

2.4.1　单层平板的电磁波传播

考虑厚度为 d_2 的平板中的电磁波传播（图 2-27）。平板的本构参数（ε，μ）随所选材料类型而变化。假设介电常数为 $\varepsilon_2 = -|\kappa|\varepsilon_0$，磁导率为 $\mu_2 = -\mu_0$ 的超材料平板，位于两层电介质层（ε_1，μ_0）和（ε_3，μ_0）之间。

利用 Snell 定律能够计算得到界面角度 θ_1，θ_2，θ_3，…，θ_N 。

$$k_1\sin\theta_1=k_2\sin\theta_2=k_3\sin\theta_3=\cdots=k_N\sin\theta_N \tag{2-66}$$

$$k_i=\omega\sqrt{\varepsilon_i\mu_i}=\omega n_i/c=(2\pi f n_i)/c=(2\pi\times\sqrt{\varepsilon_i\mu_i})/\lambda \tag{2-67}$$

其中，n_i 是第 i 层媒质的折射率。

对于垂直极化电磁波，电介质层界面处的反射系数和透射系数表达式如下

$$r_{ij}^{\perp}=\frac{k_j\cos\theta_i-k_i\cos\theta_j}{k_j\cos\theta_i+k_i\cos\theta_j} \tag{2-68}$$

$$t_{ij}^{\perp}=\frac{2k_i\cos\theta_i}{k_j\cos\theta_i+k_i\cos\theta_j} \tag{2-69}$$

如果垂直极化电磁波穿过嵌入在电介质媒质中的超材料平板（$\varepsilon_2=-|\kappa|\varepsilon_0$）传播，平板的反射/透射系数表达式为

$$\rho_2^{\perp}=\frac{r_{21}^{\perp}e^{j2\phi_2}+r_{32}^{\perp}}{1+r_{21}^{\perp}r_{32}^{\perp}e^{j2\phi_2}} \tag{2-70}$$

$$\tau_2^{\perp}=\frac{t_{21}^{\perp}t_{32}^{\perp}e^{j\phi_2}}{1+r_{21}^{\perp}r_{32}^{\perp}e^{j2\phi_2}} \tag{2-71}$$

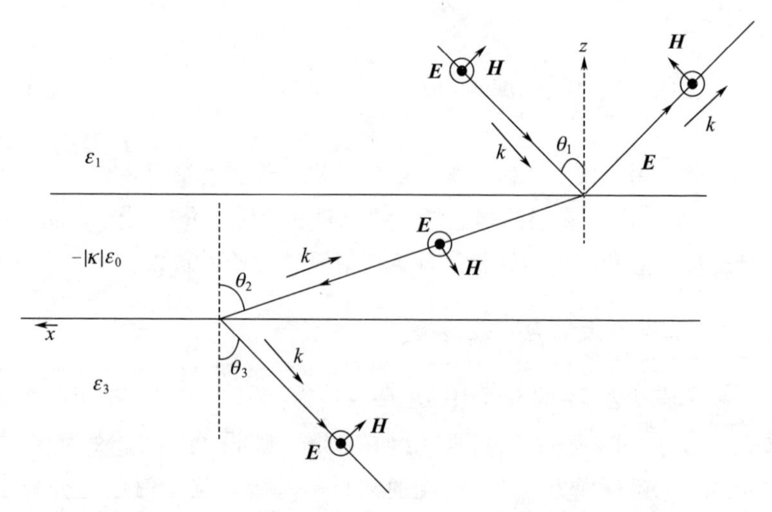

图 2-27　电磁波通过超材料平板与半无限电介质的传播

各层界面上的反射系数与透射系数（$r_{ij}^{\perp}$，$t_{ij}^{\perp}$）可通过式（2-68）和（2-69）计算获得。平板中电磁波的相位由下式给出

$$\phi_i = \pm(\omega/c)n_i d_i \cos\theta_i \tag{2-72}$$

其中，对超材料平板使用“+”号，对电介质平板使用“−”号。

对于垂直入射，传播相位常数 ϕ_i 表示为

$$\phi_i = kn_i d_i \tag{2-73}$$

如果光学长度 $n_i l_i = \lambda_0/4$，则传播相位常数由下式给出

$$\phi_i = \frac{2\pi}{\lambda} \cdot \frac{\lambda_0}{4} \tag{2-74}$$

2.4.2　多层结构中的电磁波传播

通过对电磁波穿过各媒质层的反射和透射的迭代计算（Cory 和 Zach，2004 年），垂直极化和平行极化下多层媒质总的反射系数和透射系数表达式如下

$$\rho_n^{\perp} = \frac{\rho_{n-1}^{\perp} e^{\pm j2\phi_n} + r_{n+1,n}^{\perp}}{1 + \rho_{n-1}^{\perp} r_{n+1,n}^{\perp} e^{\pm j2\phi_n}} \tag{2-75a}$$

$$\rho_n^{\parallel} = \frac{\rho_{n-1}^{\parallel} e^{\pm j2\phi_n} + r_{n+1,n}^{\parallel}}{1 + \rho_{n-1}^{\parallel} r_{n+1,n}^{\parallel} e^{\pm j2\phi_n}} \tag{2-75b}$$

$$\tau_n^{\perp} = \frac{\tau_{n-1}^{\perp} t_{n+1,n}^{\perp} e^{\pm j\phi_n}}{1 + \rho_{n-1}^{\perp} r_{n+1,n}^{\perp} e^{\pm j2\phi_n}} \tag{2-76a}$$

$$\tau_n^{\parallel} = \frac{\tau_{n-1}^{\parallel} t_{n+1,n}^{\parallel} e^{\pm j\phi_n}}{1 + \rho_{n-1}^{\parallel} r_{n+1,n}^{\parallel} e^{\pm j2\phi_n}} \tag{2-76b}$$

其中，ϕ_n 表示对应于第 n 层的相位。注意在上式中的“±”号，对超材料使用“+”，对电介质媒质使用“−”。层厚度可以相同，也可以不同。层界面上的反射系数和透射系数能够利用式（2-68）和（2-69）计算获得。位于两层相似电介质媒质层之间、由 N 层相同厚度媒质层组成的多层结构的示意图如图 2-28 所示。

由电介质媒质和超材料或者由不同的超材料组成的多层结构具有完全不同的特性，这主要取决于各个媒质层的本构参数。这些特性可用于探索设计和开发高反射或零反射涂层（Ziolkowski 和

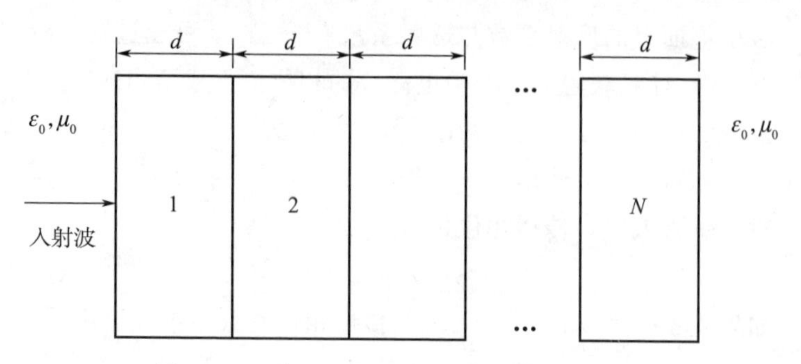

图 2-28 位于空气之中的等厚度电介质平板

Heyman，2001 年；Cory 和 Zach，2004 年）。图 2-29 给出了插入到两个半无限大电介质层中间、由 N 个不同厚度 d_1，d_2，d_3，…，d_N 材料组成的 N 层多层结构。

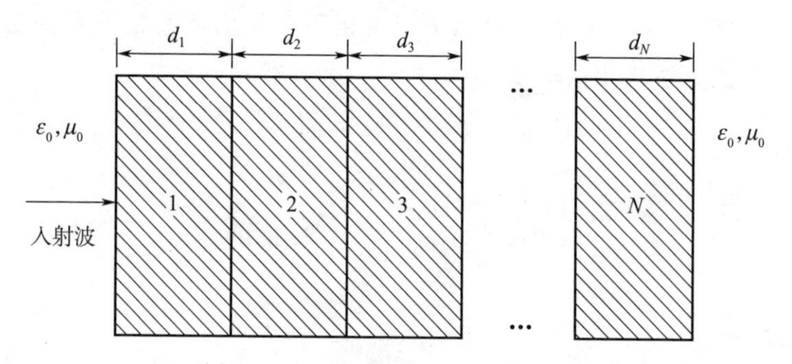

图 2-29 位于空气中的不同厚度电介质平板

2.4.3 由电介质组成的抗反射涂层

抗反射涂层是这样一类涂层，当应用到结构表面时反射系数为零。通过在一个任意厚度电介质平板的两侧放置四分之一波长厚度的涂层，可以使该电介质平板成为抗反射平板。特别的，对于半波长平板，平板两侧的媒质应该完全相同（Oraizi 和 Abdolali，2010 年）。

图 2-30（a）给出了由空气和玻璃组成的半无限大电介质媒质。图 2-30（b）中，在这两种半无限大媒质之间插入了一层电介质涂层。利用式（2-70）、（2-75）和（2-76）计算可见光光谱范围

(400～700 nm) 内具有不同电介质涂层的这一结构的反射系数。截止波长 λ_0 取为 550 nm (参考 Orfanidis，2002 年)。图 2-31 给出了折射率分别近似为 1.4 和 1.2 的氟化镁 (MgF_2) 和冰晶石 (Na_3AlF_6) 涂层反射系数的变化曲线。

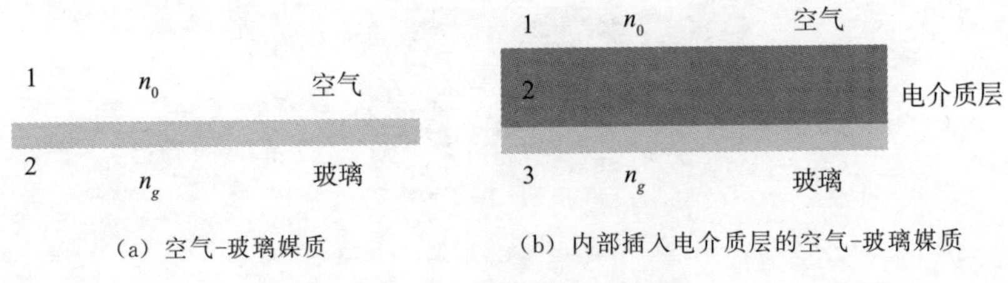

(a) 空气-玻璃媒质　　(b) 内部插入电介质层的空气-玻璃媒质

图 2-30　不同媒质示意图

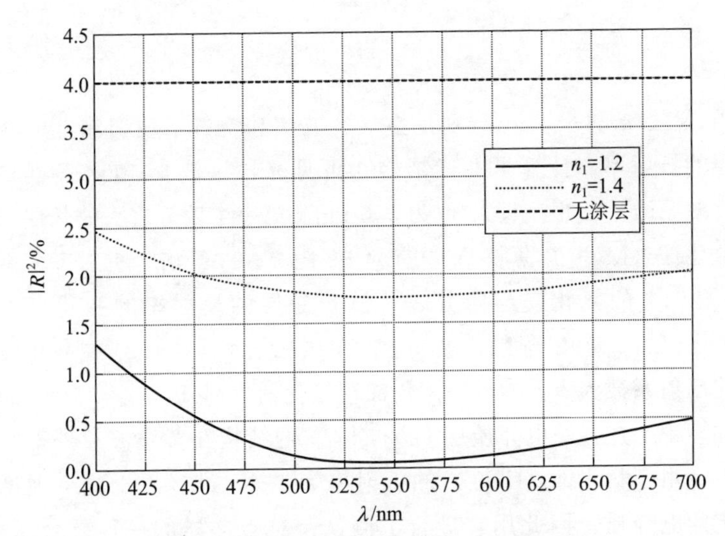

图 2-31　玻璃表面带有对消涂层的反射系数

注意无涂层的玻璃的反射系数不为零，并且为常数。但是，涂覆折射率为 1.2 的冰晶石 (Na_3AlF_6) 后，玻璃的反射系数在截止波长 (550 nm) 处变为零。因此，在 550 nm 波长处，冰晶石起到了抗反射涂层的作用。但对于涂覆折射率为 1.4 的氟化镁 (MgF_2) 涂层的玻璃而言，情况就不是这样了。反射系数仍然保持为非零值。

在图 2-32 中，两层电介质涂层嵌入在两层半无限大媒质之间。为了将这种结构设计为抗反射涂层，需要使用下式确定第二层电介质涂层的合适的折射率，其计算公式如下：

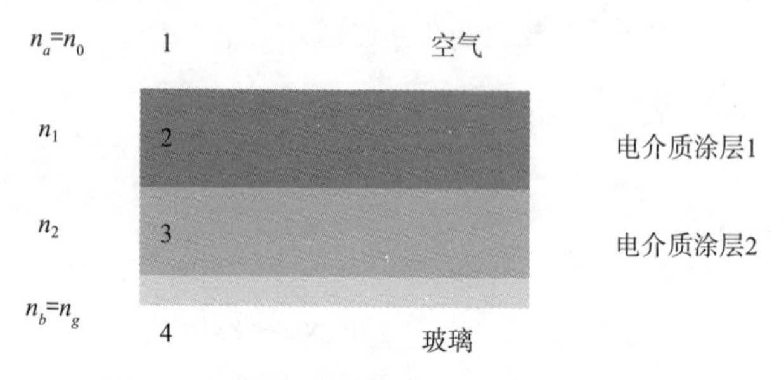

图 2-32　带有电介质涂层的四层结构示意图

$$n_2=\sqrt{\frac{n_1^2 n_b}{n_a}} \tag{2-77}$$

其中，n_a，n_b，n_1，n_2 分别是空气、玻璃和空气、玻璃涂上电介质涂层的折射率。计算了上述结构在可见光段（波长 400～700 nm）的反射系数。截止波长 λ_0 取为 550 nm。第一个四分之一波长层选取为氟化镁（MgF_2）薄膜（$n_1=1.4$）。图 2-33 给出了折射率分别为 1.4 和 1.7 的氟化镁与四分之一波长涂层的反射率的变化（参考 Cotuk，2005 年）。显然，玻璃上的单层涂层（$n_1=1.2$）在截止波长处的反射系数为零。此外，采用涂覆氟化镁（MgF_2，$n_1=1.4$）的玻璃和理论上选择的电介质层（$n_2=1.7$）的结构在截止波长处得到零反射。由于氟化铈（CeF_3）的折射率为 1.6，最接近于这个理论上选定的电介质，因此用它进行了测试；对于这样的一种复合结构，反射系数趋于零。

接下来使用另一个电介质涂层来构成嵌入在半无限大媒质中的三层 $\lambda/4-\lambda/2-\lambda/4$ 结构（图 2-34）。利用式（2-77）计算得到第三层电介质涂层的折射率为 1.7。这个 $\lambda/4-\lambda/2-\lambda/4$ 涂层结构由氟化镁（MgF_2）、氧化锆（ZrO_2）和电介质材料组成，其折射率分别为 1.4、2.2 和 1.7。图 2-35 给出了该结构的反射率随波长的变化

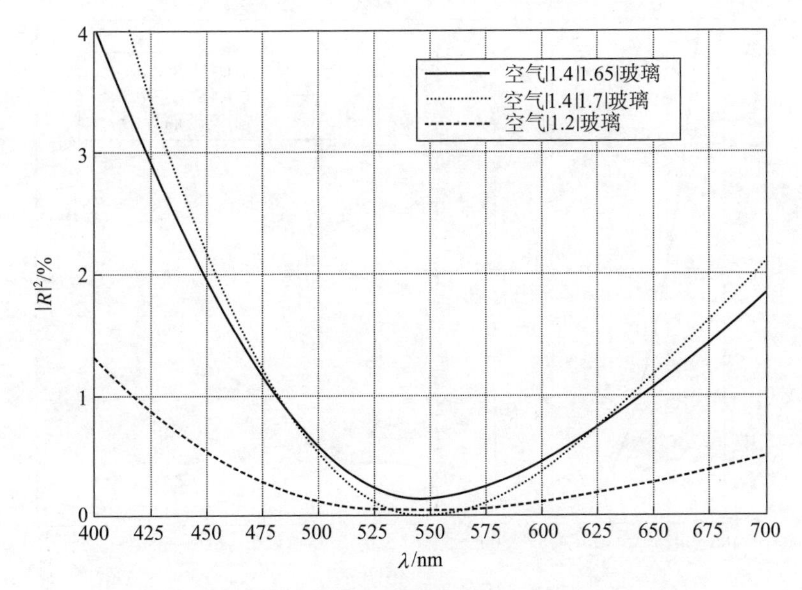

图 2-33　两层电介质层和玻璃组成的抗反射涂层的反射率

曲线。计算结果表明该结构在截止波长处的反射系数为零，因此，能够作为抗反射涂层。

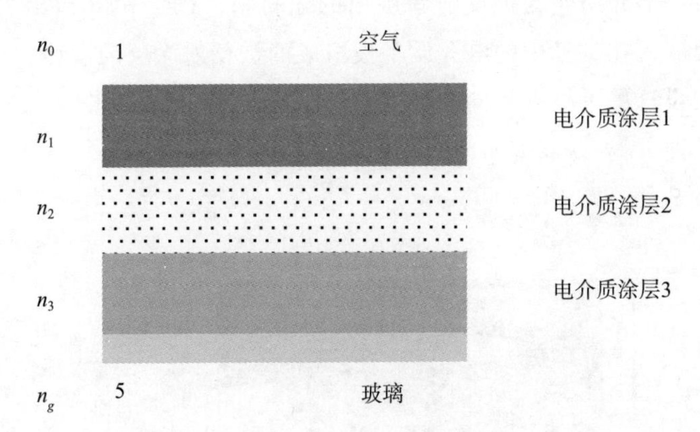

图 2-34　带有 $\lambda/4-\lambda/2-\lambda/4$ 涂层的四层电介质材料结构示意图

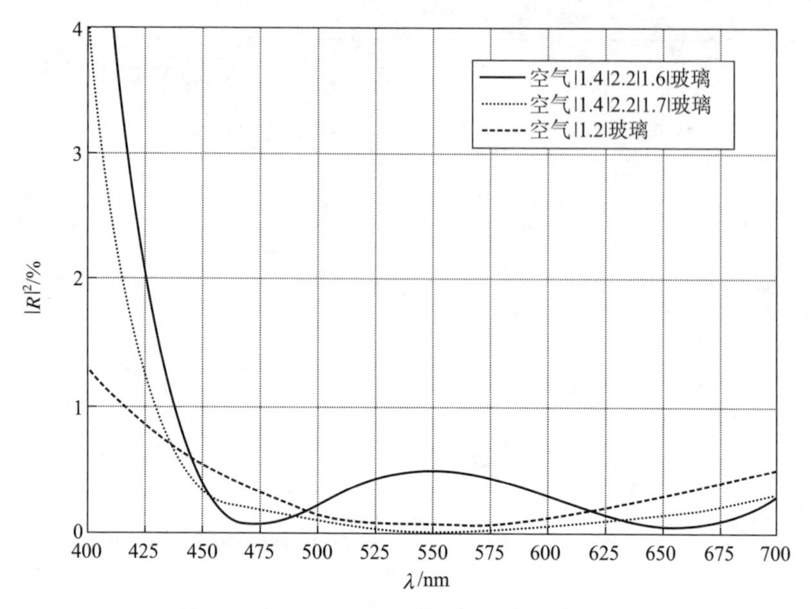

图 2-35 三层电介质层和玻璃组成的抗反射涂层的反射率

2.4.4 由超材料组成的抗反射涂层

本小节介绍作为抗反射涂层用的超材料。图 2-36 给出了由超材料及嵌入在空气中的电介质平板组成的抗反射涂层的设计。

假设这些平板有相同的厚度（$d=0.1$ m），但是介电常数的符号相反，即 $n_2=|\kappa|\varepsilon_0$，$n_3=-|\kappa|\varepsilon_0$（$\varepsilon_{r1}=4$，$\mu_{r1}=1$，$\varepsilon_{r2}=-4$，$\mu_{r2}=-1$）。

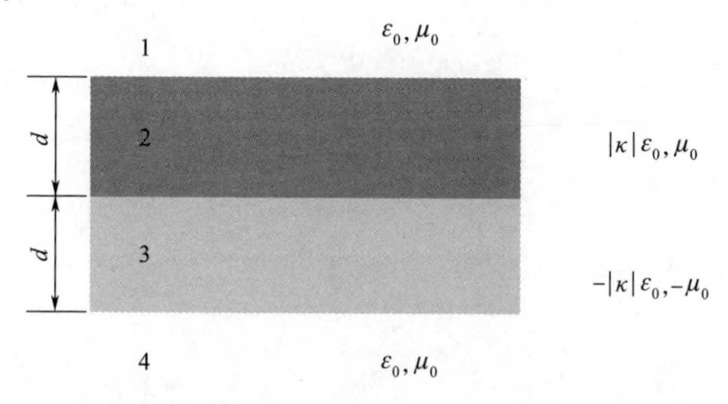

图 2-36 半无限大媒质中的电介质-超材料平板

上述结构垂直入射下传播系数变化的结果表明，在 0.5～2 GHz 范围内，反射系数和透射系数分别为 0 和 1（图 2－37）。这是当电介质和超材料层的厚度完全相同、本构参数（ε，μ）值相等但是符号相反时，出现的特殊情况。

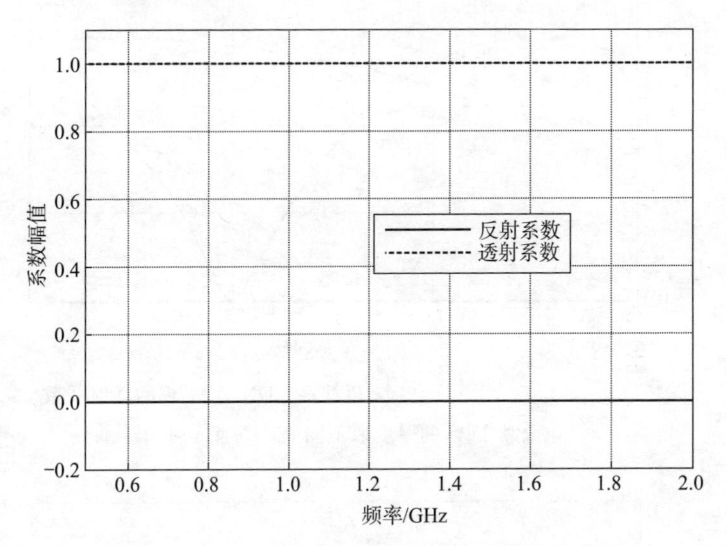

图 2－37　空气中电介质-超材料平板的反射系数和透射系数随频率的变化曲线（垂直入射）

如果电介质层的厚度不相同，那么反射系数和透射系数将不再分别保持为 0 和 1。图 2－38 和图 2－39 分别给出了验证。图中，电介质层的厚度分别选取为 $d=0.1$ m，0.12 m，0.15 m，保持超材料厚度为常数，即 $d=0.1$ m。本构参数选取与图 2－37 相同的值。

如果媒质层具有不同的厚度，只有在特定的频率，反射系数才会变为零，例如，对于 $d=0.15$ m，1.5 GHz 时的反射系数为零。如果频率继续增大，反射系数将在另外一个特定频率下变为零。这种情况以周期性重复。透射系数也具有同样的变化趋势（图 2－39）。

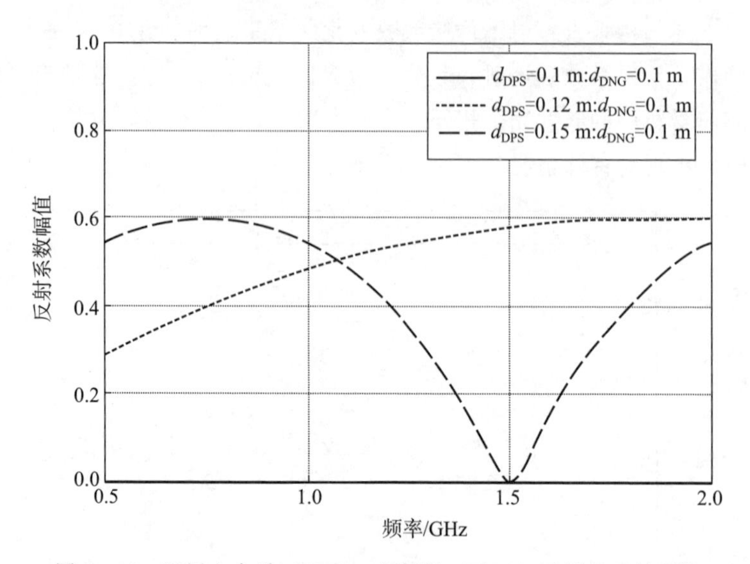

图 2-38　两层电介质（DPS）-超材料（DNG）平板的反射系数（电介质 DPS 的厚度取不同值，垂直入射）

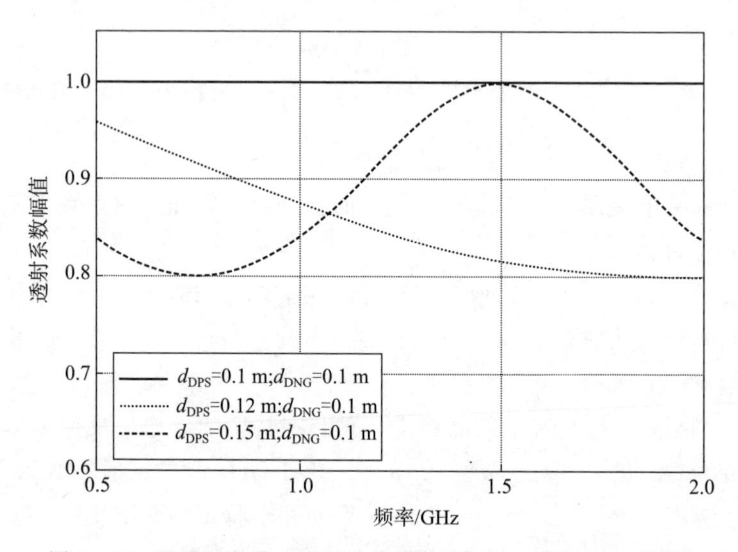

图 2-39　两层电介质（DPS）-超材料（DNG）平板的透射系数（电介质 DPS 的厚度取不同值，垂直入射）

下面给出不同入射角下，两层电介质-超材料媒质上（图2-36）垂直极化电磁波的反射变化（图2-40）。所选取频率为1 GHz。电介质和超材料（DNG）的厚度保持完全相同，这里取 $d=0.1\ \text{m}$。可以看到，当入射角从0°变到90°时，反射系数和透射系数分别在0到1之间变化。对于平行极化电磁波，情况相同。

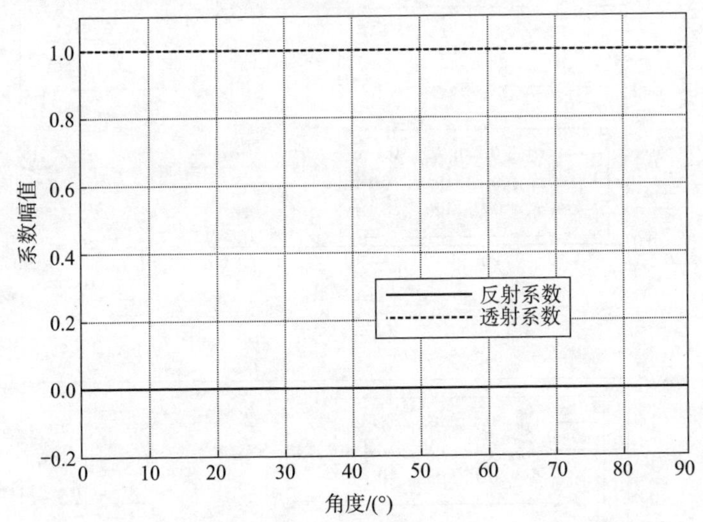

图2-40　空气中一组电介质和超材料平板的反射与透射系数随入射角的变化曲线（垂直极化）

如果改变电介质层的厚度，在垂直极化和平行极化两种情况下，入射角对反射系数和透射系数变化趋势的影响将是不同的，如图2-41和图2-42所示。对于垂直极化，只有在入射角为63°时，反射系数和透射系数分别为0和1。然而，在平行极化情况下，对于任何入射角（入射角范围为0°～90°），反射系数和透射系数都不能达到这个值。

到目前为止，电介质和超材料的本构参数的值相等但符号相反，例如电介质：$\varepsilon_{r1}=4$，$\mu_{r1}=1$；DNG：$\varepsilon_{r2}=-4$，$\mu_{r2}=-1$。实践中，不一定一直都是这种情况。因此，接下来我们令电介质层的本构参数为 $\varepsilon_r=2.4$，$\mu_r=1$；$d=0.1\ \text{m}$，而保持超材料参数不变（DNG：$\varepsilon_r=-4$，$\mu_r=-1$；$d=0.1\ \text{m}$）。

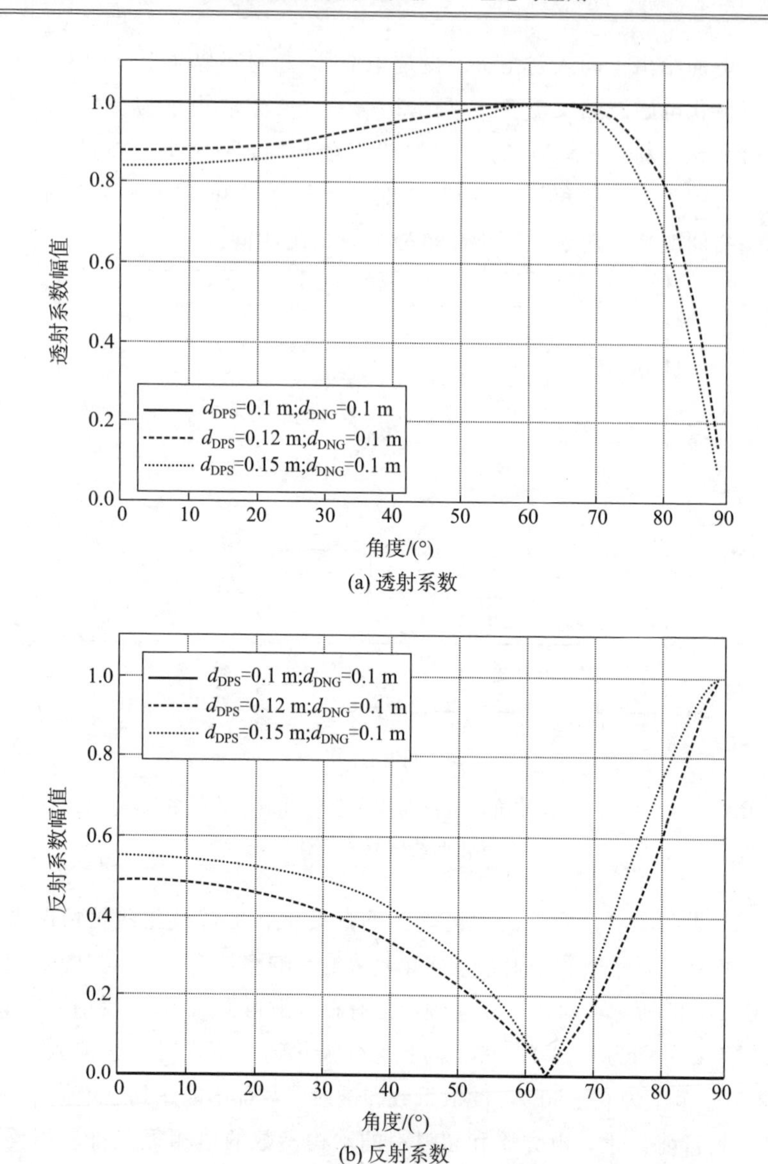

(a) 透射系数

(b) 反射系数

图 2-41 不同入射角电磁波在两层电介质（DPS）-超材料（DNG）平板中的传播（垂直极化）

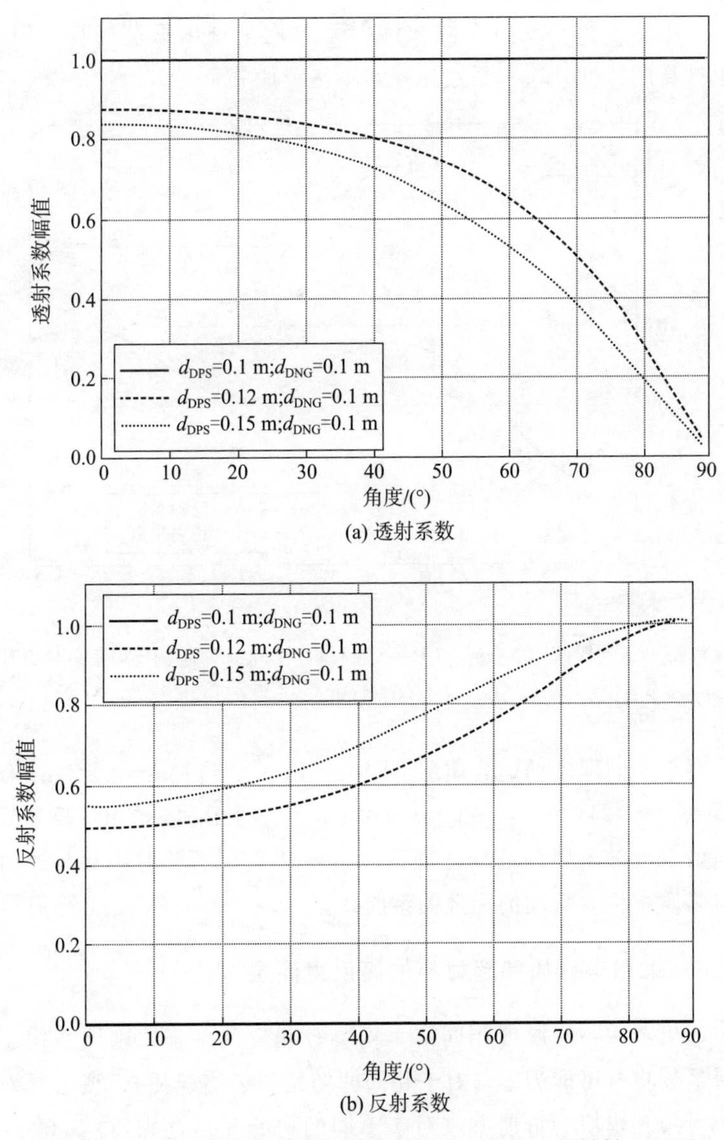

(a) 透射系数

(b) 反射系数

图 2-42　不同入射角电磁波在两层电介质（DPS）-超材料（DNG）平板中的传播（平行极化）

图 2-43 给出了这类结构在垂直入射情况下的反射系数和透射系数。由图可知，反射系数和透射系数均呈现出振荡特性。但是，由于材料的特性，这些系数相互间不是镜像关系。

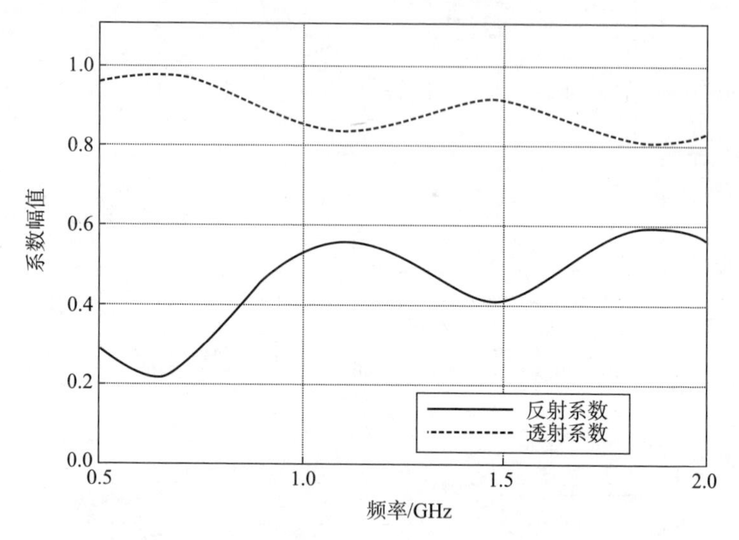

图 2-43　垂直入射时两层电介质（DPS）-超材料（DNG）平板的反射系数与透射系数。DPS：$\varepsilon_r=2.4$，$\mu_r=1$；$d=0.1$ m；DNG：$\varepsilon_r=-4$，$\mu_r=-1$；$d=0.1$ m

对于不同厚度的电介质层（$\varepsilon_{r1}=2.4$，$\mu_{r1}=1$；$d=0.12$ m）和超材料（$\varepsilon_{r2}=-4$，$\mu_{r2}=-1$；$d=0.1$ m），图 2-44 给出了反射系数和透射系数随入射角的变化曲线。由此建立起了反射系数与透射系数与媒质本构参数间的函数关系曲线。

2.4.5　采用电介质和超材料的高反射涂层

如果考虑一对厚度相同但本构参数相反的平板，则该结构总的反射系数将有可能为零（对于相同的初始和最终媒质），或者是取决于入射角和媒质的折射率（对于不同的初始和最终媒质）（Cory 和 Zach，2004 年）。通过选择合适的超材料和电介质平板，能够实现高反射涂层。

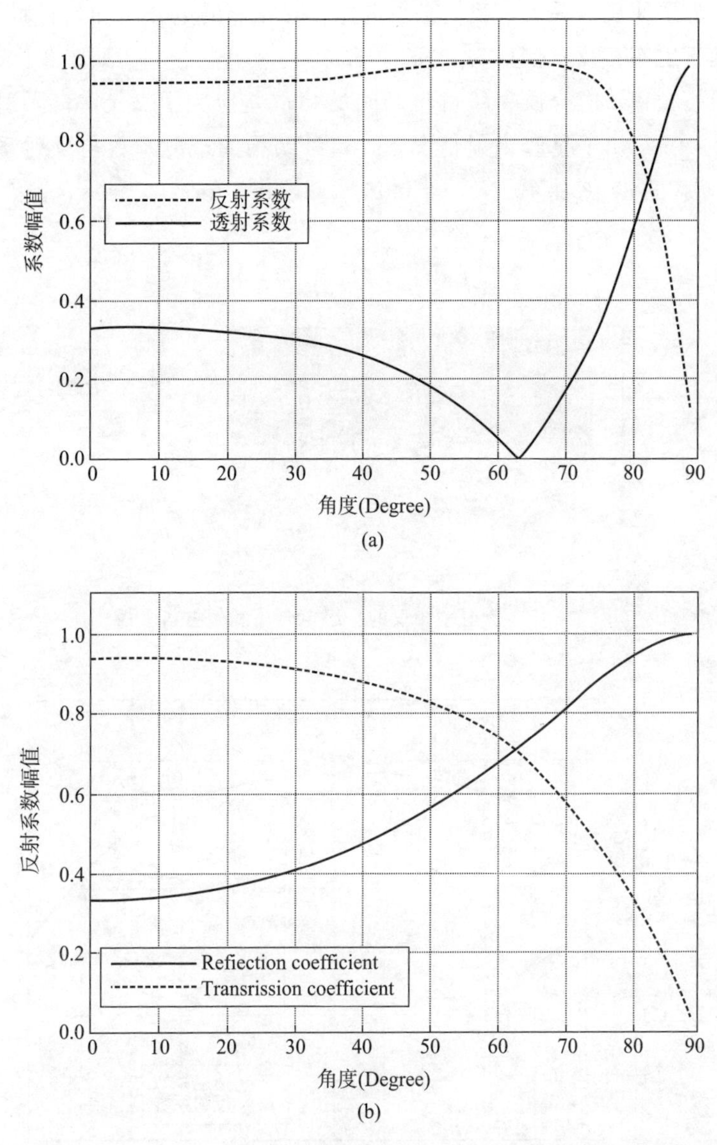

图 2-44　两层电介质（DPS）-超材料（DNG）平板的反射系数与透射系数。

DPS：$\varepsilon=2.4$，$\mu_r=1$；$d=0.12$ m；DNG：$\varepsilon_r=-4$，$\mu_r=-1$；$d=0.1$ m

为了使反射最大，我们必须选择一对相邻的电介质和超材料层，使其折射率相反（例如 $\varepsilon_{r4} < \varepsilon_{r3}$；$\varepsilon_{r3} > \varepsilon_{r2}$；$\varepsilon_{r2} < \varepsilon_{r1}$，如图 2-45），在中心频率、电介质和超材料之间的相位差应为 $\pi/2$（垂直入射）。图 2-46 给出了垂直入射情况下，这种结构的透射系数与反射系数随频率的变化曲线（$\varepsilon_{r1} = 0.2$，$d_1 = 0.1$ m；$\varepsilon_{r2} = -4$，$d_1 = 0.05$ m）。

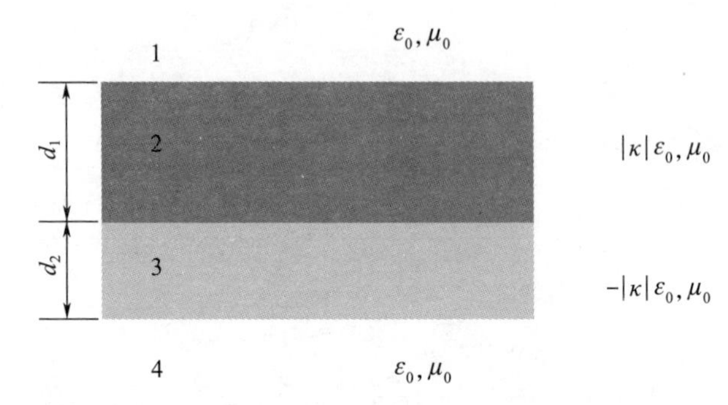

图 2-45　折射率相反的一组电介质和超材料平板

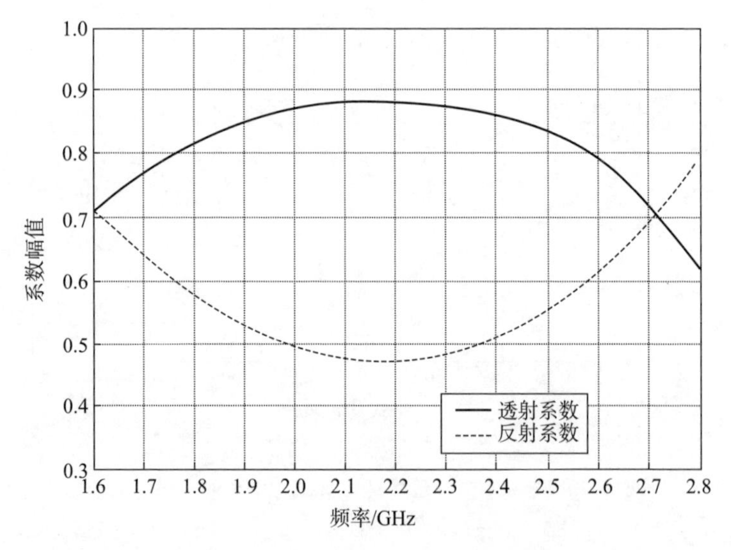

图 2-46　空气中一组电介质和超材料平板的反射系数与透射系数

在中心频率 2.2 GHz，反射系数的最大值等于 0.88，最小透射系数等于 0.47。因此，通过使用合适的超材料-电介质平板的复合结构，我们可以实现可控的透射/反射特性。

2.5 结论

首先，基于多层半无限大/有限厚度媒质的反射系数和透射系数，介绍了多层电介质媒质中的电磁波传播特性。研究了不同种类电介质媒质的反射与透射结果。讨论了半无限大媒质界面处垂直入射电磁波的反射系数和透射系数。然后，讨论了无耗和吸波媒质中的电磁波传播。可以看到，反射系数随媒质厚度变化呈现出振荡的趋势。对于有耗媒质，阻尼的程度取决于媒质的层数和材料的本构参数。这个概念可以进一步推广应用到多层电介质-超材料媒质的反射/透射系数的预估。

多层电介质-超材料媒质的电磁波传播分析表明，超材料层在特定的频率范围内能够明显地减小反射。对不同结构进行了仿真分析，主要包括：有金属背板的超材料、DPS - DPS 以及 DNG - DNG 等。ENG、MNG 和 DNG 超材料反射系数的实部和虚部分量证实，DPS 和 DNG 媒质层的反射系数的实部是重叠的，但二者的反射系数虚部构成镜像关系。另一方面，研究表明，覆盖在 PEC 平板上的 ENG 和 MNG 涂层反射系数互为复共轭关系。这项研究在分析诸如涂覆有超材料的金属密闭容器这样的密闭壳体中的射频场等方面具有应用潜力。密闭金属盒内接收点处的场强在侧壁使用超材料涂覆时收敛到较小的幅值。这是由于在特定频率上超材料提供了最小反射的缘故。这个概念可广泛用于飞机机舱、客舱、驾驶舱的电磁环境分析。

接下来，从抗反射和高反射涂层角度，介绍了多层电介质-超材料平板结构的电磁波传播。嵌入在两种半无限大媒质之间、具有合适折射率的电介质平板，能够在特定频率（截止频率）起到抗反射涂层的作用。随着电介质层数的增加，可以得到的最小反射的带宽也随之增大。

超材料在抗反射/高反射结构中具有潜在的应用价值。研究结果表明，由具有相同厚度但相反介电常数的电介质-超材料平板交替成对组成的多层结构，能够作为抗反射涂层。该结构总的反射系数或者变为零，或者与入射角和媒质折射率密切相关。抗反射结构具有战略性应用价值，例如用于天线/天线罩的设计。与之相反，通过使用具有不同折射率的一对电介质-超材料层，也能够实现高反射涂层。在特定频率，该结构总的反射系数呈现最大值。通过合适的结构设计和本构参数选取，这样的电介质-超材料层能够作为低可探测平台的雷达吸波材料使用。

参考文献

Brekhovskikh，L. M.，D. Lieberman，and R. T. Beyer. 1965. Waves in Layered Media. New York：Academic Press，561.

Choudhury，B.，H. Singh，J. P. Bommer，and R. M. Jha. 2013. ‘RF field mapping inside large passenger aircraft cabin using refined ray - tracing algorithm.’ IEEE Antennas and Propagation Magazine 55 (1)：276 - 88.

Cory，H.，S. Shiran，and M. Heilper. 1993. ‘An iterative method for calculating the shielding effectiveness and light transmittance of multilayered media.’ IEEE Transactions on Electromagnetic Compatibility 35：451 - 56.

Cory，H. and C. Zach. 2004. ‘Wave propagation in metamaterial multilayered structures.’ Microwave Optical Technological Letters 40 (6)：460 - 65.

Cotuk，U. 2005. Scattering from Multi - Layered Metamaterials using Wave Matrices. Monterey，CA：Master's Thesis Report，Naval Postgraduate School，49.

Jordan，E. D. and K. C. Balmain. 1976. Electromagnetic Waves and Radiating Systems. Prentice - Hall of India，753.

Klement，D.，J. Preissner，and V. Stein. 1988. ‘Special problems in applying the physical optics method for backscatter computations of complicated objects.’ IEEE Transactions on Antennas and Propagation 36：228 - 37.

Knott，E. F.，J. F. Shaeffer，and M. T. Tuley. 1985. Radar Cross Section. Dedham，MA：Artech House Inc.，462.

Kong，J. A. 2002. ‘Electromagnetic wave interaction with stratified negative isotropic media.’ Progress in Electromagnetic Research 35：1 - 52.

Oraizi，H. and A. Abdolali. 2008. ‘Design and optimisation of planar multilayer antireflection metamaterial coatings at Ku band under circularly polarised oblique plane wave incidence.' Progress in Electromagnetic Research C 3：1－18.

Oraizi，H. and A. Abdolali. 2010. 'Several theorems for reflection and transmission coefficients of plane wave incidence on planar multilayer metamaterial structures.' IET Microwaves，Antennas and Propagation 4：1870－79.

Orfanidis，S. J. 2002. Electromagnetic Waves and Antennas. Piscataway，NJ：Rutgers University，785.

Pendry，J. B. 2000. 'Negative refraction makes a perfect lens.' Physical Review Letters 85（18）：3966－69.

Ruck，G. T.，D. E. Barrick，W. D. Stuart，and C. K. Krichbaum. 1970. Radar Cross Section Handbook. New York：Plenum Press，2：949.

Shelby，R. A.，D. R. Smith，and S. Schultz. 2001. 'Experimental verification of a negative index of refraction.' Science 292（55－4）77－79.

Veselago，V. G. 1968. 'The electrodynamics of substances with simultaneously negative values of ε and μ.' Soviet Physics Uspekhi10（4）：509－14.

Ziolkowski，R. W.，and E. Heyman. 2001. 'Wave propagation in media having negative permittivity and permeability.' Physical Review E 64（5）：1－15.

第3章　相控阵天线的雷达散射截面

3.1　引言

雷达散射截面（RCS）是目标可探测性的度量，它取决于目标外部特征和电磁波特性。RCS表征了目标反射回接收机的电磁波能量与入射电磁波能量之间的相互关系。换言之，它表征目标朝发射机散射功率的大小。目标的RCS取决于其几何形状、频率、极化、取向、结构材料，以及天线和其他传感器等部件。

相控阵天线是由孔径、缝隙、喇叭、微带贴片、螺旋线或偶极子等天线单元组成的阵列，目的是获得更好的指向性（Mallioux，1994年），但也会影响其安装平台的RCS。因此，为减缩相控阵天线RCS而进行预估和减缩时，带内（雷达信号的工作频率）和带外威胁频率的散射都应该予以考虑。

相控阵天线的散射分析需要计入两种散射模式的贡献：模式项散射（或辐射模式）和结构项散射（Hansen，1989年）。感应电流在天线馈电点发生反射并形成的再次辐射为天线模式项散射。与之相反，结构项散射由天线的表面感应电流产生。当天线安装在一个平台上时，两种模式很难辨识和分离（Wang等人，2010年）。另外，天线阵列的辐射和散射特性取决于天线阵列与雷达工作频率的相对位置。如果雷达信号的频率落在天线阵列的工作频带内，那么入射信号的频率与天线单元的工作频率匹配，信号能够进入到馈电结构中，从而在天线系统内形成多次反射，对天线阵列的RCS有显著贡献（Jenn，1995年）。另一种情况是，如果入射信号的频率落在天线阵列的工作频段之外，那么雷达信号的频率与天线单元的工作频率就不匹配，馈电结构内的反射将不明显。

国防应用要求设计 RCS 尽可能小的装备，以便即使采用高灵敏度雷达也无法检测到它。针对这样的隐身或者低 RCS 平台，相控阵天线不但需要高性能（增益、旁瓣、尺寸和重量），也需要满足达到低 RCS 水平的要求。另一方面，任何减缩 RCS 的主动/被动手段也必须以不降低天线阵列性能为前提。

本章的论述重点是如何降低安装在航空航天平台上的相控阵天线的 RCS，以确保其信号特征不占主导（Lu 等人，2009 年）。此类问题的一个典型例子是低 RCS 平台上的高增益天线。如今，集成的发射-接收（T－R）模块或者仅接收的模块常与天线单元并置。此外，自校准和自适应智能共形蒙皮阵列是机载传感器/天线的首选。除了低 RCS 特征以外，这些技术还能提高天线效率和可靠性，促进了共形相控阵天线的应用（Kuhn，2011 年）。

由于与带内独立天线阵列的结构项散射 RCS 相比，天线模式项散射占主导，因此这里的主要目标是预估仅考虑天线模式项散射时相控阵天线的带内 RCS，为了实现这个目标，需要一个有效且精确的 RCS 模型，以便实现天线 RCS 和辐射性能的折中设计。

3.2 基础理论

从 20 世纪 50 年代开始，天线散射就一直备受关注。但是，直到 80 年代，关注的主要焦点还是低增益天线。随后，由于高增益天线在未来低 RCS 平台上的潜在应用价值，关注的焦点转移到高增益天线。目标散射场是一定边界条件下感应电流和磁流的总效应。实际上，取决于散射方式的差异，具有相同幅度和相位辐射方向图的天线也可能产生彼此不同的散射场。

给定目标——飞机、舰船或其他航天飞行器——的雷达散射截面（RCS）的作用可以归属于其作为天线系统的作用。因此，RCS（也称为回波面积）是当目标被入射波照射时在给定方向上散射的功

率的度量，可以定义为（Knott 等人，1985 年）

$$\sigma(\theta_i)=\lim_{R\to\infty}4\pi R^2\frac{|W_s(\theta)|}{|W_i(\theta_i)|}=\lim_{R\to\infty}4\pi R^2\frac{|E_s(\theta)|^2}{|E_i(\theta_i)|^2} \quad (3-1)$$

其中，R 是目标到接收机的距离，$W_s(\theta)$ 是接收机方向上的散射功率，$W_i(\theta_i)$ 是入射功率，$E_s(\theta)$ 是接收机方向上的散射电场，$E_i(\theta_i)$ 是入射电场。式（3－1）中的 $\lim_{R\to\infty}$ 表示将入射电磁波变成平面波所需的极限近似。由上述公式可以推断，计算 RCS 的本质是要确定目标的散射电场，深入地说是确定入射平面波在目标上产生的感应电流。这里仅仅考虑单站 RCS，即 $\theta=\theta_i$ 。RCS 的单位与面积的单位是相同的，即平方米（m^2）。但是，最常用的单位是分贝平方米（dBsm）①。二者的转换关系式如下

$$\sigma\ (\mathrm{dBsm})=10\log\sigma(\mathrm{m}^2) \quad (3-2)$$

RCS 的典型值从舰船的 50 dBsm（10^5 m^2）到昆虫的－30 dBsm（10^{-3} m^2），如表 3－1 所示。

表 3－1　不同目标的 RCS 典型值

目标	σ /m^2	σ /dBsm
船	10 000～100 000	40～50
轰炸机	1000	30
战斗机	100	20
坦克	10	10
人	1	0
枪	0.1	－10
鸟	0.01	－20
昆虫	0.001	－30

目标 RCS（Gustafsson，2006 年）主要取决于：

1）入射波、发射机和接收机的频率和极化；

2）散射目标的形状和相对于雷达的角度取向。

① 按 SI 制，dBsm 应为 dBm²，这里遵从原书习惯。

在设计探测特定目标的雷达以及设计面向特定雷达的目标时，要考虑这些因素。目标的 RCS 在三个频率区域内明显不同，可以基于这几个频率范围对入射电磁波进行分类。这三个频率区域分别被称为低频区、谐振区和高频区，其中低频和高频以入射波长表示的目标电尺寸来定义，而非其物理尺寸。

低频区或者瑞利区（$kL \ll 1$）：在这个区域，目标各个位置的表面感应电流幅度和相位基本保持恒定不变。在这些频率范围，目标的几何形状对 RCS 并不重要。

谐振区或者米氏区（$kL \approx 1$）：在这个区域，目标各个位置的表面感应电流幅度和相位都在变化。在这些频率范围，目标整体对散射模式有贡献。

高频区或者光学区（$kL \gg 1$）：在这个区域，散射场是角度相关的，因为目标体上不同位置的电流差异明显。这个频率范围内，目标的峰值散射常由特定点产生。

这里，$k(=2\pi/\lambda)$ 是波数，λ 是波长，L 是目标特征长度。

根据与天线工作频带相关的雷达波长，相控阵天线 RCS 预估可能分属于上述三个区域之一。进而，天线的散射特征可与内插有过渡频段的三个频率区域关联，如图 3-1 所示。

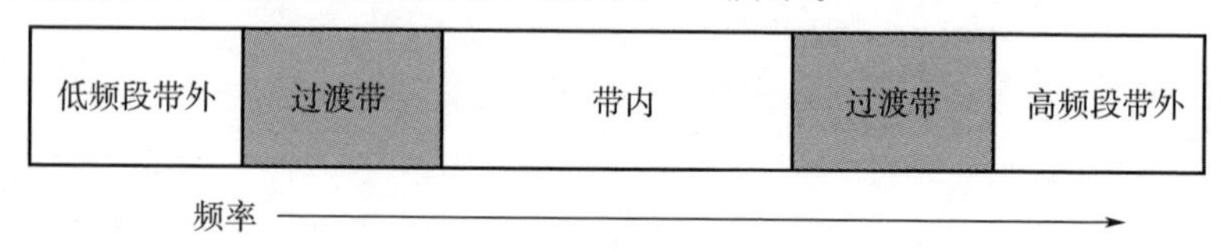

图 3-1 RCS 预估的频率范围

3.2.1 天线散射

安装在平台上的天线对平台的 RCS 有双重影响。首先，它明显破坏了表面的连续性（例如，在飞机表面安装天线阵列需要使用螺母和螺栓，这些零件增加了边缘的数量）。其次，精心设计的天线会吸收其工作频段内几乎所有的入射波能量。这两个因素共同作用会引起宽角度散射。而且，雷达信号能够进入天线系统的馈电网络，并在每个阻抗不匹配位置都产生反射。即使这些不匹配在工作频段的量级很小，它们也会产生大型天线阵列的多个散射源。这些单独的贡献能够相干叠加。这种散射取决于馈电网络及其组成，从而使总的 RCS 预估变得复杂。

天线散射的三个频率区域可描述如下：

带外低频率区域：在这个频率区域内，天线单元紧密排列，不存在反射。而且，辐射单元产生谐振，进入天线馈电网络的能量可以忽略。如果 $\lambda \gg l$，其中 l 是单元长度，单元自身的散射也可以忽略。入射波通过单元传输而不会被扰动，最后被孔径后表面（如接地层等结构）反射。

带内频率区域：天线单元在这个频率区域内匹配良好。因此，大部分入射波能量进入到馈电网络中。对于精心设计的天线，工作频段内的 RCS 应该很小。但是，可能存在少量很小的内部反射，这些反射有可能相干叠加，产生显著的 RCS。

带外高频率区域：在这个频率区域内散射变得复杂，也很难预估。此时，天线单元在大部分频率上都没有形成匹配，馈电网络内的反射一般不明显。但是，如果探测频率是天线频率的谐波，那么天线单元可能产生谐振。而且，天线单元的电尺寸可能较大，并且彼此分离放置。根据 Bragg（布拉格）衍射条件 $2d\sin\theta = n\lambda$，d 代表单元间距，由于存在衍射或散射效应，可能产生明显的 RCS 贡献。对于线极化天线，天线散射的基本方程可表示为（Lo 和 Lee，1993 年）

$$\boldsymbol{E}^s(Z_L) = \boldsymbol{E}^s(Z_a^*) + \left[\frac{\mathrm{j}\eta_0}{4\lambda R_a}\boldsymbol{h}(\boldsymbol{h}\cdot\boldsymbol{E}^i)\frac{\mathrm{e}^{-\mathrm{j}k_0R}}{R}\right]\Gamma_0 \tag{3-3}$$

这里，假设以负载 Z_L 为天线端口终端，$\boldsymbol{E}^s$ 是散射场，$\boldsymbol{E}^i$ 是入射场，$Z_a = R_a + \mathrm{j}X_a$ 是 $R_a = R_r + R_d$ 的辐射阻抗；R_a 是天线电阻，R_r 是辐射电阻，R_d 是欧姆电阻，Z_L 是负载阻抗，$\eta_0 = 120\pi \approx 377\ \Omega$ 是自由空间阻抗，$\boldsymbol{h} = h\hat{x}$ 是 x 极化天线单元的等效高度，R 是目标到接收机的距离，Γ_0 是修正的反射系数，表达式为（Wang 等人，2010 年）

$$\Gamma_0 = \frac{Z_L - Z_a^*}{Z_L + Z_a^*} \tag{3-4}$$

其中，* 代表复共轭。

当负载阻抗 Z_L 等于辐射阻抗 Z_a 的复共轭时（即 $Z_L=Z_a^*$），称天线为共轭匹配。在这种情况下，修正的反射系数 Γ_0 变为零。从式（3－3）可以观察到，天线的带内 RCS 由两种天线散射模式组成——结构模式项（第一项）以及天线（或辐射）模式项（第二项）。当终端负载等于天线阻抗的复共轭时，由天线和平台上感应的电流产生结构模式项，它主要是由边缘效应，即天线的地平面边缘绕射和阵列边缘附近的相互耦合变化所致。相反，辐射特性决定了天线的模式项散射，它与给定方向上的天线增益成正比，也与修正的反射系数 Γ_0 成正比。

对于精心设计的天线阵列，其工作频段内天线模式项散射和结构项散射都非常小。但是，对于一个单元间距 0.5λ 或更小的天线阵列，耦合效应将变得很明显。由于这个原因，天线阵列中任意一个单元的 Z_a 值都与入射波与波达方向相关。这使得不可能同时实现所有角度上的 Γ_0 为零。这种在负载和辐射阻抗之间的不匹配产生了天线的模式项反射。另一方面，对独立的相控阵天线，例如安装在有限大接地平台上的偶极子天线，其结构模式散射占主导，因而不能忽略。

通常，为确保天线能够满足高性能和低 RCS 的需求，选择的天线系统应具有高增益和低散射特性。而且，为了能够实现最大的发射功率，天线阻抗实际上要能够与负载阻抗共轭匹配。虽然通过匹配的接收机作为大型阵列天线的终端有助于减少天线散射模式，但是它不能减小 RCS。这是因为，在这种情况下，来自天线的散射功率远大于被吸收的功率。仅仅对于最小散射天线（Kahn 和 Kurss，1965 年），散射和吸收的功率才能相等。否则，在任何情况下，散射功率都不会小于吸收功率。例如，在偶极子天线中，共轭匹配导致一半的功率被散射，另外一半功率被吸收。这主要是由于其天线结构散射占主导的缘故。这一事实表明，未共轭匹配的天线吸收的能量多于散射的能量。

为实现天线低 RCS，要求天线与终端之间存在轻微的不匹配，以产生一定的天线模式项散射，形成对结构项散射的对消。如此一来，天线阵列的增益会降低，可能会影响到天线的辐射性能。仅仅当其后向增益超过前向增益时，天线吸收的能量才会比散射的多（Green，1966 年）。因此，所有高性能的相控阵天线都必须在工作频带内满足这一条件。

3.2.2　天线 RCS 公式

目标的 RCS 直接与其散射的电场相关。一个处于自由空间的天线，当将其安装在平台上时，其对结构项散射有贡献的表面不一定被照射到。因此，对于相控阵天线，结构项散射可忽略，RCS 可以近似为只由天线的辐射项散射构成，这可以通过修改式（3－3）表示为

$$\boldsymbol{E}^{s}(Z_{L})=\left[\frac{\mathrm{j}\eta_{0}}{4\lambda R_{a}}\boldsymbol{b}(\boldsymbol{b}\cdot\boldsymbol{E}^{i})\frac{\mathrm{e}^{-\mathrm{j}k_{0}R}}{R}\right]\Gamma_{0},\quad \text{假设}\ \boldsymbol{E}^{s}(Z_{a}^{*})=0$$

上式表明，对于平面阵列（图 3－2）中的一个单元（m，n），单站辐射项贡献（Jenn 和 Flokas，1996 年）可以表示为

$$\boldsymbol{E}_{mn}^{s}(\theta,\phi)=\left\{\frac{\mathrm{j}\eta_{0}}{4\lambda R_{a}}\boldsymbol{h}\left[\boldsymbol{h}\cdot\boldsymbol{E}^{i}(\theta,\phi)\right]\frac{\mathrm{e}^{-\mathrm{j}k_{0}R}}{R}\right\}\Gamma_{mn}(\theta,\phi)\tag{3-5}$$

其中，Γ_{mn} 代表朝向天线孔径（m，n）的总反射信号，（θ，ϕ）代表入射波方向。式（3－5）是基于辐射阻抗是实数、没有电阻损耗的假设，即 $X_a=0$ 和 $R_d=0$（Schindler 等人，1965 年）。它的数学公式可表示为

$$Z_{a}=R_{a}+\mathrm{j}X_{a}=(R_{r}+R_{d})+\mathrm{j}X_{a}=R_{r}$$

对于入射的 TM_z 极化波，$\boldsymbol{E}^i$ 仅仅包含 θ 分量。因此，对于单位大小的平面波

$$\boldsymbol{h}\cdot\boldsymbol{E}^{i}(\theta,\phi)\approx\boldsymbol{h}\cdot\boldsymbol{E}^{i}(\theta)=(\hat{x}\cdot\hat{\theta})\,|\boldsymbol{h}|\,\mathrm{e}^{-\mathrm{j}\boldsymbol{k}\cdot\boldsymbol{d}_{mn}}\tag{3-6}$$

其中，$\boldsymbol{k}=k(\hat{x}\sin\theta\cos\phi+\hat{y}\sin\theta\sin\phi+\hat{z}\cos\theta)$，$\boldsymbol{d}_{mn}$ 是单元（m，n）的位置向量。将式（3－6）代入到式（3－5）中，可获得表达式

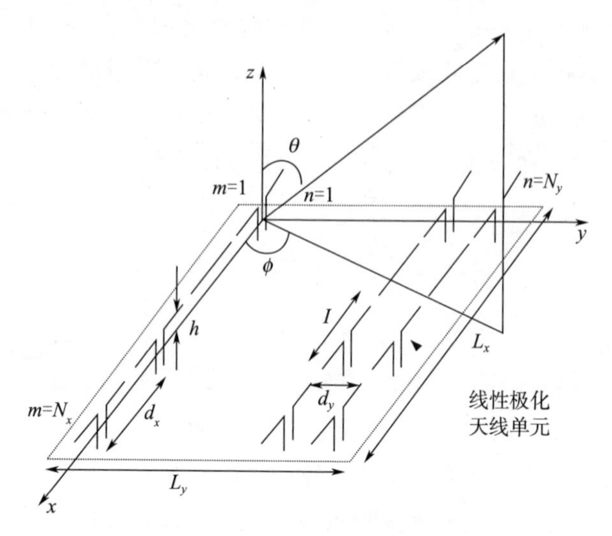

图 3-2 平面阵列几何结构

$$\boldsymbol{E}^{s}_{mn}(\theta,\phi)=\left[\frac{\mathrm{j}\eta_0}{4\lambda R_a}\boldsymbol{h}\{(\hat{x}\cdot\hat{\theta})\,|\boldsymbol{h}|\,\mathrm{e}^{-\mathrm{j}\boldsymbol{k}\cdot\boldsymbol{d}_{mn}}\}\frac{\mathrm{e}^{-\mathrm{j}k_0R}}{R}\right]\Gamma_{mn}(\theta,\phi) \tag{3-7}$$

极化方向沿 x 方向的单个线性极化天线单元，其有效高度和最大有效面积之间的关系（Hansen，1989 年），可由下式给出

$$\boldsymbol{h}=|\boldsymbol{h}|\hat{x}=2\sqrt{\frac{A_{em}R_r}{\eta}}\hat{x} \tag{3-8}$$

其中，A_{em} 是单个单元的最大有效面积。

将式（3-8）代入到式（3-7）中，我们可得到

$$\begin{aligned}\boldsymbol{E}^{s}_{mn}(\theta,\phi)&=\left[\frac{\mathrm{j}\eta_0}{4\lambda R_a}\left(2\sqrt{\frac{A_{em}R_r}{\eta}}\hat{x}\right)\left\{(\hat{x}\cdot\hat{\theta})\left(2\sqrt{\frac{A_{em}R_r}{\eta}}\right)\mathrm{e}^{-\mathrm{j}\boldsymbol{k}\cdot\boldsymbol{d}_{mn}}\right\}\frac{\mathrm{e}^{-\mathrm{j}k_0R}}{R}\right]\\&\quad\Gamma_{mn}(\theta,\phi)\\&=\left[\frac{\mathrm{j}\eta_0}{4\lambda R_a}\left(4\frac{A_{em}R_r}{\eta}\hat{x}\right)\{(\hat{x}\cdot\hat{\theta})\,\mathrm{e}^{-\mathrm{j}\boldsymbol{k}\cdot\boldsymbol{d}_{mn}}\}\frac{\mathrm{e}^{-\mathrm{j}k_0R}}{R}\right]\Gamma_{mn}(\theta,\phi)\end{aligned}$$

假设 $\eta_0=\eta$，$R_a=R_r$，有

$$\boldsymbol{E}^{s}_{mn}(\theta,\phi)=\frac{\mathrm{j}}{\lambda}\hat{x}\cdot\hat{\theta}A_{em}(\mathrm{e}^{-\mathrm{j}\boldsymbol{k}\cdot\boldsymbol{d}_{mn}})\left(\frac{\mathrm{e}^{-\mathrm{j}k_0R}}{R}\right)\Gamma_{mn}(\theta,\phi)\hat{x} \tag{3-9}$$

由朝向入射波的平面阵列表示的有效单元面积 A_e（Chu，1991年），由下式给出

$$A_e = \hat{x} \cdot \hat{\theta} A_{em} \approx d_x d_y \cos\theta \tag{3-10}$$

其中，$A_{em} \approx d_x d_y$；d_x 和 d_y 分别是沿着 x 和 y 方向的单元间距。将式（3－10）代入到式（3－9），有

$$\boldsymbol{E}^s_{mn}(\theta,\phi) = \frac{\mathrm{j}}{\lambda} A_e (\mathrm{e}^{-\mathrm{j}\boldsymbol{k}\cdot\boldsymbol{d}_{mn}}) \left(\frac{\mathrm{e}^{-\mathrm{j}k_0 R}}{R}\right) \Gamma_{mn}(\theta,\phi)\hat{x} \tag{3-11}$$

因此，通过对各单元的散射场进行叠加，可得到相控阵天线散射的总场

$$\begin{aligned}
\boldsymbol{E}^s(\theta,\phi) &= \sum_{m=1}^{N_x}\sum_{n=1}^{N_y} \boldsymbol{E}^s_{mn}(\theta,\phi) \\
&= \sum_{m=1}^{N_x}\sum_{n=1}^{N_y} \frac{\mathrm{j}}{\lambda} A_e (\mathrm{e}^{-\mathrm{j}\boldsymbol{k}\cdot\boldsymbol{d}_{mn}}) \left(\frac{\mathrm{e}^{-\mathrm{j}k_0 R}}{R}\right) \Gamma_{mn}(\theta,\phi)\hat{x} \\
&= \left(\frac{\mathrm{j}(N_x N_y A_e)\mathrm{e}^{-\mathrm{j}k_0 R}}{\lambda R}\right) \sum_{m=1}^{N_x}\sum_{n=1}^{N_y} \Gamma_{mn}(\theta,\phi)\mathrm{e}^{-\mathrm{j}\boldsymbol{k}\cdot\boldsymbol{d}_{mn}}\hat{x} \\
&= \left(\frac{\mathrm{j}A\mathrm{e}^{-\mathrm{j}k_0 R}}{\lambda R}\right) \sum_{m=1}^{N_x}\sum_{n=1}^{N_y} \Gamma_{mn}(\theta,\phi)\mathrm{e}^{-\mathrm{j}\boldsymbol{k}\cdot\boldsymbol{d}_{mn}}\hat{x}
\end{aligned} \tag{3-12}$$

其中，$A \approx N_x N_y A_e = N_x N_y d_x d_y \cos\theta$ 代表天线阵列的投影面积，而 $A_p = N_x N_y d_x d_y$ 代表天线的物理面积。

对于闭合物体，坐标系原点位于其内部，有

$$\boldsymbol{k} \cdot \boldsymbol{d}_{mn} < 0 \Rightarrow \mathrm{e}^{-\mathrm{j}\boldsymbol{k}\cdot\boldsymbol{d}_{mn}} = \mathrm{e}^{\mathrm{j}\boldsymbol{k}\cdot\boldsymbol{d}_{mn}}$$

可将式（3－12）修改为

$$\boldsymbol{E}^s_\theta(\theta,\phi) = \left(\frac{\mathrm{j}A_e\mathrm{e}^{-\mathrm{j}k_0 R}}{\lambda R}\right) \sum_{m=1}^{N_x}\sum_{n=1}^{N_y} \Gamma_{mn}(\theta,\phi)\mathrm{e}^{\mathrm{j}\boldsymbol{k}\cdot\boldsymbol{d}_{mn}}\hat{x} \tag{3-13}$$

将式（3－13）代入到总 RCS 式（3－1）中，可得

$$\sigma(\theta,\phi) = \lim_{R\to\infty} 4\pi R^2 \frac{\left|\left(\frac{\mathrm{j}A_e\mathrm{e}^{-\mathrm{j}k_0 R}}{\lambda R}\right) \sum_{m=1}^{N_x}\sum_{n=1}^{N_y} \Gamma_{mn}(\theta,\phi)\mathrm{e}^{\mathrm{j}\boldsymbol{k}\cdot\boldsymbol{d}_{mn}}\right|^2}{|E_i(\theta,\phi)|^2} \tag{3-14}$$

对于单位大小的入射平面波，式（3－14）的分母为单位 1。因此

$$\sigma(\theta,\phi)=\lim_{R\to\infty}4\pi R^2\left|\left(\frac{\mathrm{j}A\mathrm{e}^{-\mathrm{j}k_0R}}{\lambda R}\right)\sum_{m=1}^{N_x}\sum_{n=1}^{N_y}\Gamma_{mn}(\theta,\phi)\mathrm{e}^{\mathrm{j}\boldsymbol{k}\cdot\boldsymbol{d}_{mn}}\right|^2$$

只考虑幅度项，我们可得到

$$\begin{aligned}\sigma(\theta,\phi)&=\lim_{R\to\infty}4\pi R^2\left(\frac{A^2\mathrm{e}^{-\mathrm{j}2k_0R}}{\lambda^2R^2}\right)\left|\sum_{m=1}^{N_x}\sum_{n=1}^{N_y}\Gamma_{mn}(\theta,\phi)\mathrm{e}^{\mathrm{j}\boldsymbol{k}\cdot\boldsymbol{d}_{mn}}\right|^2\\&=\frac{4\pi A^2}{\lambda^2}\left|\sum_{m=1}^{N_x}\sum_{n=1}^{N_y}\Gamma_{mn}(\theta,\phi)\mathrm{e}^{\mathrm{j}\boldsymbol{k}\cdot\boldsymbol{d}_{mn}}\right|^2\lim_{R\to\infty}(\mathrm{e}^{-\mathrm{j}2k_0R})\end{aligned}\tag{3-15}$$

忽略相位信息，式（3－15）可表示为

$$\begin{aligned}\sigma(\theta,\phi)&=\frac{4\pi A^2}{\lambda^2}\left|\sum_{m=1}^{N_x}\sum_{n=1}^{N_y}\Gamma_{mn}(\theta,\phi)\mathrm{e}^{\mathrm{j}\boldsymbol{k}\cdot\boldsymbol{d}_{mn}}\right|^2\\&=\frac{4\pi A_p^2}{\lambda^2}\left|\sum_{m=1}^{N_x}\sum_{n=1}^{N_y}\Gamma_{mn}(\theta,\phi)\mathrm{e}^{\mathrm{j}\boldsymbol{k}\cdot\boldsymbol{d}_{mn}}\right|^2\cos^2\theta\end{aligned}\tag{3-16}$$

式（3－16）表示了具有沿 x 方向辐射的线性极化单元的相控阵天线，当被 θ 极化的电磁波照射时的 RCS。然而，在更普遍的情况下，对于 N 个单元组成的天线阵列，总 RCS 公式可表示为

$$\sigma(\theta,\phi)=\underbrace{\frac{4\pi A_p^2}{\lambda^2}}_{\text{第一因子}}\underbrace{\left|\sum_{n=1}^{N}\Gamma_n(\theta,\phi)\mathrm{e}^{\mathrm{j}\boldsymbol{k}\cdot\boldsymbol{d}_n}\right|^2}_{\text{第二因子}}\underbrace{\left|F_{\mathrm{norm}}(\theta,\phi)\right|^2}_{\text{第三因子}}\tag{3-17}$$

对于一个 $N_x\times N_y$ 的平面阵列，RCS 可表示为

$$\sigma(\theta,\phi)=\underbrace{\frac{4\pi A_p^2}{\lambda^2}}_{\text{第一因子}}\underbrace{\left|\sum_{m=1}^{N_x}\sum_{n=1}^{N_y}\Gamma_{mn}(\theta,\phi)\mathrm{e}^{\mathrm{j}\boldsymbol{k}\cdot\boldsymbol{d}_{mn}}\right|^2}_{\text{第二因子}}\underbrace{\left|F_{\mathrm{norm}}(\theta,\phi)\right|^2}_{\text{第三因子}}\tag{3-18}$$

其中，σ 是相控阵天线的 RCS，$\boldsymbol{d}_n=\hat{x}(n-1)d$ 是单元 n 的位置向量，F_{norm} 是指定为形状因子的归一化的单元散射方向图。式（3－17）和（3－18）代表了因所有信号散射所产生的 RCS，这些信号在馈电网

络不匹配处被反射后，进入到阵列并返回到天线孔径处（Jenn，1995年）。

对于每一个天线单元对RCS的贡献，公式（θ，ϕ）的第一和第三个因子保持相同，但是第二个因子会变化（指定为耦合器的阵列因子）。可以注意到，两个公式中的第一个因子本质上与传统RCS定义中的因子是一回事。由式（3-16）到式（3-18），可以推断，对于具有 x 极化单元的天线阵列，当 θ 极化的电磁波照射其上时，第三个因子取为 $\cos\theta$，即有 $F_{\text{norm}}(\theta, \phi)=\cos\theta$。这表明形状因子取决于极化方向，因此，应该进行合适的选择。在式（3-17）和（3-18）中的阵列因子取决于所考虑的单元类型以及阵列类型（线阵或平面阵）。x 方向有 N_x 个单元的线阵以及馈电网络中的其他器件（移相器/耦合器）的阵列因子分别如下所示。

对于辐射单元

$$AF_r=\rho_r\frac{1}{N_x^2}\left(\frac{\sin N_x\alpha}{\sin\alpha}\right) \tag{3-19}$$

对于移相器

$$AF_p=\frac{\rho_p\tau_r^2}{N_x^2}\left(\frac{\sin N_x\alpha}{\sin\alpha}\right) \tag{3-20}$$

对于第一级耦合器的侧臂

$$AF_c=\frac{\tau_r^2\tau_p^2\rho_c}{N_x^2}\left(\frac{\sin N_x\zeta_x}{\sin\zeta_x}\right) \tag{3-21}$$

其中，$\alpha=-k_0d_y\sin\theta\cos\phi$ 是以第一个天线单元作为相位参考点的相位延迟，$\zeta=\alpha+\alpha_s$；$\alpha_s=-k_0d_x\sin\theta_s\cos\phi_s$ 是沿 x 方向扫描天线波束的单元间相位差。

类似的，对一个 $N_x\times N_y$ 的平面阵列，y 方向线阵的所有散射项必须乘以一个阵列因子。在移相器之前的散射源的乘积因子表示为

$$AF_y=\frac{1}{N_y^2}\left(\frac{\sin N_y\beta}{\sin\beta}\right) \tag{3-22a}$$

其中，在移相器之后的散射源的乘积因子表示为

$$AF_y = \frac{1}{N_y^2}\left(\frac{\sin N_y \zeta_y}{\sin \zeta_y}\right) \tag{3-22b}$$

其中，$\beta = -k_0 d_y \sin\theta \sin\phi$ 是使用第一个天线单元作为相位参考点的单元间空间延迟，$\zeta_y = \beta + \beta_s$；$\beta_s = -k_0 d_y \sin\theta_s \sin\phi_s$ 是沿 y 方向扫描天线波束的单元间相位差。

因此，平面阵列（$N_x \times N_y$）天线单元/器件的新的一套阵列因子为：

对于辐射单元

$$AF_r = \frac{\rho_r}{N_x N_y}\left(\frac{\sin N_x \alpha}{\sin \alpha}\right)\left(\frac{\sin N_y \beta}{\sin \beta}\right) \tag{3-23}$$

对于移相器

$$AF_p = \frac{\rho_p \tau_r^2}{N_x N_y}\left(\frac{\sin N_x \alpha}{\sin \alpha}\right)\left(\frac{\sin N_y \beta}{\sin \beta}\right) \tag{3-24}$$

对于第一级耦合器的侧臂

$$AF_c = \frac{\tau_r^2 \tau_p^2 \rho_c}{N_x N_y}\left(\frac{\sin N_x \zeta_x}{\sin \zeta_x}\right)\left(\frac{\sin N_y \zeta_y}{\sin \zeta_y}\right) \tag{3-25}$$

可以通过诸如散射参数这样的网络矩阵方法或者通过在整个馈电网络的不同层级上追踪信号，得到式（3-17）和（3-18）中的散射场 Γ 。网络矩阵方法计算量很大，因为它包括了产生矩阵方程的所有馈电器件之间的相互作用。随着天线阵列单元数量的增加，该矩阵的维度增大，从而相应的求解计算量随之明显增大。在整个馈电网络追踪信号的方法具有更多优势，因为它相对简单、计算效率高。

当入射波进入到带内相控阵的馈电网络中时（图 3-3），在整个馈电网络中追踪信号取决于其上产生反射的内部节点和器件。从图 3-3 可以看出，以 θ 角入射的平面波所遭遇的第一个散射源，是反射系数为 ρ_r 的辐射天线单元。对于一个精细设计的带内工作相控阵天线，对应于法向入射波的 ρ_r 应该很小。否则，由反射系数 ρ_r 确定的一小部分入射信号将被再次辐射出去。剩下的信号 τ_r 继续传输进入到馈电网络，并朝移相器传输。

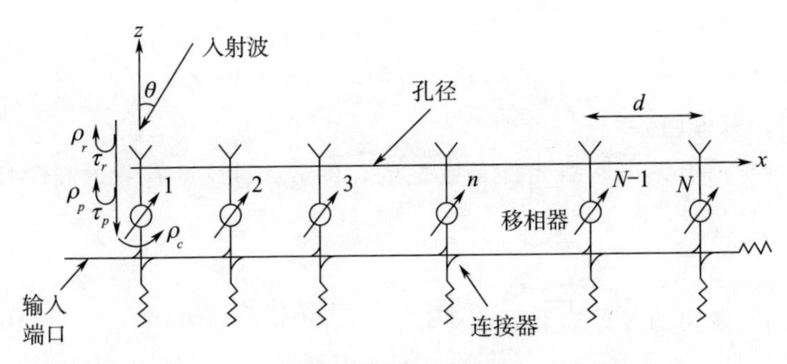

图 3-3 N 个天线单元和相控阵天线串联馈电

如果移相器和传输线不匹配，那么反射信号 ρ_p 会返回到天线孔径上。作为互易器件，天线会再次反射一部分信号，产生二阶反射。然而，对于 RCS 预估，二次反射可忽略。

进入移相器的信号会发生相位偏移，用传输系数 τ_p 表示。信号通过传输线进入耦合器。耦合器处的散射取决于馈电结构。后面的几个章节将针对串联馈电网络的情形进行讨论。在馈电网络的散射源有天线孔径 ρ_r 、移相器输入端 ρ_p 和耦合器输入端 ρ_c 。其他典型散射源包括因物理限制、表面粗糙度、天线内部的安装误差、边缘效应等造成各种非理想匹配的器件。

随着信号传输深入到馈电网络，在各种不匹配结构处的散射会持续。回到孔径并再次辐射的所有这些单个散射场的向量和即为天线的总 RCS。

近似模型的假设：相控阵的馈电网络是一个复杂结构，每个节点都对反射有显著贡献。在这样的网络内追踪传播的信号会很复杂，尤其是考虑多次反射的情况时。人们提出了几种近似方法来简化这个预估过程（Jenn 和 Flokas，1996 年）。具体如下：

1）所有相同的器件都有相同的反射系数和透射系数。由于单元是非理想的，$\rho_r=0$。而且，除了移相器之外，这些系数的相位都是零。移相器的透射系数可表示为

$$\tau_{pmn}=\left|\tau_p\right|\mathrm{e}^{\mathrm{j}\chi_{mn}} \tag{3-26}$$

其中，$\chi_{mn}=(m-1)\alpha_s+(n-1)\beta_s$；$\alpha_s=-k_0 d_x \sin\theta_s \cos\phi_s$ 和 $\beta_s=-k_0 d_y \sin\theta_s \sin\phi_s$ 分别是 x 和 y 方向的单元间相位差，(θ_s, ϕ_s) 代表波束扫描方向。

2）所有馈电网络元件是匹配的，即 $\rho \ll 1$。没有考虑高阶反射 $(\rho^2, \rho^3, \cdots)$。

3）$|\rho|^2+|\tau|^2=1$。

4）忽略边缘效应和互耦。

如果仅考虑给定角度处的一个主导项，则相干散射场和 RCS 可以通过对各部分非相干和求得，即

$$|E_1+E_2+\cdots+E_n|^2 \approx |E_1|^2+|E_2|^2+\cdots+|E_n|^2$$

3.3 串联馈电网络相控阵

相控阵天线的带内散射明显取决于所采用的馈电类型。相控阵的两种主要馈电技术分别是网络馈电和空间馈电（Volakis，2007年）。空间馈电通常包含用于照射阵列孔径的喇叭天线或者小阵列。而阵列像一个透镜一样，通过适当地调节入射波的幅度和相位，把入射的球面波转化为平面波。空间馈电可以采用二维（2D）或者三维（3D）结构。Bootlace 和 Rotman 透镜是二维空间馈电的几个例子。三维空间馈电主要用于地基。网络馈电又分为两种类型，即串联馈电和并联馈电。并联馈电网络由一系列耦合器组成，这些耦合器将阵列中来自邻近天线单元的信号组合起来。串联馈电中，借助于耦合器，由馈电线按顺序分出到每一个阵列单元的辐射功率（图 3-3）。

对这些耦合器的耦合系数进行相应的调整，以实现所需的幅度分布［均匀分布、偏置余弦平方分布（cosine squared on a pedestal）］，它们的选择取决于所需的旁瓣电平（例如，均匀分布时为 13 dB）。紧跟耦合器之后，是沿着馈电主线或者支线布置的移相器（Rudge 等人，1983 年）。当移相器改变馈入阵列单元的信号相

位时，可以进行波束扫描。可以观察到，串联馈电网络的主馈线由匹配负载作为终端。这引起一些功率由负载反射回来。反射系数（ρ_r，ρ_p，ρ_c）分别对应于辐射单元、移相器和馈电网络耦合器。类似的，τ_r 、τ_p 分别代表辐射单元和移相器的透射系数。

3.3.1　各向同性阵列单元的 RCS 公式

在串联馈电相控阵天线中（Lee，2008 年），进入单元阵列并再次辐射到孔径上的部分信号是

$$\Gamma_n(\theta,\phi)=\rho_r e^{j(n-1)\alpha}+\tau_r^2\rho_p e^{j(n-1)\alpha}+\tau_r^2\tau_p^2\rho_c e^{j2(n-1)\alpha}e^{j(n-1)\alpha}+\tau_r^2\tau_p^2 e^{j(n-1)\alpha_s}E_n^s \tag{3-27}$$

其中，E_n^s 代表第 n 个天线单元上串联馈电的再辐射信号。式（3-27）中的第一、二和三项分别对应于辐射单元、移相器和耦合器对散射场的贡献。可以很容易由天线阵列理论得到对应于这些项的 RCS 公式。

辐射单元的 RCS：串联馈电线性相控阵的总 RCS 公式由式（3-17）表示为

$$\sigma(\theta,\phi)=\frac{4\pi A^2}{\lambda^2}\left|\sum_{n=1}^{N}\Gamma_n(\theta,\phi)e^{j\boldsymbol{k}\cdot\boldsymbol{d}_n}\right|^2\left|F_{\text{norm}}(\theta,\phi)\right|^2$$

其中

$$F_{\text{norm}}(\theta,\phi)=\cos\theta$$

因此，可得到公式如下

$$\sigma(\theta,\phi)\approx\frac{4\pi A^2\cos^2\theta}{\lambda^2}\left|\sum_{n=1}^{N}\Gamma_n(\theta,\phi)e^{j\boldsymbol{k}\cdot\boldsymbol{d}_n}\right|^2 \tag{3-28}$$

这里的 $\boldsymbol{k}=k(\hat{x}\sin\theta\cos\phi+\hat{y}\sin\theta\sin\phi+\hat{z}\cos\theta)$，是波向量，$\boldsymbol{d}_n=\hat{x}(n-1)d$ 是第 n 个单元的位置向量。因此

$$\begin{aligned}\boldsymbol{k}\cdot\boldsymbol{d}_n&=k(\hat{x}\sin\theta\cos\phi+\hat{y}\sin\theta\sin\phi+\hat{z}\cos\theta)\cdot\hat{x}(n-1)d\\&=(n-1)kd\sin\theta\cos\phi\end{aligned}$$

因为 $\hat{x}\cdot\hat{x}=1$ 及 $\hat{x}\cdot\hat{y}=\hat{x}\cdot\hat{z}=0$，有

$$\boldsymbol{k}\cdot\boldsymbol{d}_n=(n-1)\alpha \tag{3-29a}$$

仅仅由辐射单元产生的散射场，如式（3－27）中第一项所示，可表示为

$$\Gamma_r(\theta,\phi)\approx\rho_r\mathrm{e}^{\mathrm{j}(n-1)\alpha} \tag{3-29b}$$

将式（3－29a）和式（3－29b）代入到式（3－28）中的 Γ 因子，推导得

$$\sum_{n=1}^{N}\Gamma_n(\theta,\phi)\mathrm{e}^{\mathrm{j}\boldsymbol{k}\cdot\boldsymbol{d}_n}=\sum_{n=1}^{N}\rho_r\mathrm{e}^{\mathrm{j}(n-1)\alpha}\mathrm{e}^{\mathrm{j}(n-1)\alpha}=\rho_r\sum_{n=1}^{N}\mathrm{e}^{\mathrm{j}2(n-1)\alpha} \tag{3-30}$$

改变求和的序列，得

$$\begin{aligned}\sum_{n=1}^{N}\Gamma_n(\theta,\phi)\mathrm{e}^{\mathrm{j}\boldsymbol{k}\cdot\boldsymbol{d}_n}&=\rho_r\sum_{m=0}^{N-1}(\mathrm{e}^{\mathrm{j}2\alpha})^m &(3-31)\\&=\rho_r\frac{1-(\mathrm{e}^{\mathrm{j}2\alpha})^N}{1-\mathrm{e}^{\mathrm{j}2\alpha}}\\&=\rho_r\frac{\mathrm{e}^{\mathrm{j}\alpha N}\mathrm{e}^{-\mathrm{j}\alpha N}-\mathrm{e}^{\mathrm{j}\alpha N}\mathrm{e}^{\mathrm{j}\alpha N}}{\mathrm{e}^{\mathrm{j}\alpha}\mathrm{e}^{-\mathrm{j}\alpha}-\mathrm{e}^{\mathrm{j}\alpha}\mathrm{e}^{\mathrm{j}\alpha}}\\&=\rho_r\left(\frac{\mathrm{e}^{\mathrm{j}\alpha N}}{\mathrm{e}^{\mathrm{j}\alpha}}\right)\left(\frac{\mathrm{e}^{-\mathrm{j}\alpha N}-\mathrm{e}^{\mathrm{j}\alpha N}}{\mathrm{e}^{-\mathrm{j}\alpha}-\mathrm{e}^{\mathrm{j}\alpha}}\right)\\&=\rho_r\mathrm{e}^{\mathrm{j}\alpha(N-1)}\frac{\sin(N\alpha)}{\sin\alpha} &(3-32)\end{aligned}$$

用天线单元的数量 N 对式（3－32）进行归一化处理，有

$$\sum_{n=1}^{N}\Gamma_n(\theta,\phi)\mathrm{e}^{\mathrm{j}\boldsymbol{k}\cdot\boldsymbol{d}_n}=\rho_r\frac{\sin(N\alpha)}{N\sin\alpha}\mathrm{e}^{\mathrm{j}(N-1)\alpha} \tag{3-33}$$

将式（3－33）代入到式（3－28）中，仅仅考虑辐射单元的影响，我们可得到

$$\begin{aligned}\sigma_r&\approx\frac{4\pi A^2\cos^2\theta}{\lambda^2}\left|\rho_r\frac{\sin(N\alpha)}{N\sin\alpha}\mathrm{e}^{\mathrm{j}(N-1)\alpha}\right|^2\\\sigma_r&\approx\frac{4\pi A^2\cos^2\theta}{\lambda^2}\rho_r^2\left[\frac{\sin(N\alpha)}{N\sin\alpha}\right]^2\end{aligned} \tag{3-34}$$

实施上述相同步骤，移相器的 RCS 公式可表达为

$$\sigma_p \approx \frac{4\pi A^2 \cos^2\theta}{\lambda^2}\rho_p^2\tau_r^4\left[\frac{\sin(N\alpha)}{N\sin\alpha}\right]^2 \tag{3-35}$$

然而，耦合器对散射场的贡献，即式（3－27）中的第三项，有一个额外的指数因子 $e^{j2(n-1)\alpha_s}$，因此

$$\begin{aligned}\sum_{n=1}^{N}\Gamma_n(\theta,\phi)e^{j\boldsymbol{k}\cdot\boldsymbol{d}_n} &= \sum_{n=1}^{N}\tau_r^2\tau_p^2\rho_c e^{j2(n-1)\alpha_s}e^{j(n-1)\alpha}e^{j(n-1)\alpha}\\ &= \tau_r^2\tau_p^2\rho_c\sum_{n=1}^{N}e^{j2(n-1)\alpha_s}e^{j2(n-1)\alpha}\\ &= \tau_r^2\tau_p^2\rho_c\sum_{n=1}^{N}e^{j2(n-1)(\alpha_s+\alpha)} = \tau_r^2\tau_p^2\rho_c\sum_{n=1}^{N}e^{j2(n-1)\zeta}\end{aligned} \tag{3-36}$$

式（3－36）求和项中的指数因子与式（3－30）中的指数因子相似，只是用 ζ 替代了 α。这表明，根据类似的推导，如果式（3－31）到式（3－34）是可能的，我们可得到

$$\sigma_c \approx \frac{4\pi A^2 \cos^2\theta}{\lambda^2}\rho_c^2\tau_r^4\tau_p^4\left[\frac{\sin(N\zeta)}{N\sin\zeta}\right]^2 \tag{3-37}$$

式（3－37）给出了耦合器对串联馈电 N 单元线性排布相控阵天线的散射场贡献。

式（3－27）中的第四项包含了 E_n^s，它表示由所接收的信号产生的累积效应，这些信号来自：1）朝向输入端的单元（$m < n$）；2）朝向终端的单元（$m > n$）；3）耦合器 n 的负载反射。当这些信号沿着主馈线传输时，耦合器影响它们的路径。因此，知道耦合器端口处的信号分布是很有必要的。

图 3－4（a）给出了串联馈电网络中使用的第 n 个四端口耦合器的信号分布，它的耦合系数为 κ_n，透射系数为 τ_n。这样的耦合器的散射矩阵是（Lee，1994 年）

$$\boldsymbol{\kappa}_n = \begin{bmatrix} 0 & \tau_n & j\kappa_n & 0 \\ \tau_n & 0 & 0 & -j\kappa_n \\ j\kappa_n & 0 & 0 & \tau_n \\ 0 & -j\kappa_n & \tau_n & 0 \end{bmatrix} \tag{3-38}$$

耦合系数 κ_n 的大小根据所需的幅度分布 a_n 确定。例如，对于 13 dB 旁瓣电平的均匀分布，要求对于所有的耦合器，a_n 为 1。但是，对于具有 32 dB 旁瓣电平的偏置余弦平方分布，幅度系数由下式给出（Mallioux，1994 年）

$$a_n = a_0 + (1 - a_0)\sin^2\left(\frac{n-1}{N-1}\pi\right) \tag{3-39}$$

其中，$a_0 = 0.2$ 是偏置点（pedestal）的高度，其上产生余弦平方分布。对于相控阵的无耗馈电［图 3－4（b）］，输入功率的表达式如下

$$P_{\text{in}} = \sum_{i=1}^{N} x a_i^2 + P_L \tag{3-40}$$

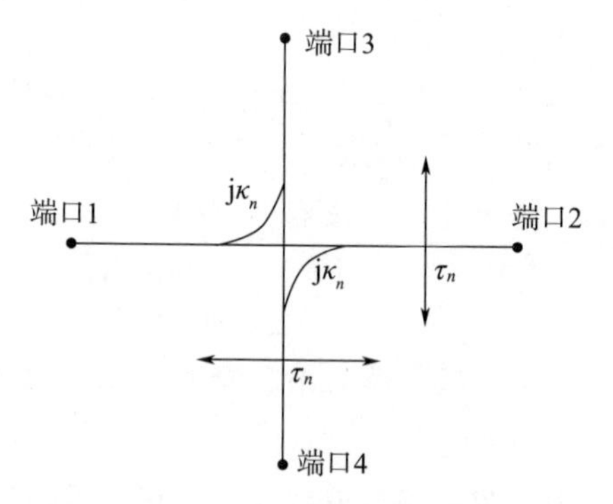

（a）四端口耦合器的耦合与传输路径

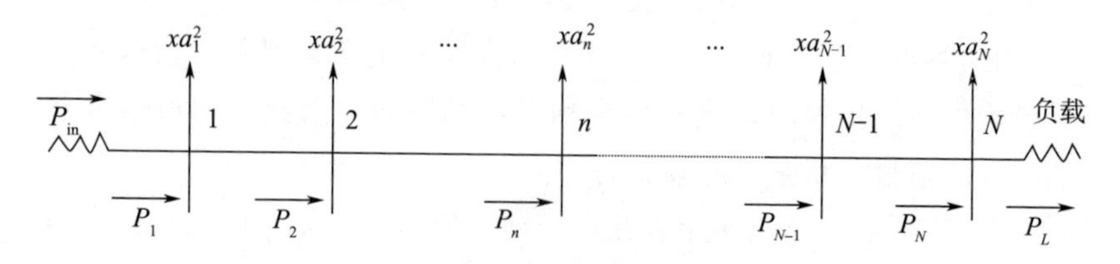

（b）无耗功率馈线示意图

图 3－4　串联馈电网各的信号分布及无耗馈电

这里的 x 是传输进入到每一个耦合器中的功率的一部分。P_{in} 和 P_L 分别代表总输入功率和进入到负载的功率，其中，P_L 等于 0.05。对上式进行整理，可得

$$P_{\text{in}} - P_L = x\sum_{i=1}^{N} a_i^2 \tag{3-41}$$

进而，该公式可以表示为

$$x = \frac{P_{\text{in}} - P_L}{\sum_{i=1}^{N} a_i^2} = \frac{1 - P_L}{\sum_{i=1}^{N} a_i^2}$$

如果

$$P_{\text{in}} = 1$$

耦合系数可定义为（Lee，2008 年）

$$\kappa_n^2 = \frac{x a_n^2}{P_n} = \frac{x a_n^2}{P_{\text{in}} - \sum_{q=1}^{N-1} x a_q^2} \tag{3-42}$$

将 $P_{\text{in}} = 1$ 代入到公式中，该公式可整理为

$$\kappa_n^2 = \frac{x a_n^2}{1 - x\sum_{q=1}^{N-1} a_q^2} = \frac{a_n^2}{\frac{1}{x} - \sum_{q=1}^{N-1} a_q^2} \tag{3-43}$$

将 x 代入到上述公式，可得

$$\kappa_n^2 = \frac{a_n^2}{\frac{1}{\frac{1 - P_L}{\sum_{i=1}^{N} a_i^2}} - \sum_{q=1}^{N-1} a_q^2} = \frac{a_n^2}{\frac{\sum_{i=1}^{N} a_i^2}{1 - P_L} - \sum_{q=1}^{N-1} a_q^2} \tag{3-44}$$

假设耦合器是无耗且匹配的，并且在耦合端口和直通端口之间有完美隔离，则透射系数可表示为

$$\tau_n^2 = 1 - \kappa_n^2 \tag{3-45}$$

这里所采用的近似模型仅仅包括来自耦合器负载的反射，忽略了相邻耦合器之间连接结构产生的反射。为便于确定 E_n^s，将接收的信号分解为前向和后向行波（图 3-5）。

对于以下几种情况，由第 n 个单元接收的信号起到激励的作用：

1)（$N - n$）个单元朝向负载，构成前向行波；

2)（$N - 1$）个单元朝向输入端，构成后向行波；

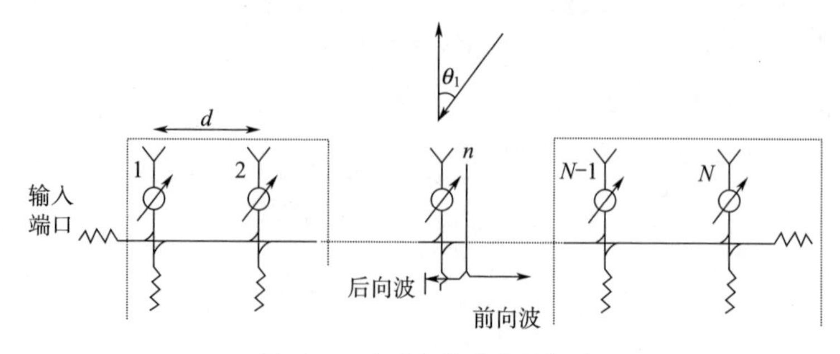

图 3-5 串联相控阵中的行波

3）其他散射分量，如自身反射波（因来自第 n 个单元终端负载的反射）和输入负载反射波（因来自输入端负载的反射）。

因此，对于阵列中的每一个天线单元，四个波束都发生二次辐射。波瓣的波束宽度和峰值水平取决于阵列中的单元位置。

通过叠加所有单元产生的前向行波、后向行波、自反射波和输入负载反射波，可获得串联馈电引起的总散射场（Zhang 等人，2010 年）。因此

$$|E^s|^2 = |E_f + E_b + E_{\text{self}} + E_{\text{in}}|^2 \tag{3-46}$$

如果在一个给定的角度上只有一项占主导作用，它可近似表示为

$$|E^s|^2 = |E_f|^2 + |E_b|^2 + |E_{\text{self}}|^2 + |E_{\text{in}}|^2 \tag{3-47}$$

前向行波的散射场：对于第 n 个单元处的入射信号，前向波经过（$N-n$）个单元后朝着第 N 个单元行进（图 3-6）。因单元 n 的前向行波而产生的散射场可表示为

$$E_{fn} \approx \Gamma_l \mathrm{e}^{\mathrm{j}(n-1)\zeta} \mathrm{j}\kappa_n \tau_n \begin{bmatrix} \mathrm{e}^{\mathrm{j}\psi} \mathrm{j}\kappa_{n+1} \mathrm{e}^{\mathrm{j}n\zeta} + \mathrm{e}^{\mathrm{j}2\psi} \tau_{n+1} \mathrm{j}\kappa_{n+2} \mathrm{e}^{\mathrm{j}(n+1)\zeta} + \cdots \\ + \mathrm{e}^{\mathrm{j}(N-n)\psi} \tau_{n+1} \tau_{n+2} \cdots \tau_{N-1} \mathrm{j}\kappa_N \mathrm{e}^{\mathrm{j}(N-1)\zeta} \end{bmatrix} \tag{3-48}$$

其中，$\psi = kL$ 是两个耦合器之间的电长度。

展开式（3-48），我们可得到

$$\begin{aligned} E_{fn} \approx\ & \Gamma_l \mathrm{e}^{\mathrm{j}(n-1)\zeta} \mathrm{j}\kappa_n \tau_n \mathrm{e}^{\mathrm{j}\psi} \mathrm{j}\kappa_{n+1} \mathrm{e}^{\mathrm{j}n\zeta} + \Gamma_l \mathrm{e}^{\mathrm{j}(n-1)\zeta} \mathrm{j}\kappa_n \tau_n \mathrm{e}^{\mathrm{j}2\psi} \tau_{n+1} \mathrm{j}\kappa_{n+2} \mathrm{e}^{\mathrm{j}(n+1)\zeta} + \cdots \\ & + \Gamma_l \mathrm{e}^{\mathrm{j}(n-1)\zeta} \mathrm{j}\kappa_n \tau_n \mathrm{e}^{\mathrm{j}(N-n)\psi} \tau_{n+1} \tau_{n+2} \cdots \tau_{N-1} \mathrm{j}\kappa_N \mathrm{e}^{\mathrm{j}(N-1)\zeta} \end{aligned}$$

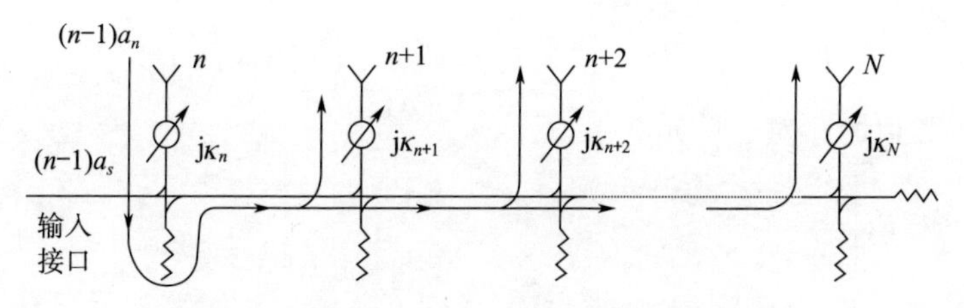

图 3-6　朝向第 n 个天线单元的前向行波

其中，采用常见的表述形式 $(j^2\Gamma_l)=-\Gamma_l$

$$E_{fn}\approx-\Gamma_l\left[\begin{array}{c}e^{j(n-1)\zeta}\kappa_n\tau_n e^{j\psi}\kappa_{n+1}e^{jn\zeta}+e^{j(n-1)\zeta}\kappa_n\tau_n e^{j2\psi}\tau_{n+1}\kappa_{n+2}e^{j(n+1)\zeta}+\cdots\\+e^{j(n-1)\zeta}\kappa_n\tau_n e^{j(N-n)\psi}\tau_{n+1}\tau_{n+2}\cdots\tau_{N-1}\kappa_N e^{j(N-1)\zeta}\end{array}\right]\tag{3-49}$$

对于 $n=1$（相控阵天线第一个单元的后向行波产生的散射场贡献），式（3-49）可以表示为

$$E_{f1}\approx-\Gamma_l\left[\begin{array}{c}e^{j0\zeta}\kappa_1\tau_1 e^{j\psi}\kappa_2 e^{j\zeta}+e^{j0\zeta}\kappa_1\tau_1 e^{j2\psi}\tau_2\kappa_3 e^{j2\zeta}+\cdots\\+e^{j0\zeta}\kappa_1\tau_1 e^{j(N-1)\psi}\tau_2\tau_3\cdots\tau_{N-1}\kappa_N e^{j(N-1)\zeta}\end{array}\right]$$

重新整理上述公式，可得到

$$E_{f1}\approx-\Gamma_l\left[\begin{array}{c}\kappa_1 e^{j0\zeta}\kappa_2 e^{j\zeta}\tau_1 e^{j\psi}+\kappa_1 e^{j0\zeta}\kappa_3 e^{j2\zeta}\tau_1\tau_2 e^{j2\psi}+\cdots\\+\kappa_1 e^{j0\zeta}\kappa_N e^{j(N-1)\zeta}\tau_1\tau_2\tau_3\cdots\tau_{N-1}e^{j(N-1)\psi}\end{array}\right]$$

$$\approx-\Gamma_l\left[\begin{array}{c}\kappa_1 e^{j0\zeta}\kappa_2 e^{j\zeta}(\tau_1 e^{j\psi})+\kappa_1 e^{j0\zeta}\kappa_3 e^{j2\zeta}(\tau_1 e^{j\psi}\tau_2 e^{j\psi})+\cdots\\+\kappa_1 e^{j0\zeta}\kappa_N e^{j(N-1)\zeta}(\tau_1 e^{j\psi}\tau_2 e^{j\psi}\tau_3 e^{j\psi}\cdots\tau_{N-1}e^{j\psi})\end{array}\right]$$

采用乘积的形式表示，变为

$$E_{f1}\approx-\Gamma_l\left[\begin{array}{c}\kappa_1 e^{j0\zeta}\kappa_2 e^{j\zeta}\prod_{i=1}^{1}\tau_i e^{j\psi}+\kappa_i e^{j0\zeta}\kappa_3 e^{j2\zeta}\prod_{i=1}^{2}\tau_i e^{j\psi}+\cdots\\+\kappa_i e^{j0\zeta}\kappa_N e^{j(N-1)\zeta}\prod_{i=1}^{N-1}\tau_i e^{j\psi}\end{array}\right]$$

保持 $\kappa_1 e^{j0\zeta}$ 为常数

$$E_{f1}\approx-\Gamma_l\left\{\kappa_1 e^{j0\zeta}\left[\kappa_2 e^{j\zeta}\prod_{i=1}^{1}\tau_i e^{j\psi}+\kappa_3 e^{j2\zeta}\prod_{i=1}^{2}\tau_i e^{j\psi}+\cdots+\kappa_N e^{j(N-1)\zeta}\prod_{i=1}^{N-1}\tau_i e^{j\psi}\right]\right\}$$

在求和公式中，它的表达式为

$$E_{f1} \approx -\Gamma_l \left\{\kappa_1 e^{j0\zeta} \left[\sum_{m=2}^{N} \kappa_m e^{j(m-1)\zeta} \left(\prod_{i=1}^{m-1} \tau_i e^{j\psi}\right)\right]\right\} \tag{3-50}$$

类似的，对于单元 2

$$E_{f2} \approx -\Gamma_l \begin{bmatrix} e^{j\zeta}\kappa_2\tau_2 e^{j\psi}\kappa_3 e^{j2\zeta} + e^{j\zeta}\kappa_2\tau_2 e^{j2\psi}\tau_3\kappa_4 e^{j3\zeta} + \cdots \\ + e^{j\zeta}\kappa_2\tau_2 e^{j(N-2)\psi}\tau_3\tau_4\cdots\tau_{N-1}\kappa_N e^{j(N-1)\zeta} \end{bmatrix}$$

$$\approx -\Gamma_l \begin{bmatrix} \kappa_2 e^{j\zeta}\kappa_3 e^{j2\zeta}(\tau_2 e^{j\psi}) + \kappa_2 e^{j\zeta}\kappa_4 e^{j3\zeta}(\tau_2 e^{j\psi}\tau_3 e^{j\psi}) + \cdots \\ + \kappa_2 e^{j\zeta}\kappa_N e^{j(N-1)\zeta}(\tau_2 e^{j\psi}\tau_3 e^{j\psi}\tau_4 e^{j\psi}\cdots\tau_{N-1} e^{j\psi}) \end{bmatrix}$$

$$\approx -\Gamma_l \left[\kappa_2 e^{j\zeta}\kappa_3 e^{j2\zeta}\prod_{i=1}^{2}\tau_i e^{j\psi} + \kappa_2 e^{j\zeta}\kappa_4 e^{j3\zeta}\prod_{i=1}^{3}\tau_i e^{j\psi} + \cdots + \kappa_2 e^{j\zeta}\kappa_N e^{j(N-1)\zeta}\prod_{i=1}^{N-1}\tau_i e^{j\psi}\right]$$

$$\approx -\Gamma_l \left\{\kappa_2 e^{j\zeta}\left[\kappa_3 e^{j2\zeta}\prod_{i=2}^{2}\tau_i e^{j\psi} + \kappa_4 e^{j3\zeta}\prod_{i=2}^{3}\tau_i e^{j\psi} + \cdots + \kappa_N e^{j(N-1)\zeta}\prod_{i=2}^{N-1}\tau_i e^{j\psi}\right]\right\}$$

$$E_{f2} \approx -\Gamma_l \left\{\kappa_2 e^{j\zeta} \left[\sum_{m=3}^{N} \kappa_m e^{j(m-1)\zeta} \left(\prod_{i=2}^{m-1} \tau_i e^{j\psi}\right)\right]\right\} \tag{3-51}$$

同样，对于单元 3

$$E_{f3} \approx -\Gamma_l \left[\kappa_3 e^{j2\zeta} \left\{\sum_{m=4}^{N} \kappa_m e^{j(m-1)\zeta} \left(\prod_{i=3}^{m-1} \tau_i e^{j\psi}\right)\right\}\right] \tag{3-52}$$

$$\vdots$$

$$E_{f(N-1)} \approx -\Gamma_l \left\{\kappa_{N-1} e^{j(N-2)\zeta} \left[\sum_{m=N}^{N} \kappa_m e^{j(m-1)\zeta} \left(\prod_{i=N-1}^{m-1} \tau_i e^{j\psi}\right)\right]\right\} \tag{3-53}$$

因此，通过对线阵中所有单元的单独贡献进行求和，可获得前向行波产生的总散射场。数学上可表示为

$$E_f \approx E_{f1} + E_{f2} + E_{f3} + \cdots + E_{f(N-1)} \tag{3-54}$$

将式（3-50）～式（3-53）代入到式（3-54）中，消除共同的 $-\Gamma_l$ 项，我们可获得

$$E_f \approx -\Gamma_l \left\{ \begin{array}{l} \kappa_1 e^{j0\zeta} \left[\sum_{m=2}^{N} \kappa_m e^{j(m-1)\zeta} \left(\prod_{i=1}^{m-1} \tau_i e^{j\psi} \right) \right] + \kappa_2 e^{j\zeta} \left[\sum_{m=3}^{N} \kappa_m e^{j(m-1)\zeta} \left(\prod_{i=2}^{m-1} \tau_i e^{j\psi} \right) \right] \\ + \kappa_3 e^{j2\zeta} \left[\sum_{m=4}^{N} \kappa_m e^{j(m-1)\zeta} \left(\prod_{i=3}^{m-1} \tau_i e^{j\psi} \right) \right] + \cdots \\ + \kappa_{N-1} e^{j(N-2)\zeta} \left[\sum_{m=N}^{N} \kappa_m e^{j(m-1)\zeta} \left(\prod_{i=N-1}^{m-1} \tau_i e^{j\psi} \right) \right] \end{array} \right\} \tag{3-55}$$

采用求和形式表示式（3－55），我们得到

$$E_f \approx -\Gamma_l \sum_{n=1}^{N-1} \kappa_n e^{j(n-1)\zeta} \left[\sum_{m=n+1}^{N} \kappa_m e^{j(m-1)\zeta} \left(\prod_{i=n}^{m-1} \tau_i e^{j\psi} \right) \right] \tag{3-56}$$

后向行波产生的散射场：类似于前向行波，后向行波朝着输入端（单元 1）行进，如图 3－7 所示。对于第 n 个天线单元，后向行波产生的散射场可表示为

$$E_{b_n} \approx \Gamma_l e^{j(n-1)\zeta} \left[\begin{array}{l} j\kappa_n j\kappa_{n-1} \tau_{n-1} e^{j\psi} e^{j(n-2)\zeta} + j\kappa_n (\tau_{n-1} e^{j\psi}) j\kappa_{n-2} e^{j\psi} \tau_{n-2} e^{j(n-3)\zeta} + \cdots \\ + j\kappa_n e^{j\psi} \left(\prod_{i=2}^{n-1} \tau_i e^{j\psi} \right) j\kappa_1 \tau_1 e^{j0\zeta} \end{array} \right] \tag{3-57}$$

展开和处理 Γ_l，我们得到

$$E_{b_n} \approx \left[\begin{array}{l} \Gamma_l e^{j(n-1)\zeta} j\kappa_n j\kappa_{n-1} \tau_{n-1} e^{j\psi} e^{j(n-2)\zeta} \\ + \Gamma_l e^{j(n-1)\zeta} j\kappa_n (\tau_{n-1} e^{j\psi}) j\kappa_{n-2} e^{j\psi} \tau_{n-2} e^{j(n-3)\zeta} + \cdots \\ + \Gamma_l e^{j(n-1)\zeta} j\kappa_n e^{j\psi} \left(\prod_{i=2}^{n-1} \tau_i e^{j\psi} \right) j\kappa_1 \tau_1 e^{j0\zeta} \end{array} \right] \tag{3-58}$$

$$E_{b_n} \approx \Gamma_l \left[\begin{array}{l} e^{j(n-1)\zeta} j\kappa_n j\kappa_{n-1} \tau_{n-1} e^{j\psi} e^{j(n-2)\zeta} \\ + e^{j(n-1)\zeta} j\kappa_n (\tau_{n-1} e^{j\psi}) j\kappa_{n-2} e^{j\psi} \tau_{n-2} e^{j(n-3)\zeta} + \cdots \\ + e^{j(n-1)\zeta} j\kappa_n e^{j\psi} \left(\prod_{i=2}^{n-1} \tau_i e^{j\psi} \right) j\kappa_1 \tau_1 e^{j0\zeta} \end{array} \right] \tag{3-59}$$

对于第一个单元，即 $n=1$，方程（3-59）可表示为

$$E_{b_1}\approx\Gamma_l\{0\}=0 \tag{3-60}$$

对于第二个单元

$$\begin{aligned}E_{b_2}&\approx\Gamma_l\{e^{j\zeta}j\kappa_2 j\kappa_1\tau_1 e^{j\psi}e^{j0\zeta}\}\\&\approx\Gamma_l\left\{j\kappa_2 e^{j\zeta}\left[\sum_{m=1}^{l}j\kappa_m e^{j(m-1)\psi}\left(\prod_{i=m}^{l}\tau_i e^{j\psi}\right)\right]\right\}\end{aligned} \tag{3-61}$$

类似的，对于第（$N-1$）个单元

$$E_{b_{(N-1)}}\approx\Gamma_l\begin{bmatrix}e^{j(N-2)\zeta}j\kappa_{N-1}j\kappa_{N-2}e^{j\psi}e^{j(N-3)\zeta}\\+e^{j(N-2)\zeta}j\kappa_{N-1}(\tau_{N-2}e^{j\psi})j\kappa_{N-3}e^{j\psi}\tau_{N-3}e^{j(N-4)\zeta}+\cdots\\+e^{j(N-2)\zeta}j\kappa_{N-1}e^{j\psi}(\tau_2 e^{j\psi}\tau_3 e^{j\psi}\cdots\tau_{N-3}e^{j\psi}\tau_{N-2}e^{j\psi})j\kappa_1\tau_1 e^{j0\zeta}\end{bmatrix} \tag{3-62}$$

重新整理上述公式，我们得到

$$E_{b_{(N-1)}}\approx\Gamma_l\begin{bmatrix}j\kappa_{N-1}e^{j(N-2)\zeta}j\kappa_{N-2}e^{j(N-3)\zeta}(\tau_{N-2}e^{j\psi})\\+j\kappa_{N-1}e^{j(N-2)\zeta}j\kappa_{N-3}e^{j(N-4)\zeta}(\tau_{N-2}e^{j\psi}\tau_{N-3}e^{j\psi})+\cdots\\+j\kappa_{N-1}e^{j(N-2)\zeta}j\kappa_1 e^{j0\zeta}(\tau_1 e^{j\psi}\tau_2 e^{j\psi}\tau_3 e^{j\psi}\cdots\tau_{N-3}e^{j\psi}\tau_{N-2}e^{j\psi})\end{bmatrix}$$

采用乘积形式表示传输因子和耦合因子，我们得到

$$E_{b_{(N-1)}}\approx\Gamma_l\left\{\begin{matrix}j\kappa_{N-1}e^{j(N-2)\zeta}j\kappa_{N-2}e^{j(N-3)\zeta}\prod_{i=N-2}^{N-2}\tau_i e^{j\psi}\\+j\kappa_{N-1}e^{j(N-2)\zeta}j\kappa_{N-3}e^{j(N-4)\zeta}\prod_{i=N-3}^{N-2}\tau_i e^{j\psi}+\cdots\\+j\kappa_{N-1}e^{j(N-2)\zeta}j\kappa_1 e^{j0\zeta}\prod_{i=1}^{N-2}\tau_i e^{j\psi}\end{matrix}\right\}$$

假设 $j\kappa_{N-1}e^{j(N-2)\zeta}$ 为常数，并消除它，我们得到

$$E_{b_{(N-1)}}\approx\Gamma_l\left\{j\kappa_{N-1}e^{j(N-2)\zeta}\begin{bmatrix}j\kappa_{N-2}e^{j(N-3)\zeta}\prod_{i=N-2}^{N-2}\tau_i e^{j\psi}+\\j\kappa_{N-3}e^{j(N-4)\zeta}\prod_{i=N-3}^{N-2}\tau_i e^{j\psi}+\cdots+j\kappa_1 e^{j0\zeta}\prod_{i=1}^{N-2}\tau_i e^{j\psi}\end{bmatrix}\right\}$$

采用求和形式表示相同项，我们得到

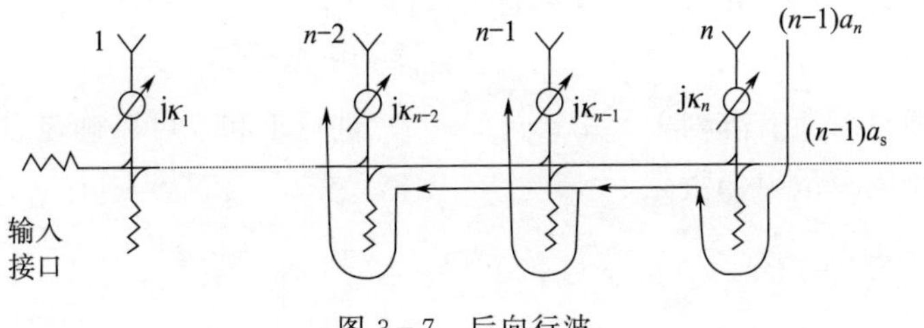

图 3-7　后向行波

$$E_{b_{(N-1)}} \approx \Gamma_l \left\{ \mathrm{j}\kappa_{N-1} \mathrm{e}^{\mathrm{j}(N-2)\zeta} \left[\sum_{m=1}^{N-2} \mathrm{j}\kappa_m \mathrm{e}^{\mathrm{j}(m-1)\zeta} \left(\prod_{i=m}^{N-2} \tau_i \mathrm{e}^{\mathrm{j}\psi} \right) \right] \right\} \tag{3-62}$$

类似的，对于第 N 个单元，通过用 N 代替式（3-62）中的 $(N-1)$，我们可得到

$$E_{b_N} \approx \Gamma_l \left\{ \mathrm{j}\kappa_N \mathrm{e}^{\mathrm{j}(N-1)\zeta} \left[\sum_{m=1}^{N-1} \mathrm{j}\kappa_m \mathrm{e}^{\mathrm{j}(m-1)\zeta} \left(\prod_{i=m}^{N-1} \tau_i \mathrm{e}^{\mathrm{j}\psi} \right) \right] \right\} \tag{3-63}$$

因此，通过对线阵中所有单元的单独贡献进行求和，我们可得到后向行波产生的总散射场。

数学上，它可表示为

$$E_b = E_{b1} + E_{b2} + \cdots + E_{b_{(N-1)}} + E_{bN} \tag{3-64}$$

将式（3-60）～式（3-63）代入到式（3-64）中，我们得到

$$E_b = \Gamma_l \begin{Bmatrix} 0 + \mathrm{j}\kappa_2 \mathrm{e}^{\mathrm{j}\zeta} \left[\sum_{m=1}^{1} \mathrm{j}\kappa_m \mathrm{e}^{\mathrm{j}(m-1)\zeta} \left(\prod_{i=m}^{1} \tau_i \mathrm{e}^{\mathrm{j}\psi} \right) \right] + \cdots \\ + \mathrm{j}\kappa_{N-1} \mathrm{e}^{\mathrm{j}(N-2)\zeta} \left[\sum_{m=1}^{N-2} \mathrm{j}\kappa_m \mathrm{e}^{\mathrm{j}(m-1)\zeta} \left(\prod_{i=m}^{N-2} \tau_i \mathrm{e}^{\mathrm{j}\psi} \right) \right] \\ + \mathrm{j}\kappa_N \mathrm{e}^{\mathrm{j}(N-1)\zeta} \left[\sum_{m=1}^{N-1} \mathrm{j}\kappa_m \mathrm{e}^{\mathrm{j}(m-1)\zeta} \left(\prod_{i=m}^{N-1} \tau_i \mathrm{e}^{\mathrm{j}\psi} \right) \right] \end{Bmatrix}$$

采用求和形式进行表示，可得到

$$E_b = \Gamma_l \left\{ \sum_{n=1}^{N} \mathrm{j}\kappa_n \mathrm{e}^{\mathrm{j}(n-1)\zeta} \left[\sum_{m=1}^{n-1} \mathrm{j}\kappa_m \mathrm{e}^{\mathrm{j}(m-1)\zeta} \left(\prod_{i=m}^{n-1} \tau_i \mathrm{e}^{\mathrm{j}\psi} \right) \right] \right\} \tag{3-65}$$

自反射波的散射场：一部分入射信号在第 n 个耦合器的负载上

发生反射。第 n 个天线单元的自反射波产生的散射场贡献可表示为

$$E_{\mathrm{self}_n} \approx \Gamma_l \tau_n^2 \mathrm{e}^{\mathrm{j}2(n-1)\zeta} \tag{3-66}$$

通过对所有阵列单元用式（3-56）进行求和，可以确定自反射波产生的总散射场贡献

$$E_{\mathrm{self}} \approx \Gamma_l \left[\sum_{n=1}^{N} \tau_n^2 \mathrm{e}^{\mathrm{j}2(n-1)\zeta} \right] \tag{3-67}$$

输入端负载上反射产生的散射场：一部分接收的入射信号在输入端负载上产生反射。第 n 个单元在输入端负载反射产生的散射场可表示为

$$E_{\mathrm{in}_n} \approx \mathrm{j}\kappa_n \mathrm{e}^{\mathrm{j}(n-1)(\zeta+\psi)} \Gamma_l \left(\prod_{m=1}^{n-1} \tau_m \right) \tag{3-68}$$

在这种情况下，天线阵列作为收集信号的接收天线。这一 RCS 分量的散射方向图是增益方向图的平方。因此，所有单元的输入端负载反射波产生的散射场是（Lee，1994 年）

$$E_{\mathrm{in}} \approx -\Gamma_l \tau_r^2 \tau_p^2 \left[\sum_{n=1}^{N} \kappa_n \mathrm{e}^{\mathrm{j}(n-1)(\zeta+\psi)} \prod_{m=1}^{n-1} \tau_m \right]^2 \tag{3-69}$$

将式（3-57）、式（3-65）、式（3-67）和式（3-69）代入到式（3-28）中，我们得到所有这四项独立贡献的总散射场。因此，由天线散射场产生的 RCS 可表示为

$$\sigma_s \approx \frac{4\pi A^2 \cos^2\theta}{\lambda^2} \tau_r^4 \tau_p^4 \left| \frac{E^s}{N} \right|^2 \tag{3-70}$$

3.3.2 RCS 模式分析

本小节考虑在带外区域有低增益的相控阵。该假设用于忽略宽角度散射，从而消除结构项散射的影响。在天线单元间完美匹配的情况下，带外区域低增益的假设消除了天线模式项散射。这是因为在修正后的反射系数很大的情况下，天线模式项散射也会因为完美匹配而被弱化。但是，由于加工等因素，馈电网络中的不匹配几乎是不可避免的，因此，对于在其自身频段内工作的相控阵天线，天线模式项仍然是其主要的 RCS 贡献源。

在线阵情况下，假设所有单元沿 x 轴排列，单元之间采用等间距 d，取 z 轴为阵列的边射方向。雷达频率和天线阵列工作频率相同。用上述公式计算由 N 个串联馈电网络的相同单元组成的相控阵的 RCS。假设所有单元的反射系数完全相同。在垂直于阵列轴线的平面上，天线单元的有效散射高度取为 0.5λ。

通过改变天线单元的数量、单元间距、波束扫描角、耦合器电长度以及耦合系数，分析 RCS 的变化趋势。

天线单元的数量：对于参数 $d=0.4\lambda$，$\theta_s=0°$，$l=0.5\lambda$，$\psi=\pi/4$ 的线性串联相控阵，其边射方向 RCS 是确定的。假设天线激励是单位幅度均匀分布，旁瓣电平（SLL）为 13 dB。适当选择耦合系数，通过改变天线单元的数量，对 RCS 特征进行分析。

图 3-8 给出了 16 个单元的线性相控阵的边射方向 RCS。$\theta=0°$ 方向上的最大峰值代表天线孔径、移相器和耦合器输入端的散射(称为镜面反射波瓣)，而在大约 $-20°$方向的最大峰值，可归因于输入端负载的反射。

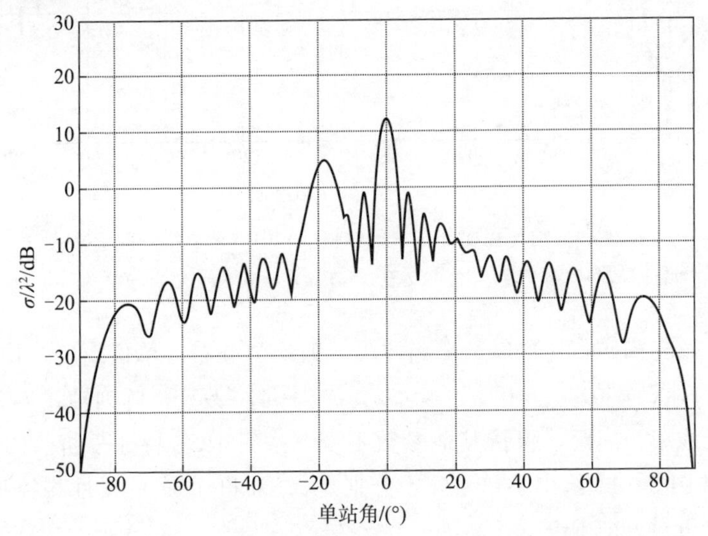

图 3-8　均匀幅度分布（单位幅度）串联馈电线阵的 RCS

$N=16$，$d=0.4\lambda$，$\theta_s=0°$，$l=0.5\lambda$，$\psi=\pi/4$

图 3－9 给出了具有 64 天线单元的线性相控阵天线的边射方向 RCS。可以看出，图 3－8 和图 3－9 的波瓣位置相似。但是，与 $N=64$ 的阵列相比，$N=16$ 的阵列的波瓣较宽，差异明显。随着相控阵天线物理（因而有效）面积的增大，以及天线单元数量的增多（$A_p=Ndl$），旁瓣电平也随之提高。RCS 方向图中的旁瓣数量与天线单元数量成正比关系。

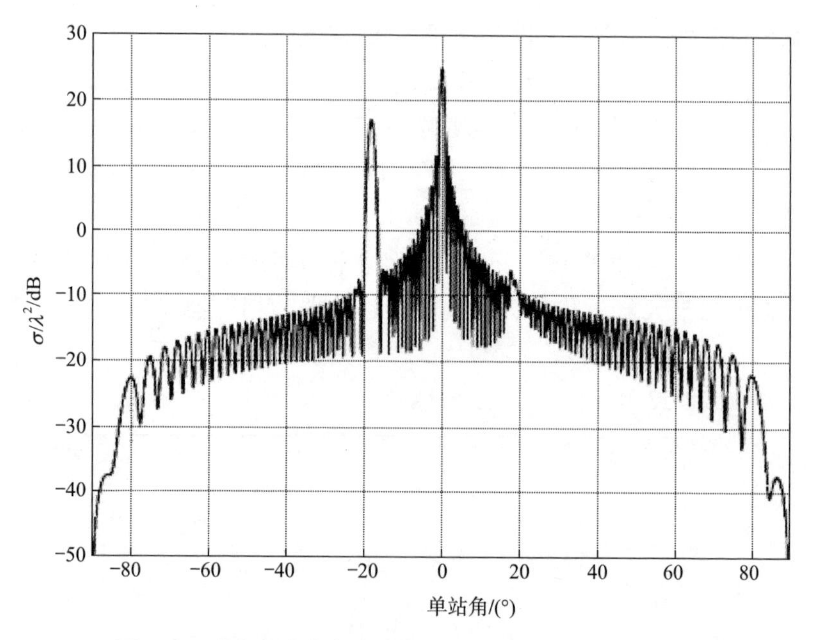

图 3－9 均匀幅度分布（单位幅度）串联馈电线阵的 RCS

$N=64$，$d=0.4\lambda$，$\theta_s=0°$，$l=0.5\lambda$，$\psi=\pi/4$

单元间距：对串联馈电相控阵，即均匀分布（单位幅度，13 dB SLL），$N=50$，$\theta_s=0°$，$l=0.5\lambda$，$\psi=\pi/4$，改变沿阵列轴线方向上的天线单元间距，保持其他参数不变，进行 RCS 特征分析。图 3－10 和图 3－11 给出了单元间距分别是 0.4λ 和 0.5λ 的线性相控阵天线的边射方向 RCS。

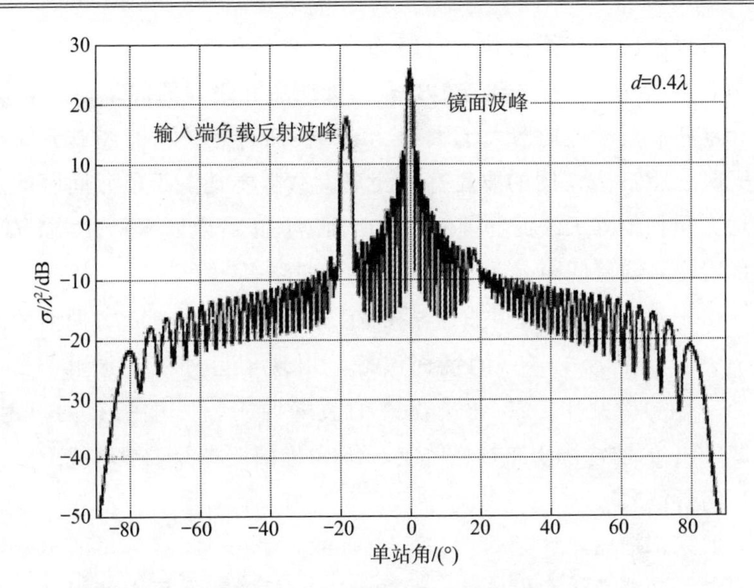

图 3-10　均匀幅度分布（单位幅度）的串联馈电线阵的 RCS

$N = 50$，$\theta_s = 0°$，$l = 0.5\lambda$，$\psi = \pi/4$，$d = 0.4\lambda$

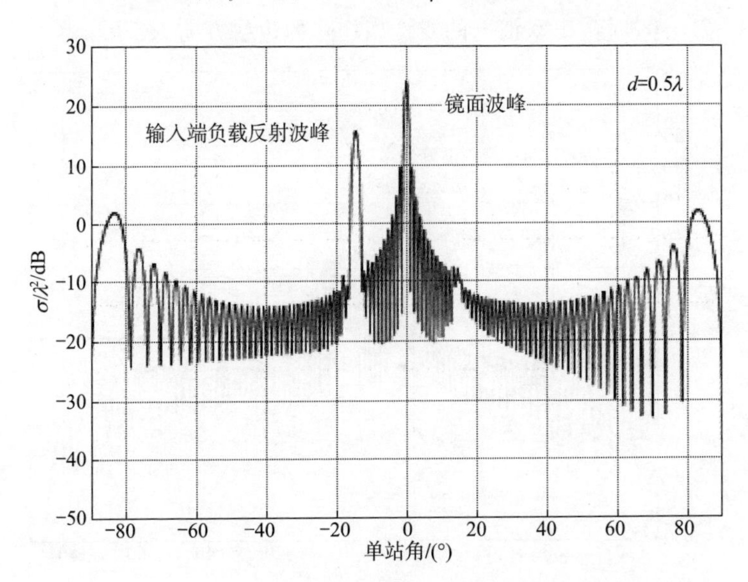

图 3-11　均匀幅度分布（单位幅度）的串联馈电线阵的 RCS

$N = 50$，$\theta_s = 0°$，$l = 0.5\lambda$，$\psi = \pi/4$，$d = 0.5\lambda$

可以看出，波瓣的位置（镜面反射波瓣和输入负载反射波瓣）与图 3-8 和图 3-9 一致。但是，当天线单元之间的间距增加 0.1λ 时，这些波瓣峰值均增大了大约 2dB。换而言之，当天线单元间距增大时，RCS 方向图的波瓣宽度变窄。这主要是由于单元间距的加大增大了相控阵天线的物理面积（因而增加了有效面积），$A=Ndl$ 。可以看出，随着间距 d 增大，旁瓣的数量增多。

由于 $\theta_s=45°$ 的波束扫描，在 RCS 方向图上，−20°方向上的波峰消失了，伴随 $\theta=0°$ 的镜面波峰，出现了另外三个波峰（20°、−35°、45°）。其中，20°角上出现的波峰源于输入端负载的反射，−35°角上的波峰源于布拉格效应，45°角上的波峰源于馈电线上前向和后向行波效应。

波束扫描角：针对 $N=50$，$l=0.5\lambda$，$\psi=\pi/4$，$d=0.4\lambda$ 以及串联馈电，计算了线性相控阵天线的 RCS。任意选择所有的耦合系数为 0.25，分析改变波束扫描角度 θ_s 对 RCS 特征的影响。图 3-12 给出了 $\theta_s=0°$ 时，串联馈电的线性相控阵的边射方向 RCS。

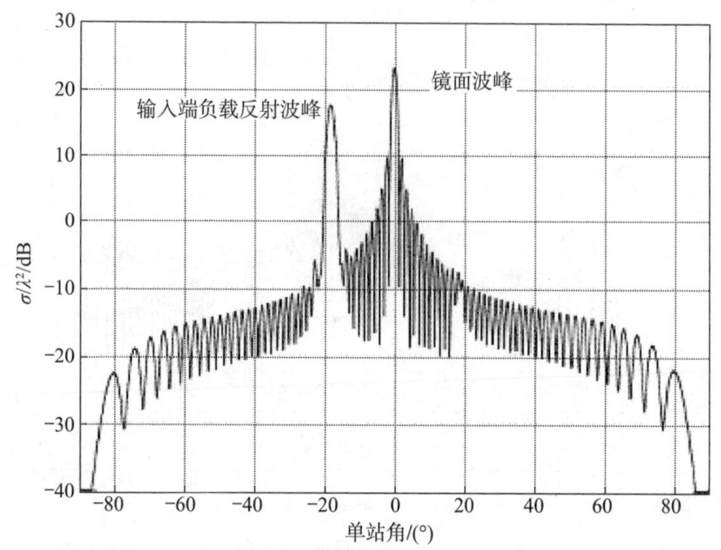

图 3-12 串联馈电线阵的 RCS，耦合系数为 0.25

$N=50$，$\theta_s=0°$，$l=0.5\lambda$，$\psi=\pi/4$，$d=0.4\lambda$

在 $\theta=0^\circ$ 方向上的最大峰值代表了天线孔径、移相器和耦合器输入端的散射贡献（形成镜面反射波峰），而 -20° 方向上的波峰可归因于输入端负载的反射。图 3-13 给出了 $\theta_s=45^\circ$ 时，串联馈电网络线性相控阵的 RCS。$\theta=0^\circ$ 方向上的最大峰值是因孔径、移相器和耦合器输入端的镜面散射的结果，如图 3-12 所示。

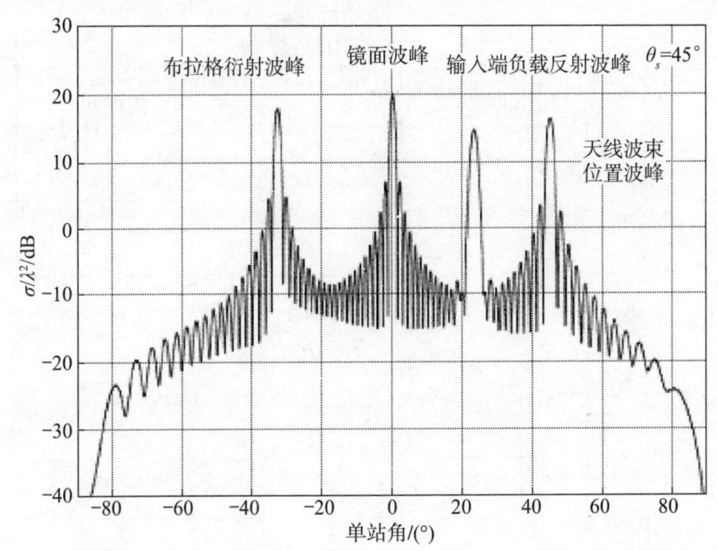

图 3-13　串联馈电线阵的 RCS，耦合系数为 0.25

$N=50$，$\theta_s=45^\circ$，$l=0.5\lambda$，$\psi=\pi/4$，$d=0.4\lambda$

耦合器之间的电长度：通过改变耦合器之间的电长度，对 RCS 特征进行分析。这里，给出了在 $\theta_s=0^\circ$，$l=0.5\lambda$，$d=0.4\lambda$ 情况下，64 单元串联馈电线性相控阵天线的边射方向 RCS 计算结果。幅度分布采用均匀分布，适当地计算了耦合系数。

图 3-14 给出了 $\psi=\pi/4$ 时，线性串联馈电相控阵天线的 RCS。最大峰值（镜面散射波瓣）位于 $\theta=0^\circ$ 方向，而输入端负载反射的 RCS 波峰位于 -20°方向。$\psi=\pi/2$ 时的 RCS 如图 3-15 所示。所有的输入条件与图 3-14 保持一致。由图可知，两幅图中镜面波瓣的位置是完全相同的。但是，输入端负载的反射波瓣从 $\theta=-40^\circ$ 偏移到了 $\theta=-20^\circ$。

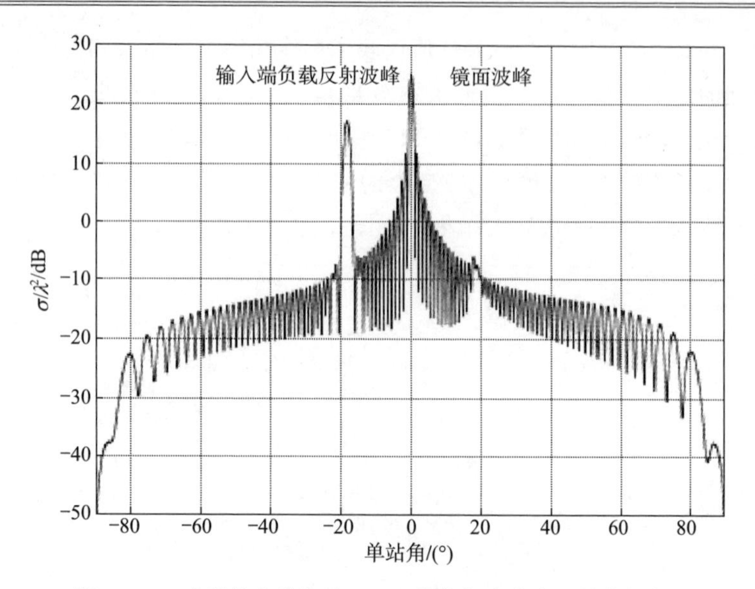

图 3-14　串联馈电线阵的 RCS，均匀幅度分布（单位幅度）

$N=64$，$\theta_s=0°$，$l=0.4\lambda$，$\psi=\pi/4$，$d=0.4\lambda$

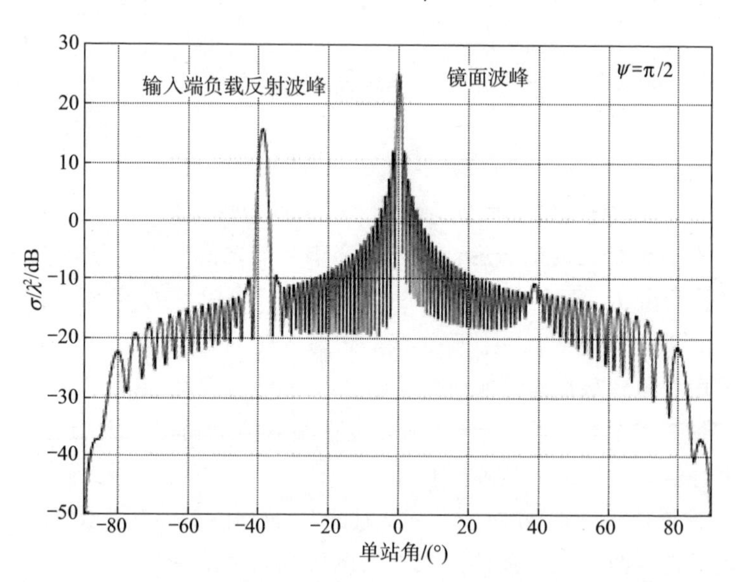

图 3-15　串联馈电线阵的 RCS，均匀幅度分布（单位幅度）

$N=64$，$\theta_s=0°$，$l=0.5\lambda$，$\psi=\pi/2$，$d=0.4\lambda$

耦合系数：图 3 - 16 给出了 50 单元串联馈电线性相控阵（$\theta_s=0°$，$l=0.5\lambda$，$\psi=\pi/2$，$d=0.4\lambda$）的 RCS，所有的耦合系数都等于 0.25。最大镜面散射波瓣出现在 $\theta=0°$ 方向，而输入端负载反射的波瓣出现在 $-40°$附近。

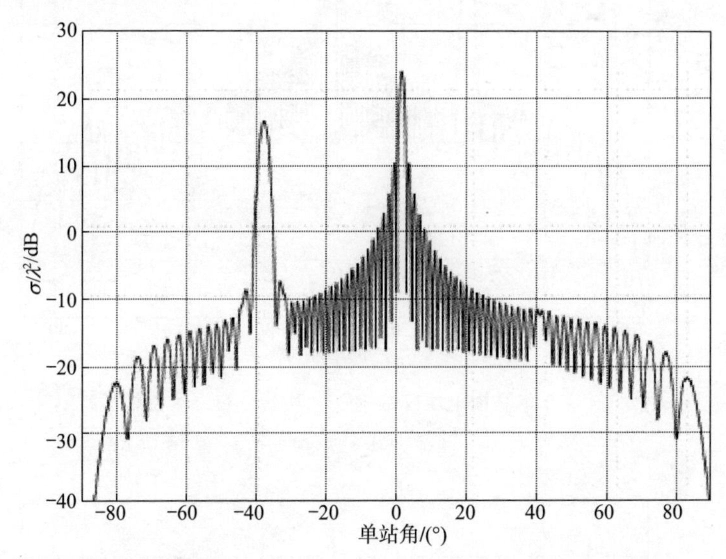

图 3 - 16　串联馈电线阵的 RCS，均匀分布（耦合系数=0.25）

$N=50$，$\theta_s=0°$，$l=0.5\lambda$，$\psi=\pi/2$，$d=0.4\lambda$

由于耦合器之间的电长度 $\psi=\pi/2$，这可以说是可以预期的。图 3 - 17 和图 3 - 18 分别给出了均匀分布（单位幅度）和偏置余弦平方分布天线的 RCS 结果。

可以看到，在两种情况的任一种下，镜面波瓣和输入端负载反射波瓣的位置都保持完全相同。但是，输入端负载反射波瓣的峰值大小和宽度会因所考虑幅度分布的类型而变化。与均匀分布相比，偏置余弦平方分布波瓣的峰值更小，宽度更大。

综上，串联馈电网络的相控阵天线 RCS 预估是基于入射波沿着主馈线上激励前向行波和后向行波这一假设。一般而言，对于串联馈电相控阵，RCS 方向图中的波瓣（在 $\theta=0°$）可以归因于镜面反射效应。由于单元间距很小，可以不考虑布拉格衍射。

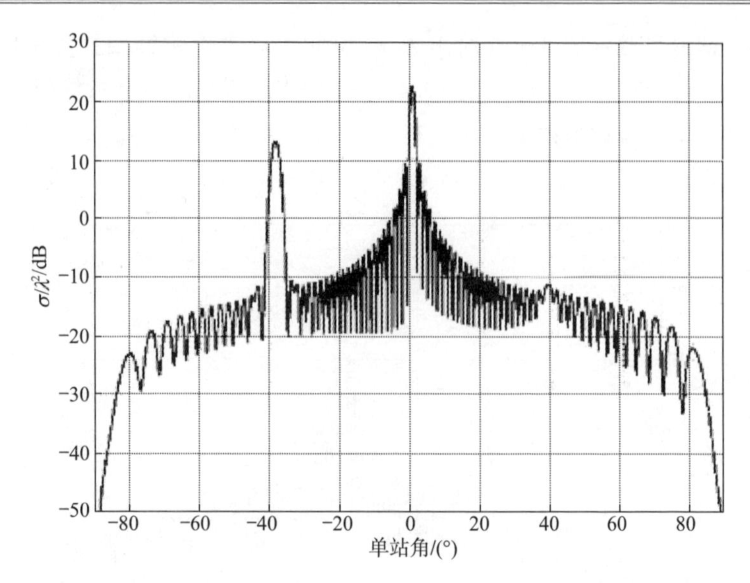

图 3-17 串联馈电线阵的 RCS，均匀分布（单位幅度）

$N=50$，$\theta_s=0°$，$l=0.5\lambda$，$\psi=\pi/2$，$d=0.4\lambda$

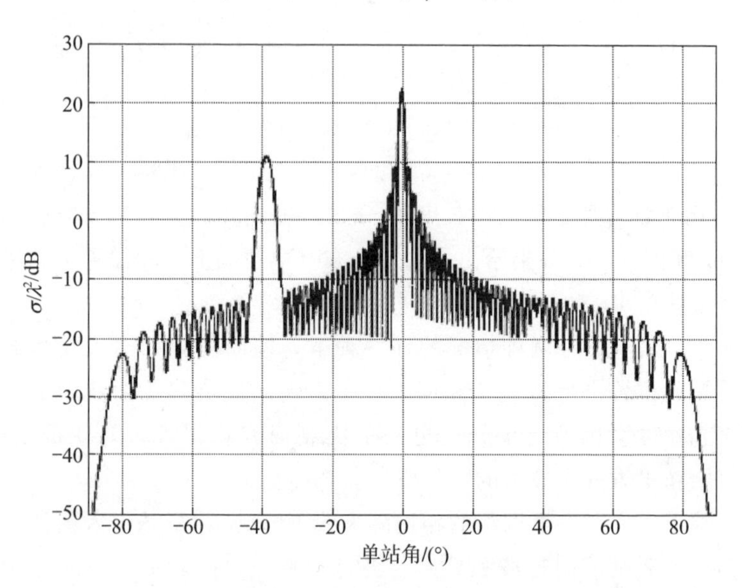

图 3-18 串联馈电线阵的 RCS，偏置余弦平方分布

$N=50$，$\theta_s=0°$，$l=0.5\lambda$，$\psi=\pi/2$，$d=0.4\lambda$

这一事实也适用于移相器的反射行为。当扫描阵列波束时，RCS方向图中出现了第二个波瓣。这个波瓣是由于耦合器级上的布拉格衍射而产生的，从耦合器反射的信号经过移相器。在扫描时，这个过程会影响RCS方向图。本章已经分析了相控阵RCS对馈电网络不同参数的依赖性。串联馈电相控阵RCS的参数化研究中所做的观测结果可归纳如下：

阵列单元数量 N 的增大会导致：1）主瓣峰值的增大；2）次波瓣数量的增加。

随着 N 增大，RCS方向图中的波瓣变得更窄、更尖锐并更明显。波瓣峰值的增大可以归结为相控阵天线物理面积 $Ap = Ndl$（因而有效面积）的增大。但是，N 的改变既不会影响镜面散射波瓣的位置，也不会影响输入端负载反射产生的波瓣的位置。增大单元间距 d 也观察到波瓣的类似变化。这是由于阵列有效孔径面积有所增大。RCS方向图中的次要波瓣的整体分布很大程度上取决于 d 的变化。但是，镜面反射波瓣和输入负载反射波瓣的位置都保持不变。

从 $\theta_s=0°$ 扫描到 $\theta_s=45°$，阵列的RCS方向图明显改变。可以看到，镜面反射波瓣的位置不随扫描角变化，但是输入端负载反射波瓣的位置随之发生偏移。换而言之，在扫描过程的RCS方向图中，移相器后面的点产生的反射波瓣（例如，输入端负载产生的反射波瓣）会朝着或远离镜面反射波瓣的方向移动。对于一个隐身平台上的阵列天线，如果其目的是跟踪威胁目标，这就会产生问题。而且，由于布拉格衍射和天线波束位置变化还产生了额外的波瓣。在RCS方向图中，可以看到一个由于馈电输入端负载反射产生的大波瓣。这个波瓣的位置取决于耦合器的电长度 ψ 。ψ 从 $\pi/4$ 到 $\pi/2$ 变化导致输入端负载反射波瓣位置偏移大约20°，而边射方向RCS方向图中的其他波瓣位置保持不变。在随扫描角变化的RCS方向图中也可以观察到类似的波瓣位置偏移。

众所周知，为了对消反射波，在器件之间的电长度应该是四分之一波长的奇数倍。但是，很难精确预测能够完全消除输入端负载反射的耦合器之间的电长度。在馈电网络中，耦合器的耦合系数变化改变了输入端负载反射波瓣的峰值和宽度。但是，在 RCS 方向图中波瓣的位置保持不变。例如，在偏置余弦平方分布时，RCS 方向图中的输入端负载反射波瓣的峰值要低于均匀分布情况下该波瓣的峰值。而且，可以观察到，与后一个（均匀）分布相比，前一个分布的波瓣宽度更大。在这两种分布情况下，RCS 方向图中镜面波瓣的位置、峰值和宽度都保持不变。

RCS 结果中误差可能来源于 RCS 预估中所作的假设。我们发现，由于不同参数变化而在 RCS 方向图中观察到的效应是独立的。如果改变组合参数，则组合效果的变化就会反映在 RCS 方向图中。阵列 RCS 方向图中的波瓣主要是由于不同层级上馈电网络的反射造成的。只有通过对所有馈电装置进行理想匹配，才能够实现对 RCS 的控制或抑制，但这似乎是不切实际的。

3.4 并联馈电网络相控阵

并联馈电网络使用耦合器合并来自沿着特定方向（例如 x 方向）排列的天线单元的信号。一般而言，并行馈电适用于矩形阵列排布。图 3-19 给出了一种线性相控阵的典型并联馈电网络。它包含了便于波束扫描的移相器（Rudge 等人，1983 年）、用于分配（T_x 模式）或者合成（R_x 模式）功率的耦合器，以及各种天线单元的反射和透射系数。反射系数 ρ_r 、ρ_p 、ρ_c 分别对应馈电网络中的辐射单元、移相器和耦合器。

辐射单元和移相器的透射系数分别是 τ_r 和 τ_p 。馈电网络 N_x 激励的单元数量取决于耦合器的级数 q，即 $N_x = 2^q$ 。耦合器层级是目标 RCS 的一个影响因素。耦合器数量越多，在所得到的 RCS/散射曲线中观察到的散射波瓣就越多。

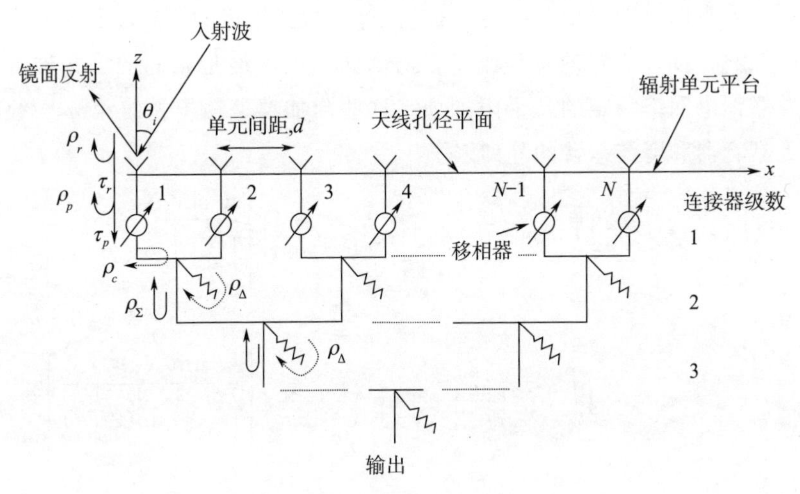

图 3-19　相控阵中的并联馈电

3.4.1　各向异性阵列单元的 RCS 公式

相控阵的总 RCS 是由所有进入阵列天线，然后被馈电网络中的不匹配反射，并回到孔径的信号产生的。并联馈电网络中的散射源包括天线孔径 ρ_r 、移相器输入 ρ_p 和第一级耦合器的输入臂 ρ_c 、第一级馈电网络处的耦合器的和臂与差臂负载，即 ρ_{Σ_1} 和 ρ_{Δ_1} 以及更高级耦合器的和臂与差臂负载 ρ_{Σ_i} 与 ρ_{Δ_i} 。随着信号深入到馈电网络，馈电网络中的各种不匹配会持续产生不同的散射回波。所有回到天线孔径并再次辐射的所有散射场的向量和就构成了天线阵列的总 RCS。对并联馈电网络中的近似模型所做的假设与串联馈电网络中近似模型的假设相同，但是具有一些额外的特征：

1）所有耦合器都用魔 T 来表示，这意味着均匀激励所有单元。反过来，意味着均匀的功率分配。

2）对于沿 x 方向排布的并联馈电网络天线阵列，沿 y 方向的部件和器件都是完美匹配的。因此，他们对于散射的贡献可忽略。

3）馈电网络中的第四和更高级耦合器都是完美匹配的。

并联馈电网络中，由沿 x 轴的 N_x 个单元组成的线阵和其他部件（移相器/耦合器）的阵列因子，与串联馈电网络是相同的，并带有并联馈电网络特定的几个附加项。这些附加项是馈电系统第 q 层级处耦合器和臂与差臂的阵列因子

$$AF_{\Sigma_q}=\tau_r^2\tau_p^2\rho_\Sigma\prod_{l=1}^{q-1}\cos^2\left(\frac{2^{l-1}\zeta_x}{2}\right)\cos^2\left(\frac{2^{q-1}\zeta_x}{2}\right)\left[\frac{\sin(N_x\zeta_x)}{\left(\frac{N_x}{2^q}\right)\sin(2^q\zeta_x)}\right] \tag{3-71}$$

$$AF_{\Delta_q}=\tau_r^2\tau_p^2\rho_\Delta\prod_{l=1}^{q-1}\cos^2\left(\frac{2^{l-1}\zeta_x}{2}\right)\sin^2\left(\frac{2^{q-1}\zeta_x}{2}\right)\left[\frac{\sin(N_x\zeta_x)}{\left(\frac{N_x}{2^q}\right)\sin(2^q\zeta_x)}\right] \tag{3-72}$$

对于 $N_x\times N_y$ 的平面阵列

$$AF_{\Sigma_q}=\tau_r^2\tau_p^2\rho_\Sigma\prod_{l=1}^{q-1}\cos^2\left(\frac{2^{l-1}\zeta_x}{2}\right)\cos^2\left(\frac{2^{q-1}\zeta_x}{2}\right)\times\left[\frac{\sin(N_x\zeta_x)}{\left(\frac{N_x}{2^q}\right)\sin(2^q\zeta_x)}\right]\left[\frac{\sin(N_y\zeta_y)}{N_y\sin\zeta_y}\right] \tag{3-73}$$

$$AF_{\Delta_q}=\tau_r^2\tau_p^2\rho_\Delta\prod_{l=1}^{q-1}\cos^2\left(\frac{2^{l-1}\zeta_x}{2}\right)\sin^2\left(\frac{2^{q-1}\zeta_x}{2}\right)\times\left[\frac{\sin(N_x\zeta_x)}{\left(\frac{N_x}{2^q}\right)\sin(2^q\zeta_x)}\right]\left[\frac{\sin(N_y\zeta_y)}{N_y\sin\zeta_y}\right] \tag{3-74}$$

在相控阵并联馈电网络中，进入到天线阵列中并返回到孔径再次辐射的那部分信号由下式给出（Jenn 和 Flokas，1996 年）

$$\Gamma_{mn}(\theta,\phi)\approx\underbrace{\rho_r e^{j\Delta_{mn}}}_{\text{第一项}}+\underbrace{\tau_r^2\rho_p e^{j\Delta_{mn}}}_{\text{第二项}}+\underbrace{\tau_r^2\tau_p^2\rho_c e^{j2\chi_{mn}}e^{j\Delta_{mn}}}_{\text{第三项}}+\underbrace{\tau_r^2\tau_p^2\tau_c^2 e^{j\chi_{mn}}\left[(E_1')_{mn}+(E_2')_{mn}+\cdots\right]}_{\text{第四项}} \tag{3-75}$$

其中，$\Delta_{mn}=(m-1)\alpha+(n-1)\beta$ 和 $(E_q')_{mn}$ 代表了返回到单元 (m,n) 的反射信号，它来源于第 q 级耦合器。由于信号通过每个器件两

次，因此透射系数取平方。在指数因子乘以耦合器项的情况下，没有明确包括因子 2，是因为该因子嵌入在 $(E'_q)_{mn}$ 项中。式（3－75）中的第一项和第二项代表了辐射单元和移相器对散射场的贡献。耦合器对 RCS 的贡献由第三项和第四项共同表示。并联馈电网络相控阵的总 RCS 表示为

$$\sigma(\theta,\phi)=\frac{4\pi A_p^2\cos^2\theta}{\lambda^2}\left|\sum_{m=1}^{N_x}\sum_{n=1}^{N_y}\begin{bmatrix}\rho_r e^{j\Delta_{mn}}+\tau_r^2\rho_p e^{j\Delta_{mn}}+\tau_r^2\tau_p^2\rho_c e^{j2\chi_{mn}}e^{j\Delta_{mn}}\\+\tau_r^2\tau_p^2\tau_c^2 e^{j\chi_{mn}}\{(E'_1)_{mn}+(E'_2)_{mn}+\cdots\}\end{bmatrix}e^{j\boldsymbol{k}\cdot\boldsymbol{d}_{mn}}\right|^2$$

展开这些项，可得

$$\sigma(\theta,\phi)=\frac{4\pi A_p^2\cos^2\theta}{\lambda^2}\left|\begin{aligned}&\sum_{m=1}^{N_x}\sum_{n=1}^{N_y}\rho_r e^{j\Delta_{mn}}e^{j\boldsymbol{k}\cdot\boldsymbol{d}_{mn}}+\sum_{m=1}^{N_x}\sum_{n=1}^{N_y}\tau_r^2\rho_p e^{j\Delta_{mn}}e^{j\boldsymbol{k}\cdot\boldsymbol{d}_{mn}}\\&+\sum_{m=1}^{N_x}\sum_{n=1}^{N_y}\tau_r^2\tau_p^2\rho_c e^{j2\chi_{mn}}e^{j\Delta_{mn}}e^{j\boldsymbol{k}\cdot\boldsymbol{d}_{mn}}\\&+\sum_{m=1}^{N_x}\sum_{n=1}^{N_y}\tau_r^2\tau_p^2\tau_c^2 e^{j\chi_{mn}}\{(E'_1)_{mn}+(E'_2)_{mn}+\cdots\}e^{j\boldsymbol{k}\cdot\boldsymbol{d}_{mn}}\end{aligned}\right|^2$$

（3－76）

因此，仅仅考虑辐射单元时，RCS 公式可写为

$$\sigma_r=\frac{4\pi A_p^2\cos^2\theta}{\lambda^2}\left|\sum_{m=1}^{N_x}\sum_{n=1}^{N_y}\rho_r e^{j\Delta_{mn}}e^{j\boldsymbol{k}\cdot\boldsymbol{d}_{mn}}\right|^2 \tag{3-77}$$

其中

$$\begin{aligned}\boldsymbol{k}&=k(\hat{x}\sin\theta\cos\phi+\hat{y}\sin\theta\sin\phi+\hat{z}\cos\theta)\\\boldsymbol{d}_{mn}&=\hat{x}(m-1)d_x+\hat{y}(n-1)d_y\\\boldsymbol{k}\cdot\boldsymbol{d}_{mn}&=(m-1)\alpha+(n-1)\beta=\Delta_{mn}\end{aligned} \tag{3-78}$$

将式（3－78）代入到式（3－77）中，可得

$$\begin{aligned}\sigma_r&=\frac{4\pi A_p^2\cos^2\theta}{\lambda^2}\left|\sum_{m=1}^{N_x}\sum_{n=1}^{N_y}\rho_r e^{j\Delta_{mn}}e^{j\Delta_{mn}}\right|^2=\frac{4\pi A_p^2\cos^2\theta}{\lambda^2}\left|\sum_{m=1}^{N_x}\sum_{n=1}^{N_y}\rho_r e^{j2\Delta_{mn}}\right|^2\\&=\frac{4\pi A_p^2\cos^2\theta}{\lambda^2}\left|\sum_{m=1}^{N_x}\sum_{n=1}^{N_y}\rho_r e^{j2[(m-1)\alpha+(n-1)\beta]}\right|^2\end{aligned}$$

（3－79）

利用拆分求和公式，消除公式中的常数项 ρ_r，推导得

$$\sigma_r = \frac{4\pi A_p^2 \cos^2\theta}{\lambda^2} \left| \rho_r \sum_{m=1}^{N_x} e^{j2(m-1)\alpha} \sum_{n=1}^{N_y} e^{j2(n-1)\beta} \right|^2 \tag{3-80}$$

利用阵列理论，式（3-80）可简化成闭合形式，推导得

$$\sigma_r = \frac{4\pi A_p^2 \cos^2\theta}{\lambda^2} \left| \rho_r e^{j(N_x-1)\alpha} \frac{\sin(N_x\alpha)}{\sin\alpha} e^{j(N_y-1)\beta} \frac{\sin(N_y\beta)}{\sin\beta} \right|^2$$

利用单元数量进行归一化，其中 x 轴方向单元数量为 N_x，y 轴方向单元数量为 N_y，可得

$$\sigma_r = \frac{4\pi A_p^2 \cos^2\theta}{\lambda^2} \left| \rho_r \frac{\sin(N_x\alpha)\sin(N_y\beta)}{N_x \sin\alpha N_y \sin\beta} e^{j(N_x-1)\alpha} e^{j(N_y-1)\beta} \right|^2$$

忽略上述公式中的相位项，可得

$$\sigma_r = \frac{4\pi A_p^2 \cos^2\theta}{\lambda^2} \rho_r^2 \left[\frac{\sin(N_x\alpha)}{N_x \sin\alpha}\right]^2 \left[\frac{\sin(N_y\beta)}{N_y \sin\beta}\right]^2 \tag{3-81}$$

采用类似的分析模式，可得到只由移相器引起的 RCS，为

$$\sigma_p \approx \frac{4\pi A_p^2 \cos^2\theta}{\lambda^2} \rho_p^2 \tau_r^4 \left[\frac{\sin(N_x\alpha)}{N_x \sin\alpha}\right]^2 \left[\frac{\sin(N_y\beta)}{N_y \sin\beta}\right]^2 \tag{3-82}$$

类似的，由耦合器输入端口［式（3-75）中的第三项］散射引起的 RCS 可表示为

$$\sigma_c = \frac{4\pi A_p^2 \cos^2\theta}{\lambda^2} \left| \sum_{m=1}^{N_x} \sum_{n=1}^{N_y} \tau_r^2 \tau_p^2 \rho_c e^{j2\chi_{mn}} e^{j\Delta_{mn}} e^{j\boldsymbol{k}\cdot\boldsymbol{d}_{mn}} \right|^2 \tag{3-83}$$

将式（3-78）代入到式（3-83）中，进行简化可得

$$\begin{aligned} \sigma_c &= \frac{4\pi A_p^2 \cos^2\theta}{\lambda^2} \left| \sum_{m=1}^{N_x} \sum_{n=1}^{N_y} \tau_r^2 \tau_p^2 \rho_c e^{j2\chi_{mn}} e^{j2\Delta_{mn}} \right|^2 \\ &= \frac{4\pi A_p^2 \cos^2\theta}{\lambda^2} \left| \sum_{m=1}^{N_x} \sum_{n=1}^{N_y} \tau_r^2 \tau_p^2 \rho_c e^{j2(\chi_{mn}+\Delta_{mn})} \right|^2 \end{aligned}$$

展开 χ_{mn} 和 Δ_{mn} 项，可得

$$\sigma_c = \frac{4\pi A_p^2\cos^2\theta}{\lambda^2}\left|\sum_{m=1}^{N_x}\sum_{n=1}^{N_y}\tau_r^2\tau_p^2\rho_c \mathrm{e}^{\mathrm{j}2\{[(m-1)\alpha_s+(n-1)\beta_s]+[(m-1)\alpha+(n-1)\beta]\}}\right|^2$$

$$= \frac{4\pi A_p^2\cos^2\theta}{\lambda^2}\left|\sum_{m=1}^{N_x}\sum_{n=1}^{N_y}\tau_r^2\tau_p^2\rho_c \mathrm{e}^{\mathrm{j}2[(m-1)\zeta_x+(n-1)\zeta_y]}\right|^2$$

$$\sigma_c \approx \frac{4\pi A_p^2\cos^2\theta}{\lambda^2}\tau_r^4\tau_p^4\rho_c^2\left[\frac{\sin(N_x\zeta_x)}{N_x\sin\zeta_x}\right]^2\left[\frac{\sin(N_y\zeta_y)}{N_y\sin\zeta_y}\right]^2 \tag{3-84}$$

式（3－75）中的第四项表示了耦合器臂（和臂和差臂）散射对天线RCS的贡献。数学上，可表示为

$$\sigma_{\Sigma\Delta} = \frac{4\pi A_p^2\cos^2\theta}{\lambda^2}\left|\sum_{m=1}^{N_x}\sum_{n=1}^{N_y}\tau_r^2\tau_p^2\tau_c^2\mathrm{e}^{\mathrm{j}\chi_{mn}}\{(E_1')_{mn}+(E_2')_{mn}+\cdots\}\mathrm{e}^{\mathrm{j}\boldsymbol{k}\cdot\boldsymbol{d}_{mn}}\right|^2 \tag{3-85}$$

代入 $\boldsymbol{d}_{mn}=\hat{x}(m-1)d_x+\hat{y}(n-1)d_y$，可得

$$\sigma_{\Sigma\Delta} = \frac{4\pi A_p^2\cos^2\theta}{\lambda^2}\left|\sum_{m=1}^{N_x}\sum_{n=1}^{N_y}\tau_r^2\tau_p^2\tau_c^2\{(E_1')_{mn}+(E_2')_{mn}+\cdots\}\mathrm{e}^{\mathrm{j}[(m-1)\zeta_x+(n-1)\zeta_y]}\right|^2$$

假设耦合器是无损耗的，其透射系数等于1。因此，我们得到

$$\sigma_{\Sigma\Delta} = \frac{4\pi A_p^2\cos^2\theta}{\lambda^2}\left|\sum_{m=1}^{N_x}\sum_{n=1}^{N_y}\tau_r^2\tau_p^2\{(E_1')_{mn}+(E_1')_{mn}+\cdots\}\mathrm{e}^{\mathrm{j}[(m-1)\zeta_x+(n-1)\zeta_y]}\right|^2 \tag{3-86}$$

为了简化式（3－86），需要确定 $(E_1')_{mn}$，其中，$i=1$，2，…，q。对此，我们需要了解馈电网络中信号经耦合器传播的传播模式。在并联馈电网络中，用魔T来混合入射到相邻天线单元上的信号。图3－20给出了用于混合来自天线单元 m 和 $m'=m+1$ 的接收信号 $(E_1')_{mn}=l\mathrm{e}^{\mathrm{j}\delta_{mn}}$ 和 $(E_1')_{m'n}=l\mathrm{e}^{\mathrm{j}\delta_{m'n}}$ 的第一级耦合器。这张图表明，入射到耦合器臂上的波具有单位幅度，以及相对相位 δ_{mn} 和 $\delta_{m'n}$。根据Flokas（1994年），$(\delta_{mn}+\delta_{m'n})$ 共同代表了：

1）包括第一级耦合器和孔径之间器件的插入相位的信号相位；

2）由下式给出的相对于入射波原点的空间路径延迟

$$\delta_{pn}=(p-1)\zeta_x+(n-1)\zeta_y \text{ 以及 } p=m \text{ 或 } m' \tag{3-87}$$

3）入射到耦合器上的信号（每个耦合器臂上的 τ_r，τ_p，τ_c）由

完美匹配的魔 T 混合，可以说其散射矩阵 $\boldsymbol{\kappa}$ 由下式给出

$$\boldsymbol{\kappa}=\frac{1}{\sqrt{2}}\begin{bmatrix}0&1&1&0\\1&0&0&1\\1&0&0&-1\\0&1&-1&0\end{bmatrix}$$

这在魔 T 的和臂上产生混合信号，为

$$\begin{aligned}(E_{\Sigma})_{mn}&=(E_1)_{mn}\kappa_{12}+(E_1)_{m'n}\kappa_{13}=(\mathrm{e}^{\mathrm{j}\delta_{mn}})\frac{1}{\sqrt{2}}+(\mathrm{e}^{\mathrm{j}\delta_{m'n}})\frac{1}{\sqrt{2}}\\&=\frac{1}{\sqrt{2}}(\mathrm{e}^{\mathrm{j}\delta_{mn}}+\mathrm{e}^{\mathrm{j}\delta_{m'n}})\end{aligned}\tag{3-88}$$

通过合适的指数因子拆分和相乘，得到

$$\begin{aligned}(E_{\Sigma})_{mn}&=\frac{1}{\sqrt{2}}(\mathrm{e}^{\mathrm{j}\frac{\delta_{mn}}{2}}\mathrm{e}^{\mathrm{j}\frac{\delta_{mn}}{2}}\mathrm{e}^{\mathrm{j}\frac{\delta_{m'n}}{2}}\mathrm{e}^{-\mathrm{j}\frac{\delta_{m'n}}{2}}+\mathrm{e}^{\mathrm{j}\frac{\delta_{m'n}}{2}}\mathrm{e}^{\mathrm{j}\frac{\delta_{m'n}}{2}}\mathrm{e}^{\mathrm{j}\frac{\delta_{mn}}{2}}\mathrm{e}^{-\mathrm{j}\frac{\delta_{mn}}{2}})\\(E_{\Sigma})_{mn}&=\sqrt{2}\,\mathrm{e}^{\mathrm{j}\frac{(\delta_{mn}+\delta_{m'n})}{2}}\cos\left(\frac{\delta_{m'n}-\delta_{mn}}{2}\right)\end{aligned}\tag{3-89}$$

类似的，魔 T 差臂上的信号表示为

$$\begin{aligned}(E_{\Delta})_{mn}&=(E_1)_{mn}\kappa_{42}+(E_1)_{m'n}\kappa_{43}\\&=(1\mathrm{e}^{\mathrm{j}\delta_{mn}})\frac{\sqrt{2}}{2}+(1\mathrm{e}^{\mathrm{j}\delta_{m'n}})\left(-\frac{\sqrt{2}}{2}\right)=\frac{\sqrt{2}}{2}(\mathrm{e}^{\mathrm{j}\delta_{mn}}-\mathrm{e}^{\mathrm{j}\delta_{m'n}})\end{aligned}$$

采用与和臂信号类似的模式分析之后，我们可以得到

$$\begin{aligned}(E_{\Delta})_{mn}&=\sqrt{2}\,(\mathrm{e}^{\mathrm{j}\frac{\delta_{mn}+\delta_{m'n}}{2}})\frac{\mathrm{e}^{-\mathrm{j}\frac{\delta_{m'n}-\delta_{mn}}{2}}-\mathrm{e}^{\mathrm{j}\frac{\delta_{m'n}-\delta_{mn}}{2}}}{2}\\&=\mathrm{j}\sqrt{2}\,\mathrm{e}^{\mathrm{j}\frac{\delta_{mn}+\delta_{m'n}}{2}}\sin\left(\frac{\delta_{m'n}-\delta_{mn}}{2}\right)\end{aligned}\tag{3-90}$$

实际上，在耦合区域，在与下一级耦合器臂的和端口连接处，或在差端口负载处，魔 T 内部的反射可能来源于其自身。其他的反射源包括耦合器输入端口的不匹配（端口 2 和端口 3 处的 ρ_c），以及和与差输出端口处的不匹配（端口 1 的 ρ_{Σ} 和端口 4 的 ρ_{Δ}）。

可以用两个反射系数模拟这些内部散射的净效应（Zhang 等人，2011 年）：一个是和型散射源的反射系数 ρ_{Σ}，另一个是差型散射源的反射系数 ρ_{Δ}。

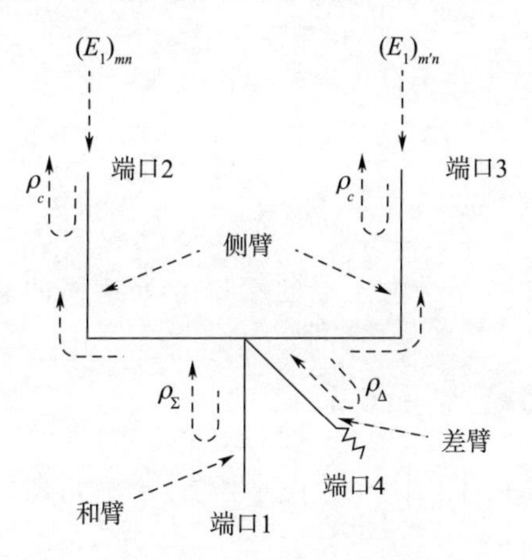

图 3-20　带连接到负载的差端口的魔 T 示意图

因此，由魔 T 的和臂与差臂产生的反射信号可以表示为

$$(E'_{\Sigma})_{mn} = (E_{\Sigma})_{mn}\rho_{\Sigma} \tag{3-91a}$$

$$(E'_{\Delta})_{mn} = (E_{\Delta})_{mn}\rho_{\Delta} \tag{3-91b}$$

同样，返回到耦合器臂输入端的端口 2 的总反射信号为

$$(E'_1)_{mn} = (E'_{\Sigma})_{mn}\kappa_{21} + (E'_{\Delta})_{mn}\kappa_{24}$$

可由魔 T 的散射矩阵得到 κ_{21} 和 κ_{24} 的值。因此

$$(E'_1)_{mn} = (E'_{\Sigma})_{mn}\frac{\sqrt{2}}{2} + (E'_{\Delta})_{mn}\frac{\sqrt{2}}{2} = \frac{1}{\sqrt{2}}[(E'_{\Sigma})_{mn} + (E'_{\Delta})_{mn}]$$

代入式（3-91a）和式（3-91b），我们得到

$$(E'_1)_{mn} = \frac{1}{\sqrt{2}}[(E_{\Sigma})_{mn}\rho_{\Sigma} + (E_{\Delta})_{mn}\rho_{\Delta}] \tag{3-92}$$

将式（3-89）和式（3-90）代入到式（3-92）中，得到

$$(E_1')_{mn}=\frac{1}{\sqrt{2}}\left[\begin{array}{l}\left\{\sqrt{2}\,\mathrm{e}^{\mathrm{j}\frac{\delta_{mn}+\delta_{m'n}}{2}}\cos\left(\frac{\delta_{m'n}-\delta_{mn}}{2}\right)\right\}\rho_{\Sigma}\\+\left\{\mathrm{j}\sqrt{2}\,\mathrm{e}^{\mathrm{j}\frac{\delta_{mn}+\delta_{m'n}}{2}}\sin\left(\frac{\delta_{m'n}-\delta_{mn}}{2}\right)\right\}\rho_{\Delta}\end{array}\right] \tag{3-93}$$

将 $\sqrt{2}\,\mathrm{e}^{\mathrm{j}\frac{(\delta_{mn}+\delta_{m'n})}{2}}$ 作为同类项消掉，得到

$$(E_1')_{mn}=\left[\rho_{\Sigma}\cos\left(\frac{\delta_{m'n}-\delta_{mn}}{2}\right)+\mathrm{j}\rho_{\Delta}\sin\left(\frac{\delta_{m'n}-\delta_{mn}}{2}\right)\right]\mathrm{e}^{\mathrm{j}\frac{\delta_{mn}+\delta_{m'n}}{2}} \tag{3-94}$$

类似的，在耦合器输入端的端口 3 处返回的总反射信号可表示为

$$\begin{aligned}(E_1')_{m'n}&=(E_{\Sigma}')_{mn}\kappa_{31}+(E_{\Delta}')_{mn}\kappa_{34}\\&=(E_{\Sigma}')_{mn}\left(\frac{\sqrt{2}}{2}\right)+(E_{\Delta}')_{mn}\left(-\frac{\sqrt{2}}{2}\right)=\frac{1}{\sqrt{2}}[(E_{\Sigma}')_{mn}-(E_{\Delta}')_{mn}]\end{aligned}$$

$$(E_1')_{m'n}=\left[\rho_{\Sigma}\cos\left(\frac{\delta_{m'n}-\delta_{mn}}{2}\right)-\mathrm{j}\rho_{\Delta}\sin\left(\frac{\delta_{m'n}-\delta_{mn}}{2}\right)\right]\mathrm{e}^{\mathrm{j}\frac{\delta_{mn}+\delta_{m'n}}{2}} \tag{3-95}$$

上述表达式表明，净散射场不仅取决于反射系数，还取决于进入到耦合器臂的信号的相对相位。

根据式（3-87），$\delta_{pn}=\Delta_{pn}+\chi_{pn}=(p-1)\zeta_x+(n-1)\zeta_y$，其中 $p=m$ 或者 m'。

因此，对于标号 m

$$\delta_{mn}=(m-1)\zeta_x+(n-1)\zeta_y$$

$$\delta_{m'n}=(m'-1)\zeta_x+(n-1)\zeta_y=m\zeta_x+(n-1)\zeta_y \tag{3-96}$$

因为 $m'=m+1$

得到

$$\frac{\delta_{m'n}-\delta_{mn}}{2}=\frac{[m\zeta_x+(n-1)\zeta_y]-[(m-1)\zeta_x+(n-1)\zeta_y]}{2}=\frac{\zeta_x}{2} \tag{3-97a}$$

$$\frac{\delta_{m'n}+\delta_{mn}}{2}=\frac{[(m-1)\zeta_x+(n-1)\zeta_y]+[m\zeta_x+(n-1)\zeta_y]}{2}$$

$$=\frac{\zeta_x}{2}(2m-1)+\frac{\zeta_y}{2}(2n-2)$$

(3 - 97b)

将式（3 - 97a）和式（3 - 97b）代入到式（3 - 94）中，我们得到

$$(E'_1)_{mn}=\left[\rho_\Sigma\cos\left(\frac{\zeta_x}{2}\right)+\mathrm{j}\rho_\Delta\sin\left(\frac{\zeta_x}{2}\right)\right]\mathrm{e}^{\mathrm{j}\left[\frac{\zeta_x}{2}(2m-1)+\frac{\zeta_y}{2}(2n-2)\right]}$$

(3 - 98)

因此，可以通过对阵列的所有单元进行求和，得到由奇数个第一级耦合器端口（和端口和差端口）产生的总散射场。数学上，可表示为

$$\sum_{m=1,3\cdots}^{N_x}(E'_1)_{mn}=\sum_{m=1,3\cdots}^{N_x}\left[\rho_\Sigma\cos\left(\frac{\zeta_x}{2}\right)+\mathrm{j}\rho_\Delta\sin\left(\frac{\zeta_x}{2}\right)\right]\mathrm{e}^{\mathrm{j}\left[\frac{\zeta_x}{2}(2m-1)+\frac{\zeta_y}{2}(2n-2)\right]}$$

将常数项移到求和公式之外，可得

$$\sum_{m=1,3\cdots}^{N_x}(E'_1)_{mn}=\left[\rho_\Sigma\cos\left(\frac{\zeta_x}{2}\right)+\mathrm{j}\rho_\Delta\sin\left(\frac{\zeta_x}{2}\right)\right]\mathrm{e}^{\mathrm{j}\frac{\zeta_y}{2}(2n-2)}\sum_{m=1,3\cdots}^{N_x}\mathrm{e}^{\mathrm{j}\frac{\zeta_x}{2}(2m-1)}$$

(3 - 99)

类似的，对于标号 m'，

$$\delta_{mn}=(m-1)\zeta_x+(n-1)\zeta_y=(m'-2)\zeta_x+(n-1)\zeta_y$$

因为 $m=m'-1$

$$\delta_{m'n}=(m'-1)\zeta_x+(n-1)\zeta_y$$

因此

$$\frac{\delta_{m'n}-\delta_{mn}}{2}=\frac{\zeta_x}{2} \tag{3 - 100a}$$

$$\frac{\delta_{m'n}+\delta_{mn}}{2}=\frac{\zeta_x}{2}(2m'-3)+\frac{\zeta_y}{2}(2n-2) \tag{3 - 100b}$$

通过将式（3 - 100a）和式（3 - 100b）代入到式（3 - 95）中，我们得到

$$(E_1')_{m'n}=\left[\rho_{\Sigma}\cos\left(\frac{\zeta_x}{2}\right)-j\rho_{\Delta}\sin\left(\frac{\zeta_x}{2}\right)\right]e^{j\left[\frac{\zeta_x}{2}(2m'-3)+\frac{\zeta_y}{2}(2n-2)\right]}\tag{3-101}$$

因此，可通过对所有阵列单元求和，得到由偶数个第一级耦合器端口（和端口与差端口）产生的总散射场。数学上，可表达为

$$\sum_{m'=2,4\cdots}^{N_x}(E_1')_{m'n}=\left[\rho_{\Sigma}\cos\left(\frac{\zeta_x}{2}\right)-j\rho_{\Delta}\sin\left(\frac{\zeta_x}{2}\right)\right]e^{j\frac{\zeta_y}{2}(2n-2)}\sum_{m'=2,4\cdots}^{N_x}e^{j\frac{\zeta_x}{2}(2m'-3)}\tag{3-102}$$

参照式（3-86），由第一级耦合器端口（和端口与差端口）处的散射产生的 RCS 可表示为

$$\sigma_{\Sigma\Delta_1}=\frac{4\pi A_p^2\cos^2\theta}{\lambda^2}\left|\sum_{m=1}^{N_x}\sum_{n=1}^{N_y}\tau_r^2\tau_p^2(E_1')_{mn}e^{j[(m-1)\zeta_x+(n-1)\zeta_y]}\right|^2$$

交换求和顺序，并将常数项移到求和项之外，得

$$\sigma_{\Sigma\Delta_1}=\frac{4\pi A_p^2\cos^2\theta}{\lambda^2}\tau_r^4\tau_p^4\left|\sum_{m=1}^{N_x}\sum_{n=1}^{N_y}(E_1')_{mn}e^{j[(m-1)\zeta_x+(n-1)\zeta_y]}\right|^2\tag{3-103}$$

将式（3-99）和式（3-102）代入到式（3-103）中，我们得到

$$\sigma_{\Sigma\Delta_1}=\frac{4\pi A_p^2\cos^2\theta}{\lambda^2}\tau_r^4\tau_p^4\left|\sum_{n=1}^{N_y}\left[\begin{array}{l}\left\{\rho_{\Sigma}\cos\left(\frac{\zeta_x}{2}\right)+j\rho_{\Delta}\sin\left(\frac{\zeta_x}{2}\right)\right\}e^{j\frac{\zeta_y}{2}(2n-2)}\\ \times\sum\limits_{m=1,3\cdots}^{N_x}e^{j\frac{\zeta_x}{2}(2m-1)}e^{j[(m-1)\zeta_x+(n-1)\zeta_y]}\\ +\left\{\rho_{\Sigma}\cos\left(\frac{\zeta_x}{2}\right)-j\rho_{\Delta}\sin\left(\frac{\zeta_x}{2}\right)\right\}e^{j\frac{\zeta_y}{2}(2n-2)}\\ \times\sum\limits_{m'=2,4\cdots}^{N_x}e^{j\frac{\zeta_x}{2}(2m'-3)}e^{j[(m'-1)\zeta_x+(n-1)\zeta_y]}\end{array}\right]\right|^2$$

重新整理和简化，我们得到

$$\sigma_{\Sigma\Delta_1}=\frac{4\pi A_p^2\cos^2\theta}{\lambda^2}\tau_r^4\tau_p^4\left|\begin{aligned}&\left(\rho_\Sigma\cos\frac{\zeta_x}{2}+\mathrm{j}\rho_\Delta\sin\frac{\zeta_x}{2}\right)\sum_{n=1}^{N_y}\mathrm{e}^{\mathrm{j}\zeta_y(n-1)}\mathrm{e}^{\mathrm{j}\zeta_y(n-1)}\sum_{m=1,3\cdots}^{N_x}\mathrm{e}^{\mathrm{j}\frac{\zeta_x}{2}(2m-1+2m-2)}\\&+\left(\rho_\Sigma\cos\frac{\zeta_x}{2}-\mathrm{j}\rho_\Delta\sin\frac{\zeta_x}{2}\right)\sum_{n=1}^{N_y}\mathrm{e}^{\mathrm{j}\zeta_y(n-1)}\mathrm{e}^{\mathrm{j}\zeta_y(n-1)}\sum_{m=2,4\cdots}^{N_x}\mathrm{e}^{\mathrm{j}\frac{\zeta_x}{2}(2m'-3+2m'-2)}\end{aligned}\right|^2$$

$$\sigma_{\Sigma\Delta_1}=\frac{4\pi A_p^2\cos^2\theta}{\lambda^2}\tau_r^4\tau_p^4\left|\begin{aligned}&\left\{\rho_\Sigma\cos\left(\frac{\zeta_x}{2}\right)+\mathrm{j}\rho_\Delta\sin\left(\frac{\zeta_x}{2}\right)\right\}\sum_{n=1}^{N_y}\mathrm{e}^{\mathrm{j}\zeta_y2(n-1)}\sum_{m=1,3\cdots}^{N_x}\mathrm{e}^{\mathrm{j}\frac{\zeta_x}{2}(4m-3)}\\&+\left\{\rho_\Sigma\cos\left(\frac{\zeta_x}{2}\right)-\mathrm{j}\rho_\Delta\sin\left(\frac{\zeta_x}{2}\right)\right\}\sum_{n=1}^{N_y}\mathrm{e}^{\mathrm{j}2\zeta_y(n-1)}\sum_{m=2,4\cdots}^{N_x}\mathrm{e}^{\mathrm{j}\frac{\zeta_x}{2}(4m'-5)}\end{aligned}\right|^2 \tag{3-104}$$

为了降低复杂性，可分别计算求和公式中的每一项。因此

$$\sum_{n=1}^{N_y}\mathrm{e}^{\mathrm{j}\zeta_y2(n-1)}=\sum_{n=0}^{N_y-1}(\mathrm{e}^{\mathrm{j}2\zeta_y})^n=\frac{\sin(N_y\zeta_y)}{\sin(\zeta_y)}\mathrm{e}^{\mathrm{j}(N_y-1)\zeta_y} \tag{3-105}$$

考虑 $m=2p+1$，其中 $p=0，1，\cdots，(\frac{N_x}{2}-1)$

$$\sum_{m=1,3\cdots}^{N_x}\mathrm{e}^{\mathrm{j}\frac{\zeta_x}{2}(4m-3)}=\sum_{p=0}^{\left(\frac{N_x}{2}-1\right)}\mathrm{e}^{\mathrm{j}\frac{\zeta_x}{2}[4(2p+1)-3]}=\sum_{p=0}^{\left(\frac{N_x}{2}-1\right)}\mathrm{e}^{\mathrm{j}\frac{\zeta_x}{2}(8p+1)}$$

$$=\mathrm{e}^{\mathrm{j}\frac{\zeta_x}{2}}\sum_{p=0}^{\left(\frac{N_x}{2}-1\right)}(\mathrm{e}^{\mathrm{j}4\zeta_x})^p=\mathrm{e}^{\mathrm{j}\frac{\zeta_x}{2}}\frac{\sin(\frac{N_x}{2}\frac{4\zeta_x}{2})}{\sin(\frac{4\zeta_x}{2})}\mathrm{e}^{\mathrm{j}\left[\left(\frac{N_x}{2}-1\right)\frac{4\zeta_x}{2}\right]}$$

$$\sum_{m=1,3\cdots}^{N_x}\mathrm{e}^{\mathrm{j}\frac{\zeta_x}{2}(4m-3)}=\frac{\sin(N_x\zeta_x)}{\sin(2\zeta_x)}\mathrm{e}^{\mathrm{j}\frac{\zeta_x}{2}}\mathrm{e}^{\mathrm{j}\left[\left(\frac{N_x}{2}-1\right)2\zeta_x\right]} \tag{3-106}$$

类似的，对于 $m'=2q$，其中 $q=1，2，\cdots，(\frac{N_x}{2})$

$$\sum_{m'=2,4\cdots}^{N_x} \mathrm{e}^{\mathrm{j}\frac{\zeta_x}{2}(4m'-5)} = \sum_{q=1}^{\frac{N_x}{2}} \mathrm{e}^{\mathrm{j}\frac{\zeta_x}{2}[4(2q)-5]} = \sum_{q=0}^{\frac{N_x}{2}-1} \mathrm{e}^{\mathrm{j}\frac{\zeta_x}{2}[4\times 2(q+1)-5]}$$

$$= \sum_{q=0}^{\frac{N_x}{2}-1} \mathrm{e}^{\mathrm{j}\frac{\zeta_x}{2}(8q+3)} = \mathrm{e}^{\mathrm{j}\frac{3\zeta_x}{2}} \sum_{q=0}^{\frac{N_x}{2}-1} (\mathrm{e}^{\mathrm{j}4\zeta_x})^q$$

$$= \mathrm{e}^{\mathrm{j}\frac{3\zeta_x}{2}} \frac{\sin\left(\frac{N_x}{2}\frac{4\zeta_x}{2}\right)}{\sin\left(\frac{4\zeta_x}{2}\right)} \mathrm{e}^{\mathrm{j}\left[\left(\frac{N_x}{2}-1\right)\frac{4\zeta_x}{2}\right]}$$

$$\sum_{m'=2,4\cdots}^{N_x} \mathrm{e}^{\mathrm{j}\frac{\zeta_x}{2}(4m'-5)} = \frac{\sin(N_x\zeta_x)}{\sin(2\zeta_x)} \mathrm{e}^{\mathrm{j}\frac{3\zeta_x}{2}} \mathrm{e}^{\mathrm{j}\left[\left(\frac{N_x}{2}-1\right)2\zeta_x\right]} \tag{3-107}$$

将式（3-105）～式（3-107）代入到式（3-104）中，得到

$$\sigma_{\Sigma\Delta_1} = \frac{4\pi A_p^2 \cos^2\theta}{\lambda^2}\tau_r^4\tau_p^4 \left| \begin{aligned} &\left[\rho_\Sigma \cos\left(\frac{\zeta_x}{2}\right) + \mathrm{j}\rho_\Delta \sin\left(\frac{\zeta_x}{2}\right)\right] \frac{\sin(N_y\zeta_y)}{\sin\zeta_y} \mathrm{e}^{\mathrm{j}(N_y-1)\zeta_y} \\ &\times \frac{\sin(N_x\zeta_x)}{\sin(2\zeta_x)} \mathrm{e}^{\mathrm{j}\frac{\zeta_x}{2}} \mathrm{e}^{\mathrm{j}\left[\left(\frac{N_x}{2}-1\right)2\zeta_x\right]} \\ &+ \left[\rho_\Sigma \cos\left(\frac{\zeta_x}{2}\right) - \mathrm{j}\rho_\Delta \sin\left(\frac{\zeta_x}{2}\right)\right] \frac{\sin(N_y\zeta_y)}{\sin\zeta_y} \mathrm{e}^{\mathrm{j}(N_y-1)\zeta_y} \\ &\times \frac{\sin(N_x\zeta_x)}{\sin(2\zeta_x)} \mathrm{e}^{\mathrm{j}\frac{3\zeta_x}{2}} \mathrm{e}^{\mathrm{j}\left[\left(\frac{N_x}{2}-1\right)2\zeta_x\right]} \end{aligned} \right|^2$$

简化上述方程中的指数项，可得

$$\sigma_{\Sigma\Delta_1} = \frac{4\pi A_p^2 \cos^2\theta}{\lambda^2}\tau_r^4\tau_p^4 \left| \begin{aligned} &\left[\rho_\Sigma \cos\left(\frac{\zeta_x}{2}\right) + \mathrm{j}\rho_\Delta \sin\left(\frac{\zeta_x}{2}\right)\right] \frac{\sin(N_y\zeta_y)}{\sin\zeta_y} \mathrm{e}^{\mathrm{j}(N_y-1)\zeta_y} \\ &\times \frac{\sin(N_x\zeta_x)}{\sin(2\zeta_x)} \mathrm{e}^{\mathrm{j}\left(N_x-\frac{3}{2}\right)\zeta_x} \\ &+ \left[\rho_\Sigma \cos\left(\frac{\zeta_x}{2}\right) - \mathrm{j}\rho_\Delta \sin\left(\frac{\zeta_x}{2}\right)\right] \frac{\sin(N_y\zeta_y)}{\sin\zeta_y} \mathrm{e}^{\mathrm{j}(N_y-1)\zeta_y} \\ &\times \frac{\sin(N_x\zeta_x)}{\sin(2\zeta_x)} \mathrm{e}^{\mathrm{j}\left(N_x-\frac{1}{2}\right)\zeta_x} \end{aligned} \right|^2$$

展开这些项，然后重新组合，可得

$$\sigma_{\Sigma\Delta_1}=\frac{4\pi A_p^2\cos^2\theta}{\lambda^2}\tau_r^4\tau_p^4\left|\begin{matrix}\dfrac{\sin(N_y\zeta_y)}{\sin\zeta_y}e^{j(N_y-1)\zeta_y}\dfrac{\sin(N_x\zeta_x)}{\sin(2\zeta_x)}\\ \times\left\{\begin{matrix}\rho_\Sigma\cos\left(\dfrac{\zeta_x}{2}\right)\left[e^{j\left(N_x-\frac{3}{2}\right)\zeta_x}+e^{j\left(N_x-\frac{1}{2}\right)\zeta_x}\right]\\ -j\rho_\Delta\sin\left(\dfrac{\zeta_x}{2}\right)\left[e^{j\left(N_x-\frac{1}{2}\right)\zeta_x}-e^{j\left(N_x-\frac{3}{2}\right)\zeta_x}\right]\end{matrix}\right\}\end{matrix}\right|^2$$

去掉同类项因子 $e^{-j\frac{\zeta_x}{2}}$，上述公式可表示为

$$\sigma_{\Sigma\Delta_1}=\frac{4\pi A_p^2\cos^2\theta}{\lambda^2}\tau_r^4\tau_p^4\left|\begin{matrix}\dfrac{\sin(N_y\zeta_y)}{\sin\zeta_y}e^{j(N_y-1)\zeta_y}\dfrac{\sin(N_x\zeta_x)}{\sin(2\zeta_x)}\\ \times\left[\begin{matrix}\rho_\Sigma\cos\left(\dfrac{\zeta_x}{2}\right)e^{j\left(N_x\zeta_x-\frac{\zeta_x}{2}-\frac{\zeta_x}{2}\right)}\left(e^{-j\frac{\zeta_x}{2}}+e^{j\frac{\zeta_x}{2}}\right)\\ -j\rho_\Delta\sin\left(\dfrac{\zeta_x}{2}\right)e^{j\left(N_x\zeta_x-\frac{\zeta_x}{2}-\frac{\zeta_x}{2}\right)}\left(e^{j\frac{\zeta_x}{2}}-e^{-j\frac{\zeta_x}{2}}\right)\end{matrix}\right]\end{matrix}\right|^2$$

$$\sigma_{\Sigma\Delta_1}=\frac{4\pi A_p^2\cos^2\theta}{\lambda^2}\tau_r^4\tau_p^4\left|\begin{matrix}\dfrac{\sin(N_y\zeta_y)}{\sin\zeta_y}e^{j(N_y-1)\zeta_y}\dfrac{\sin(N_x\zeta_x)}{\sin(2\zeta_x)}e^{j(N_x-1)\zeta_x}\\ \times\left[2\rho_\Sigma\cos^2\left(\dfrac{\zeta_x}{2}\right)+2\rho_\Delta\sin^2\left(\dfrac{\zeta_x}{2}\right)\right]\end{matrix}\right|^2$$

用单元数量 N_x 和 N_y 进行归一化，可得

$$\sigma_{\Sigma\Delta_1}=\frac{4\pi A_p^2\cos^2\theta}{\lambda^2}\tau_r^4\tau_p^4\left|\begin{matrix}\dfrac{\sin(N_y\zeta_y)}{N_y\sin\zeta_y}e^{j(N_y-1)\zeta_y}\dfrac{\sin(N_x\zeta_x)}{N_x\sin(2\zeta_x)}e^{j(N_x-1)\zeta_x}\\ \times\left[2\rho_\Sigma\cos^2\left(\dfrac{\zeta_x}{2}\right)+2\rho_\Delta\sin^2\left(\dfrac{\zeta_x}{2}\right)\right]\end{matrix}\right|^2$$

忽略上述公式中的相位项，我们得到

$$\sigma_{\Sigma\Delta_1}\approx\frac{4\pi A_p^2\cos^2\theta}{\lambda^2}\tau_r^4\tau_p^4\left[\frac{\sin(N_y\zeta_y)}{N_y\sin\zeta_y}\right]^2\left[\frac{\sin(N_x\zeta_x)}{N_x\sin(2\zeta_x)}\right]^2\left[2\rho_\Sigma\cos^2\left(\frac{\zeta_x}{2}\right)\right]^2+$$
$$\frac{4\pi A_p^2\cos^2\theta}{\lambda^2}\tau_r^4\tau_p^4\left[\frac{\sin(N_y\zeta_y)}{N_y\sin\zeta_y}\right]^2\left[\frac{\sin(N_x\zeta_x)}{N_x\sin(2\zeta_x)}\right]^2\left[2\rho_\Delta\sin^2\left(\frac{\zeta_x}{2}\right)\right]^2$$

重新整理这些项，我们得到

$$\sigma_{\Sigma\Delta 1} \approx \frac{4\pi A_p^2 \cos^2\theta}{\lambda^2}\tau_r^4\tau_p^4\rho_\Sigma^2 \cos^4\left(\frac{\zeta_x}{2}\right)\left[\frac{\sin(N_y\zeta_y)}{N_y\sin\zeta_y}\right]^2\left[\frac{\sin(N_x\zeta_x)}{\frac{N_x}{2}\sin(2\zeta_x)}\right]^2 + \frac{4\pi A_p^2 \cos^2\theta}{\lambda^2}\tau_r^4\tau_p^4\rho_\Delta^2 \sin^4\left(\frac{\zeta_x}{2}\right)\left[\frac{\sin(N_y\zeta_y)}{N_y\sin\zeta_y}\right]^2\left[\frac{\sin(N_x\zeta_x)}{\frac{N_x}{2}\sin(2\zeta_x)}\right]^2 \approx \sigma_{\Sigma_1} + \sigma_{\Delta_1} \tag{3-108}$$

其中，$\sigma_{\Sigma 1}$ 和 σ_{Δ_1} 分别代表由第一级馈电网络中耦合器的和臂与差臂散射贡献所产生的 RCS。将这些耦合器臂的阵列因子代入到 x 极化单元阵列的总 RCS 公式，我们得到

$$\sigma_{\Sigma_1} = \frac{4\pi A_p^2 \cos^2\theta}{\lambda^2}\tau_r^4\tau_p^4\rho_\Sigma^2 \cos^4\left(\frac{\zeta_x}{2}\right)\left[\frac{\sin(N_y\zeta_y)}{N_y\sin\zeta_y}\right]^2\left[\frac{\sin(N_x\zeta_x)}{\frac{N_x}{2}\sin(2\zeta_x)}\right]^2 \tag{3-109}$$

$$\sigma_{\Delta_1} = \frac{4\pi A_p^2 \cos^2\theta}{\lambda^2}\tau_r^4\tau_p^4\rho_\Delta^2 \sin^4\left(\frac{\zeta_x}{2}\right)\left[\frac{\sin(N_y\zeta_y)}{N_y\sin\zeta_y}\right]^2\left[\frac{\sin(N_x\zeta_x)}{\frac{N_x}{2}\sin(2\zeta_x)}\right]^2 \tag{3-110}$$

注意表达式（3-109）和（3-110）与（3-108）中的两项相似。这表明可通过在总 RCS 公式中代入合适的阵列因子，得到由任意级上耦合器的和臂与差臂产生的 RCS。因此，来自第二级耦合器 RCS 贡献，包括和型和差型的，可分别表达如下

$$\sigma_{\Sigma_2} = \frac{4\pi A_p^2 \cos^2\theta}{\lambda^2}\tau_r^4\tau_p^4\rho_\Sigma^2 \cos^4\left(\frac{\zeta_x}{2}\right)\cos^4\zeta_x \left[\frac{\sin(N_y\zeta_y)}{N_y\sin\zeta_y}\right]^2\left[\frac{\sin(N_x\zeta_x)}{\frac{N_x}{4}\sin(4\zeta_x)}\right]^2 \tag{3-111}$$

$$\sigma_{\Delta_2} = \frac{4\pi A_p^2 \cos^2\theta}{\lambda^2}\tau_r^4\tau_p^4\rho_\Delta^2 \cos^4\left(\frac{\zeta_x}{2}\right)\sin^4\zeta_x \left(\frac{\sin(N_y\zeta_y)}{N_y\sin\zeta_y}\right)^2\left(\frac{\sin(N_x\zeta_x)}{\frac{N_x}{4}\sin(4\zeta_x)}\right)^2 \tag{3-112}$$

总之，q 级耦合器的表达式可写为

$$\sigma_{\Sigma_q}=\tau_r^4\tau_p^4\rho_\Sigma^2\prod_{l=1}^{q-1}\cos^4\left(\frac{2^{l-1}\xi_x}{2}\right)\cos^4\left(\frac{2^{q-1}\xi_x}{2}\right)\left[\frac{\sin(N_x\zeta_x)}{\frac{N_x}{2^q}\sin(2^q\zeta_x)}\frac{\sin(N_y\zeta_y)}{N_y\sin\zeta_y}\right]^2 \tag{3-113}$$

$$\sigma_{\Delta_q}=\tau_r^4\tau_p^4\rho_\Delta^2\prod_{l=1}^{q-1}\cos^4\left(\frac{2^{l-1}\xi_x}{2}\right)\sin^4\left(\frac{2^{q-1}\xi_x}{2}\right)\left[\frac{\sin(N_x\zeta_x)}{\frac{N_x}{2^q}\sin(2^q\zeta_x)}\frac{\sin(N_y\zeta_y)}{N_y\sin\zeta_y}\right]^2 \tag{3-114}$$

由式（3－109）到式（3－114）可以推断，为了包括单级或多级耦合器的影响，每个层级在已有 RCS 表达式中必须加入 σ_Σ 和 σ_Δ 两项。因此，考虑 q 级耦合器的情形，相控阵的总 RCS 由下式给出

$$\sigma\approx\sigma_r+\sigma_p+\sigma_c+\sum_{i=1}^{q}\sigma_{\Sigma_i}+\sum_{i=1}^{q}\sigma_{\Delta_i} \tag{3-115}$$

3.4.2　RCS 模式分析

分别计算并联馈电线阵和平面阵的 RCS。对线阵，所有单元都以等间距 d_x 沿 x 轴方向排列。取 z 轴为阵列的边射方向。对平面阵，假设所有单元位于 $x-y$ 平面，取均匀间距 d_x 和 d_y，单元数分别为 N_x 和 N_y。假设雷达频率与天线阵列的工作频率一致。假设所有的反射系数都是常数。计算了边射方向和扫描波束下的相控阵 RCS。耦合器级数选择为 q， 当 $n>q$ 时，ρ_Σ 和 ρ_Δ 项不存在。q 个单元的子阵在天线孔径处耦合。

任何大型相控阵都能够分解成具有合适相位偏移激励的、由 q 个单元的子阵列所组成的阵列结构来进行分析。但是，耦合器之间电长度参数 ψ 的任何改变都不会影响 RCS 值。因为这里所使用的近似模型，仅仅考虑了器件和组件单独散射贡献的非相干叠加。

线阵：通过改变天线单元数量、单元间距、天线有效高度、波束扫描角和耦合器的层级等参数，对 $N_x\times1$（即 $N_y=1$）个相同单元并联馈电线性天线阵的 RCS 进行了分析。图 3－21 给出了单级耦

合器（$q=1$）、$d_x=0.5\lambda$，$h=0.5\lambda$，$\theta_s=\phi_s=\phi=0°$ 条件下，并联馈电的 16 单元并联线性馈电阵列的边射方向 RCS。表 3 - 2 给出了用来标识 RCS 方向图中这些波瓣的约定。$\theta=0°$ 方向的最高波瓣代表了天线孔径散射的镜面波瓣。$\theta=\pm 80°$ 方向的波瓣来源于布拉格衍射。$\theta=\pm 30°$ 方向的尖峰对应于第一级耦合器之间的不匹配。

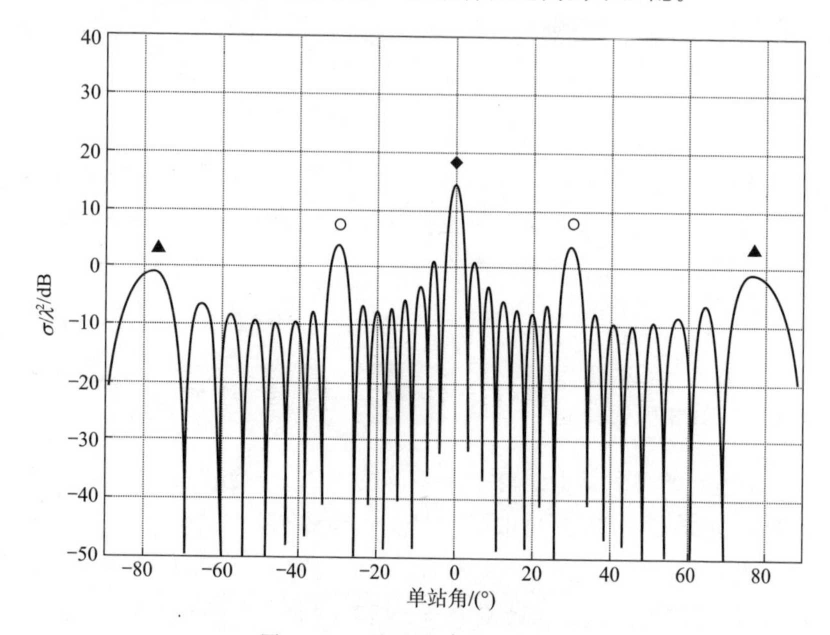

图 3 - 21　并联馈电线阵的 RCS

$N_x=16$，$d_x=0.5\lambda$，$h=0.5\lambda$，$\theta_s=\phi_s=\phi=0°$，$q=1$

表 3 - 2　曲线中所使用的符号及其意义

符号	产生波瓣的原因
◆	镜面散射产生的波瓣
○	第一级耦合器散射产生的波瓣
●	第二级耦合器散射产生的波瓣
□	第三级耦合器散射产生的波瓣
▲	布拉格衍射产生的波瓣

续表

符号	产生波瓣的原因
◇	天线波束定位波瓣
■	$\theta_s = 45°$ 波束扫描产生的波瓣

图3-22给出了采用类似排列方式的128单元线性相控阵的边射方向RCS。主波瓣位置保持不变（忽略了布拉格衍射波瓣的5°微小偏移），而其峰值随天线单元数的增加呈现数量级的增大。同时，很明显，随着天线单元数量的增加，RCS方向图中波瓣变窄、变尖，因而也更突出。这是因为相控阵天线的物理（因而有效）面积增大，$A_p = N_x N_y d_x h$ 。还可以观察到，阵列中天线单元数量的增加会导致更多的旁瓣数量。

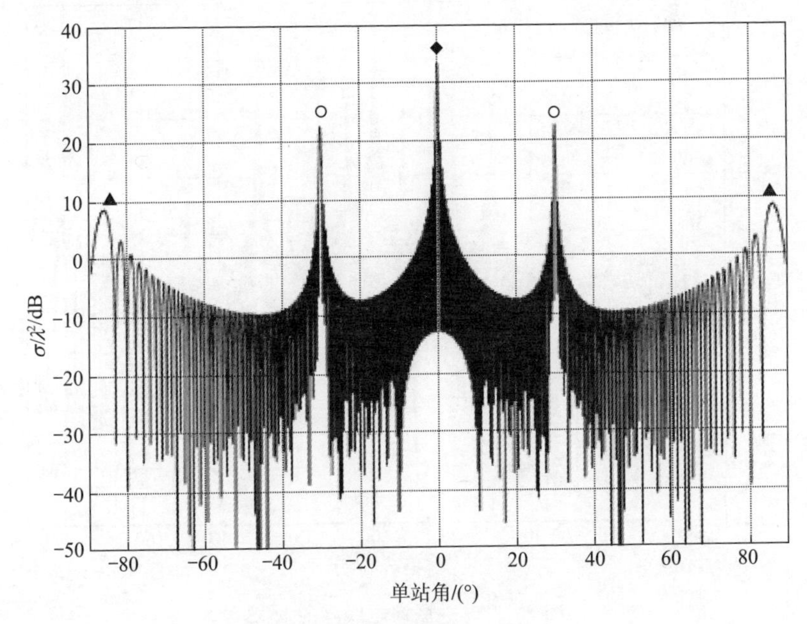

图3-22　并联馈电线阵的RCS

$N_x = 128$，$d_x = 0.5\lambda$，$h = 0.5\lambda$，$\theta_s = \phi_s = \phi = 0°$，耦合器层级 $q = 1$

接着，考虑了馈电网络中三个层级耦合器对RCS的影响。图

3-23 给出了并联馈电网络 128 单元线阵的边射方向 RCS。其他所有的输入条件均与图 3-22 相同。在 $\theta=0°$，$\pm 30°$ 和 $\pm 80°$（近似）方向上出现的波瓣分别来源于镜面散射、布拉格衍射，以及第一级耦合器之间的不匹配。但是，$\theta=\pm 15°$，$\pm 45°$ 方向上出现的额外的波瓣来源于第二级耦合器之间的不匹配，而在 $\theta=\pm 7°$，$\pm 21°$ 方向上出现的波瓣来源于第三级耦合器之间的不匹配。从上述事实可以推断，当考虑小规模阵列时，识别出某个散射波瓣源于哪个特定层级的耦合器是很困难的，例如，对于一个 16 单元线阵（图 3-21），很难分辨出由第一级以上的耦合器散射产生的波瓣。但是，对于大规模阵列，又是另外一种情况。例如，对于 128 单元阵列，很容易分辨出特定散射源产生的波瓣。

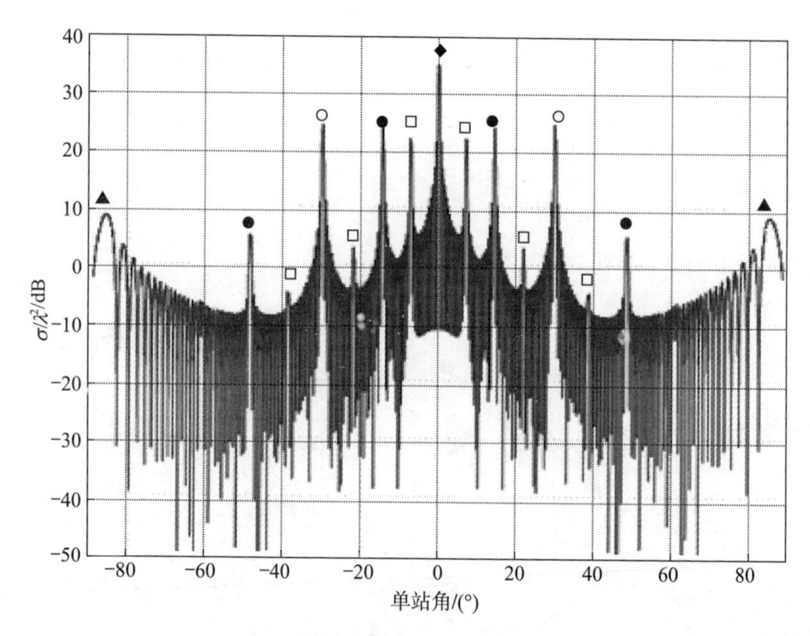

图 3-23 并联馈电线阵的 RCS

$N_x=128$，$d_x=0.5\lambda$，$h=0.5\lambda$，$\theta_s=\phi_s=\phi=0°$，耦合器层级 $q=3$

沿阵列轴线方向单元间距 d_x 的变化对 RCS 方向图的影响，比改变沿阵列边射方向的单元间距对 RCS 方向图的影响更加显著。从图 3-24 中可以看出这一点，该图表明，在所有其他参数保持不变的情况下，由于 d_x 从 0.5λ［图 3-24（a）］变化到 λ［图 3-24（b）］，RCS 方向图中出现了许多额外的波瓣。由镜面散射和布拉格衍射所产生的波瓣峰值和位置保持相同。这是因为天线阵列的面积保持不变，即 $d_x h = 0.5\lambda^2$。但是，耦合器之间的不匹配产生的波瓣明显不同。这主要是由于 d_x 的改变能够直接影响 RCS 方向图，而 h 的改变仅仅改变波瓣的幅度。

下面分析波束扫描角度 θ_s 对 RCS 的影响。这里考虑了一个采用并联馈电网络的线性相控阵，$N_x = 64$，$d_x = 0.5\lambda$，$h = 0.5\lambda$，$\phi_s = \phi = 0°$，$q = 2$。图 3-25 给出了 $\theta_s = 0°$ 和 $\theta_s = 45°$ 下，并联馈电线阵的边射方向 RCS。在 $\theta = 0°$ 方向上的镜面波瓣代表了天线孔径的散射［图 3-25（a）］。在 $\theta = \pm 85°$ 附近方向产生的波瓣来源于布拉格衍射，在 $\theta = \pm 30°$ 方向的波瓣是由于第一级耦合器之间的不匹配产生的，而 $\theta = \pm 15°$ 和 $\theta = \pm 45°$ 的波瓣来源于第二级耦合器处的不匹配。可以观察到，即使在扫描之后［图 3-25（b）］，镜面波瓣和布拉格衍射波瓣的位置仍然保持不变。但是，由第一级耦合器不匹配产生的散射波瓣，从 $\theta = \pm 30°$ 的初始位置偏移到 $\theta = +10°$ 和 $\theta = -50°$。

类似的，与第二级和第三级耦合器不匹配相关的波瓣也偏离了它们的初始位置。最大的波瓣位于 $\theta = 45°$，是由于通过移相器的散射信号的同相叠加产生的。很明显由于馈电网络移相器之外的不匹配产生的波瓣与天线波束一起扫描。这是因为，由于 ζ_x 和 ζ_y 两项，移相器的因子 χ_{mn} 取决于波束扫描角 θ_s。但是，由辐射单元和移相器前端部件产生的反射引起的 RCS 分量与 χ_{mn} 项无关，因此，当被 $\theta = 0°$ 的镜面波束照射时保持固定不变。

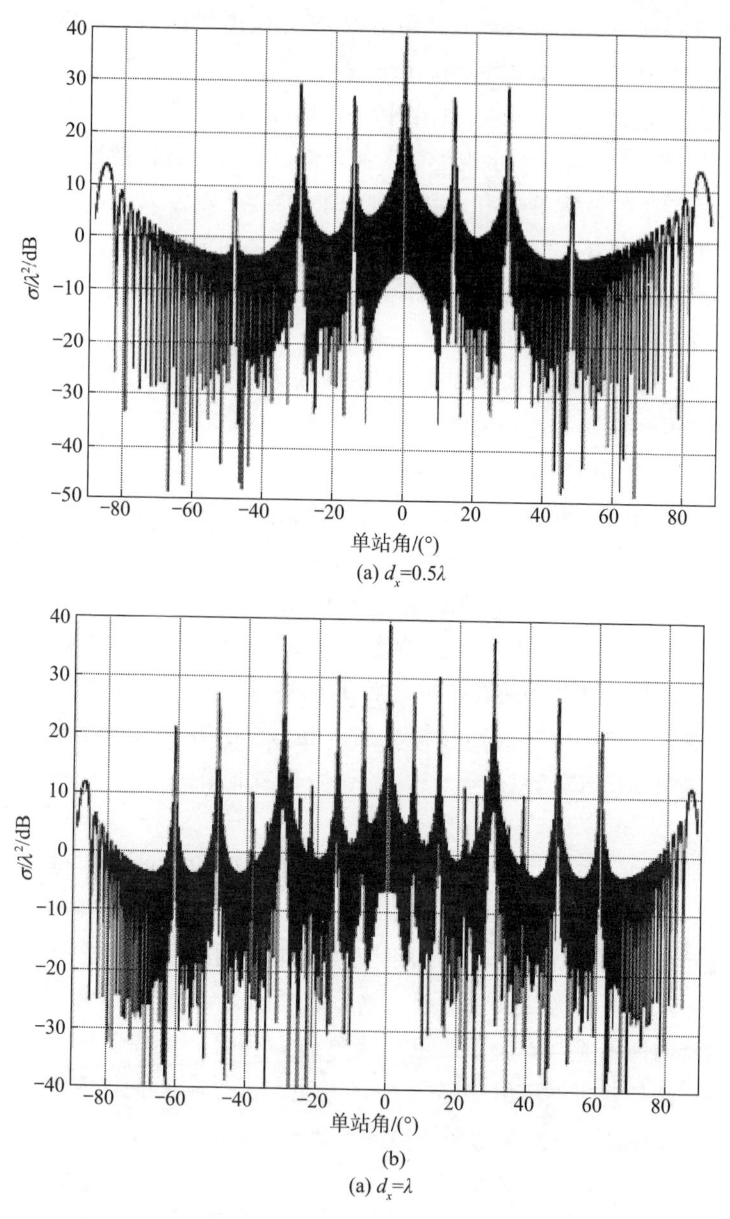

图 3-24　并联馈电线阵的 RCS，$N_x = 128$，$h = 0.5\lambda$，$\theta_s = \phi_s = \phi = 0°$，耦合器层级 $q = 2$

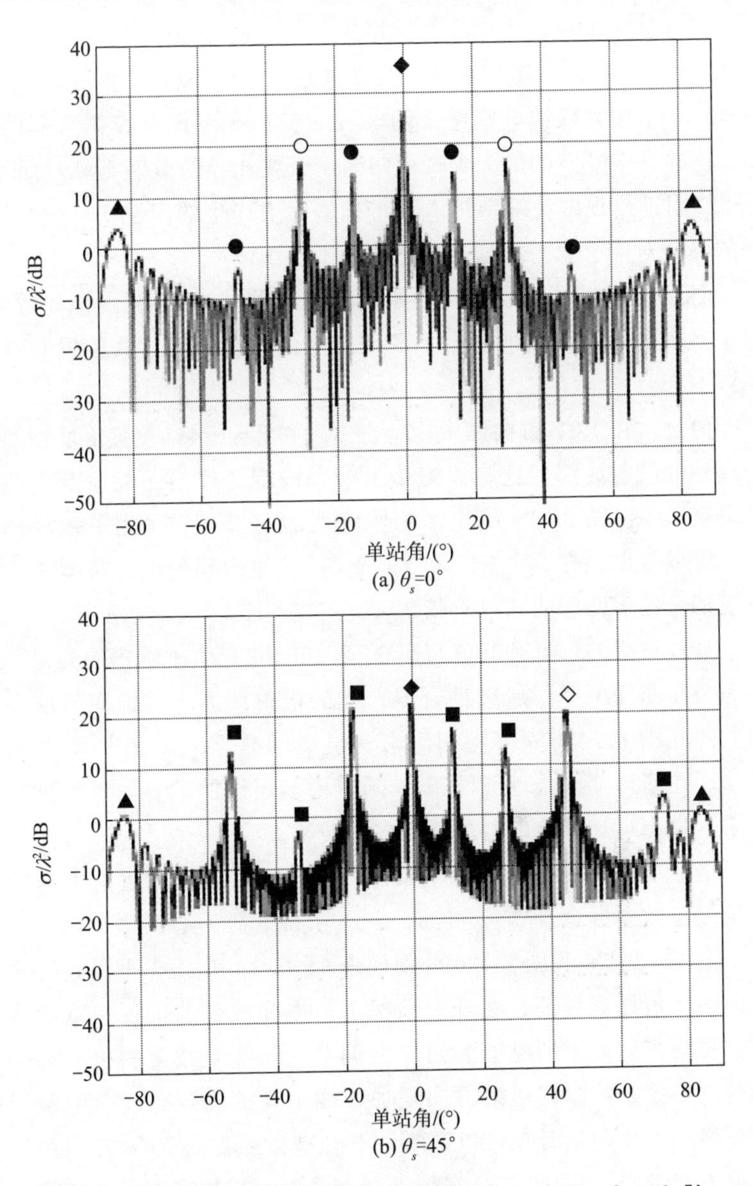

图 3-25　并联馈电线阵的 RCS，$N_x = 64$，$d_x = 0.5\lambda$，$h = 0.5\lambda$，$\phi_s = \phi = 0°$，耦合器层级 $q = 2$

下面讨论馈电网络中耦合器层级数量对阵列 RCS 的影响。我们考虑一个 64 单元线阵的 RCS，其条件是 $d_x=0.5\lambda$，$h=0.5\lambda$，$\phi_s=\phi=0°$，采用并联馈电网络。图 3－26 给出了考虑单级耦合器时的 RCS。在 $\theta=0°$ 下的最大尖峰可归因于天线孔径的散射贡献，而 $\theta=\pm85°$ 附近出现的尖峰则是由于布拉格衍射产生的。在 $\theta=\pm30°$ 位置的尖峰对应于第一级耦合器之间的不匹配。

对于更多的耦合器层级，例如 $q=2$（图 3－27），由镜面散射、布拉格衍射和第一级耦合器不匹配产生的散射波瓣，其位置和峰值保持不变。

但是，在 RCS 方向图中，$\theta=\pm15°$ 和 $\theta=\pm45°$ 位置上增加了四个额外的散射波瓣。这些波瓣是由第二级耦合器不匹配而产生的散射贡献所致。图 3－28 给出了相同阵列的 RCS，它采用了三级耦合器。可以看出，在 $\theta=\pm7°$ 和 $\theta=\pm21°$ 位置出现的额外波瓣源于第三级耦合器不匹配的散射贡献。

其他波峰的位置和峰值与图 3－26 和图 3－27 中给出的类似。这是因为，曲线中不同层级耦合器产生的散射波瓣之间的间隔取决于它们的相对物理间隔（例如，第一层级的是 $2d_x$，第二层级的是 $4d_x$，等等）。因此，可以推断，随着更多层级的耦合器添加到馈电网络，会出现比既有散射波瓣更多的波瓣。

最后，针对线性并联馈电相控阵，改变沿着阵列边射方向的天线单元有效高度，设 $N_x=128$，$d_x=0.5\lambda$，$\theta_s=45°$，$\phi_s=\phi=0°$，$q=2$。图 3－29 和图 3－30 分别代表 $h=0.5\lambda$ 和 $h=\lambda$ 下得到的 RCS 方向图。可以观察到，在任一情况下，主要波瓣的位置和宽度（忽略布拉格衍射波瓣情况下大约 5°的偏移）与次要波瓣的位置都保持相同。但是，在阵列边射方向增加天线单元的有效高度会引起所有波瓣峰值的均匀抬升。可以推断，不管是边射方向 RCS 方向图还是扫描方向 RCS 方向图，沿 y 轴方向天线单元有效高度的改变仅仅改变波瓣的峰值，而不能改变其位置。

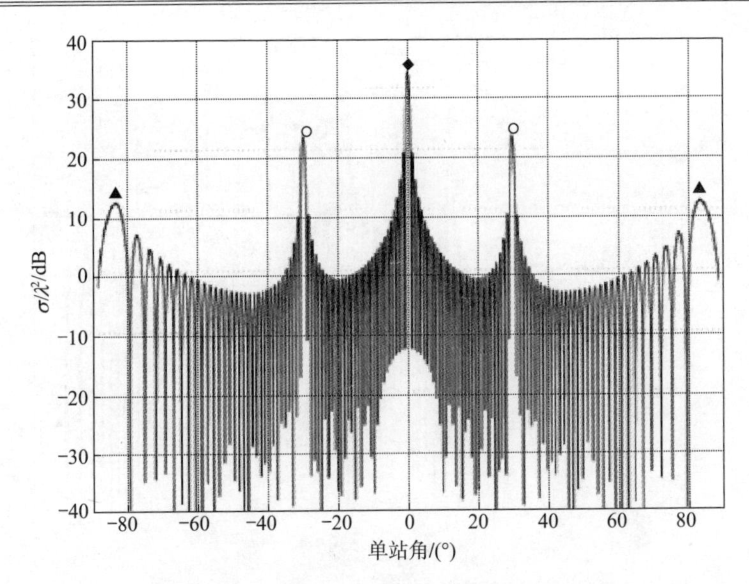

图 3-26　并联馈电线阵的 RCS，$N_x = 64$，$d_x = 0.5\lambda$，$h = \lambda$，$\theta_s = \phi_s = \phi = 0°$，耦合器层级 $q = 1$

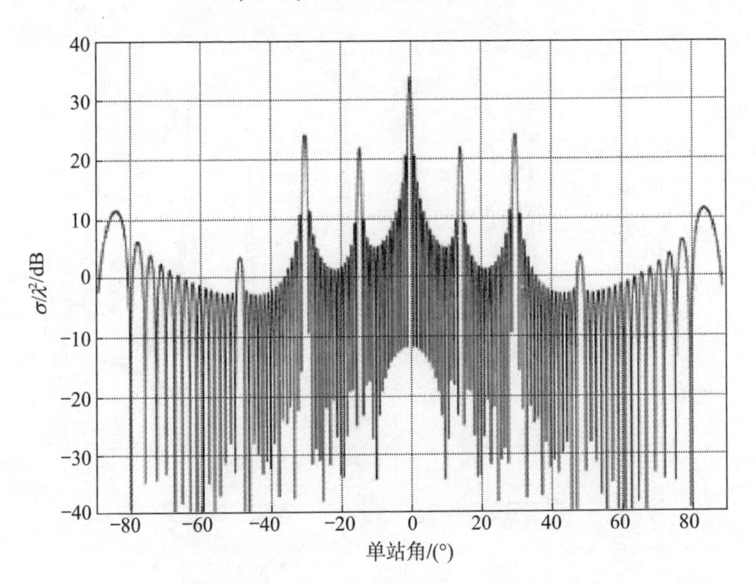

图 3-27　并联馈电线阵的 RCS，$N_x = 64$，$d_x = 0.5\lambda$，$h = \lambda$，$\theta_s = \phi_s = \phi = 0°$，耦合器层级 $q = 2$

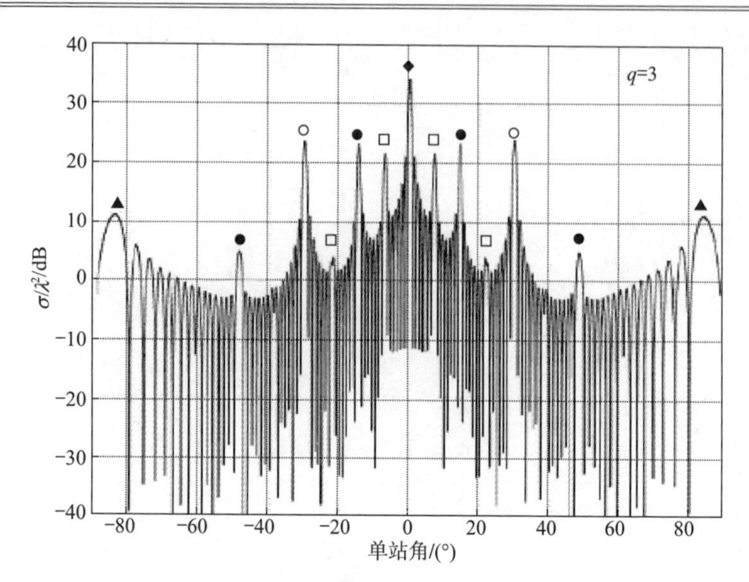

图 3-28　并联馈电线阵的 RCS，$N_x = 64$，$d_x = 0.5\lambda$，$h = \lambda$，$\theta_s = \phi_s = \phi = 0°$，耦合器层级 $q = 3$

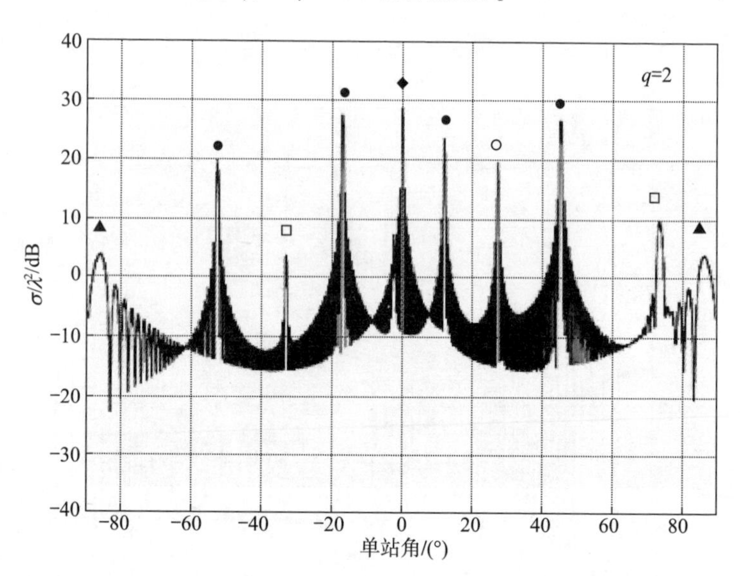

图 3-29　并联馈电线阵的 RCS，$N_x = 128$，$d_x = 0.5\lambda$，$h = 0.5\lambda$，$\theta_s = 45°$，$\phi_s = \phi = 0°$，耦合器层级 $q = 2$

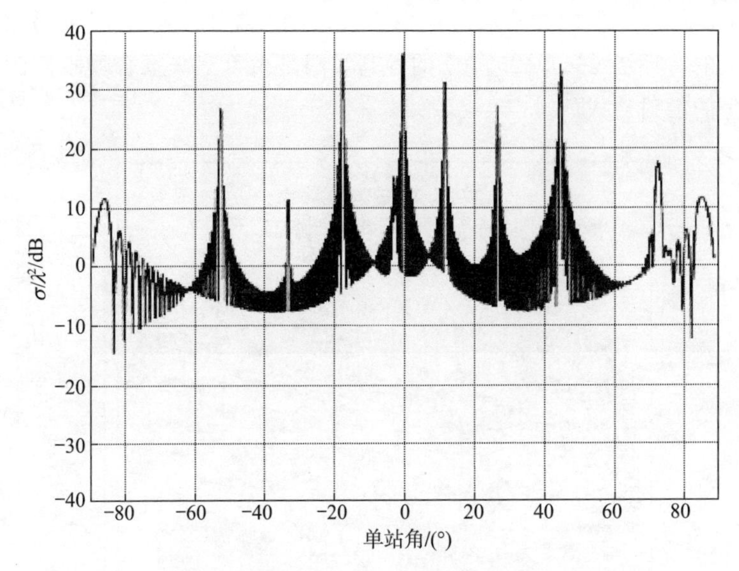

图 3-30　并联馈电线阵的 RCS，$N_x=128$，$d_x=0.5\lambda$，$h=\lambda$，$\theta_s=45°$，$\phi_s=\phi=0°$，耦合器层级 $q=2$

平面阵列：通过在方向余弦空间（$u=\sin\theta\cos\phi$，$v=\sin\theta\sin\phi$）绘制恒定水平的 RCS 等高线（contour）图，能够使二维阵列的 RCS 可视化。等高线围起了 RCS 高于特定水平的空间区域，例如在 -20 dB 到 20 dB 范围内的 σ/λ^2。这里，θ，ϕ 都是从 $-90°\sim90°$ 变化。通过改变沿着 x 和 y 轴方向上的天线单元数量、天线单元间距、波束扫描角和耦合器层级，对 RCS 进行了分析。

对 16×16 单元的并联馈电平面阵列，设 $d_x=0.5\lambda$，$d_y=0.5\lambda$，$\theta_s=\phi_s=0°$，$q=3$，其边射方向 RCS 如图 3-31 所示。等高线图关于 $v=0$ 轴对称，并且沿着阵列的主平面 RCS 峰值较大。但是，随着偏离主平面的距离增大，RCS 峰值快速降低。这可以归因于 RCS 的可分离乘积项，其中，沿 x 和 y 轴方向的阵列因子是相互独立的（Jenn，1995 年）。在中心处的等高线图，即环绕（u，v）=（0，0）的等高线图，可以认为是镜面散射造成的；环绕（±0.5，0）的等高线图是由第一级耦合器之间不匹配所产生的散射造成的；环绕（±0.25，0）的等高线图是由第二级耦合器不匹配所产生的散射造成的；环绕（±0.125，0）的等高线图是由第三级耦合器不匹配所产生的散射造成的。

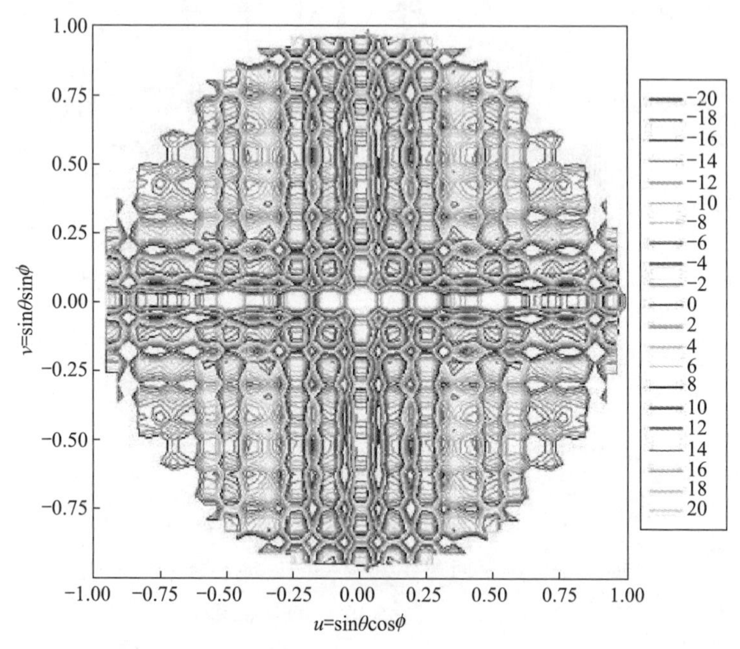

图 3-31 并联馈电线阵的 RCS，$N_x=16$，$N_y=10$，$d_x=d_y=0.5\lambda$，$\theta_s=\phi_s=0°$，耦合器层级 $q=3$

图 3-32 给出了一个 16×10 阵列的 RCS 方向图，其他参数同上。由于沿着 y 方向天线单元数量减少，因而平面阵列面积减小，等高线变宽。类似布局类型的另一个 64×64 正方形平面阵列的 RCS，示意如图 3-33 所示。除了等高线变窄因而更清楚以外，由 RCS 方向图得到的等高线图与 16×16 平面阵列的情况非常相似。这表明随着天线单元数量的增多，RCS 方向图的等高线会变狭窄、变尖，变得更明显。这是由于相控阵天线物理面积（因而有效面积）$A_p=N_xN_yd_xd_y$ 增大的缘故，就像在并联馈电线性相控阵观察到的一样。

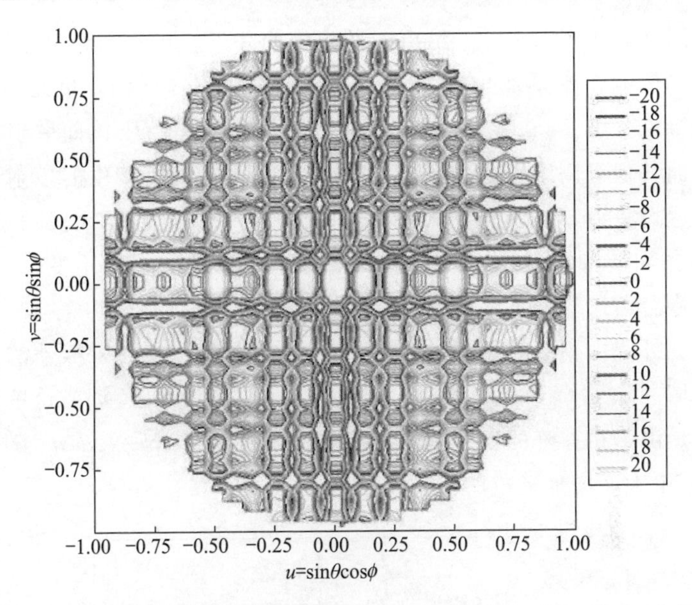

图 3-32　并联馈电线阵的 RCS，$N_x = 16$，$N_y = 10$，$d_x = d_y = 0.5\lambda$，$\theta_s = \phi_s = 0°$，耦合器层级 $q = 3$

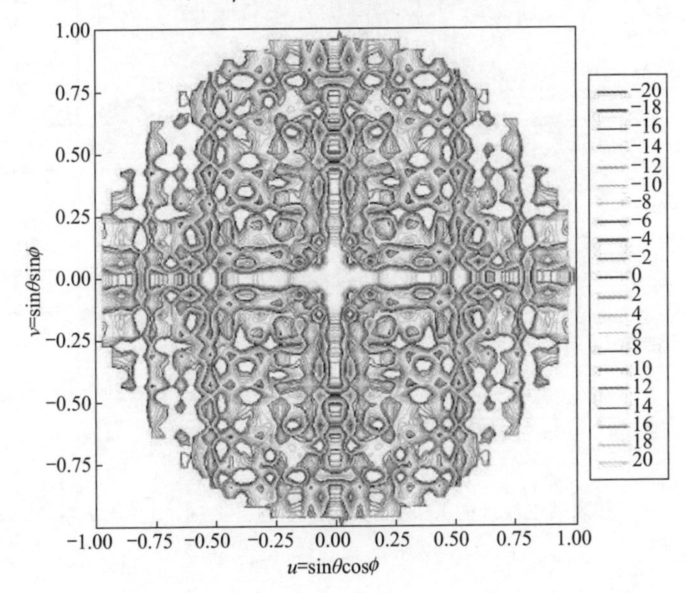

图 3-33　并联馈电线阵的 RCS，$N_x = 64$，$N_y = 64$，$d_x = d_y = 0.5\lambda$，$\theta_s = \phi_s = 0°$，耦合器层级 $q = 3$

图 3-34 到图 3-36 给出了平面相控阵天线单元间距对 RCS 方向图的影响。图 3-34 表示 16×16 阵列的 RCS 方向图，单元间距为 $d_x=0.5\lambda$，$d_y=0.5\lambda$。在曲线中心的等高线是由于镜面散射造成的，而其他等高线则是由于耦合器层级间不匹配所产生的散射造成的。通过将沿着 x 方向的天线单元间距由 0.5λ 变化到 λ，所得到的 RCS 方向图如图 3-35 所示。图中等高线的位置保持不变，但是，由于耦合器层级的不匹配 RCS 值有所增大。

此外，由于沿着 x 轴方向单元间距的增大，出现了额外的等高线区域［除了 $(u, v)=(\pm 0.5, 0)$ 以外的等高线区域］。这些变化可能是由于相控阵的物理（因而有效）面积 $A_p=N_xN_yd_xd_y$ 随着间距 d_x 增大而增加造成的。

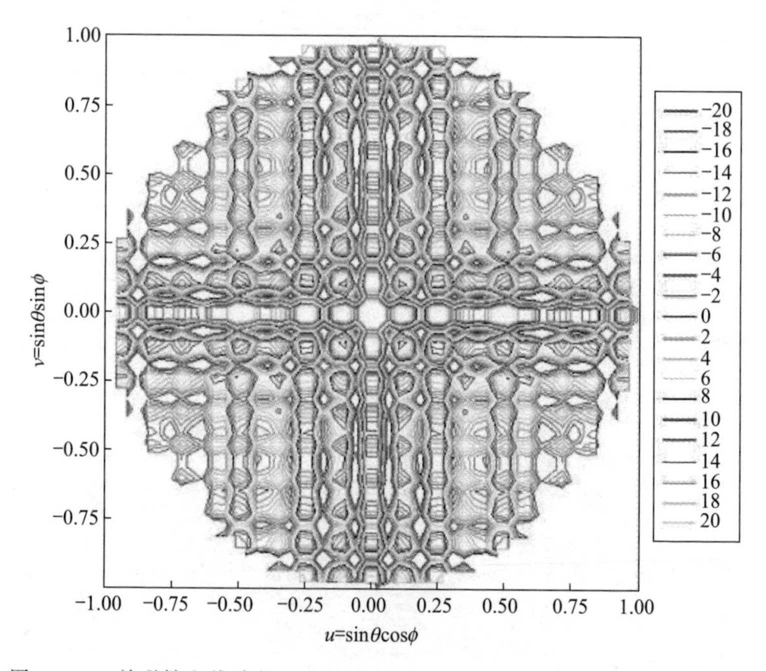

图 3-34 并联馈电线阵的 RCS，$N_x=16$，$N_y=16$，$d_x=d_y=0.5\lambda$，$\theta_s=\phi_s=0°$，耦合器层级 $q=2$

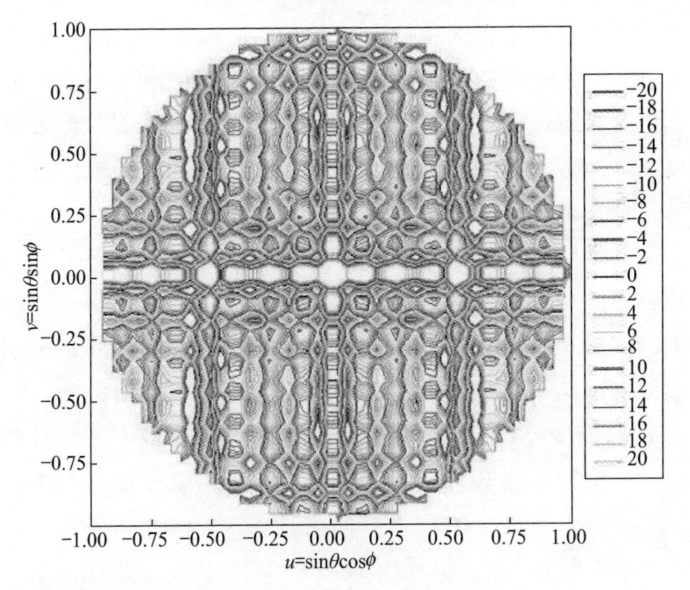

图 3-35　并联馈电线阵的 RCS，$N_x = 16$，$N_y = 16$，$d_x = \lambda$，$d_y = 0.5\lambda$，$\theta_s = \phi_s = 0°$，耦合器层级 $q = 2$

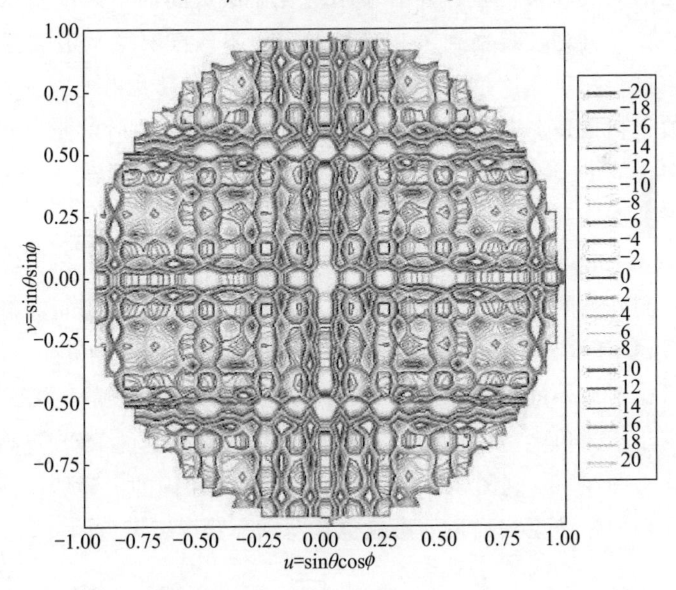

图 3-36　并联馈电线阵的 RCS，$N_x = 16$，$N_y = 16$，$d_x = 0.5\lambda$，$d_y = \lambda$，$\theta_s = \phi_s = 0°$，耦合器层级 $q = 2$

图 3-36 给出了相同相控阵的 RCS，$d_x=0.5\lambda$，$d_y=\lambda$。再一次，沿着 $v=0$ 轴的 RCS 方向图，与图 3-34 中所示的 RCS 方向图相似。但是，可以观察到，在 $v=+0.5$ 和 $v=-0.5$，都重复出现了与以 $v=0$ 轴为中心的等高线相似的 RCS 等高线区域。RCS 方向图的这一变化是在预料之中的。

下面的章节考虑扫描角的影响。图 3-37（a）给出了一个具有单级耦合器的 16×16 平面阵列（$d_x=d_y=0.5\lambda$，$\theta_s=\phi_s=0°$）的边射方向 RCS。在中心处和（u，v）=（±0.5，0）的等高线区域分别来源于镜面散射以及第一级耦合器之间不匹配产生的散射贡献。扫描天线波束的 θ_s 和 ϕ_s 从 0°变化到 45°，而保持其他参数不变，得到了图 3-37（b）中所示的 RCS 方向图变化结果。由镜面散射产生的波瓣位置保持不变；但是，在 RCS 方向图的（u，v）=（+0.5，+0.5），（+0.5，−0.5），（−0.5，+0.5），（−0.5，−0.5），（0，+0.5），（0，−0.5）六个位置上，又出现了六个明显的波瓣。这些波瓣对应于特定的天线波束位置，并对应于耦合器层级间的不匹配所产生的散射。换而言之，观察到了与移相器后面不匹配有关的波瓣沿着天线波束进行扫描。这是因为由于 ζ_x 项和 ζ_y 项，移相器的因子 χ_{mn} 取决于波束扫描角 θ_s 和 ϕ_s。但是，由移相器前面的辐射单元和部件反射所造成的 RCS 分量与 χ_{mn} 无关，因此保持固定，如在 $\theta=0°$ 的镜面反射波瓣所示。

图 3-38（a）和图 3-38（b）分别给出了带有两级和三级耦合器的相同阵列的扫描 RCS 等高线图。可以观察到，由镜面散射和单级耦合器不匹配产生的散射，其等高线的位置保持固定不变。但是，由于考虑了另外的耦合器层级，RCS 图中出现了更多的波瓣。这表明，由于扫描角 θ_s 和 ϕ_s 从 0°变化到 45°，所观察到的 RCS 等高线图的变化与图 3-34 到图 3-36 中图像的变化是相同的。显然，即使在平面阵列中，波束扫描角的影响也是与耦合器层级无关的。

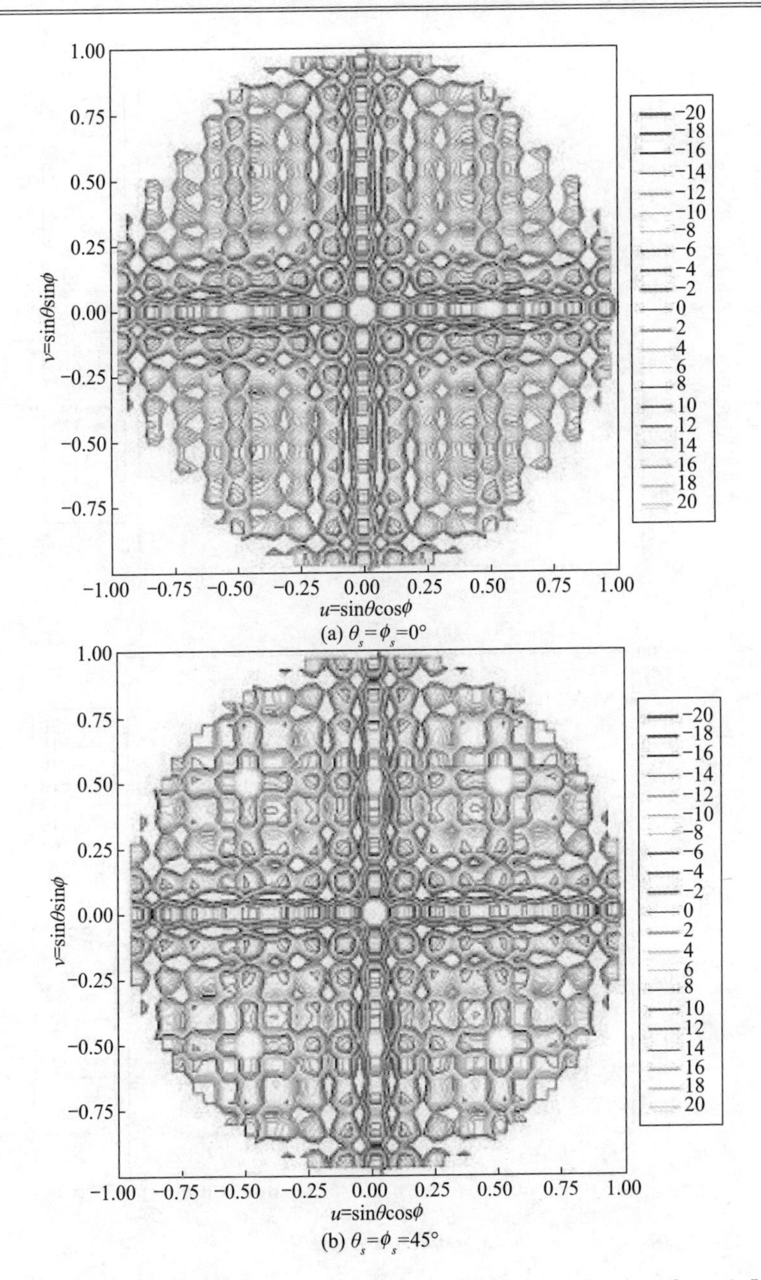

(a) $\theta_s=\phi_s=0°$

(b) $\theta_s=\phi_s=45°$

图 3-37　并联馈电线阵的 RCS，$N_x=16$，$N_y=16$，$d_x=0.5\lambda$，$d_y=0.5\lambda$，耦合器层级 $q=1$

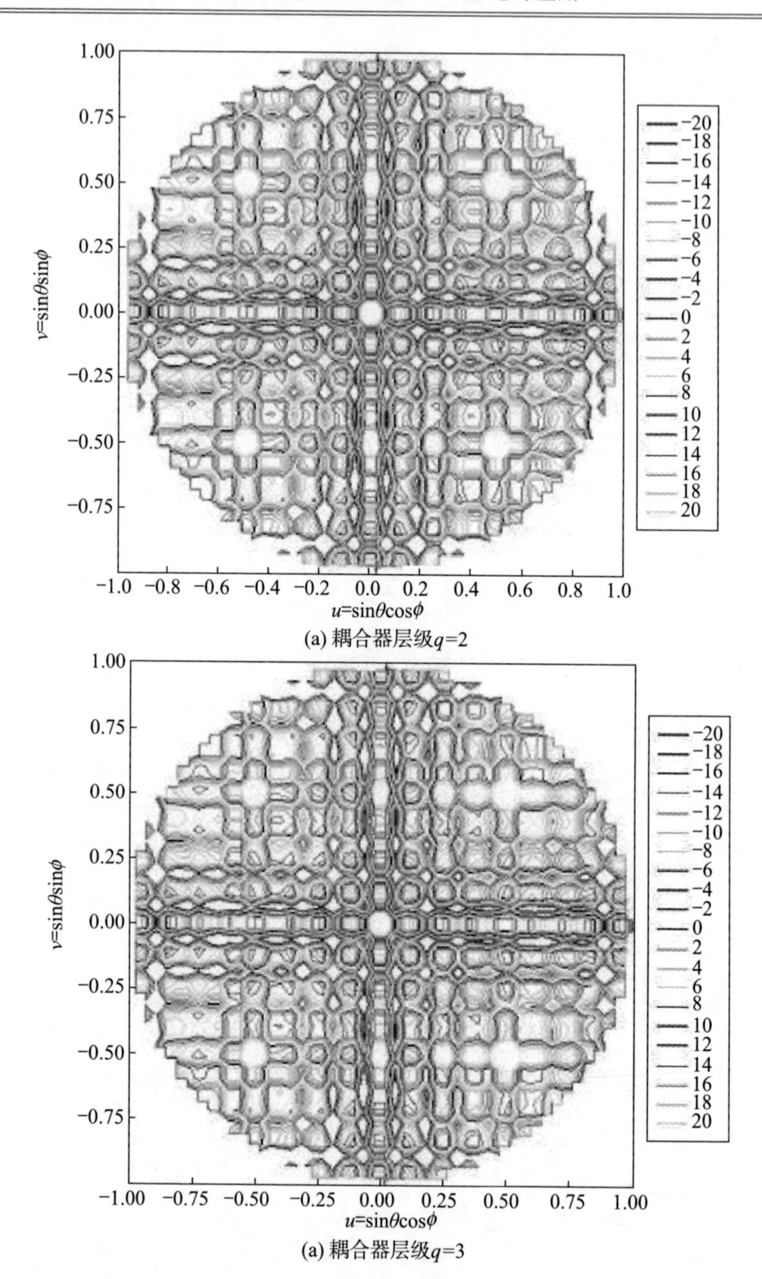

(a) 耦合器层级q=2

(a) 耦合器层级q=3

图 3－38　并联馈电线阵的 RCS，$N_x = 16$，$N_y = 16$，$d_x = 0.5\lambda$，$d_y = 0.5\lambda$，$\theta_s = \phi_s = 45°$

3.5　结论

本章分别讨论了由串联和并联馈电相控阵带内散射产生的 RCS 预估的解析公式。考虑了线性和平面阵列两种情况。分析了 RCS 方向图对不同参数的依赖关系。总之，对并联馈电线阵，RCS 方向图包含了镜面散射波瓣（$\theta=0°$），由布拉格衍射产生的波瓣（$\pm 80°$ 附近），以及这两个波瓣之间由耦合器层级不匹配产生的其他波瓣。当阵列波束扫描时，可观察到来自移相器后面的点的散射所产生的波瓣（例如，耦合器层级不匹配产生的波瓣）与阵列的辐射波束一起扫描。这是因为移相器后面出现的反射所产生的波瓣由因子 χ_{mn} 控制。这一点对进行威胁跟踪和目标识别的隐身平台来说，可能是一个问题。

类似的，对并联馈电的平面阵列，其 RCS 二维等高线方向图表明，在中心位置有大数值的 RCS 等高线出现，它对应着镜面散射贡献，而其他所有突出的等高线都是由不同层级上耦合器的不匹配所产生的。对并联馈电相控阵 RCS 开展参数化研究，观察结果可归纳如下：

天线单元数量（线阵为 N，平面阵列为 N_x 和 N_y）的增加导致主波瓣（线阵）或等高线（平面阵）峰值的增大。随着阵列单元数量的增多，RCS 方向图中的波瓣或等高线变窄、变尖，变得明显突出。波瓣或等高线峰值的增大来源于相控阵物理（因而有效）面积的增大。但是，天线单元数量的变化不会影响 RCS 方向图中主波瓣或等高线的位置。在线阵中，随着单元数量增多，散射旁瓣数量增多。但是，在平面阵中，等高线图中的变化对分析旁瓣数量而言还不够清晰。

不管是线阵还是平面阵，增加单元间距都不会改变镜面反射波瓣和主波瓣的位置。这可能是由于阵列有效孔径面积增大的缘故。随着单元间距 d_x 和 h（线阵中）或 d_x 和 d_y（平面阵中）的增大，在波瓣或等高线中可以看到相似的变化。随着单元间距 d_x 和 h（线阵中）或 d_x 和 d_y（平面阵中）的改变，RCS 方向图变化显著。随着单元间距增大，RCS 方向图中得到的波瓣（线阵）或等高线（平面阵）的数量增多。这可能是由于波瓣或等高线与天线单元间的相对物理间距之间存在依赖关系。

在扫描模式中，线性和平面阵中的 RCS 方向图都会发生明显变化。可以观察到，代表馈电网络中移相器以外的散射的波瓣或者等高线受因子 χ_{mn} 控制。这个因子取决于移相器的参数设置。由移相器之后的天线单元散射产生的波瓣或者等高线随辐射波束一起扫描。但是，来源于移相器之前的辐射单元和部件的散射而产生的 RCS 分量保持固定不变。对于来自线阵 $\theta=0°$ 和平面阵 $(u, v)=(0, 0)$ 的镜面反射波瓣，这是很明显的。

随着所考虑耦合器层级的增多，RCS 方向图中得到的波瓣（线阵）或者等高线（平面阵）的数量也增多。这是因为在 RCS 方向图中，不同耦合器层级散射所产生的波瓣间距与其相对物理间距（例如，对于一级耦合器是 $2d_x$，对于二级耦合器是 $4d_x$，以此类推）密切相关。因此，可以推断，随着更多的耦合器层级引入到馈电网络中，在已有波瓣中间会出现更多的波瓣或者等高线。

我们发现，由于不同参数变化所致，能在 RCS 方向图上看到的效应是相互独立的。例如，天线单元数量改变，则 RCS 方向图中只有主要波瓣的峰值和次要波瓣的数量发生改变。另一方面，如果耦合器层级数量发生改变，那么波瓣数量将增多，这对应于耦合器的不匹配。但是，RCS 方向图中已有波瓣的峰值不会发生改变。这表明主要波瓣的峰值仅仅是天线单元数量的函数。相反，这也确定了主要波瓣的数量，即由于耦合器不匹配产生的波瓣，仅仅是耦合器层级的函数。但是，如果这些参数组合变化，则在 RCS 方向图中也会呈现组合的效应。

由于 RCS 预估中所作的假设，在串联和并联馈电相控阵中最终得到的 RCS 结果必然存在误差。以上分析中，假定条件是无耗的馈电网络和相同的反射系数。实际上，所有的设备都有与之关联的非零分贝的损耗。此外，因为制造缺陷，反射系数的幅度和相位也是随机变化的。

其次，分析中采用了等功率分配器。但是，天线的低旁瓣设计需要锥削幅度分布的馈电，这会进一步导致耦合器分布的变化。与等功率分配器的情况相比，这再一次降低了 RCS 的旁瓣电平。

第三，散射信号可能不止一次穿过器件，即移相器之后产生的反射项为 τ_p^4 ，这将明显减小 RCS。但是，这里列举的近似方法计算简单，易于实现。它易于拓展到任意数量的单元和耦合器层级。通常，可以分离并单独分析每一个散射源的贡献。只有通过完美匹配所有馈电器件，才能实现 RCS 的总抑制。注意，这些结果与耦合器之间的电长度变化无关。也就是说，耦合器之间的电气路径差异不会影响 RCS 值。

参考文献

Chu, R. S. 1991. 'Analysis of an infinite phased array of dipole elements with RAM coating on ground plane and covered with layered radome.' IEEE Transactions on Antennas and Propagation 39: 164 - 76.

Flokas, V. 1994. 'In - band radar cross section of phased arrays with parallel feeds.' MS Thesis Report Naval Postgraduate School, Monterey, California, 58.

Green, R. B. 1966. 'Scattering from conjugate matched antennas.' IEEE Transactions on Antennas and Propagation 14: 17 - 21.

Gustafsson, M. 2006. 'RCS reduction of integrated antenna arrays with resistive sheets.' Journal of Electromagnetic Waves and Applications 20: 27 - 40.

Hansen, R. C. 1989. 'Relationships between antennas as scatterers and as radiators.' Proceedings of IEEE 77: 659 - 62.

Jenn, D. C. 1995. Radar and Laser Cross Section Engineering. Washington, DC: AIAA Education Series, 476

Jenn, D. C. and S. Lee. 1995. 'In - band scattering from arrays with series feed networks.' IEEE Transactions on Antennas and Propagation 43: 867 - 73.

Jenn, D. C. and V. Flokas. 1996. 'In - band scattering from arrays with parallel feed networks.' IEEE Transactions on Antennas and Propagation 44: 172 - 78.

Kahn, W. K. and H. Kurss. 1965. 'Minimum scattering antennas.' IEEE Transactions on Antennasand Propagation 13: 67 - 75.

Knott, E. F., J. F. Shaeffer, and M. T. Tuley. 1985. Radar Cross Section. Dedham, MA: Artech House Inc., 462.

Kuhn，J. 2011. AlGaN/GaN - HEMT Power Amplifiers with Optimized Power - added Efficiency for X - band Applications. Karlsruhe，Germany：KIT Scientific Publishing，230.

Lee，E. Y. - C. 2008. 'Electromagnetically transparent feed networks for antenna arrays.' Ph. D. Dissertation，Ohio State University，127.

Lee，S. 1994. 'In - band scattering from arrays with series feed networks.' MS Thesis Report，Naval Postgraduate School，Monterey，California，45.

Lo，Y. T. and S. W. Lee. 1993. Antenna Handbook. Vol. 1. New York，USA：Van Nostrand Reinhold，913.

Lu，B.，S. - X. Gong，S. Zhang，and J. Ling. 2009. 'A new method for determining the scattering of linear polarised element arrays.' Progress in Electromagnetics Research M 7：87 - 96.

Mallioux，R. J. 1994. Phased Array Antenna Handbook. Second edition Boston：Artech House，496.

Rudge，A. W.，K. Milne，A. D. Olver，and P. Knight. 1983. The Handbook of Antenna Design. Vol. 2. London，UK：Peter Peregrinus Ltd.，945.

Schindler，J. K.，R. B. Mack，and P. Blacksmith. 1965. 'The control of electromagnetic scattering by impedance loading.' Proceedings of IEEE 53：993 - 1004.

Volakis，J. L. 2007. Antenna Engineering Handbook. Fourth edition New York，USA：McGraw Hill，1773.

Wang，W. T.，Y. Liu，S. X. Gong，Y. J. Zhang，and X. Wang. 2010. 'Calculation of antenna mode scattering based on method of moments.' PIERS Letters 15：117 - 26.

Zhang，S.，S. - X. Gong，A. - Y. Guan，and B. Lu. 2011. 'Optimized element positions for prescribed radar cross section pattern of linear dipole arrays.' International Journal of RF and Microwave Computer - Aided

Engineering 21 (6): 622 - 28.

Zhang, S., S. - X. Gong, Y. Guan, J. Ling, and B. Lu. 2010. 'A new approach for synthesizing both the radiation and scattering patterns of linear dipole antenna array.' Journal of Electromagnetic Waves and Applications 24: 861 - 70.

第 4 章　相控阵中的有源 RCS 减缩

4.1　引言

有源雷达散射截面减缩（RCSR）涉及相控阵的有源隐身技术，包括阻止不希望的信号从不同角度入射到飞机或者导弹上，并且确保由需要的源发出信号的增益无失真。该技术相比于现有的外形整形或者涂层等无源技术（Vinoy 和 Jha，1996 年）具有更多的优势。此外，在拒止来自威胁信号源的宽带和多目标照射方面，这项技术很有优势。

相控阵由大量天线单元组成，如单极子或者波导天线，每个单元由分布式网络馈电（Mailloux，1994 年）。相控阵依靠单元和激励之间的相对相位，阵列自身无需任何机械运动，就可以使方向图指向任意方向。由于采用电扫模式，可以达到非常高的扫描率。相控阵最主要的优势是可以快速完成电子波束控制以及自适应方向图控制。在天线阵列中，如果威胁雷达入射方向的方向图具有足够深的零陷，那么就可以消除探测信号的影响。如果能够自动完成该功能，就可以称为自适应阵列。

自适应阵列由一个天线阵和具有实时自适应信号处理能力的接收机组成。阵列按照波束控制指令维持期望方位的增益（Elliot，2005 年）。此外，它还改变权重控制每个阵列单元的馈电电流以进行方向图优化。自适应阵列可用于对威胁雷达探测信号的有源对消。实现权重自适应的自适应算法在控制相控阵性能指标方面具有重要作用。

一个阵列包含诸多传感器，其输出通过某种方法产生所需效果。

传感器可能具有多种形式，例如声纳的声换能器、接收高频波的单脉冲天线以及雷达系统的微波波导天线。通过调整每个阵列单元电流的相位和幅度，天线波束能够在期望方向电子合成，同时在无用的方向形成足够深的零陷（Krim 和 Viberg，1996 年；Veen 和 Buckley，1988 年）。换而言之，自适应阵列通过采用有效的自适应优化算法，能够根据信号环境改变自身的波束方向图。自适应阵列的另一种用途是将来波信号看作探测信号，并将波束的零陷对准该信号，从而提取来波方向（DOA）信息。由于零陷的角度宽度小于相同天线孔径形成的波瓣，该方法的分辨率远高于传统方法（Chandran，2004 年；Fenn，2008 年）。

众所周知，通过调整每个单元的复权重，阵列接收天线能够使其主瓣指向任意方向。但是，通过单个权重序列难以同时将波束和零陷指向预先指定的方向。相控阵的波束调整能力取决于多个因素，例如单元位置、单元方向、单元天线方向图、信号的极化以及波束/或者零陷的方向（Podilchak 等人，2009 年；Lin，1982 年）。空间相关系数包含了这些因素，并且完整地表征了阵列波束指向和零陷。因此，通过智能地选择这些参数可以减小天线单元之间的空间相关性，从而提高天线阵列性能。

在相控阵中，波束方向图通过自适应算法进行优化，以便主瓣对准期望信号的方向，同时零陷对准不希望的探测信号方向。简言之，从阵列中每个单元到加权网络的信号馈电链路中，每个权重的选择都是基于消除不想要信号的考虑。但是，这一简单原则仅在处理窄带信号时适用，即可以自适应表征单一相位和幅度项。对于宽带信号，必须小心地均衡每个信道的匹配幅度和频率响应，包含到信号合路点的每个路径上的群时延。路径不匹配将导致期望信号对消带宽内幅度和相位畸变。这就需要进行频率相关的加权（Hung 和 Kaveh，1990 年）。

宽带自适应波束形成器包含多个输入以及单个输出，并包含可得到优化权重的有效的自适应算法（Veen 和 Buckley，1988 年；

Hung 和 Kaveh，1990 年）。当来波信号是宽带信号时，采用宽带波束形成技术。窄带系统的一个优势为阵列可以通过简单的相位改变进行控制，但是宽带系统需要物理延迟。因此，宽带系统要求同时处理从每个传感器采集的大量数据，从而更加复杂。

得到自适应处理优化解的另一个方法是采用约束。如果限定系统的增益等于来波信号，并且在满足此约束的条件下将阵列的总输出最小化，就可以提高有用和无用信号的比率。自适应波束形成器选择权重向量作为数据的函数，以优化受各种约束影响的性能。但是，它们对误差非常敏感，例如阵列导向向量误差、失配误差等。一个降低相控阵响应不确定度的方法是在期望方向区域小角度范围内施加基于单位增益的约束。这些约束称为主瓣约束（Lee 和 Cho，2004 年；Lee 和 Hsu，2000 年）。为得到更好的响应，通常在公式中加入附加的约束。

一类约束是导数主瓣约束，即最优阵列输出的波束在期望角度的导数为零（Huarng 和 Yeh，1992 年；Thng 等人，1993 年）。施加约束与损失掉某个对消探测信号的可用自由度有关。不幸的是，目前仍然没有找到实施额外约束的最好方法。预估施加在阵列特定设计以及性能上的约束的成本也同样困难（Lee 等人，2006 年）。

多数自适应技术是基于对来波的阵列响应已知的推断。此外，这些技术涉及假定的信号环境，例如来波信号方向、非相关源以及不存在期望信号的先验知识。这就导致当对环境、天线阵或者源的推测错误或者不准确时，性能会急剧降低（Lee 和 Wu，2005 年）。所有阵列性能降低的主要原因是由于给定信号场景的实际响应与预估响应之间的差异。该差异的出现是由于观察角度/点误差、阵列形状的畸变、波前的畸变、信号的馈电、局部散射等。传统的波束形成器对于这类小的差异非常敏感。在这种类型的差异下，波束形成器具有将期望信号和无用信号混淆的趋势，并因此会产生在本应保持主瓣对准的方向形成零陷的错误。在自适应阵列处理文献中，该现象称为自动调零（Trees，2002 年）。

本章给出了用于自适应处理的自适应算法的简要介绍。算法性能的讨论主要涉及收敛速度、灵活性以及输出的信干比（SINR）。这些算法的有效性可通过开发用于实现精准自适应方向图，实现不同雷达/射频场景下的有源 RCSR 来检验。雷达环境可能包含窄带/宽带源、单个/多个有用和探测源或者互相关源。自适应阵列需对这些雷达信号环境产生合理响应，削减其探测能力。

4.2 自适应算法

通常通过噪声的阵列相关矩阵（ACM）以及观测方向的转向向量计算没有误差的情况下，使输出 SINR 最大化的天线阵列最优权重。在许多情况下，噪声相关矩阵的估计是不可行的，此时采用总 ACM 得到波束形成器的最优自适应权重。在没有 ACM 相关信息的情况下，可使用迭代权重适应的多种自适应算法估计最优天线权重。人们提出了许多权重自适应算法。通常，这些算法可用于包含期望和无用信号照射到波束形成器两种情况的信号环境。算法的作用是使干涉最小，同时使期望信号的阵列输出最大。

对基于可用数据集的最优均方误差（MSE）自适应估计，可以通过两个途径得到三类算法（Haykin，1996 年）。第一类是基于最速下降方法的随机近似，即最小均方（LMS）法。该类方法是引入了所需梯度向量的噪声估计，基于梯度的优化算法。第二类是基于阵列处理器的采样相关矩阵求逆的矩阵求逆算法。第三类是基于高斯-牛顿方法的随机近似，即递归最小二乘（RLS）法。它们基于矩阵求逆理论，开发出样本相关矩阵求逆的样本对样本的更新方法。

文献（Shor，1966 年；Applebaum，1976 年；Widrow 等人，1967 年；等等）完成了算法领域的开创性工作。Shor 算法（Shor，1966 年）使阵列输出端的信噪比最大，噪声包含了干扰信号。由于必须知道期望信号和干扰信号，因此 Shor 算法在一定程度上难以实施。Applebaum 算法（Applebaum，1976 年）同样也能够增大信噪比，但是基于期望信号在脉冲雷达中大部分时间都不存在的假设。Applebaum 阵列在实际中更加容易实现，并且已经应用于雷达系统中处理杂波和干扰的多种问题。Widrow 等人（1967 年）提出的自适应阵列概念，即 LMS 算法，使实际阵列输出和作为参考信号的期望阵列输出之间的 MSE 最小。因此，LMS 算法使波前扭曲最小(参考信号是期望信号的复制)，而 Appplebaum 算法使 SNR 最大。LMS 算法在多种场合用于实现干扰抑制。

更进一步，自适应算法的加权估计与最优加权之间的差别在于均值超过稳态 MSE 与最小均方误差（MMSE）之间的比值，即所谓的失调。它是一个决定自适应算法性能和效率的无量纲参数。同时，对加权自适应而言，它本质上是由梯度引起的随机估计的误差，称之为失调噪声（Evans 等人，1993 年）。失调噪声随着步长尺度而增加。另一方面，它将导致更快的收敛。此外，除了在整个权重向量中利用单一步长尺寸，还可以在每个加权中采用不同的步长尺寸，从而增加算法的收敛。

信号表征：考虑一个具有 L 个单元的自适应天线阵列系统（图 4－1）。每个阵列单元的信号与天线权重的乘积的和，作为阵列的输出。

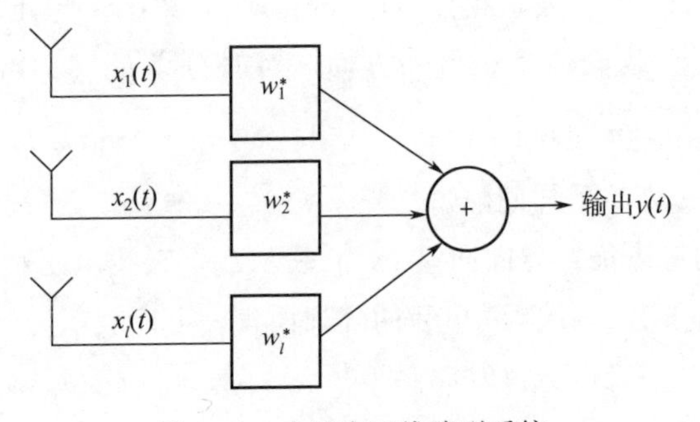

图 4－1　自适应天线阵列系统

阵列输出为

$$y(t)=\sum w_l^* x_l(t) \tag{4-1}$$

其中，w_l 为天线权重。天线阵列接收到的信号为

$$\boldsymbol{x}(t)=[x_1(t),x_2(t),\cdots x_l(t)]^{\mathrm{T}} \tag{4-2}$$

其中，T 表示矩阵的转置。因此，阵列输出可以表示为

$$y(t)=w^{\mathrm{H}}x(t) \tag{4-3}$$

其中，w^H 表示 w 的厄米共轭。能量 $P(t)$ 可表示为

$$P(t)=y(t)y^*(t) \tag{4-4}$$

将 $x(t)$ 的值代入式（4-4）中，可得

$$P(t)=w^{\mathrm{H}}\boldsymbol{R}w \tag{4-5}$$

其中，$\boldsymbol{R}$ 表示信号的相关矩阵，即 $\boldsymbol{R}=E[\boldsymbol{x}(t)\boldsymbol{x}^{\mathrm{H}}(t)]$，$E$ 表示期望运算。

假设天线阵列位于入射电磁波源的远场区域。那么，照射到阵列上的信号具有平面波前。以坐标原点为参考，来波从第 k 个源到达第 l 个天线单元的延时表达式为

$$\tau_l(\theta_k)=\frac{d}{c}(l-1)\cos\theta_k \tag{4-6}$$

由第 k 个源导致的接收信号可以表示为 $m_k(t)\mathrm{e}^{\mathrm{j}2\pi f_0 t}$，其中，$m_k$ 为调制函数，f_0 为频率。调制函数可以提供所采用调制的细节，例如 $m_k(t)=A_k\mathrm{e}^{\mathrm{j}\xi_k(t)}$ 表示频分多址（FDMA）系统。此处，A_k 表示幅度，$\xi(t)$ 表示载波信息。另一方面，对时分多址（TDMA）系统，$m_k(t)=\sum d_k(n)p(t-n\Delta)$，其中，$d_k(n)$ 表示信息符号，$p(t)$ 为采样脉冲，Δ 表示采样间隔。

导向向量表征：导向向量 ($\boldsymbol{S}_k$) 表示 L 个天线单元对于第 k 个源的响应。对于有 L 个天线单元的阵列而言，可以表示为

$$\boldsymbol{S}_k=[\exp[\mathrm{j}2\pi f_0\tau_l(\theta_k,\phi_k)],\cdots,\exp[\mathrm{j}2\pi f_0\tau_L(\theta_k,\phi_k)]]^{\mathrm{T}} \tag{4-7}$$

目前，接收信号向量可以写为

$$\boldsymbol{x}(t)=\sum_{k} m_{k}(t) \boldsymbol{S}_{k}+\boldsymbol{n}(t) \tag{4-8}$$

其中，$\boldsymbol{n}(t)$ 是 $L\times 1$ 的向量，表示加性高斯白噪声（AWGN），同时

$$y(t)=\sum_{k} m_{k}(t) w^{\mathrm{H}} \boldsymbol{S}_{k}+w^{\mathrm{H}} \boldsymbol{n}(t) \tag{4-9}$$

白噪声是具有恒定功率谱密度的随机产生信号。第一项与所有入射源有关，第二项表示随机噪声。非相关入射源的 ACM 为

$$\boldsymbol{R}=\sum_{k} p_{k} \boldsymbol{S}_{k} \boldsymbol{S}_{k}^{\mathrm{H}}+\sigma_{n}^{2} \boldsymbol{I}_{d} \tag{4-10}$$

其中，p_k 表示调制函数的方差；$\boldsymbol{S}_k$ 表示导向向量；$\sigma_n^2\boldsymbol{I}_d$ 表示热噪声相关矩阵；$\boldsymbol{I}_d$ 表示单位矩阵。

4.2.1　最小均方法

最原始的 LMS 算法（Griffiths，1969 年；Widrow 和 McCool，1976 年）不需要对权重进行任何约束，因此称为无约束 LMS 算法。约束 LMS 算法已经应用于多种场合的自适应波束形成（Frost，1972 年；Godara 与 Cantoni，1986 年；Godara，1986 年）。约束和无约束 LMS 算法的分析包含权重、协方差矩阵、收敛、失调等多个方面的瞬态分析。

自适应阵列处理引入了约束 LMS 算法，需要具有相对于阵列权重的输出信号梯度的无偏估计。有多种方法能够进行上述梯度的无偏估计。尽管在每种算法中，梯度均是无偏的，每种算法的估计梯度的协方差也是不同的，因此，各种情况下约束算法的瞬态和稳态特性都不尽相同。

标准 LMS：LMS 算法通过估计二次曲面的梯度进行权重迭代更新，然后将权重向相反的方向移动一小段距离。确定的该段常数距离称为步长。当步长足够小时，该过程可达到权重估计的最优值。如果所有接收器的输出可用，就可以通过阵列输出的乘积以及每个接收器的输出共同确定所需的梯度。这是标准 LMS 算法的工作原理（Widrow 和 Stearns，1985 年）。权重迭代方程如下

$$W(t+1)=P\left[W(t)-\mu g W(t)\right]+\frac{\boldsymbol{S}_0}{\boldsymbol{S}_0^{\mathrm{H}}\boldsymbol{S}_0} \tag{4-11}$$

其中，$\boldsymbol{S}_0=S(\theta_0)$，表示相对于 θ_0 角度的入射信号的导向向量。类似的，投影算子 P 可以表达为

$$P=I-\frac{\boldsymbol{S}_0\boldsymbol{S}_0^{\mathrm{H}}}{\boldsymbol{S}_0^{\mathrm{H}}\boldsymbol{S}_0} \tag{4-12}$$

同时

$$g\left[W(t)\right]=2X(t+1)X^{\mathrm{H}}(t+1)W(t) \tag{4-13}$$

结构梯度 LMS：另一种方法称为结构梯度法（Godara 和 Gray，1989 年），为估计梯度而发展了 ACM 的 Toeplitz 结构。标准算法中 ACM 采用的噪声估计并不受该结构的约束。实现该约束的一个简单方式是计算对角元素的无约束估计平均值（Godara，1990 年）。式（4-13）中的梯度具有如下形式

$$\hat{g}\left[W(t)\right]=2\hat{R}(t+1)W(t) \tag{4-14}$$

其中，$\hat{\boldsymbol{R}}(t)$ 表示 t 时刻的 ACM。且

$$\hat{R}(t)=\begin{bmatrix} \hat{r}_0(t) & \hat{r}_1(t) & \cdots & \hat{r}_{L-1}(t) \\ \hat{r}_1^*(t) & \cdots & & \cdots \\ \vdots & \vdots & & \vdots \\ \vdots & \vdots & & \vdots \\ \hat{r}_{L-1}^*(t) & \cdots & & \hat{r}_0(t) \end{bmatrix} \tag{4-15}$$

其中

$$\hat{r}_l(t)=\frac{1}{N_l}\sum_i x_i(t)x_{i+1}^*,l=0,1,\cdots,L-1 \tag{4-16}$$

对于线阵而言，$N_l=L-l$。

标准算法的收敛速率和所需步长对于观察方向的信号功率比较敏感。通过结构梯度法可以极大地减弱该信号的敏感性。此外，由于在观察方向上强信号的存在，标准算法需要比结构梯度法更小的步长。但是，更小的步长使收敛速度变慢。另外，信号敏感性随着阵列单元的增多而增大，而对于结构梯度法，上述结论正好相反。

归一化LMS：对某些情况，采用传统LMS算法时，自适应阵列的收敛时间会大于雷达的慢时间（Godara，2004年）。可以发现，由于具有较长的收敛时间，单个低功率干扰机比高功率干扰机更有效。尽管可以采用基于多种协方差矩阵的技术，但是它们的实现需要付出很高的代价。归一化最小均方（NLMS）算法（Nitzberg，1985年）在保持与传统LMS相同实现代价的同时，能够大幅度地减小收敛时间。

研究表明，通过忽略热噪声，在单个干扰机情况下NLMS算法的收敛特性与干扰功率无关。对多个干扰机而言，当每个干扰机的功率均按照相同因子改变时，收敛时间保持不变（Homer等人，2007年）。Bershad（1986年）提出的NLMS算法的另一种形式，是常数步长变化的LMS算法。它在每个迭代中采用了与数据相关的步长，并且避免了估计协方差矩阵本征值或者迹的需求。同时，相比于标准的LMS（Givens，2009年），该算法还具有更好的收敛速度，以及更小的信号敏感性。

递归LMS：由于在梯度估计时采用信号的相关矩阵，标准LMS算法对接收信号比较敏感。该信号敏感性可以通过计算所有样本的相关矩阵而避免。另一方面，递归LMS利用之前每一个时刻的采样迭代更新每个新样本的信号相关矩阵。然后，利用该矩阵估计所需的梯度（Widrow和Stearns，1985年），梯度可采用如下形式表示

$$g_{\text{recursive}}[W(t)] = 2R(t+1)W(t) \tag{4-17}$$

其中

$$R(t+1) = \frac{1}{t+1}[tR(t) + X(t+1)X^{\mathrm{H}}(t+1)] \tag{4-18}$$

类似的，信号敏感性可以通过空间平均代替样本平均的方法避免。该方法是结构梯度LMS算法在权重估计和自适应方面的延伸（Godara和Gray，1989年）。

改进型LMS：该算法中，权重自适应采用ACM的Toeplitz结构（Godara，1990年）。梯度可表示为

$$g_I[W(t)] = 2\widetilde{R}(t+1)W(t) \qquad (4-19)$$

其中

$$\widetilde{R}(t+1) = \frac{1}{t+1}[t\widetilde{R}(t) + \hat{R}(t+1)] \qquad (4-20)$$

其他形式的 LMS：LMS 算法自动地跟踪期望信号并且抑制干涉。因此，当雷达接收机不知道期望信号入射角度时，LMS 算法是最好的选择之一。但是，LMS 自适应阵列需要参考信号控制每个权重（Brennan 和 Reed，1982 年）。如果假设期望方向上来波信号存在一个确定的分量，并且接收机掌握该信号的充分信息，那么该确定分量可以作为参考信号。该分量可以是幅度调制信号，并且在发射通信信号中加入一个导频信号。Ogawa 等人（1985 年）分析了将导频信号作为参考信号时，LMS 自适应阵列的稳态性能。除了作为干扰的参考信号/导频信号以外，LMS 阵列接收所有信号。为易于区分导频信号与其他分量，它的频率通常不同于信息信号。这就可以避免对消期望信号带来的问题。

Griffiths（1969 年）提出了针对相关信号的一种改进 LMS 算法。Khatib 和 Compton（1978 年）提出了可以使来波信号方向天线阵列增益最大化的算法。该算法基于在避免无限大权重的约束下，使天线阵列输出最速上升的最大化。自适应阵列的其他算法包括递归算法、最小均方估计方法、LMS 算法的附加改进版本、协方差矩阵求逆方法等。

性能分析：一种算法的有效性通过收敛速度和输出 SINR 两个指标进行衡量。图 4-2 给出了阵列间距为 $\lambda/2$，具有 10 个单元的均匀线阵输出的噪声功率。该结果是位于不同方位（70°，100；100°，1）的两个探测源，并且其中期望信号的功率比为 100。探测源的功率水平是不同的。可以看出，从输出噪声功率以及收敛速率角度而言，改进的 LMS 算法相对于标准 LMS 以及递归 LMS 具有更好的性能。此外，改进的 LMS 算法比标准的 LMS 具有更好的权重协方差特性。

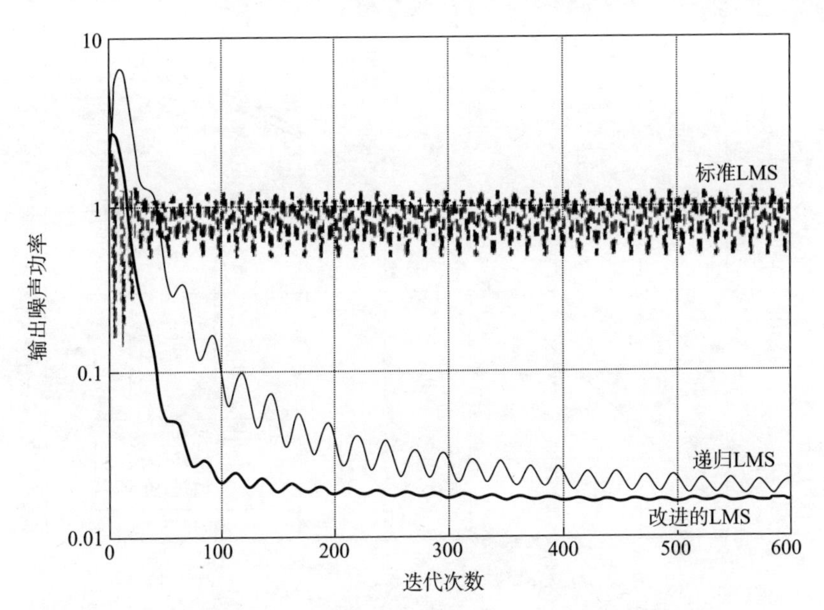

图 4-2　阵列间距为 $\lambda/2$，具有 10 个单元的均匀线阵平均输出噪声功率，$\phi=90°$；2 个干扰机：70°，100；100°，1。

如果入射信号的功率增加，递归 LMS 算法的输出噪声功率也相应增加。但是，改进的 LMS 算法并没有该现象。在一定程度上，算法的性能独立于信号功率水平，并且随着信号功率的增大而改善。当功率为 30 dB 或者更高的强信号入射时，改进的 LMS 算法相对于递归 LMS 算法具有更好的性能。这从收敛速率和输出噪声功率两个方面都有体现。

在包括三个探测源（36°，48° 和 66°；30 dB）的雷达环境中，相控阵的稳态特性和期望源（0°；0 dB）如图 4-3 所示。从输出 SINR 和收敛速率看，改进 LMS 算法相对于标准 LMS 和结构 LMS 算法具有更好的性能。

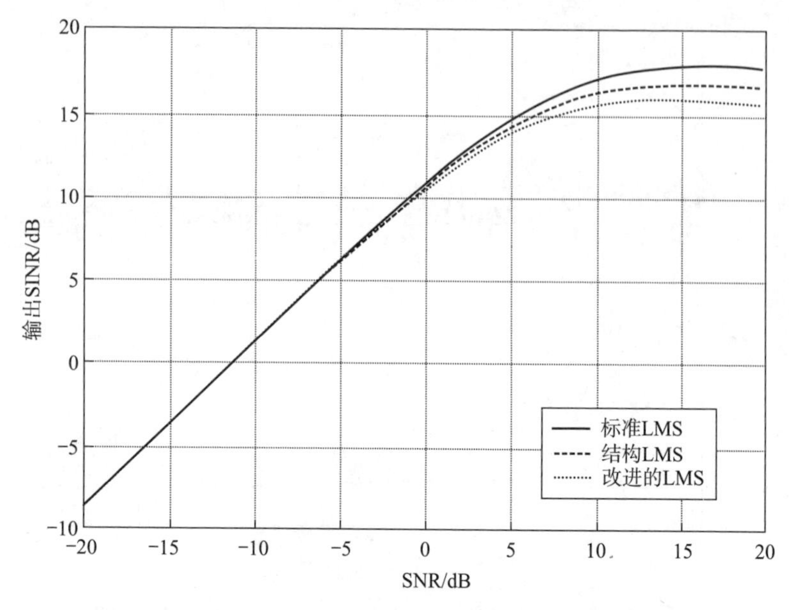

图 4－3 不同 SNR 环境中具有 10 个单元的线阵的稳态特性

4.2.2 递归最小二乘法

在该自适应算法中，权重自适应中采用阵列增益矩阵替代了梯度步长。相对于基于 LMS 的算法，RLS 算法提供了更好的收敛速率、稳态 MSE 以及参数追踪能力。最简单的 LMS 算法表现出的自适应滤波性能，是以两倍的未知参数数量为代价的。LMS 算法的收敛率主要取决于信号相关矩阵本征值的分布。另一方面，RLS 算法不存在上述问题，但其权重自适应的天然复杂性在于依赖未知数数量的平方。因此，研究人员提出了一种数值问题的 RLS 算法（Lueng 和 Haykin，1989 年；Najm，1990 年），称为 QR 分解－RLS（QRD － RLS）。该算法中，计算了采用吉文斯旋转（Givens Rotation）的输入数据矩阵的 QRD，并通过回代法求解最小二乘（LS）权重向量。

但是，回代在阵列结构中是一种代价较大的运算。因此，人们提出了逆 QRD - RLS 算法（Alexander 和 Ghirnikar，1993 年；Chern 和 Chang，2002 年），算法中 LS 权重向量不需要通过回代来计算。该算法比 RLS 算法具有更好的收敛特性，是 LMS 算法的改进，特别是对观察方向上存在强信号的情况。它利用所有样本，采用结构化方法估计相关矩阵。人们提出了多种形式的 RLS 算法（Cioffi 与 Kailath，1984 年；Fabre 和 Gueguen，1986 年）以改进计算效率。

4.2.3　标准矩阵求逆算法

当需要高输出 SINR 的快速收敛时，大多使用采样矩阵求逆（SMI）算法。它在自适应阵列处理中克服了许多收敛问题（Reed 等人，1974 年），是 LMS 算法的一种具有吸引力的替代方法。SMI 算法采用 Weiner 权重解的估计来计算最优权重。该方法要求噪声协方差矩阵是非奇异的，以实现求逆估计。

加权自适应：在 SMI 算法中，通过估计协方差矩阵确定权重。对于给定的信号环境，通过求解线性方程组得到权重（Frost，1972 年）。为生成天线方向图而达到的最优权重的时间是固定的，并不依赖于协方差矩阵的本征值。但是，协方差矩阵的本征值分布控制了权重。如果探测信号的干信比（INR）比较高，协方差矩阵的本征值会分布在多个量级。SMI 算法能更快收敛是因为它引入了信号协方差矩阵逆的直接估计（Carlson，1988 年）。

对于接收信号 $x(t)$，协方差矩阵 $\boldsymbol{R}$ 以及相关矩阵 $\boldsymbol{c}$ 可以表达为

$$\boldsymbol{R}=E\left[x(t)x^{\mathrm{H}}(t)\right] \tag{4-21}$$

$$\boldsymbol{c}=E\left[d(t)x(t)\right] \tag{4-22}$$

此处，$d(t)$ 是参考信号。如果已知来波的先验信息和探测信号，那么通过 Weiner 解可以直接获得最优权重（Godara，2004 年），如下

$$w_{\mathrm{optimal}}=\boldsymbol{R}^{-1}\boldsymbol{c} \tag{4-23}$$

实际情况中，涉及入射信号的信息是未知的，并且信号环境变

化范围较大。因此，最优天线权重通过对接收数据进行时间平均的信号协方差矩阵得到。尺寸为 $N_2 - N_1$ 的块状矩阵可以表示为

$$\hat{\boldsymbol{R}} = \sum_{m=N_1}^{N_2} x(m) x^{\mathrm{H}}(m) \tag{4-24}$$

$$\hat{\boldsymbol{c}} = \sum_{m=N_1}^{N_2} d^*(m) x^{\mathrm{H}}(m) \tag{4-25}$$

其中，N_1 和 N_2 分别是接收数据块的上限和下限。因此，权重向量可以通过下式计算

$$\hat{\boldsymbol{w}} = \frac{\hat{\boldsymbol{c}}}{\hat{\boldsymbol{R}}} \tag{4-26}$$

对于每一个来波输入数据块，协方差矩阵不断变换，从而导致权重不断更新。但是，在基于估计的算法中，例如 SMI 算法，总是存在通常比 LMS 误差大的残差。基于估计的误差可通过下式获得

$$\boldsymbol{e} = \hat{\boldsymbol{R}} w_{\mathrm{optimal}} - \hat{\boldsymbol{c}} \tag{4-27}$$

如果噪声的协方差矩阵变得奇异，存在可生成自适应权重向量的多种 SMI 算法改进版本。例如，其中一种算法在矩阵求逆时，给矩阵的每个对角元素加入了因子（Hudson，1981 年）。另一种方法是基于贝林（Buehring）的正交投影算法（Buehring，1976 年）。这涉及权重向量的迭代估计，并且具有更快的收敛速率。

SMI 算法的稳定性依赖于其将大尺度信号协方差矩阵进行求逆的能力。为避免奇异协方差矩阵的出现，导向向量包含零均值的高斯噪声。该方法在协方差矩阵的对角元素中引入了很强的分量，以便于矩阵求逆。当需解析的信号数小于自由度时，如天线阵列单元，会产生奇异问题。SMI 算法也可以看作精确算法。该算法可用于均匀/非均匀线性相控阵列辐射方向图的综合，以及对照射到天线阵列上的探测波源进行有源对消。这需要为输出波束形状的计算提供最优权重的估计。

方向图综合：对于 N 个各向同性单元的均匀线阵，t 时刻的信号向量如下

$$\boldsymbol{x}(t)=s_d(t)\boldsymbol{a}(\theta_d)+\sum_{i=1}^{L}s_i(t)\boldsymbol{a}(\theta_i)+\sigma(t) \tag{4-28}$$

此处，s_d 是角度 θ_d 方向上的期望信号；s_i 是角度 θ_i 方向上的探测信号；L 是照射到阵列上的探测信号数；σ 是热噪声；$\boldsymbol{a}(\theta_d)$ 与 $\boldsymbol{a}(\theta_i)$ 分别是期望信号和探测信号的导向向量。导向向量如下

$$\boldsymbol{a}(\theta)=[1,\mathrm{e}^{-\mathrm{j}\frac{2\pi}{\lambda}d\sin\theta},\cdots,\mathrm{e}^{-\mathrm{j}\frac{2\pi}{\lambda}d(N-1)\sin\theta}] \tag{4-29}$$

在 SMI 算法中，信号协方差矩阵由来波数据的采样确定（Yasin 等人，2010 年），具体如下

$$\boldsymbol{R}(t+1)=\frac{tR(t)+x(t+1)x^{\mathrm{H}}(t+1)}{t+1} \tag{4-30}$$

一旦得到了协方差矩阵，导向向量可通过如下得到

$$\boldsymbol{w}(t)=\boldsymbol{R}^{-1}(t)\boldsymbol{a}(\theta) \tag{4-31}$$

为计算 $\boldsymbol{R}^{-1}$，采用如下矩阵求逆方法（Ganz 等人，1990 年）

$$\boldsymbol{R}^{-1}(t)=\boldsymbol{R}^{-1}(t-1)-\frac{\boldsymbol{R}^{-1}(t-1)\boldsymbol{x}(t)\boldsymbol{x}^{\mathrm{H}}(t)\boldsymbol{R}^{-1}(t-1)}{1+\boldsymbol{x}^{\mathrm{H}}(t)\boldsymbol{R}^{-1}(t-1)\boldsymbol{x}(t)} \tag{4-32}$$

其中，$\boldsymbol{R}^{-1}(0)=\dfrac{\boldsymbol{I}}{\varepsilon_0}$，$\varepsilon_0>0$。

采样数随着“快照”增大，同时协方差矩阵趋于真值。这就使得权重估计达到最优。阵列输出可表示为如下形式

$$y=w^{\mathrm{H}}x \tag{4-33}$$

假设阵列上期望信号方向可如下表示

$$S(t)=A\cos(\omega t),t>0 \tag{4-34}$$

均匀分布，阵列间距为 $\lambda/2$，不同数量阵列单元的辐射方向图如图 4-4 所示。当阵列单元增加时，方向图的主瓣变窄或方向性提高。但是，阵列单元数的增加也会增加方向图的旁瓣数。表 4-1 给出了阵列单元数量对方向图中第一旁瓣和 3 dB 波瓣宽度的影响。

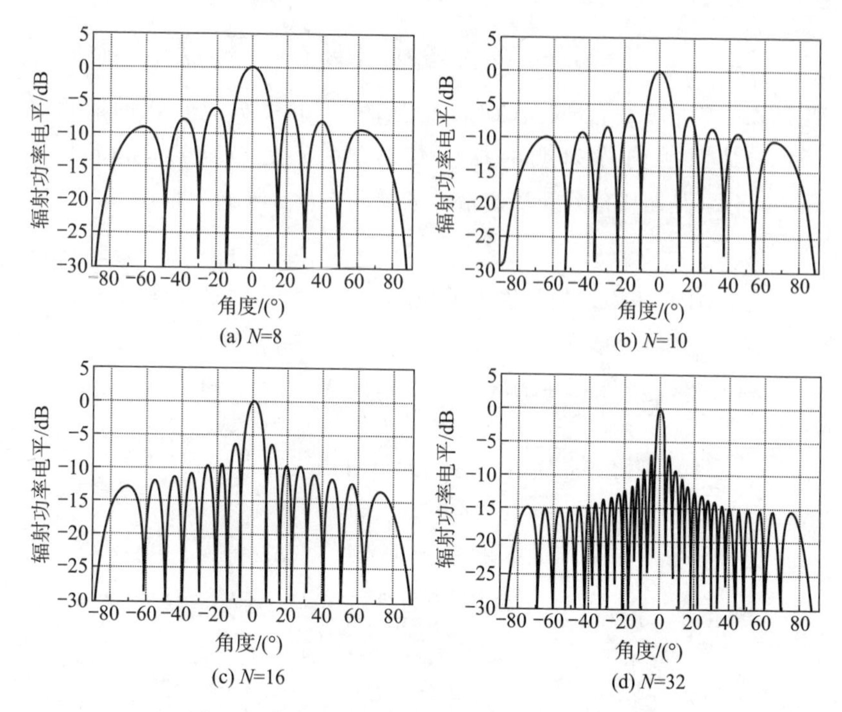

(a) N=8　(b) N=10

(c) N=16　(d) N=32

图 4-4　采用 SMI 算法得到的均匀线阵方向图

表 4-1　阵列单元数量对方向图的影响

阵列单元数量	第一旁瓣电平(PSLL)	3 dB 波束宽度
8	−6.2 dB	17°
10	−6.5 dB	14°
16	−6.4 dB	8°
32	−5.5 dB	4°

4.2.4　加权最小二乘法

加权最小二乘法可以看作是非加权矩阵求逆方法的扩展(Hirasawa 和 Strait，1971 年)。由于采用加权矩阵，该方法更加灵活，且对实际方向图具有更强的控制能力，这主要是由于加权矩阵能够在获得期望方向图之前，持续地进行迭代优化。该方法同样可用于非均匀空间天线阵列，并且很容易地扩展到非线性阵列、每个单元具有不同辐射特性的阵列或者近场方向图综合。Carlson 和 Willner（1992 年）在方向图综合技术中引入了加权最小二乘法，该方法将复电场的实部和虚部分量分离，如复激励向量。

这一方法使对应于期望远场、激励场和权重的所有矩阵的维度翻倍。这些大型实矩阵求逆算法非常复杂。但是，作为将矩阵实部与虚部分别考虑的代替，场的复数形式能够用于估计权重向量。该方法简化了生成特定方向图的激励向量的计算。该方程可用于均匀与非均匀大型阵列的间距设计。

构想：加权最小二乘法将问题定义为一系列电场的线性方程。针对幅度激励求解这些方程，生成一个与使用最小二乘矩阵所需十分接近的远场。

远场向量 $\boldsymbol{E}(\phi)$ 是一个复值，它包含各种边射角 ϕ 电场的采样。期望场向量 $\boldsymbol{A}(\phi)$ 与 $\boldsymbol{E}(\phi)$ 之间具有很高的匹配度。$\boldsymbol{A}(\phi)$ 的维度等于特定期望场的采样点数。场的点数必须大于或者等于阵列单元。

表示实际场和期望场之间差异的成本函数如下

$$\boldsymbol{J}=(\boldsymbol{A}-\boldsymbol{E})^{\mathrm{T}}\boldsymbol{W}(\boldsymbol{A}-\boldsymbol{E}) \tag{4-35}$$

其中，$\boldsymbol{W}$ 是产生期望场方向图的对角加权矩阵。依据阵列的单元激励和几何结构得到场向量 $\boldsymbol{E}(\phi)$ 。向量 $\boldsymbol{X}(\phi)$ 表示单元激励，其维数与阵列单元数相同。阵列的几何构型确定第 n 个天线单元在方向 ϕ 上对总场的贡献。需要指出，采用场的复数形式能够降低场向量/矩阵的维数，与 Carlson 与 Willner（1992 年）的文献中的方法相比维数降低一半。

对于由相同辐射方向的天线单元组成的相控阵列，第 n 个天线单元场值如下

$$e_n(\phi)=x_n\exp(\mathrm{j}\theta_n) \tag{4-36}$$

其中，x_n 表示单元激励，并且

$$\theta_n=\frac{2\pi}{\lambda}d_n\sin\phi \tag{4-37}$$

d_n 表示第 n 个天线单元相对于阵列中心的位置；λ 表示波长。场向量与激励向量的关系如下

$$\boldsymbol{E}(\phi)=\boldsymbol{H}(\phi)X \tag{4-38}$$

其中，矩阵 $\boldsymbol{H}$ 表示每个天线单元与相应采样场点的关系。

矩阵形式为 $(\boldsymbol{E})_{m\times1}=(\boldsymbol{H})_{m\times n}\times(\boldsymbol{X})_{n\times1}$，其中 m 和 n 分别表示场点和天线单元。因此，成本函数变为

$$\boldsymbol{J}=(\boldsymbol{A}-\boldsymbol{HX})^{\mathrm{T}}\boldsymbol{W}(\boldsymbol{A}-\boldsymbol{HX}) \tag{4-39}$$

对于最小的成本函数，$\boldsymbol{J}$ 对于 $\boldsymbol{X}$ 的偏导必须为 0。从而可以得到如下激励向量

$$\boldsymbol{X}=(\boldsymbol{H}^{\mathrm{T}}\boldsymbol{WH})^{-1}\boldsymbol{H}^{\mathrm{T}}\boldsymbol{WA} \tag{4-40}$$

如果权重向量合适，该激励向量就能够生成期望的方向图。由于式（4-40）是精确的矩阵方程，因此在有限迭代次数下就能够求解。$\boldsymbol{H}$ 矩阵同样能够针对不同单元辐射特性和非均匀单元间隔进行改进。此外，通过加权矩阵 $\boldsymbol{W}$，能够更加精细地控制天线方向图。这就使加权最小二乘法变得高效、灵活和快速。

对于方向图综合而言，期望场向量的实部设为 1（在主瓣区域），虚部设为 0。加权矩阵是维数为 m 的方阵，初始化为单位矩阵。通过式（4-39）得到误差权重并且加入到加权矩阵 $\boldsymbol{W}$ 中。

相应的，计算一个新的激励向量 $\boldsymbol{X}$。一旦得到最优 $\boldsymbol{X}$，方向图能够通过如下得到

$$\boldsymbol{P}=\boldsymbol{X}^{\mathrm{H}}\cdot\boldsymbol{U} \tag{4-41}$$

其中，$\boldsymbol{U}$ 表示导向向量，上标 H 表示厄米，即复共轭的转置。

均匀阵列：图 4-5 给出了半波长间距的 16 单元线阵的方向图。在边射方向 $-2°\sim+2°$ 内具有笔状方向图。

期望场在 $-2°\sim+2°$ 范围内接近 1，旁瓣在 $-90°\sim+90°$ 范围内接近 0。基于上述算法，设置为单位矩阵的加权矩阵在每步进行更新。一旦通过正确的加权矩阵得到了最优激励向量，就能够获得方向图。

图 4-6 给出了 16 个单元的相控阵方向图，主瓣具有 20°顶部平

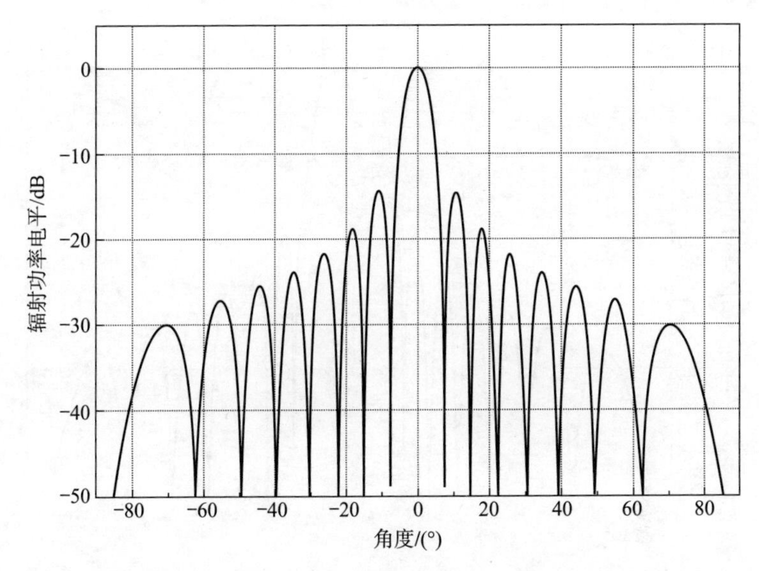

图 4-5　16 单元线阵的边射方向图（主瓣−2°～+2°）

坦区域。在这种情况下，−10°～+10°区域内期望场接近于 1。这就是采用该方法进行方向图综合的灵活性。同样可通过调整加权矩阵或者期望场向量对天线方向图的旁瓣分布进行调整。

如果在方向图中需要一个深的零陷，可以通过在期望零陷区域引入大的权重实现。图 4-7 给出了在+20°～+35°范围内有深的零陷的方向图。此处，在期望零陷区域使用了 500 的大权重。对于其他场点，权重仍然为 1。这一额外的限制改变了旁瓣的分布。图 4-8 中，在旁瓣区域（−40°～−20°）和（+20°～+35°）合成了两个深的零陷。零陷的深度通过天线方向图中期望区域的权重进行控制。这就进一步证明了加权方法在生成方向图、主瓣宽度、旁瓣分布以及零陷偏移的强大能力。

这个常规公式同样适用于平面阵列（面阵）。在平面阵列中，方向图综合方法中涉及 x 和 y 两个方向。所有用到矩阵和导向向量都包括 x 和 y 方向。辐射方向图通过 x 和 y 方向相应的空间因子的乘积得到。

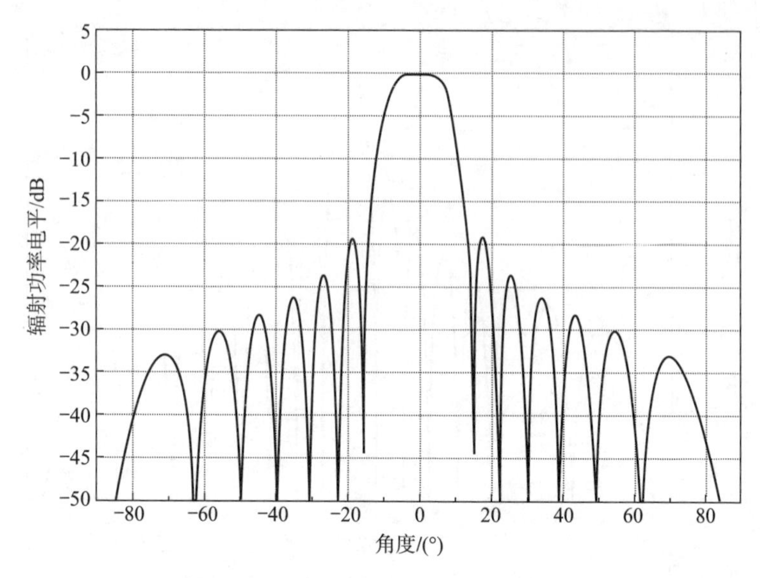

图 4－6　具有平坦顶部的 16 单元边射天线方向图（－10°～＋10°）

图 4－9 给出了间距为 0.5λ，主瓣方向为 10°的 16×10 的均匀平面相控阵列。显然，通过最小均方差算法能够有效控制主瓣方向。图 4－10 给出了相同的 16×10 的均匀平面相控阵列，但是在－30°～－25°角域内有零陷。可以看出，由于零陷在旁瓣区域，因此整个旁瓣电平有所下降。图 4－11 表明了通过加权最小二乘法能够同时有效地控制平面阵列（16×10，0.5λ）的主瓣方向（10°）和零陷位置（－30°～－25°）。

基于以上分析可以推断，在生成期望天线方向图方面，加权最小二乘法相对于非加权矩阵求逆方法具有更强的灵活性和更高的精度。该方法通过控制期望场向量和加权矩阵达到生成方向图的目的。由于采用复矩阵进行方向图综合，因此不涉及大型矩阵求逆问题。该方法能够在有限迭代次数下得到所需精度的解。

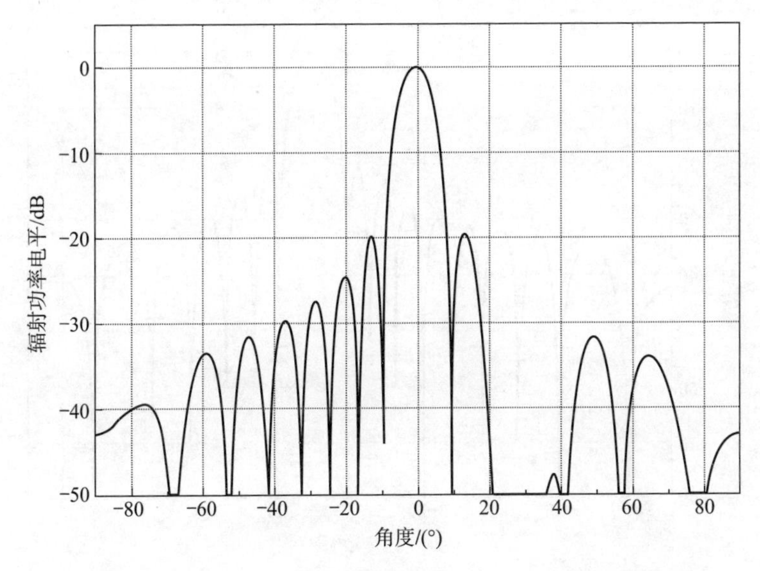

图 4-7　在＋20°～＋35°角域内具有零陷的 16 单元线阵方向图

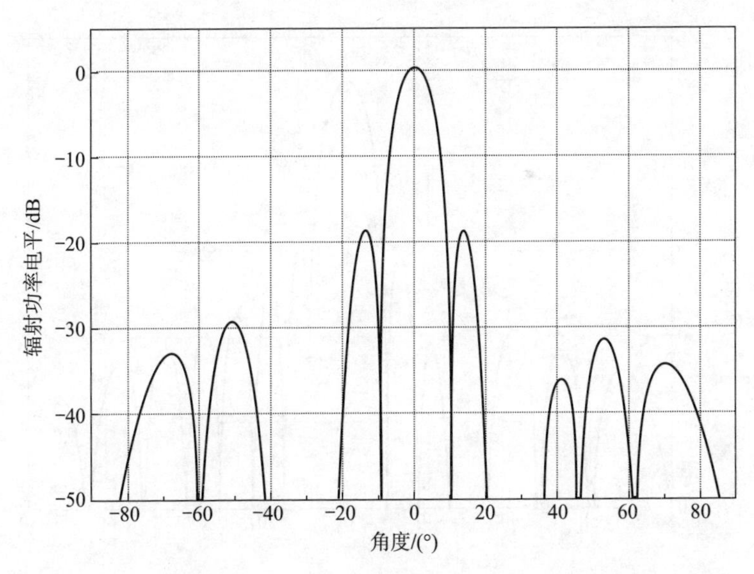

图 4-8　旁瓣区域（－40°～－20°）和（＋20°～＋35°）具有零陷的
16 单元的均匀平面阵方向图

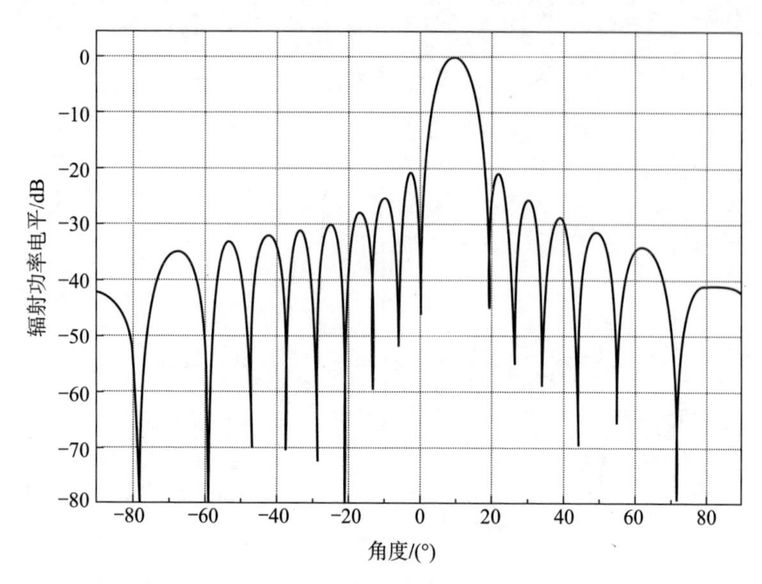

图 4－9 主瓣方向 10°、x 和 y 方向间距均为 0.5λ 的 16×10 平面阵方向图

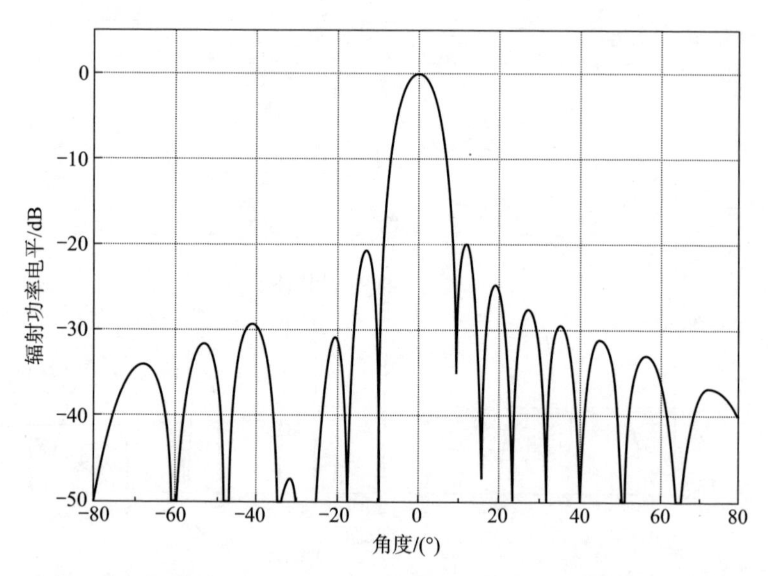

图 4－10 零陷区域为－30°～－25°角域、x 和 y 方向间距均为 0.5λ 的 16×10 平面阵方向图

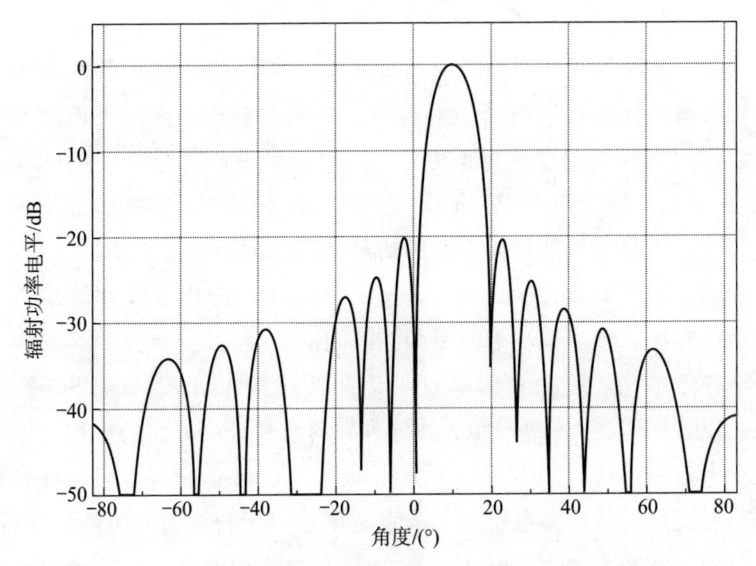

图 4－11　间距 0.5λ 的 16×10 阵列方向图。主瓣方向 10°；零陷区域为（－30°～－25°）

仿真结果表明了该方法的灵活性。通过合适的权重，该方法能够在天线方向图中准确生成不同主瓣宽度和不同区域的零陷。加权最小二乘法甚至提供了针对平面阵列的有效方法。该方法能够显著地控制旁瓣电平、主瓣宽度以及零陷位置。

非均匀阵列：当阵列单元的间距不相等或者随机时，导向向量或者阵列的来波响应不同于均匀间距天线阵列。此外，不等间距改变天线单元的最优权重以及方向图的综合。

非均匀阵列天线方向图的综合是近 50 年提出来的，起源于 Unz（1960 年）的研究工作，他提出了基于矩阵的电流分布计算方法，可得到期望的非均匀线性相控阵的辐射特性。Harrington（1961 年）扩展了 Unz 的方法，提出了一种减小非均匀线性相控阵第一旁瓣的方法。King 等人（1961 年）采用不等间距天线单元减小方向图的栅瓣。Andreasen（1962 年）采用数字技术计算了不等间距线阵的多种可能性。3 dB 波瓣宽度主要依赖于阵列长度以及旁瓣电平，通过尺寸和几何形状控制阵列长度和旁瓣电平。Ishimaru（1962 年）基于泊松和展开引入了一种新的函数（源位置函数），使不等间距阵列的设计有可能形成期望的辐射特性。研究人员相继提出了控制不等间距阵列方向图幅度的近似方法（Gallaudet 和 Moustier，2000 年；Chen 等人，2007 年）。Kumar 与 Branner（2005 年）提出了一种求逆算法，以获得所期望需方向图的最优单元间距，涵盖线性、平面、圆柱以及圆形阵列。Abdolee 等人（2008 年）提出了一种简单有效的遗传算法，以降低不等间距相控阵列的旁瓣。

在本节中，将探讨简单且灵活的改进的 LMS 算法（Singh 和 Jha，2013 年）在不等间距天线阵列辐射特性设计方面的应用。本节主要考虑三种构型的不等间距天线阵列，见表 4－2。非均匀阵列构型具有更好的低旁瓣电平和窄波束宽度。对于非均匀间距阵列而言，加权的公式和方向图预估方法仍然与上一节相同。内部单元间距由中心开始呈连续变化，如图 4－12 所示。数学表达式可写为 $d_n = d + space$ 。此处，d_n 表示天线单元与阵列中心的距离；d 表示第一个辐射单元与阵列中心的距离；$space$ 表示相邻两个天线单元与阵列中心距离的递增量。

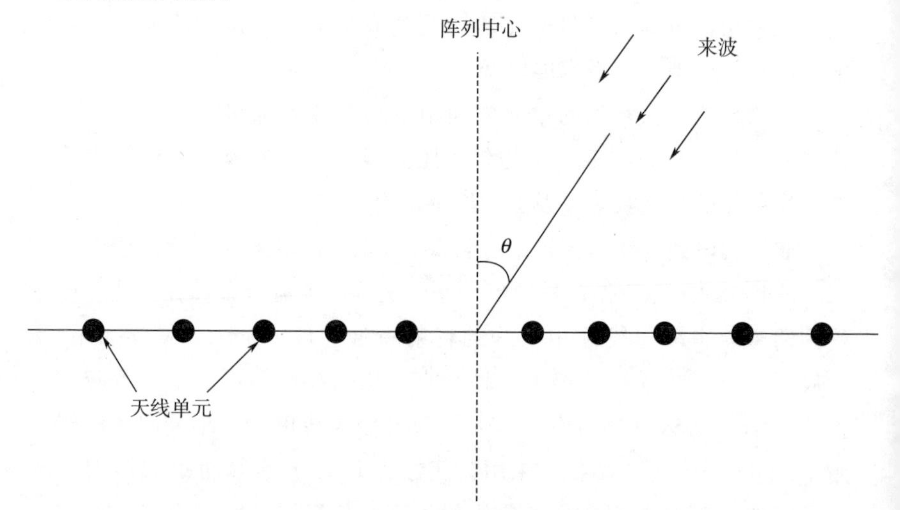

图 4－12　非均匀阵列示意图

下面考虑 N 个单元非均匀阵列的三种情况：

情况 1：$space = 0.12n$，其中 $n = 0, 1, 2, \cdots, N/2$；

情况 2：$space = 0.1n$，其中 $n = 0, 1, 2, \cdots, N/2$；

情况 3：阵列长度为 8λ 的随机间距。

表 4-2 给出了上述阵列各单元距离阵列中心的位置。由于非均匀阵列中各单元间距不同，式（4-37）中 d_n 的值也不同。这就改变了 θ_n 的值，因此，就得到新的导向向量以及 $\boldsymbol{H}$ 矩阵。

导向向量 $\boldsymbol{U}(\theta)$ 是阵列对于入射角度为 θ 的入射波的响应，可表达为

$$\boldsymbol{U}(\theta) = [1 \quad e^{-j\phi} \quad e^{-j2\phi} \quad \cdots \quad e^{-j(N-1)\phi}]^{T} \tag{4-42}$$

其中，T 表示矩阵转置；ϕ 表示阵列中不同单元的相位偏移。如果天线单元的间距不相等，导向向量可以表示为

$$\boldsymbol{U}(\theta) = [1 \quad e^{-j\Phi} \quad e^{-j2\Phi} \quad \cdots \quad e^{-j(N-1)\Phi}]^{T}$$

其中，$\Phi = \dfrac{2\pi\{S(p+1, 1) - S(p, 1)\}}{\lambda}\sin\theta$；$p = 1, 2, \cdots, N$；$S$ 表示轴向的单元位置。

$\boldsymbol{H}$ 矩阵具有如下形式

$$\boldsymbol{H} = \cos\theta + j\sin\theta$$

其中

$$\theta = \frac{2\pi}{\lambda}S(p, 1) \times \sin\phi \tag{4-43}$$

表 4-2　不同阵列各单元距离阵列中心的位置

位置	均匀阵列	非均匀阵列(NU1)	非均匀阵列(NU2)	非均匀阵列(NU3)
1	−3.75	−1.76	−4.0	−3.6
2	−3.25	−1.52	−3.1	−2.8
3	−2.75	−1.30	−2.3	−2.1
4	−2.25	−1.10	−2.1	−1.5
5	−1.75	−0.92	−0.9	−1.0
6	−1.25	−0.76	−0.4	−0.6

续表

位置	均匀阵列	非均匀阵列(NU1)	非均匀阵列(NU2)	非均匀阵列(NU3)
7	−0.75	−0.62	−0.3	−0.3
8	−0.25	−0.5	−0.1	−0.1
9	0.25	0.5	0.1	0.1
10	0.75	0.62	0.3	0.3
11	1.25	0.76	0.4	0.6
12	1.75	0.92	0.9	1.0
13	2.25	1.10	2.1	1.5
14	2.75	1.3	2.3	2.1
15	3.25	1.52	3.1	2.8
16	3.75	1.76	4.0	3.6

图 4-13～图 4-15 给出了具有不同主瓣宽度的 16 单元非均匀阵列的方向图（表 4-2 中的 NU1）。可以看出，改进的 LMS 算法能够满足生成期望主瓣宽度方向图的要求。此外，主瓣宽度随着旁瓣电平的降低而变大，该现象可以通过能量守恒原理解释。由于受到天线阵列馈电输入功率的限制，对于更宽的主瓣，旁瓣的能量分布低于较窄的主瓣。

图 4-16～图 4-18 对比了 16 单元的均匀和非均匀阵列 3 中不同主瓣宽度（−5°～5°，−8°～8°，−10°～10°）的方向图。可以看出，−5°～5°和−8°～8°的主瓣宽度的非均匀阵列的旁瓣电平高于均匀阵列。此外，当期望主瓣宽度增大时，阵列的方向性变得更好。图 4-18 表明，与均匀阵列方向图不同，对于更宽的主瓣宽度（−10°～10°），旁瓣电平变得更低，同时与平坦顶部不同，产生了尖锐的主瓣。这表明该改进 LMS 算法生成了给定主瓣宽度的更好的方向图。表 4-3 总结了上述结果。

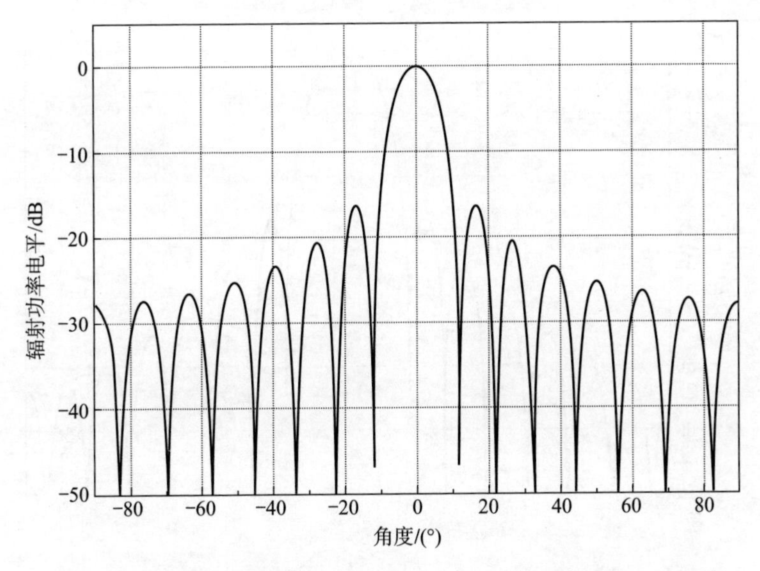

图 4-13　16 单元非均匀阵列方向图（NU1），主瓣宽度为－5°～5°

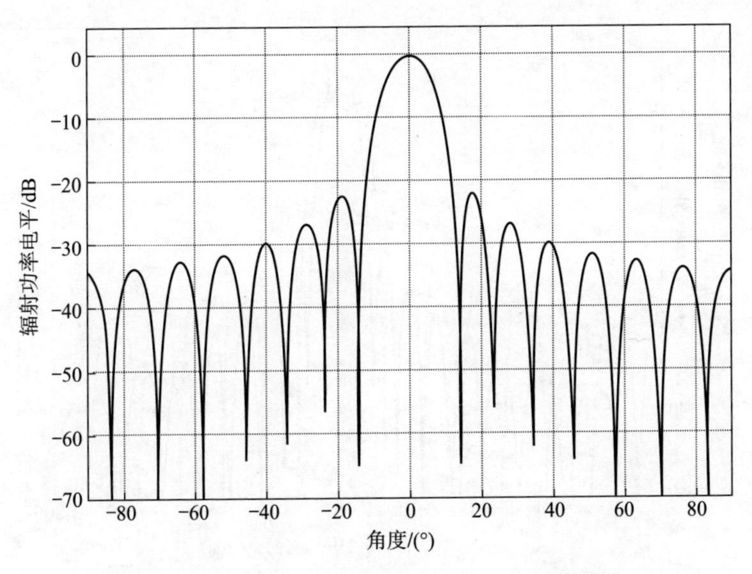

图 4-14　16 单元非均匀阵列方向图（NU1），主瓣宽度为－8°～8°

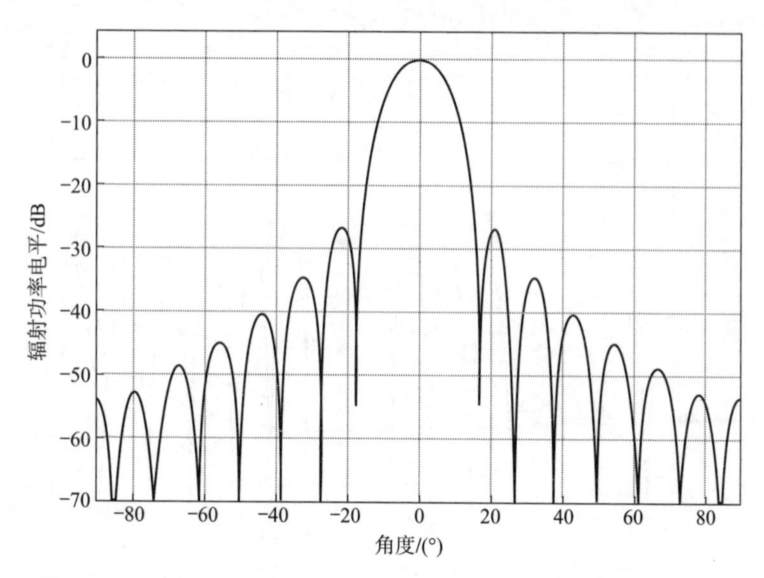

图 4-15　16 单元非均匀阵列方向图（NU1），主瓣宽度为－10°～10°

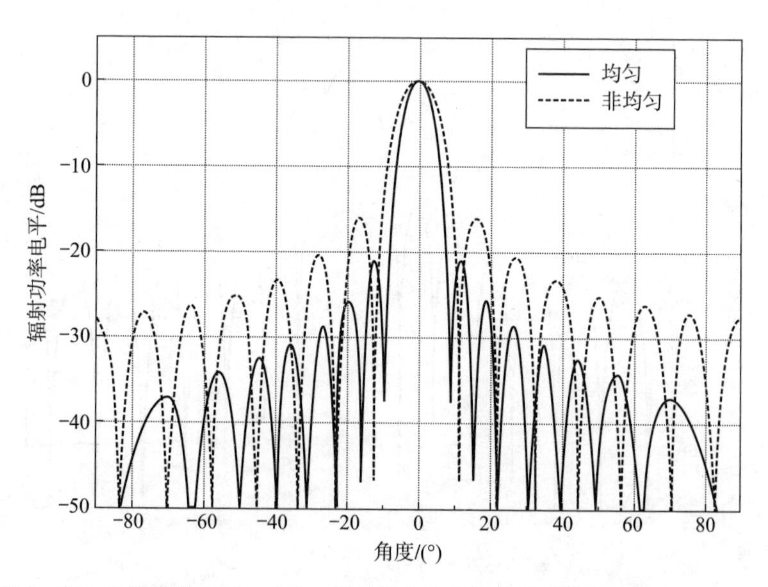

图 4-16　主瓣宽度－5°～5°，16 单元均匀和非均匀单元间距阵列方向图对比

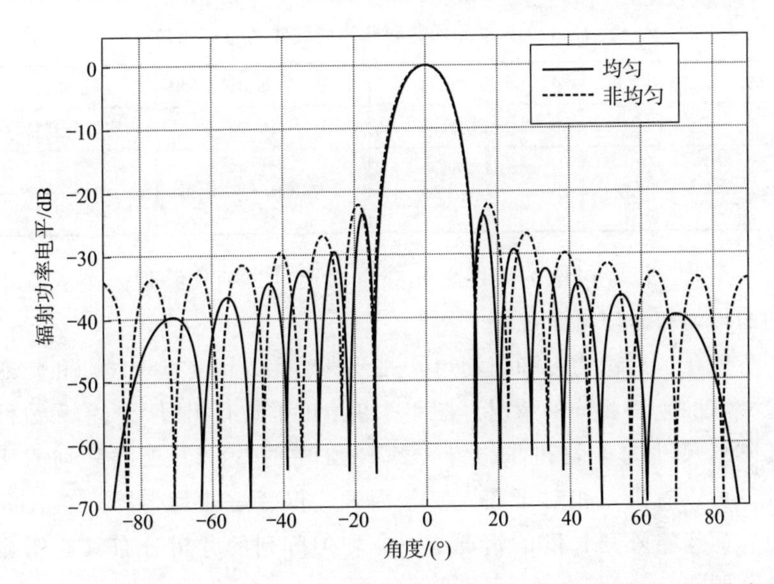

图 4-17　主瓣宽度－8°～8°，16 单元均匀和非均匀单元间距阵列方向图对比

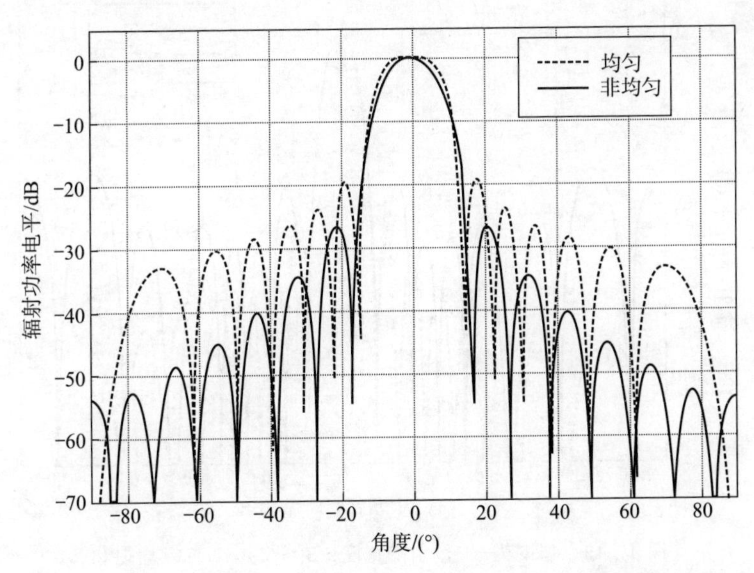

图 4-18　主瓣宽度－10°～10°，16 单元均匀和非均匀单元间距阵列方向图对比

表 4-3 16 单元均匀和非均匀线阵的特性比较

期望的主波瓣宽度	均匀阵列 PSLL/dB	非均匀阵列 PSLL/dB	主瓣
−5°～+5°	−19.21	−26.73	非均匀阵列较宽
−8°～+8°	−23.64	−21.88	均等
−10°～+10°	−21.12	−16.15	均匀阵列较宽

至此，已经讨论了天线单元数目固定（$N=16$）但阵列长度不同的均匀和非均匀阵列。

现在，讨论均匀和非均匀阵列天线单元数目（$N=16$）和阵列尺寸（8λ）都相同的情况。图 4-19 给出了具有相同天线单元数目和阵列尺寸的均匀和非均匀（表 4-2 中的 NU2）天线阵列的比较。可以看出，相对于图 4-13 而言，仅考虑非均匀阵列单元间距，而忽略阵列长度的情况下，非均匀阵列的旁瓣分布具有明显的不同。

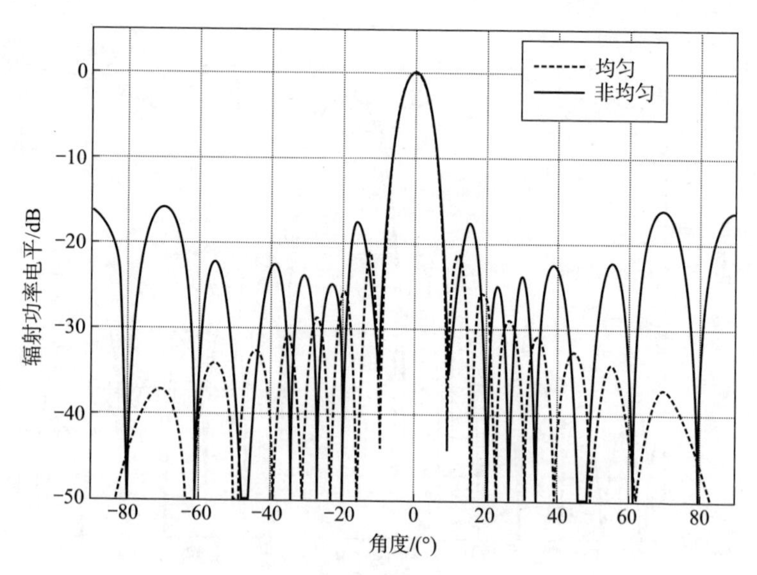

图 4-19 长度为 8λ，主瓣宽度 −5°～5°，16 单元均匀和非均匀单元间距阵列方向图对比

下面考虑非均匀阵列的另一种结构（表 4－2 中的 NU3）。图 4－20 给出了生成的方向图。该方向图相比于图 4－13 中的 NU1 结构具有更低的旁瓣电平。这可能是因为相对于 NU1 结构（0.12λ），其相邻天线单元间距（0.1λ）具有更小的增加量。因此，方向图的最大旁瓣电平以及整个旁瓣分布能够通过改变单元间距进行调整。

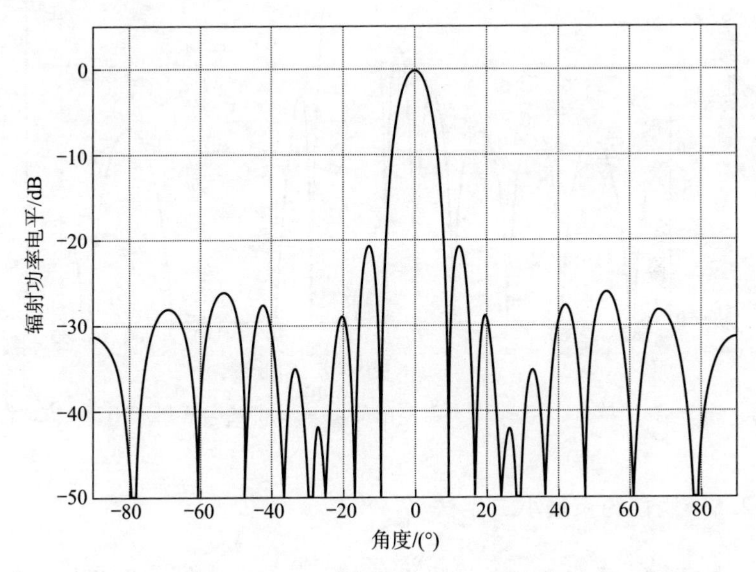

图 4－20　主瓣宽度－5°～5°，16 单元非均匀阵列 NU3 的方向图

此外，加权最小二乘法的效能通过在期望角度方向产生一个零陷来证明。图 4－21 表明，在 16 单元非均匀阵列（NU3）中准确地产生了零陷（＋20°～＋50°）。同样可以发现，在产生零陷的同时，降低了整体的旁瓣电平，而均匀阵列不具备该特性。因此，我们可以推断，加权最小二乘法在非均匀阵列方向图综合方面非常有效。

非均匀阵列相对于均匀阵列，更容易得到较低的旁瓣电平。但是，当保持阵列长度固定，单元间距非均匀时可能并非如此。该算法的灵活性体现在控制主瓣宽度的能力，以及在旁瓣区域的特定位置与方向产生零陷。零陷的位置通过相控阵对来波信号的有源对消实现。

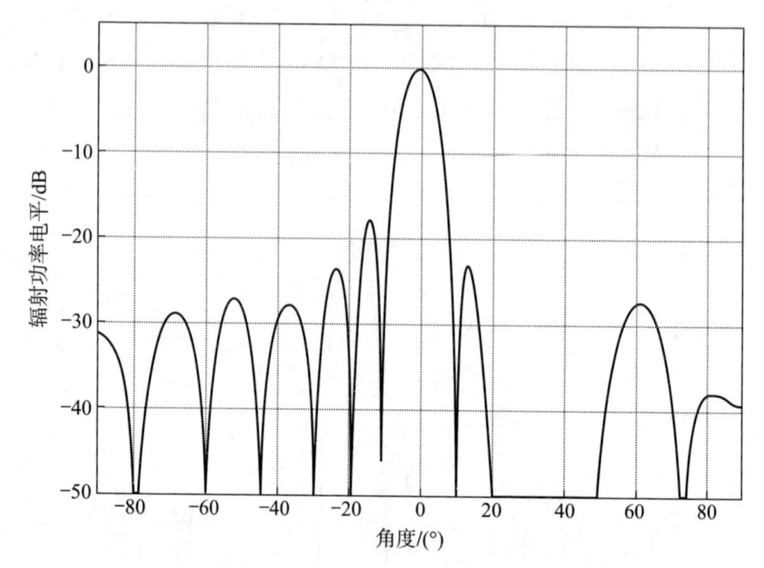

图 4-21 在区域＋20°～＋50°具有零陷的 16 单元非均匀阵列（NU3）方向图

4.2.5 线性约束最小二乘法

自适应算法依赖于最优权重估计，从而生成期望的辐射特性。除了产生期望方向图之外，人们还致力于优化过程的改进，从而减小迭代次数。基于数学方法，研究人员提出了线性规划、锥规划、凸优化（Lebret 和 Boyd，1997 年）以及线性最小二乘最小化(Tseng 和 Griffiths，1992 年）等方法。

目前，权重估计方法（Fuchs B. 和 J. J. Fuchs，2010 年）可以分为两类。第一类算法采用迭代权重加权最小二乘法，另一类算法基于自适应阵列算法。两类算法在方向图综合中均采用迭代方法。能够确定期望方向图与计算得到的方向图之间的差异，并且权重可根据生成自适应方向图进行调整。

阵列权重系数的估计可以生成规定的非自适应确定的波束方向

图响应。此外，通过施加线性约束，能够预先指定静态自适应方向图（Griffiths 与 Buckley，1987 年）。

这些方法的缺点是收敛速度慢，并且无法保证一定能够得到所需的方向图。同时，很难精确地预先估计可得到的阵列性能。因此，研究人员采用凸优化方法解决上述不足，并开展了广泛的研究（Lebret，1996 年；Isernia 等人，2000 年）。本节将讨论基于线性约束的最小二乘法的凸优化方法在非均匀线性天线阵列方向图综合中的应用。方向图综合的优化包括了权重优化过程的约束。

理论背景：考虑已知任意排列的单元空间位置和不同空间响应的 N 个单元的相控阵，假设天线阵列是窄带且忽略天线单元之间的耦合。相控阵的输出响应可以通过对复权重 w 与单元响应的乘积求和得到。入射信号 (θ) 的阵列响应如下

$$\boldsymbol{p}(\theta)=\boldsymbol{w}^{\mathrm{H}}\boldsymbol{v}(\theta) \tag{4-44}$$

其中，$\boldsymbol{v}(\theta)$ 表示方向 θ 上的阵列响应或者导向向量。

导向向量 $\boldsymbol{v}(\theta)$ 具有如下形式

$$\boldsymbol{v}(\theta)=\begin{bmatrix} g_1(\theta)\mathrm{e}^{\mathrm{j}\omega\tau_1(\theta)} \\ g_2(\theta)\mathrm{e}^{\mathrm{j}\omega\tau_2(\theta)} \\ g_3(\theta)\mathrm{e}^{\mathrm{j}\omega\tau_3(\theta)} \\ \vdots \\ g_N(\theta)\mathrm{e}^{\mathrm{j}\omega\tau_N(\theta)} \end{bmatrix} \tag{4-45}$$

其中，$g_l(\theta)$ 表示来波角度 θ 方向上第 l 个单元的复方向图增益；ω 表示工作频率；τ_l 表示相对于参考空间位置的单元时延。

为了生成一个主瓣朝向期望方向、预先指定电平的旁瓣位于主瓣两侧不连贯区域的方向图（图 4－22），优化算法需要输入参数，即观测方向 θ_s，旁瓣区域边界 (θ_a，θ_b) 和 (θ_c，θ_d)，以及期望的旁瓣电平 ε。主瓣宽度通过主瓣两侧的旁瓣边界之间的过渡区域确定。

方向图综合算法包含两个步骤：（ⅰ）初始化；（ⅱ）迭代。凸优化问题可表示如下

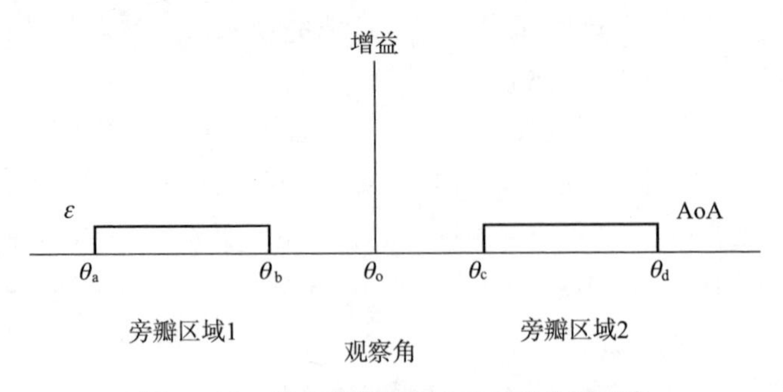

图 4 - 22　期望天线阵列方向图的典型示意

$$\min_{w} \boldsymbol{w}^{\mathrm{H}} \boldsymbol{A} w \tag{4-46}$$

基于约束 $M \leqslant N$ ，有

$$\boldsymbol{C}^{\mathrm{H}} \boldsymbol{w} = \boldsymbol{f} \tag{4-47}$$

此处，矩阵 $\boldsymbol{A}$（维数为 $N \times N$ ）是信号的协方差矩阵 $\boldsymbol{R}_{xx}$ 。矩阵 $\boldsymbol{C}$ 是 $N \times M$ 的满秩矩阵。该问题的封闭解（Tseng，1992 年）具有如下表达形式

$$\boldsymbol{w} = \boldsymbol{A}^{-1} \boldsymbol{C} \ (\boldsymbol{C}^{\mathrm{H}} \boldsymbol{A}^{-1} \boldsymbol{C})^{-1} \boldsymbol{f} \tag{4-48}$$

该封闭解提供了生成阵列方向图的最优权重。

该算法始于权重 $\boldsymbol{w}$ ，使旁瓣区域的功率增益最低并且期望方向保持单位增益。天线权重通过求解 $\min\limits_{w} \boldsymbol{w}^{\mathrm{H}} A \boldsymbol{w}$ 最小二乘问题进行初始化。

在期望方向保持单位峰值的约束具有如下表达方式

$$\boldsymbol{v}_s^{\mathrm{H}} \boldsymbol{w} = 1 \tag{4-49}$$

以及

$$\mathrm{Re}\{\boldsymbol{v}_d^{\mathrm{H}} \boldsymbol{w}\} = 0 \tag{4-50}$$

$\boldsymbol{v}_s$ 和 $\boldsymbol{v}_d$ 分别表示 θ_s 方向上的导向向量及其相应的导数。矩阵 $\boldsymbol{A}$ 模拟协方差矩阵，假设具有如下形式

$$\boldsymbol{A} = \frac{1}{2} \sum_{l=1}^{L} \boldsymbol{v}(\theta_l) \boldsymbol{v}^{\mathrm{H}}(\theta_l) \tag{4-51}$$

其中，L 依赖于基于精度需求所定义的导向向量的角度。上述问题的

解在特定区域具有很低的旁瓣响应。式（4 - 50）的第二个约束限制了 $\boldsymbol{v}_d^{\mathrm{H}}\boldsymbol{w}$ 的实部必须等于零。

上述约束的结合，包括导向向量及其迭代确保了方向图在观察方向具有单位峰值增益。约束导数的应用是令 $\boldsymbol{p}(\theta)=\boldsymbol{w}^{\mathrm{H}}\boldsymbol{v}(\theta)$ 模的平方的一阶导数为零。通过该方法应用约束条件能够避免选用相位参考点的问题。

为避免信号具有病态协方差矩阵以及大的权重，在矩阵 **A** 中加入合适的正的量（Lebret，1996 年）

$$\boldsymbol{A}\leftarrow\boldsymbol{A}+\sigma_n^2\boldsymbol{I} \tag{4-52}$$

其中，$\boldsymbol{I}$ 表示单位矩阵。

初始化过程确保抑制旁瓣以及在期望观察方向上具有峰值。但是，该过程无法确保旁瓣降低到期望的水平。设期望的旁瓣电平为 ε 。为达到该值，引入迭代过程，权重在每一步迭代中具有增量 Δw 。该方法确保算法在收敛于期望方向图过程中的一致性，从而在期望响应中限制了方向图。

该问题可定义为

$$\min\Delta w \quad \boldsymbol{A}\Delta w \tag{4-53}$$

在观察方向上单位增益的约束为

$$\boldsymbol{v}_s^{\mathrm{H}}\boldsymbol{w}=0，以及\ \mathrm{Re}\{\boldsymbol{v}_d^{\mathrm{H}}\boldsymbol{w}\}=0$$

将旁瓣限制在期望电平的约束具有如下表达式

$$\boldsymbol{v}_i^{\mathrm{H}}\boldsymbol{w}=f_i,\ i=1,2,\cdots,m \tag{4-54}$$

f_i 的选择决定了算法能否成功。约束在旁瓣的峰值处控制阵列增益。峰值的数量通过 m 进行控制，并且 m 个位置的峰值是预先定义的。

该问题的解可得到生成方向图权重向量 $\boldsymbol{w}$ 的增量 Δw 。但是，该方法无法确保新响应的峰值仍然位于由导向向量 $\boldsymbol{v}_i$ 所定义的位置。此外，该算法并不在单次迭代中收敛。因此，该方法需要一些迭代次数

$$\boldsymbol{w}\leftarrow\boldsymbol{w}+\Delta w \tag{4-55}$$

当 m 过大时，可能无法得到 Δw 的封闭解。为确保得到收敛结果，方程组不能自相矛盾。因此，m 的约束条件为 $M_{\max}=N-2$。这表明在每个迭代中，仅能够控制 $M_{\max}$ 个旁瓣。作为一般准则，$M_{\max}$ 通常为旁瓣的最大峰值（Tseng，1992 年）。如果主峰电平得到控制，即使该算法无法找到期望电平的每一个旁瓣峰值的解，在期望旁瓣电平以上不希望出现峰值。

由于 f_i 值的选择是该算法成功的首要因素，因此必须小心地在 θ_i 方向确定 f_i 值。权重向量增加后，就可以考虑阵列响应

$$\boldsymbol{v}_i^{\mathrm{H}}\boldsymbol{w}=c_i+f_i \tag{4-56}$$

其中，c_i 和 f_i 分别是 θ_i 方向上阵列的电流和残差响应，这些值通常是复数。角度 θ_i 方向的旁瓣具有如下响应

$$|c_i+f_i|=\varepsilon \tag{4-57}$$

上式定义表示复平面内的圆，圆心为 c_i，半径为 ε。圆 f_i 上的任意一点满足式（4－57）。f_i 的选择可以有无穷多种，同时存在两类可能的值，即对应于相位项的 $\varepsilon-c_i$ 和 $-\varepsilon-c_i$，输出方向图 (c_i+f_i) 完全是实数，类似于均匀线阵的边射方向辐射方向图。

当旁瓣电平达到期望幅度时，即当式（4－57）中电流响应为 $|c_i|=\varepsilon$ 时，f_i 的最小归一化值等于零。如果通过其他方法也能够得到 f_i 的某一值，那么算法就能够收敛。f_i 的最小归一化值可通过下式得到

$$f_i=\frac{c_i}{|c_i|}(\varepsilon-|c_i|) \tag{4-58}$$

此外，这一解确保了新的响应值与电流响应具有相同的相位，并且不同迭代步中响应值之间的差异最小。该算法一直进行迭代，直到峰值位置不再改变。需要指出，该类权重自适应方法可能会遇到数值困难（Tseng，1992 年）。推荐的方法是 $\boldsymbol{C}$ 矩阵的 QRD，以减小矩阵的响应值。

方向图生成：考虑具有 20 个单元的线阵，其均匀单元间距为半波长。旁瓣数量为 18，即 $N-2$。假设观察角度为 45°，旁瓣边界为

－90°～35°以及 55°～90°。期望旁瓣电平为－40 dB。

图 4－23 给出了计算得到的主瓣区域在 35°～55°的方向图。峰值确定的精度为 0.5°。通过 3 次迭代，求解达到收敛，从而证明了线性约束最小二乘法在相控阵方向图综合方面的速度和效率优势。

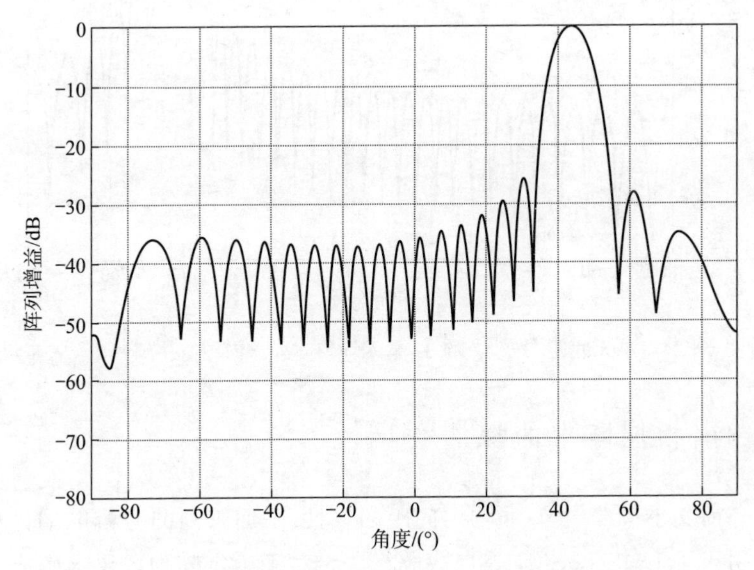

图 4－23　通过线性约束最小二乘法生成的 20 个单元半波长均匀单元间距的线阵方向图（主瓣区域为 35°～55°）

然后，将观察方向变为 45°。图 4－24 给出了主瓣方向为 45°，阵列均匀间距为 0.4λ，32 单元线阵的辐射方向图。这些仿真证明了在有限迭代次数内，该算法生成高精度方向图的能力。该方法可用于平面和非平面阵列，阵列可以具有均匀和非均匀单元间距。

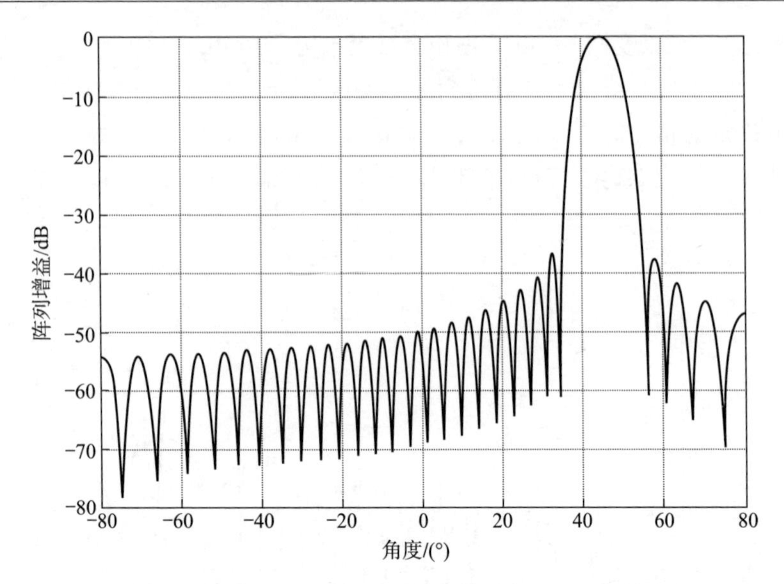

图 4-24　单元间距为 0.4λ 的 32 单元均匀阵列方向图（主瓣＝35°～55°）

4.3　相控阵中的探测[①]抑制

前文小节在均匀/非均匀间距的线性/平面阵列的旁瓣电平优化中引入了 LMS 和 SMI 等自适应算法。对于给定阵列，要求生成一个方向图，其朝向每个探测方向具有规定的零陷，而主瓣指向期望的方向，此时改进型 LMS 算法是一种有效的方法。如果阵列间距是非均匀或者随机的，可根据给定信号环境下的自适应方向图得到优化权重。

这依赖于自适应算法的效率。信号环境可能包含多个威胁源和多个期望源。来波信号可以是窄带或者宽带。此外，在实际场景中，因为多径效应，雷达信号可能是相关的。希望算法能够满足复杂信号环境需求，即对期望源具有足够的增益，并且通过零陷对准的方式抑制每个不希望的探测源。当相控阵的上述抑制能力用于航空平

① 译者注：这里所指探测为外部非期望源的信号，一般指威胁信号。

台或者基地时，就成为有源 RCSR。如果天线阵列的传输能量能够自适应地在探测天线结构的威胁源方向最小化，就是有源 RCSR。

4.3.1　理论背景

相控阵的辐射特性取决于阵列几何结构、孔径分布、单元间距、阵列尺寸等。对于 N 个天线单元的均匀线阵而言，远场可表示为

$$E_i(\theta,\phi)=f(\theta,\phi)\sum_{i=1}^{N}I_i\mathrm{e}^{-\mathrm{j}(kd\cos\theta+\alpha)} \tag{4-59}$$

其中，$f(\theta,\phi)$ 表示天线单元远场辐射方向图；I_i 和 α_i 分别表示单元激励的幅度和相位。阵列方向图能够由式（4-59）得到

$$|E_i(\theta,\phi)|=|f(\theta,\phi)|\cdot|S| \tag{4-60}$$

其中，$S=\sum_{i=1}^{N}I_i\mathrm{e}^{-\mathrm{j}(kd\cos\theta+\alpha)}$ 表示空间因子或阵列因子。

阵列因子本质上表示给定口径分布的天线阵列单元的空间分布。换而言之，单元激励决定了辐射能量的空间分布（Balanis，2005 年）。对于平面相控阵而言，通过 x 和 y 轴阵列因子的求和得到远场方向图，即

$$\begin{aligned}E(\theta,\phi)&=f(\theta,\phi)\sum_{m=-N_x}^{N_x}\sum_{n=-N_y}^{N_y}I_{mn}\exp[\mathrm{j}(mkd_x\sin\theta\cos\phi+\alpha_x)]\times\\&\quad\exp[\mathrm{j}(mkd_y\sin\theta\sin\phi+\alpha_y)]\\&=f(\theta,\phi)S_xS_y\end{aligned} \tag{4-61}$$

式中　$S_x=\sum_{m=-N_x}^{N_x}I_{m0}\exp[\mathrm{j}(mkd_x\sin\theta\cos\phi+\alpha_x)]$

$$S_y=\sum_{n=-N_y}^{N_y}I_{0n}\exp[\mathrm{j}(nkd_y\sin\theta\sin\phi+\alpha_y)]$$

其中，$\alpha_x=-mkd_x\sin\theta_0\cos\phi_0$，$\alpha_y=-nkd_y\sin\theta_0\sin\phi_0$，$(\theta_0,\ \phi_0)$ 表示主瓣位置，I_{mn} 和 $\alpha_x+\alpha_y$ 分别表示单元激励的幅度和相位。

需要指出，对于横截面是矩形的阵列而言，辐射方向图可以由两个正交方向线阵的方向图乘积得到。如果天线单元间距不相等，

辐射特性会有很大的变化。这是由单元相位的变化决定的。因此，流形的阵列，即某一导向向量，能改进阵列方向图。

在相控阵中，每个传感器的输出乘以权向量，因此在期望信号处保持住增益水平，并有效地抑制每个探测信号。如果信号场景包括单个期望信号，天线权重的选择使主瓣对准期望信号。相对地，对于信号场景包括同时由多个方向而来的多个期望信号，权重的选择必须考虑使主瓣方向对准每个期望信号的方向。选择最优权重生成主瓣时，必须使接收信号的 SNR 最大。阵列自适应取决于信号环境中来波信号电平和天线单元的馈电权重。实际上，通过抑制探测源，最优权重使得输出 SINR 最大化，给出的来波角度与主瓣并不一致。

如果来波信号是宽带的，那么信号的每根谱线都可视为单色信号源处理。换而言之，取决于信号带宽宽带信号等价于多个窄带源。因此信号协方差矩阵将是不同的，从而，最优权重生成自适应方向图。天线权重的最优性取决于给定信号环境下权重自适应算法的效率。决定权重自适应的参数是阵列的几何结构、来波信号角度、导向向量、协方差矩阵的本征值/本征向量、来波信号的带宽等。

此外，如果两个来波信号（友好或者恶意的）相关，权重自适应就变得严峻。信号的相干性会因为多径效应或者探测信号有意地引起相干干涉。传统的自适应阵列方法，没有考虑入射信号之间的相关性，将导致自身信号对消效应。阵列混淆了分辨期望信号和探测信号，导致抑制了期望信号。这是由于相关/相干信号的存在，信号的协方差矩阵丢失了自身的 Toeplitz 结构。本征值和本征向量将不清晰和不具有良好的分布。这就导致自适应方向图的扭曲且具有不精确的零陷。

如果同时由多个信号照射到阵列上，权重的迭代表示如下（Singh 与 Jha，2011 年）

$$W(t+1)=P\left[W(t)-\mu g W(t)\right]+\frac{\boldsymbol{S}_1}{\boldsymbol{S}_1^{\mathrm{H}}\boldsymbol{S}_1}+\frac{\boldsymbol{S}_2}{\boldsymbol{S}_2^{\mathrm{H}}\boldsymbol{S}_2}+\cdots+\frac{\boldsymbol{S}_m}{\boldsymbol{S}_m^{\mathrm{H}}\boldsymbol{S}_m} \tag{4-62}$$

投影算子为

$$\boldsymbol{P}=\boldsymbol{I}-\frac{\boldsymbol{S}_1\boldsymbol{S}_1^{\mathrm{H}}}{\boldsymbol{S}_1^{\mathrm{H}}\boldsymbol{S}_1}-\frac{\boldsymbol{S}_2\boldsymbol{S}_2^{\mathrm{H}}}{\boldsymbol{S}_2^{\mathrm{H}}\boldsymbol{S}_2}-\cdots-\frac{\boldsymbol{S}_m\boldsymbol{S}_m^{\mathrm{H}}}{\boldsymbol{S}_m^{\mathrm{H}}\boldsymbol{S}_m} \tag{4-63}$$

其中，$\boldsymbol{S}_1$，$\boldsymbol{S}_2$，…，$\boldsymbol{S}_m$ 表示每个期望来波信号 (1，2，…m) 相应的导向向量。

阵列接收信号的 Toeplitz - Hermitian 协方差矩阵如下

$$\boldsymbol{R}_x=\boldsymbol{SXS}^{\mathrm{H}}+\sigma^2\boldsymbol{I} \tag{4-64}$$

其中，$\boldsymbol{X}=E\{\boldsymbol{x}(t)\boldsymbol{x}(t)^{\mathrm{H}}\}$；$E\{\ \}$ 表示期望；$\boldsymbol{S}=[\boldsymbol{S}_1(\theta_1),\boldsymbol{S}_2(\theta_2),\boldsymbol{S}_3(\theta_4),\cdots,\boldsymbol{S}_k(\theta_k)]$。

如果来波信号互不相关，源协方差矩阵 $\boldsymbol{X}$ 是对角矩阵。然而，来波信号的相关性使得矩阵 $\boldsymbol{X}$ 为非条件化和非奇异化。对于相干信号，如入射信号完全相关，协方差矩阵 $\boldsymbol{X}$ 变得非对角且奇异（Lee 与 Hsu，2000 年）。在给定的信号环境中，如果两个信号相关，如 $x_2(t)=\alpha x_1(t)$，α 表示相关系数，该系数表示幅度缩放比例，也就是多径效应引起的信号时延。因此，$\boldsymbol{x}(t)$ 的维数为 $(k-1)\times 1$，即 $\boldsymbol{x}(t)=[(1+\alpha)x_1(t)\ x_3(t)\ \cdots x_k(t)]^{\mathrm{T}}$，以及 $\boldsymbol{A}$ 为 $\{(k-1)\times N\}$ 矩阵，即 $\boldsymbol{S}=[\boldsymbol{S}_1(\theta_1)+\alpha\boldsymbol{S}_2(\theta_2)\ \boldsymbol{S}_3(\theta_3)\cdots\boldsymbol{S}_k(\theta_k)]$。

信号之间的相关性，导致矩阵 $\boldsymbol{R}_x$ 变为 $\{(k-1)\times(k-1)\}$ 维的非奇异矩阵。相关矩阵的 Toeplitz 本征结构受到干扰，导致阵列性能的下降。可以采用迭代矩阵重构方法（Lee 与 Hsu，2000 年）重构协方差矩阵，从而重新存储它的本征结构。该算法有利于找出具有明显本征值和本征向量的相关矩阵的 Toeplitz 形式。具体步骤如下：

第一步：估计阵列接收信号的相关矩阵 $\boldsymbol{R}_x$；

第二步：重构 $\boldsymbol{R}_x$，使其具有 Toeplitz 形式。

首先，考虑相关矩阵上三角区域的 N 个对角。对于每个对角，矩阵元素的平均值是确定的。计算出平均值后，存储在每个对角单元中。

然后，考虑相关矩阵上三角区域的 $N-1$ 个对角。每个对角元素是矩阵中上三角区域中相应元素的复共轭。这就形成了新的厄米自相关矩阵（ACM）$\hat{\boldsymbol{R}}_x$。

第三步：利用 $\hat{\boldsymbol{R}}_x$ 的本征值和本征向量计算矩阵 $\tilde{\boldsymbol{R}}_{xs}$。

$$\tilde{\boldsymbol{R}}_{xs}=\sum_{j=1}^{p}\lambda_j\boldsymbol{e}_j\boldsymbol{e}_j^{\mathrm{H}}+\lambda_{av}\sum_{j=p+1}^{N}\boldsymbol{e}_j\boldsymbol{e}_j^{\mathrm{H}} \tag{4-65}$$

其中，$\lambda_1\geqslant\lambda_2\geqslant\cdots\geqslant\lambda_N$ 为本征值；$\boldsymbol{e}_j(j=1,2,\cdots N)$ 为本征向量；λ_{av} 表示 λ_s 的平均值。

第四步：如果 $|\tilde{\boldsymbol{R}}_{xs}-\hat{\boldsymbol{R}}_x|>\varepsilon$，其中 ε 表示标量，那么将 $\tilde{\boldsymbol{R}}_{xs}$ 存储于 $\hat{\boldsymbol{R}}_x$，然后重复始自第二步的重构过程。如果条件不满足，那么停止迭代，并且将 $\tilde{\boldsymbol{R}}_{xs}$ 用作最终相关矩阵。

至此，相关矩阵的最终形式具有 Toeplitz - Hermitian 结构，并且具有明显不同的本征值和本征向量。

对于相关信号，最优权重（Lee 与 Hsu，2000 年）如下

$$w_0=\tilde{\boldsymbol{R}}_{xs}^{-1}\boldsymbol{C}\,(\boldsymbol{C}^{\mathrm{H}}\tilde{\boldsymbol{R}}_{xs}^{-1}\boldsymbol{C})^{-1}\boldsymbol{c} \tag{4-66}$$

其中，$\boldsymbol{C}$ 表示约束向量，即 $\boldsymbol{C}=[\boldsymbol{S}_1(\theta_1)\boldsymbol{S}_2(\theta_2)\cdots\boldsymbol{S}_p(\theta_p)]$，$\boldsymbol{c}=[c_1\ c_2\cdots c_p]$ 为增益向量。约束矩阵 $\boldsymbol{C}$ 的维数依赖于天线单元的数量。最优权重向量通过阵列输出 $y(t)=w^{\mathrm{H}}x(t)$ 确定。

4.3.2　单个期望信号源时的抑制探测

采用改进的 LMS 算法确定最优天线权重。图 4 - 25 给出了 10 个相同天线单元组成的非均匀线阵的两个探测源（20°，120°）的抑制。间距初始值为 0.484λ，增加步长为 0.01λ，并增至阵列中心点，然后以相同的步长减小至阵列边缘。单个独立的天线单元是各向同性辐射器。忽略互耦效应，期望信号（90°）功率比假定为 10。角度为 20°和 120°方向的来波信号，功率比分别为 10 和 100。天线单元通过均匀分布的单位幅度激励。

讨论涵盖了静态和自适应方向图。期望源用实心箭头表示，探测信号采用虚线箭头表示。可以发现，即使对于非均匀间距的天线单元阵列，相控阵仍然具备处理多信号环境的能力。每个入射探测信号均被有源对消。

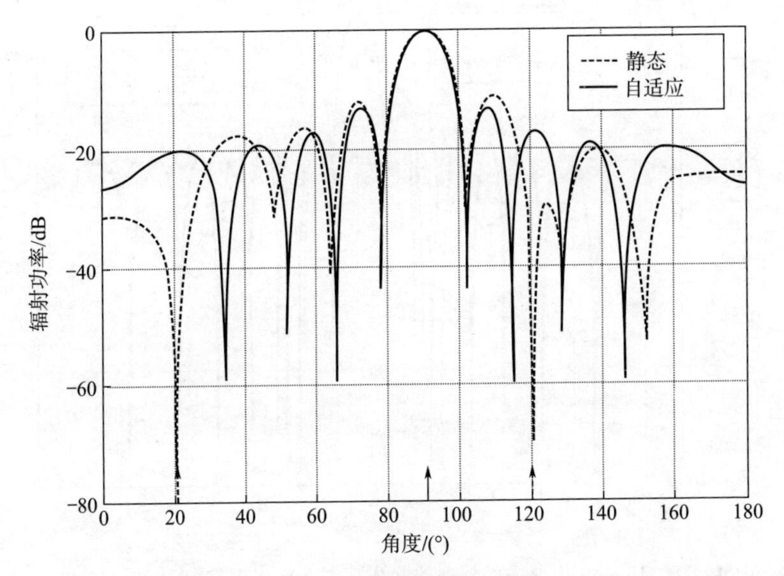

图4-25　10单元非均匀线阵的探测抑制。探测源方向为20°和-20°。沿着x轴期望信号用实线箭头表示，探测信号用虚线箭头表示。

与线阵类似，采用改进的LMS算法同样能够获得平面阵列的自适应方向图。图4-26给出了一个16×10平面阵列的自适应和静态方向图。单元间距为$d_x=0.484\lambda$和$d_y=0.771\lambda$，探测源到达角度为20°和-20°。显然，两个探测源均被有效地抑制。

相控阵抑制探测信号的可用自由度取决于威胁源的数量。等功率源耗费更多的自由度。不相等的功率源在抑制探测信号方面比等功率源更加有效。天线阵列在原位置处的零陷深度由探测信号的功率电平确定。与低功率的威胁源相比，较高功率的威胁源能够更好地抑制。

当来波探测信号是宽带时，该算法将源信号的每根谱线看作是一个独立的窄带信号源，从而计算自适应方向图的最优权重。图4-27给出了方向分别为42°、50°和70°的三个宽带探测信号，带宽分别为26%、21%和19%。可以看出，大的信号带宽情况下，在方向图中产生更宽和更深的零陷。源位置附近的旁瓣被极大地抑制(-35 dB)。同时，方向图中的主瓣并没有发生畸变。

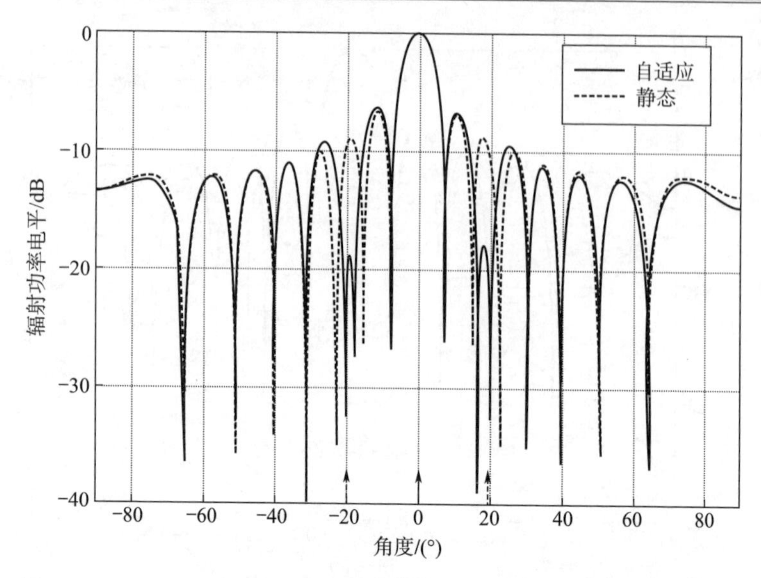

图 4-26 16×10 均匀平面阵列的探测抑制。探测源方向为 20°和−20°。沿着 x 轴期望信号用实线箭头表示，探测信号用虚线箭头表示。

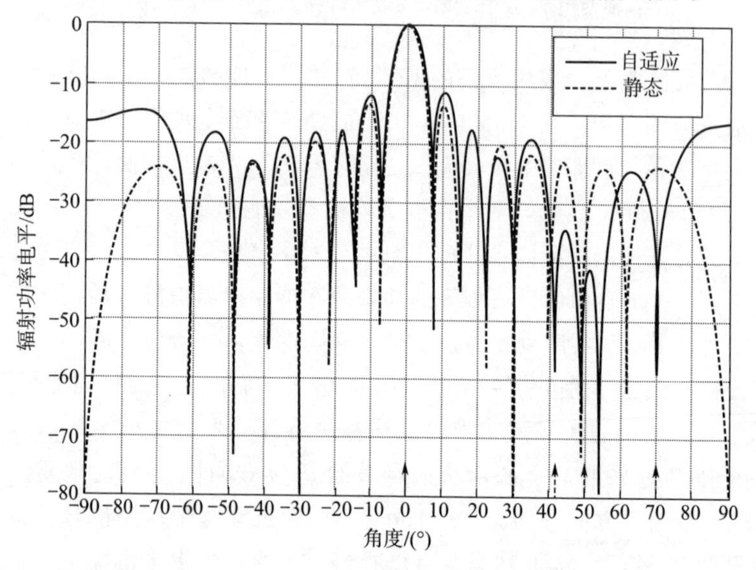

图 4-27 方向为 42°、50°和 70°，带宽分别为 26%、21%和 19%的三个连续分布的探测信号抑制；功率比为 5、10 和 100 的 16 单元均匀线阵。沿着 x 轴，期望信号为实线箭头，探测信号为虚线箭头。

4.3.3　多个期望信号源同时存在时的探测抑制

在本小节中所考虑的雷达环境包括多个期望信号源和非相关信号，以便于从不同方向探测具有机载天线阵的飞机。采用改进的 LMS 算法计算这种场景下的权重，以使输出噪声功率最小并且期望信号的接收，甚至在多个非相关探测信号存在的情况下也适用。

图 4-28 给出了包含两个期望信号（−20°，20°；0 dB）的信号环境下 16×10 阵列的自适应方向图，以及一个探测信号（60°；100）。二次改进的 LMS 算法（Singh 与 Jha，2011 年）应用于阵列时，能够同时在每个期望方向产生主瓣，并且在探测方向产生零陷。图中可以明显地看出，在自适应方向图中探测源方向的零陷达到−55 dB。

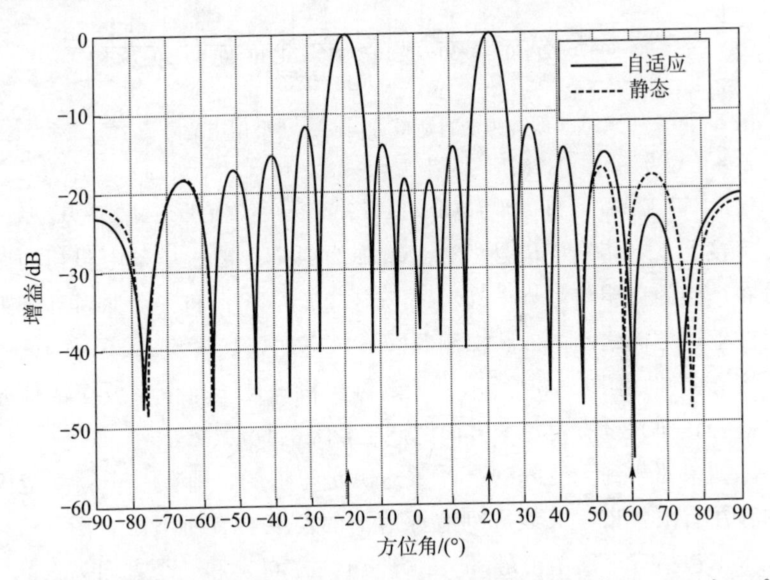

图 4-28　16×10 天线阵列的自适应方向图，包含两个期望信号（−20°，20°；1，1）和一个探测源（60°；100）。沿着 x 轴，期望源用实线箭头表示，探测信号用虚线箭头表示。

下面，将威胁探测源的数量改为四个（−30°，40°，55°，75°），功率比分别为 1000、100、100、100。期望信号的方向为 20°，

−10°。图 4 - 29 所示结果表明，四个探测源得到了有效的抑制，同时并没有影响两个主瓣指向期望的方向（−10°，20°）。

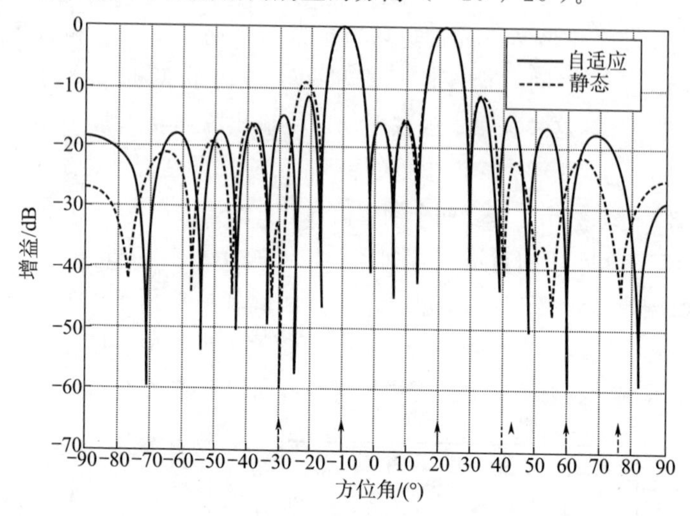

图 4 - 29　16×10 天线阵列的自适应方向图。两个期望信号为 20°，−10°，功率比均为 1。四个探测信号分别为（−30°，40°，55°，75°；1 000，100，100，100）。沿着 x 轴，期望源用实线箭头表示，探测信号用虚线箭头表示。

接下来，将期望信号的数量增加为四个。雷达场景中包括四个分布广泛的期望信号（−60°，−20°，20°，60°）和三个照射到阵列且在上述方向之间的威胁探测源（−40°，0°，40°；每个 1 000）。自适应方向图如图 4 - 30 所示。零陷再次精确位于每个来波探测信号的位置，而并没有对整个方向图产生较大的扰动。

如果照射到天线阵列上的雷达源是宽带的，即在一个频率范围内存在有限频谱，天线阵列有源对消的性能会有所下降。图 4 - 31 表示了包括三个期望信号（−50°，- 10°，30°）和一个方向为−30°，宽带 5%和 6 根谱线的威胁探测源。考虑一个单元间距为 $\lambda/2$，16 单元线阵，包含了探测信号的窄带/单频自适应方向图。与静态方向图相比，宽带源对应的零陷比窄带的更宽。这是因为每根谱线都作为一个独立的窄带源，因此相应的协方差矩阵的本征值和本征向量有所不同，从而导致宽带探测信号具有更宽的零陷。

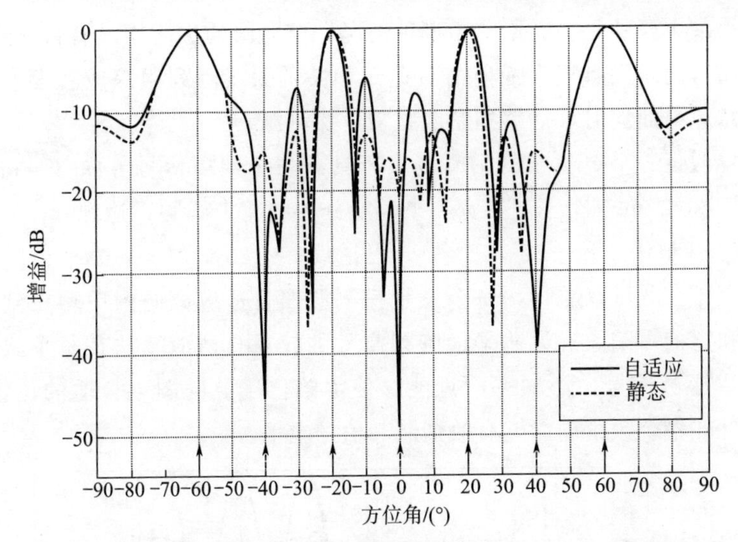

图4-30 16×10天线阵列的自适应方向图。信号场景包括四个期望信号（20°，-20°，60°，-60°；功率比均为1）和三个探测信号（40°，-40°，0°；1 000，1 000，1 000）。沿着x轴，期望源用实线箭头表示，探测信号用虚线箭头表示。

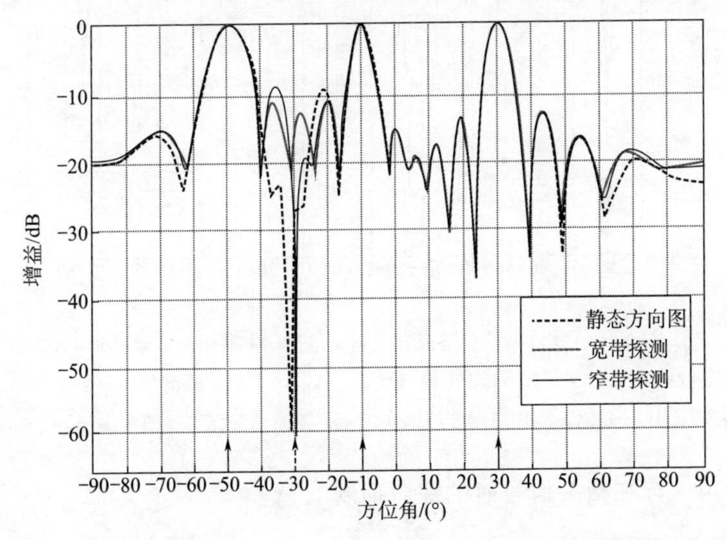

图4-31 包括三个期望信号（-50°，-10°，30°）的16单元线阵对宽带源（-30°，5%，6根谱线）的抑制。沿着x轴，期望源用实线箭头表示，探测信号用虚线箭头表示。

最主要的是，无论对于哪种情况，方向图的主瓣均没有被扰乱。换而言之，没有损失任何与雷达源相关的天线阵列跟踪或者发射的信息，与此同时，能够抑制威胁雷达探测源。

假设一个更复杂的信号场景，具有三个期望信号方向（－60°，10°，30°）和三个不同带宽和小角度分布的宽带威胁雷达源（－25°，5％，6 根谱线；－35°，2％，3 根谱线；－20°，10％，5 根谱线）。由图 4－32 可以看出，每个宽带探测源在自适应方向图中均得到了深和宽的零陷。这说明平面阵列高效的权重自适应算法在每个威胁雷达探测信号中心频率附近能够使零陷位于方向图中合适的位置，并且在整个频谱内能够有效抑制其信号电平。

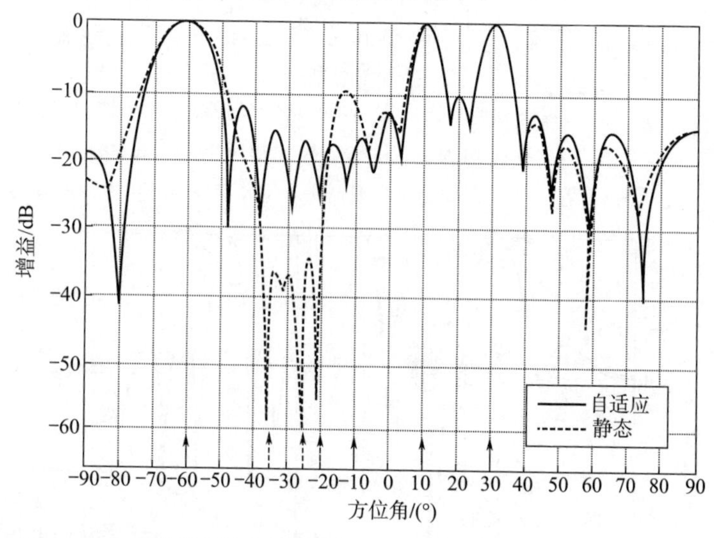

图 4－32　16×10 天线阵列的自适应方向图。包括三个期望信号（－60°，10°，30°），三个宽带威胁源（－25°，5％，6 根谱线；－35°，2％，3 根谱线；－20°，10％，5 根谱线）。沿着 x 轴，期望源用实线箭头表示，探测信号用虚线箭头表示。

4.3.4　存在相关信号时的探测抑制

在实际场景中，发射信号由于路径上的障碍物会存在多次反射和衍射。这一多径效应导致多个相同源产生相关信号。为减缓多径效应，必须修改ACM方程中导向向量和复权重系数，包括表达式中的相关系数，雷达信号的反相关处理。该相关系数是一个复数，实部表示尺度因子，虚部表示相位时延。

图4-33说明了相关威胁探测源的情况。两个期望信号方向为（−30°，0°），两个威胁探测源为（30°，50°），照射到间距为$\lambda/2$，10个单元的均匀线阵。30°的探测信号与−30°的期望信号相关$\{\alpha=(-0.1, 0.09)\}$。

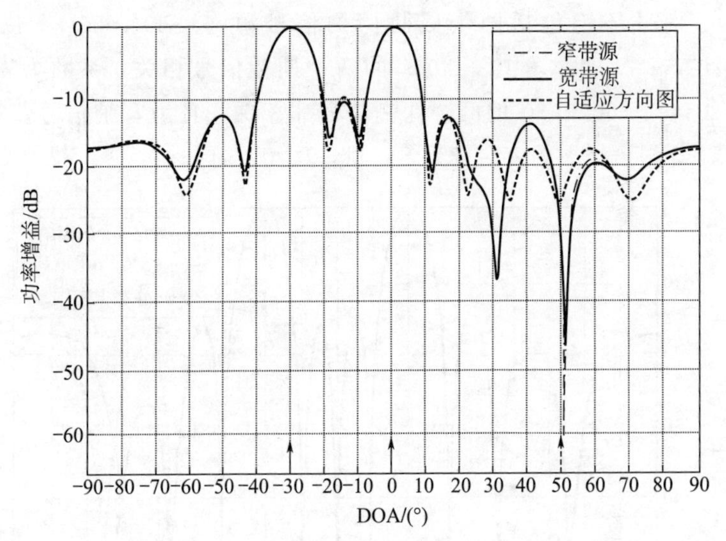

图4-33 间距为$\lambda/2$，10个单元的均匀线阵的自适应波束方向图。30°的探测信号与−30°的期望信号相关。50°方向的探测信号是宽带信号，5%带宽具有6根谱线。约束向量$\boldsymbol{c}=[1, 1, 0]$。沿着x轴，期望源用实线箭头表示，探测信号用虚线箭头表示。

约束向量为[1，1，0]。如果探测阵列的威胁源是50°方向角，5%带宽，6根谱线的宽带信号，阵列生成的自适应方向图表明探测信号在期望信号主瓣方向得到了有效的有源对消。宽带探测信号的每根谱线的抑制没有对方向图的其他位置造成影响。这表明有效地对两个入射相关信号进行了去相关处理，同时保持了期望的自适应方向图与信号环境一致。但是，宽带探测信号的零陷深度小于窄带探测信号。这取决于给定信号环境下阵列的可用自由度。

为进一步分析宽带探测信号在探测抑制方面的作用，入射方向为60°的威胁源的带宽由5%，6根谱线，增加到15%，9根谱线。图4-34比较了带宽增加的宽带探测信号源与原始宽带信号阵列有源对消的性能。可以看出，在两个场景中，零陷均精确地定位，但是零陷深度随着信号带宽的增加而增加。

然后将期望信号的数量设为四个，分别为（−20°，20°，−40°，40°）。信号环境包括两个威胁探测信号源（−60°，50°）。位于（−20°，20°）和（−40°，40°）的两个期望信号相关，系数为 $\alpha=(1, 0)$ 。−60°和50°的两个探测信号非相关，且为宽带信号，3%带宽，3根谱线。约束向量为 $\boldsymbol{c}=[1, 1, 0, 0]$ 。

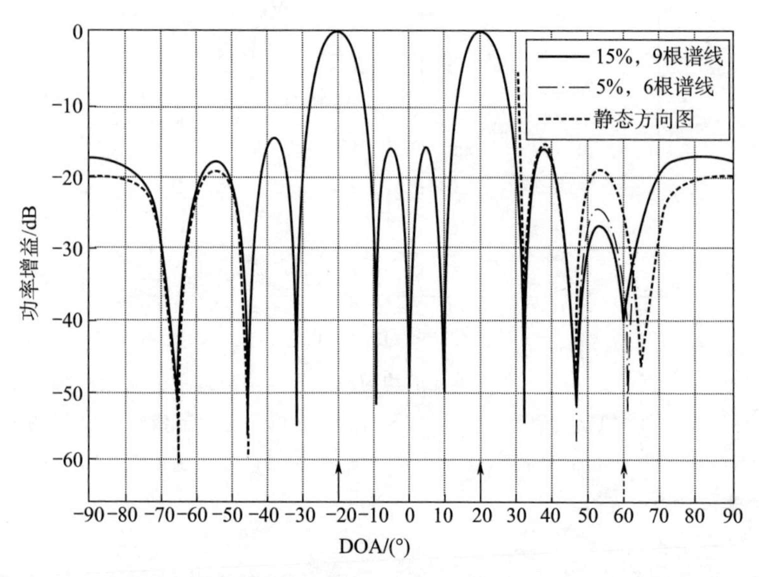

图4-34 10个单元阵列自适应方向图。两个相关信号为（−20°，20°），探测信号为60°。位于60°的威胁源带宽为15%，6根谱线，约束向量 $\boldsymbol{c}=[1, 1, 0]$ 。沿着 x 轴，期望源用实线箭头表示，探测信号用虚线箭头表示。

图4-35给出了复杂信号环境下自适应方向图。由图可见，自适应方向图的零陷精确地位于期望相干信号中。需要指出，在40°和

－40°主瓣中有非常小的偏移（＜0.1°）。偏移的原因可能是－60°～50°入射角度下的宽带探测源具有多根谱线。此外，这些探测源在空间上也靠近期望信号的入射角度。

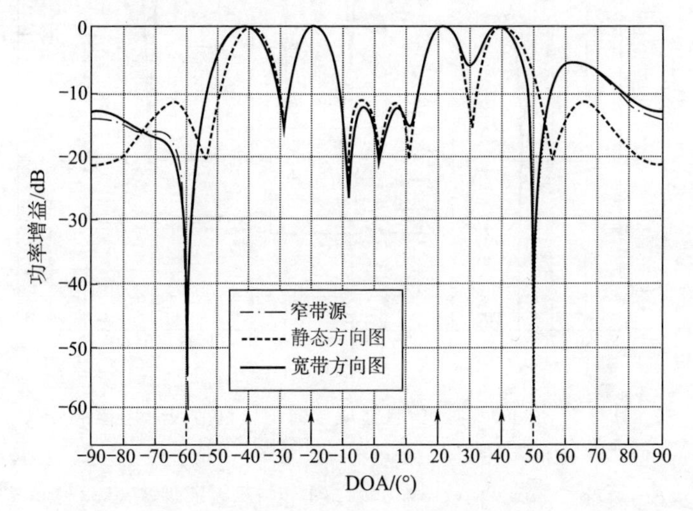

图 4-35　10 个单元阵列自适应方向图，包括四个相关期望信号（－20°，20°，－40°，40°）和两个探测信号（－60°，50°）。两个探测信号非相关，且是宽带信号，带宽为 5%，3 根谱线），约束向量为 $\boldsymbol{c}=[1, 1, 0, 0]$ 。沿着 x 轴，期望源用实线箭头表示，探测信号用虚线箭头表示。

图 4-36 考虑了具有不同带宽（－60°，2%，3 根谱线；50°，11%，6 根谱线）的两个宽带探测源的信号场景。阵列的自适应方向图包括 4 个期望信号（－20°，20°，－40°，40°）以及两个探测源（60°，50°）。假设四个期望信号相干，$\alpha=(1, 0)$ 。约束向量为 $\boldsymbol{c}=[1, 1, 0, 0]$ 。在这种情况下，阵列仍然能够保持主瓣指向每个相干的期望信号。零陷指向每个探测信号，且具有足够的深度（－60 dB）。这些结果表明该算法具有跟踪相干信号以及多径效应的能力。

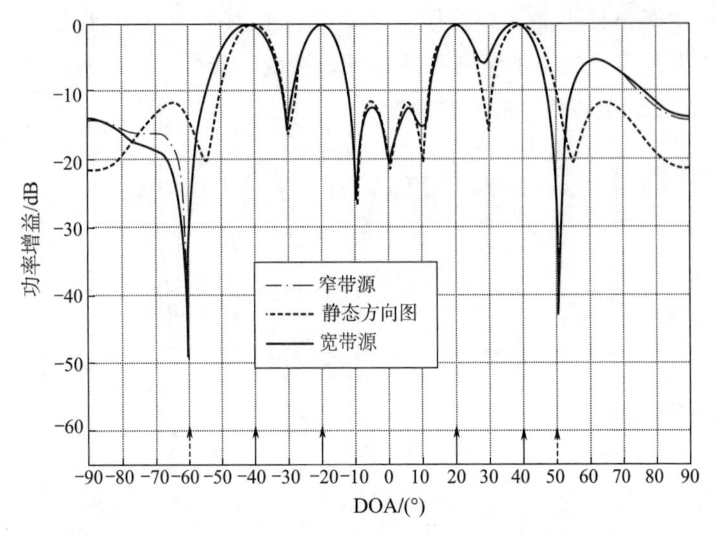

图 4-36 具有 10 个单元阵列的自适应方向图，包括四个期望信号（−20°，20°，−40°，40°）和两个探测信号（−60°，2%，3 根谱线；50°，11%，6 根谱线），$\boldsymbol{c}=[1,\ 1,\ 0,\ 0]$；沿着 x 轴，实线箭头表示期望信号，虚线箭头表示探测信号。

4.4 结论

给定信号环境下相控阵保持良好的性能，即相干自适应方向图依赖于自适应最优权重。阵列方向图的有效性通过期望信号的增益和探测信号的抑制得到证实。该性能依赖权重自适应算法。最优权重的估计在很大程度上控制天线方向图的生成，包括主瓣宽度、旁瓣分布以及零陷位置。该算法能够适用于任意构型的相控阵列，包括线性、平面、均匀以及非均匀单元间距。

自适应算法的效率由收敛速度、输出 SINR、灵活性以及应用情况等因素决定。通过在自适应过程中约束权重，可进一步提高算法的鲁棒性。算法的有效性通过优化技术进一步提高。约束、导向向量及其导数的适当组合能够确保获得的方向图在观察角度具有期望增益，在非期望探测源方向具有零陷。

相控阵跟踪多个同时雷达源时，其辐射方向图的主瓣应当对准每个源的方向。对于该信号场景，导向向量对准每个源，从而能够计算相应的投影向量和最优权重。改进的 LMS 算法能够更加有效地适应该信号场景。对于宽带雷达源而言，联合谱分布用于保持 ACM 的本征结构，其基本概念是把宽带源的每根谱线看作不同的窄带探测源。为实现每个源的有源对消，需估计相应的权重系数，同时不能改变方向图的其他部分。可以发现，相对于窄带源，宽带探测源的方向具有更宽的零陷。这是由于将宽带信号看作是由一系列位置非常近的窄带源组成的。

本章证明了改进的 LMS 算法在处理任意信号环境时的能力，包括单色、宽带、单/多雷达源以及相干/非相干信号。来波信号多径传输时，相控阵必须适应于相关信号。对相关信号而言，ACM 的重构必须在其用于权重自适应之前完成。ACM 的重构修复了 ACM 的 Toeplitz 结构，保持不同的本征值和本征向量。来波雷达信号去相关后，协方差矩阵仍然保持本征结构。

当相控阵的抑制能力用于空天平台时，可将其用于有源 RCSR。如果天线阵发射的能量自适应地在探测飞机的威胁源方向最低，就能够获得有效的有源 RCSR。通过使相控阵方向图的主瓣仅指向期望方向，可极大地降低阵列的可探测性。

参考文献

Abdolee，R.，V. Vakilin，and T. A. Rahaman. 2008. ‘Element space and amplitude perturbation using genetic algorithm for antenna sidelobe cancellation.’ Signal Processing：An International Journal 2：10－16.

Alexander，S. T. and A. L. Ghirnikar. 1993. ‘A method for recursive least squares filtering based upon an inverse QR decomposition.’ IEEE Transactions on Signal Processing 41：20－30.

Andreasen，M. G. 1962. ‘Linear arrays with variable inter－element spacing.’ IRE Transactions on Antennas and Propagation 10：137－43.

Applebaum，S. P. 1976. ‘Adaptive arrays.’ IEEE Transactions on Antennas and Propagation 24：585－99.

Balanis，C. A. 2005. Antenna Theory，Analysis and Design. Third edition. New Jersey：John Wiley and Sons，1117.

Bershad，N. J. 1986. ‘Analysis of the normalised LMS algorithm with Gaussian inputs.’ IEEE Transactions on Acoustics，Speech，Signal Processing 34：793－806.

Brennan，L. E. and I. S. Reed. 1982. ‘An adaptive array signal processing algorithm for communications.’ IEEE Transactions on Aerospace and Electronics Systems 18：124－30.

Buehring，W. 1978. ‘Adaptive orthogonal projection for rapid converging interference suppression.’ Electronics Letters 14（16）：515－16.

Carlson，B. D. and D. Willner. 1992. ‘Antenna pattern synthesis using weighted least squares.’ IEE Proceedings，Pt. H. 139（1）：11－16.

Carlson，B. D. 1988. ‘Covariance matrix estimation errors and diagonal loading in adaptive arrays.’ IEEE Transactions on Aerospace and Electronic

System 24：397－401.

Chandran，S. 2004. Adaptive Antenna Arrays：Trends and Applications. New York：Springer，660.

Chen，K.，X. Yun，Z. He，and C. Han. 2007. ‘Synthesis of sparse planar arrays using modified real genetic algorithm.’ IEEE Transactions on Antenna and Propagation 55：1067－73.

Chern，S.－J. and C.－Y. Chang. 2002. ‘Adaptive linearly constrained inverse QRD－RLS beamforming algorithm for moving jammers suppression.’ IEEE Transactions on Antennas and Propagation 50：1138－50.

Cioffi，J. M. and T. Kailath. 1984. ‘Fast recursive－least square，transversal filters for adaptive filtering.’ IEEE Transactions on Acoustics，Speech，Signal Processing 32：998－1005.

Elliot，R. S. 2005. Antenna Theory and Design. New Jersey：John Wiley & Sons，624.

Evans，J. B.，P. Xue，and B. Liu. 1993. ‘Analysis and implementation of variable step size adaptive algorithms.’ IEEE Transactions on Signal Processing 41：2517－35.

Fabre，P. and C. Gueguen. 1986. ‘Improvement of the fast recursive least－square algorithms via normalisation：A comparative study.’ IEEE Transactions on Acoustics，Speech，Signal Processing 34：296－308.

Fenn，A. J. 2008. Adaptive Antennas and Phased Arrays for Radar and Communications. Boston：Artech House，394.

Frost Ⅲ，O. L. 1972. ‘An algorithm for linearly constrained adaptive array processing.’ Proceedings of IEEE. 60：926－35.

Fuchs，B. and J. J. Fuchs. 2010. ‘Optimal narrow beam low sidelobe synthesis for arbitrary arrays.’ IEEE Transactions on Antenna and Propagation 58：2130－35.

Gallaudet，T. C. and C. P. D. Moustier. 2000. ‘On optimal shading for arrays of irregularly－spaced or noncoplanar elements.’ IEEE Journal of Oceanic

Engineering 25 (4): 553 - 67.

Ganz, M. W., R. L. Moses, and S. L. Wilson. 1990. 'Convergence of the SMI and the diagonally loaded SMI algorithms with weak interference.' IEEE Transactions on Antennas and Propagation 38: 394 - 99.

Givens, M. 2009. 'Enhanced - convergence normalised LMS algorithm.' IEEE Signal Processing Magazine 26 (3): 81 - 95.

Godara, L. C. and A. Cantoni. 1986. 'Analysis of constrained LMS algorithm with application to adaptive beamforming using perturbation sequences.' IEEE Transactions on Antennas and Propagation 34: 368 - 79.

Godara, L. C. and D. A. Gray. 1989. 'A structured gradient algorithm for adaptive beamforming.' Journal of the Acoustical Society of America 86 (3): 1040 - 46.

Godara, L. C. 1986. 'Error analysis of the optimal antenna array processors.' IEEE Transactions on Aerospace and Electronics Systems 22: 395 - 409.

Godara, L. C. 1990. 'Improved LMS algorithm for adaptive beamforming.' IEEE Transactions on Antennas and Propagation 38: 1631 - 35.

Godara, L. C. 2004. Smart Antennas. Washington DC: CRC Press, 448.

Griffiths, L. J. 1969. 'A simple adaptive algorithm for real - time processing in antenna arrays.' Proceedings of IEEE 57: 1696 - 1704.

Griffiths, L. J. and K. M. Buckley. 1987. 'Quiescent pattern control in linearly constrained adaptive array.' IEEE Transactions on Acoustic, Speech, Signal Processing 35: 917 - 26.

Harrington, R. F. 1961. 'Sidelobe reduction by non - uniform element spacing.' IRE Transactions on Antennas and Propagation 9 (2): 187 - 92.

Haykin, S. 1996. Adaptive Filter Theory. Englewood Cliffs, NJ: Prentice - Hall, 936.

Hirasawa, K. and B. J. Strait. 1971. 'On a method for array design by matrix inversion.' IEEE Transactions on Antennas and Propagation 19: 446 - 47.

Homer，J.，P. J. Kootsookos，and V. Selvaraju. 2007. ‘Enhanced NLMS adaptive array via DOA detection.’ IET Communications 1（1）：19 – 26.

Huarng，K. – C. and C. – C. Yeh. 1992. ‘Performance analysis of derivative constraint adaptive arrays with pointing errors.’ IEEE Transactions on Antennas and Propagation 40：975 – 81.

Hudson，J. E. 1981. Adaptive Array Principles. New York：Peter Peregrinus，253.

Hung，H. and M. Kaveh. 1990. ‘Coherent wide – band ESPRIT method for directions – of – arrival estimation of multiple wide – band sources.’ IEEE Transactions on Acoustics，Speech，and Signal Processing 38：354 – 60.

Isernia，T.，P. D. Iorio，and F. Soldovieri. 2000. ‘An effective approach for the optimal focusing of array fields subject to arbitrary upper bounds.’ IEEE Transactions on Antenna and Propagation 48：1837 – 47.

Ishimaru，A. 1962. ‘Theory of unequally spaced arrays.’ IRE Transactions on Antennas and Propagation 8：691 – 702.

Khatib，H. H. – A.，and R. T. Compton，Jr. 1978. ‘A gain optimising algorithm for adaptive array.’ IEEE Transactions on Antennas and Propagation 26：228 – 35.

King，D. D.，R. F. Packard，and R. K. Thomas. 1961. ‘Unequally spaced，broad – band antenna arrays.’ IRE Transactions on Antennas and Propagation 9：496 – 500.

Krim，H. and M. Viberg. 1996. ‘Two decades of array signal processing research：The parametric approach.’ IEEE Signal Processing Magazine 13（4）：67 – 94.

Kumar，B. P. and G. R. Branner. 2005. ‘Generalised analytical technique for the synthesis of unequally spaced arrays with linear，planar，cylindrical or spherical geometry.’ IEEE Transactions on Antennas and Propagation 53：621 – 34.

Lebret，H. and S. Boyd. 1997. ‘Antenna array pattern synthesis via convex optimisation.’ IEEE Transactions on Signal Processing 45：526 – 31.

Lebret，H. 1996. ‘Optimal beamforming via interior point methods.’

Journal of VLSI Signal Processing 14 (1) 29 - 41.

Lee, J. - H. and C. - L. Cho. 2004. 'GSC - based adaptive beamforming with multiple - beam constraints under random array position errors.' Signal Processing 84: 341 - 50.

Lee, J. - H. and T. F. Hsu. 2000. 'Adaptive beamforming with multiple - beam constraints in the presence of coherent jammers.' Signal Processing 80: 2475 - 80.

Lee, J. - H., K. - P. Cheng, and C. - C. Wang. 2006. 'Robust adaptive array beamforming under steering angle mismatch.' Signal Processing 86: 296 - 309.

Lee, Y. and W. - R. Wu. 2005. 'A robust adaptive generalised sidelobe canceller with decision feedback.' IEEE Transactions on Antennas and Propagation 53: 3822 - 32.

Lin, H. - C. 1982. 'Spatial correlations in adaptive arrays.' IEEE Transactions on Antennas and Propagation 30: 128 - 38.

Lueng, H. and S. Haykin. 1989. 'Stability of recursive QRD - RLS algorithm using finite precision systolic array implementation.' IEEE Transactions on Acoustics, Speech, and Signal Processing 37: 760 - 63.

Mailloux, R. J. 1994. Phased Array Antenna Handbook. Second edition. Norwood, MA: Artech House, 496.

Najm, W. G. 1990. 'Constrained least squares in adaptive imperfect arrays.' IEEE Transactions on Antennas and Propagation 38: 1874 - 82.

Nitzberg, R. 1985. 'Application of the normalised LMS algorithm to MSLC.' IEEE Transactions on Aerospace and Electronics Systems 21: 79 - 91.

Ogawa, Y., M. Ohmiya, and K. Itoh. 1985. 'An LMS adaptive array using a pilot signal.' IEEE Transactions on Aerospace and Electronics Systems 21: 777 - 82.

Podilchak, S. K., A. P. Freundrofer, and Y. M. M. Antar. 2009. 'Planar antenna for directive beam steering at end - fire using an array of surface - wave launchers.' Electronics Letters 45 (9): 444 - 45.

Reed, I. S., J. D. Mallett, and L. E. Brennan. 1974. 'Rapid convergence rate in adaptive arrays.' IEEE Transactions on Aerospace and Electronics Systems 10: 853 - 63.

Shor, S. W. W. 1966. 'Adaptive technique to discriminate against coherent noise in a narrow - band system.' Journal of Acoustical Society of America 39 (1): 74 - 78.

Singh, H. and R. M. Jha. 2011. 'A novel algorithm for suppression of wideband probing in adaptive array with multiple desired signals.' Defense Science Journal 61 (4): 325 - 30.

Singh, H. and R. M. Jha. 2013. 'Efficacy of modified improved LMS algorithm in active cancellation of probing in phased array.' Journal of Information Assurance and Security 8: 10.

Thng, I., A. Cantoni, and Y. H. Leung. 1993. 'Derivative constrained optimum broadband antenna arrays.' IEEE Transactions on Signal Processing 41: 2376 - 88.

Trees, H. L. V. 2002. Detection, Estimation, and Modulation Theory: Optimum Array Processing. New York: Wiley, 1443.

Tseng, C. Y. and L. J. Griffiths. 1992. 'A simple algorithm to achieve desired patterns for arbitrary arrays.' IEEE Transactions on Signal Processing 40: 2737 - 46.

Tseng, C. Y. 1992. 'Minimum variance beam - forming with phase independent derivative constraints.' IEEE Transactions on Antenna and Propagation 40: 285 - 94.

Unz, H. 1960. 'Linear arrays with arbitrarily distributed elements.' IRE Transactions on Antennas and Propagation 8 (2): 222 - 23.

Veen, B. D. V. and K. M. Buckley. 1988. 'Beamforming: A versatile approach to spatial filtering.' IEEE Acoustics, Speech, and Signal Processing Magazine 5 (2): 4 - 24.

Vinoy, K. J. and R. M. Jha. 1996. Radar Absorbing Materials: From Theory to Design and Characterisation. Norwell, Boston: Kluwer Academic Publishers, 209.

Ward, C., P. Hargrave, and A J. McWhirter. 1986. 'A novel algorithm and architecture for adaptive digital beamforming.' IEEE Transactions on Antennas and Propagation 34: 338-46.

Widrow, B. and J. M. McCool. 1976. 'Comparison of adaptive algorithms based on the methods of steepest descent and random search.' IEEE Transactions on Antennas and Propagation 24: 615-37.

Widrow, B. and S. D. Stearns. 1985. Adaptive Signal Processing. Englewood Cliffs, NJ: Prentice-Hall, 474.

Widrow, B., P. E. Mantey, L. J. Griffiths, and B. B. Goode. 1967. 'Adaptive antenna systems.' Proceedings of IEEE 55: 2143-58.

Yasin, M., P. Akhtar, J. M. Khan, and N. S. H. Zaheer. 2010. 'Enhanced sample matrix inversion is a better beamformer for a smart antenna system.' World Applied Sciences Journal 10: 1167-75.

第 5 章　相控阵中的互耦效应

5.1　引言

当两个天线彼此接近时，反射、衍射、散射以及辐射等现象会引起两个天线之间的能量交换，并且这与天线处于发射或者接收模式无关。天线单元之间的能量交换定义为互耦效应。相控阵中的互耦效应影响天线增益和波束宽度，并且取决于：

1）每个单元的辐射特性；

2）单元之间的距离；

3）馈电网络；

4）相对于邻近单元的天线单元的方向。

当天线之间的距离小于半个波长时，互耦效应变得尤为重要。阵列中的耦合会改变终端阻抗、反射系数以及天线的阵列增益。阵列的这些基本特性影响其辐射特性、输出信干比（SINR）以及雷达散射截面（RCS）。此外，还影响阵列的稳态响应、瞬态响应、响应速度、分辨能力、抗干扰能力以及对来波方向（DOA）的估计能力。

人们提出了许多方法估计和减缓不同类型自适应阵列的互耦效应，主要包括八木阵列（Leviatan 等人，1983 年），最小均方（LMS）以及 Applebaum 阵列（Gupta 和 Ksienski，1983 年），功率倒置阵列（Compton，1979 年），各向同性单元的圆形阵列以及印刷振子天线的半圆形阵列（Fletcher 和 Darwood，1998 年），微带天线阵列，偶极子线阵，同轴偶极子和螺旋天线（Pasala 和 Friel，1994 年），共形偶极子阵列（Guo 和 Li，2009 年），螺旋阵列（Hui 等人，2003 年）以及任意形状的阵列（Strait 和 Hirasawa，1969 年）。

可以通过多种方法得到决定阵列性能的参数，例如矩量法（MoM）、多信号分类（MUSIC）、采用旋转不变性技术的信号参数估计（ESPRIT）、局部单元空间复用方案（SMILE）以及直接数据域（DDD）方法。估计耦合的方法可以扩展到补偿方法。此外，遗传算法（GA）、粒子群优化（PSO）和线性规划（LP）等方法可以与上述方法进行联合，从而提高阵列效率。

人们提出的大部分互耦补偿方法用于接收阵列（Li 和 Nie，2004；Goossens 和 Rogier，2007 年）以及阵列馈电网络（Jenn 和 Lee，1995 年；Jenn 和 Flokas，1996 年；Lau 等人，2006 年；Coetzee 和 Yu，2008 年）。但是，天线阵列在发射和接收模式时的性能是不同的。例如，发射和接收阵列的信道、天线激励等不同，使两种模式的互耦存在差异（Lui 等人，2009 年）。估计发射阵列互阻抗的方法，如传统阻抗矩阵方法（Gupta 和 Ksienski，1983 年），与接收阵列的方法不同。确定接收模式阻抗的方法包括全波方法（Pasala 和 Friel，1994 年；Adve 和 Sarkar，2000 年）、校准方法（Friedlander 和 Weiss，1991 年；Dandekar 等人，2002 年），以及接收互阻抗方法（RMIM）（Hui，2004 年 a，b；Lui 和 Hui，2010 年）。

通过在分析紧凑阵列时保持初始边界条件，可以进一步提高接收互阻抗方法的效率和精度（Lui 和 Hui，2010 年）。Niow 等人（2011 年）提出了发射阵列的互耦补偿方法。利用方向图乘法原理，用基于互阻抗设计的补偿网络来预估辐射方向图。该方法有助于端口去耦，匹配网络设计，可使发射功率最大。Wang 和 Hui（2011 年）提出了接收阵列宽带耦合补偿的系统辨识方法。在整个工作频带内，基于接收阵列互耦阻抗设计了多端口补偿网络。

本章论述了自适应阵列中的互耦效应，讨论了不同构型偶极子阵列的互耦电阻、电抗、阻抗以及输出 SINR，分析了诸如阵列尺寸、单元间距、偶极子长度以及高度、方位角度等因素在决定阵列输出噪声功率以及 SINR 中所起的作用。只要知道了偶极子阵列的互耦阻抗，就能够将其应用到阵列性能分析中。

5.2　互耦阻抗的理论背景

在具有 N 个天线单元的自适应阵列中（图 5-1），对每个单元的接收信号均进行加权处理，通过求和得到阵列的输出。输出的 SINR 用于表示自适应阵列的性能。在给定信号环境下，需要恰当地调节天线单元所采用的增益权重使输出 SINR 最大化。

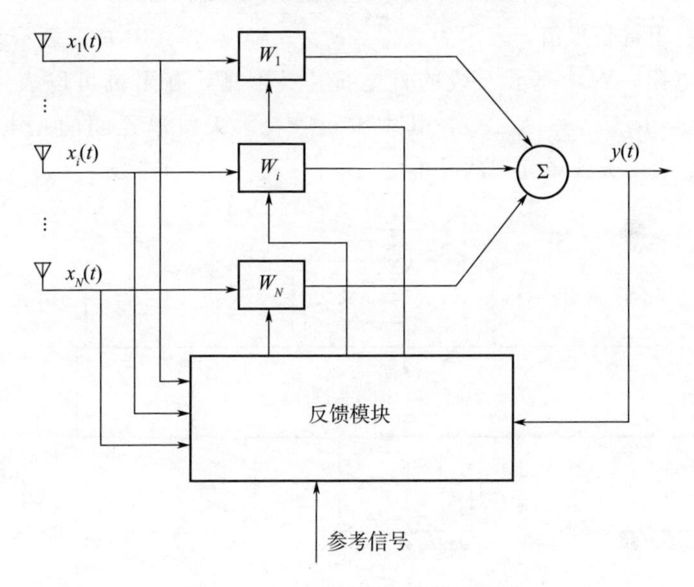

图 5-1　N 个单元的自适应阵列

采用网络理论，N 个天线单元的阵列能够看作通过开路电压 V_g 和阻抗 Z_g 驱动的 $N+1$ 个终端线性双向网络（图 5-2）。根据 Kirchoff 近似，每个单元的电压可以表示为（Gupta 和 Ksienski，1983 年）

$$\begin{cases} v_1 = i_1 Z_{11} + i_2 Z_{12} + \cdots + i_N Z_{1N} + i_s Z_{1s} \\ v_2 = i_1 Z_{21} + i_2 Z_{22} + \cdots + i_N Z_{2N} + i_s Z_{2s} \\ \vdots \quad\quad \vdots \quad\quad \vdots \quad\quad\quad \vdots \quad\quad \vdots \\ v_N = i_N Z_{N1} + i_2 Z_{N2} + \cdots + i_N Z_{NN} + i_s Z_{Ns} \end{cases} \tag{5-1}$$

其中，阻抗矩阵为

$$\mathbf{Z}=\begin{bmatrix} Z_{11} & Z_{12} & \cdots & Z_{1N} \\ Z_{21} & Z_{22} & \cdots & Z_{2N} \\ \vdots & \vdots & \ddots & \vdots \\ Z_{N1} & Z_{N2} & \cdots & Z_{NN} \end{bmatrix} \tag{5-1a}$$

Z_{ii} 表示第 i 个端口的自阻抗或者输入阻抗，该参数确定天线效率。Z_{ij} 表示第 i 个和第 j 个端口的互阻抗（天线单元）。

自阻抗是复值，表示为 $Z_{\text{self}}=R_{\text{self}}+\text{j}X_{\text{self}}$ ，其中 R_{self} 表示天线的自电阻，X_{self} 表示天线的自电抗。类似地，互阻抗可以表示为 $Z_{\text{mutual}}=R_{\text{mutual}}+\text{j}X_{\text{mutual}}$ ，其中 R_{mutual} 表示天线单元间的互电阻，X_{mutual} 表示天线单元间的互电抗。

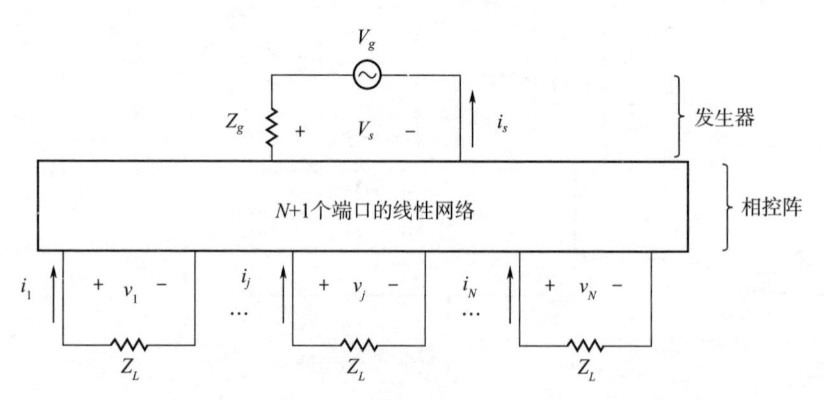

图 5-2　N 个单元相控阵 $N+1$ 端口的线性网络表征

因为自适应阵列中每个端口都有负载阻抗 Z_L ，需要将其加在阻抗矩阵的每个对角元素。因此，阻抗矩阵具有如下形式

$$\mathbf{Z}=\begin{bmatrix} Z_{11}+Z_L & Z_{12} & \cdots & Z_{1N} \\ Z_{21} & Z_{22}+Z_L & \cdots & Z_{2N} \\ \vdots & \vdots & \ddots & \vdots \\ Z_{N1} & Z_{N2} & \cdots & Z_{NN}+Z_L \end{bmatrix} \tag{5-1b}$$

基于 Z_L 的归一化阻抗可以写为

$$\mathbf{Z}_0=\begin{bmatrix}1+\dfrac{Z_{11}}{Z_L} & \dfrac{Z_{12}}{Z_L} & \cdots & \dfrac{Z_{1N}}{Z_L}\\ \dfrac{Z_{21}}{Z_L} & 1+\dfrac{Z_{22}}{Z_L} & \cdots & \dfrac{Z_{2N}}{Z_L}\\ \vdots & \vdots & \ddots & \vdots\\ \dfrac{Z_{N1}}{Z_L} & \dfrac{Z_{N2}}{Z_L} & \cdots & 1+\dfrac{Z_{NN}}{Z_L}\end{bmatrix} \tag{5-1c}$$

终端电流和负载阻抗的关系为

$$i_j=-\frac{v_j}{Z_L},\ j=1,2,\cdots,N \tag{5-2}$$

对于开路而言，$i_j=0$。因此

$$v_j=v_{oj}=Z_{js}i_s \tag{5-3}$$

将式（5－2）和式（5－3）代入式（5－1），可以得到

$$\begin{bmatrix}1+\dfrac{Z_{11}}{Z_L} & \dfrac{Z_{12}}{Z_L} & \cdots & \dfrac{Z_{1N}}{Z_L}\\ \dfrac{Z_{21}}{Z_L} & 1+\dfrac{Z_{22}}{Z_L} & \cdots & \dfrac{Z_{2N}}{Z_L}\\ \vdots & \vdots & \ddots & \vdots\\ \dfrac{Z_{N1}}{Z_L} & \dfrac{Z_{N2}}{Z_L} & \cdots & 1+\dfrac{Z_{NN}}{Z_L}\end{bmatrix}\begin{bmatrix}v_1\\ v_2\\ \vdots\\ v_N\end{bmatrix}=\begin{bmatrix}v_{o1}\\ v_{o2}\\ \vdots\\ v_{oN}\end{bmatrix} \tag{5-4}$$

或者

$$\mathbf{Z}_0\mathbf{V}=\mathbf{V}_0 \tag{5-5}$$

其中，$\mathbf{Z}_0$ 表示归一化阻抗矩阵；$\mathbf{V}_0$ 表示天线阵列终端的开路电压矩阵。天线阵列的终端输出电压表示为

$$\mathbf{V}=\mathbf{Z}_0^{-1}\mathbf{V}_0 \tag{5-6}$$

因此，矩阵 $\mathbf{Z}_0$ 类似于传输矩阵。它将天线单元的开路电压转换为天线终端电压。耦合效应的存在使阻抗矩阵变为对角矩阵，具有如下形式

$$
\mathbf{Z}_0 = \begin{bmatrix} 1+\dfrac{Z_{11}}{Z_L} & 0 & \cdots & 0 \\ 0 & 1+\dfrac{Z_{22}}{Z_L} & \cdots & 0 \\ \vdots & \vdots & \ddots & \vdots \\ 0 & 0 & \cdots & 1+\dfrac{Z_{NN}}{Z_L} \end{bmatrix} \tag{5-7}
$$

自阻抗和互阻抗的表达形式取决于阵列几何结构、内部单元间距以及每个天线单元的辐射性能。对于具有并排几何结构、由 $\frac{1}{2}\lambda$ 偶极子组成的阵列，其自阻抗和互阻抗的推导见附录 A。

5.3　具有互耦效应偶极子阵列的稳态性能

考虑一个期望信号和 m 个探测信号照射到 LMS 自适应 $\lambda/2$ 的偶极子阵列，如图 5-3 所示。

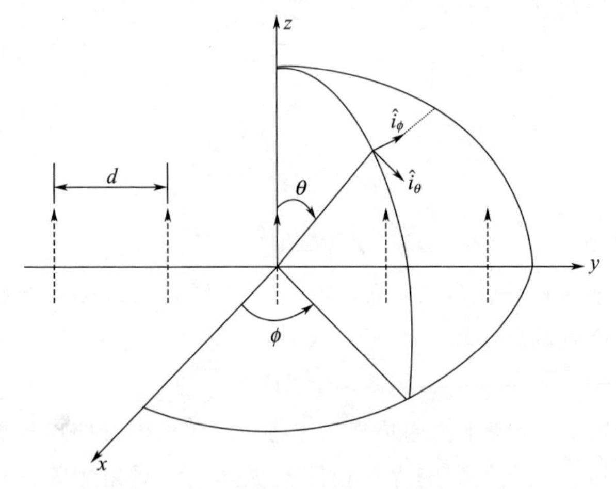

图 5-3　N 个半波长、中心馈电偶极子阵列

期望信号和探测信号处在同一频率。每个天线单元开路电压可表示为（Gupta 和 Ksienski，1983 年）

$$\boldsymbol{V}_0=\boldsymbol{X}_d+\sum_{l=1}^{m}\boldsymbol{X}_{il} \tag{5-8}$$

其中

$$\boldsymbol{X}_d=A_d\mathrm{e}^{\mathrm{j}(\omega_0 t+\psi_d)}\boldsymbol{U}_d \text{ 以及 } \boldsymbol{X}_{il}=A_{il}\mathrm{e}^{\mathrm{j}(\omega_0 t+\psi_{il})}\boldsymbol{U}_{il} \tag{5-8a}$$

A_d 和 A_{il} 分别表示期望信号和第 l 个探测信号的幅度；ω_0 表示载波频率；ψ_d 和 ψ_{il} 分别表示坐标空间原点处期望信号和第 l 个探测信号的相位；$\boldsymbol{U}_d$ 和 $\boldsymbol{U}_{il}$ 表示期望信号和第 l 个探测信号的向量。期望信号向量定义如下

$$\boldsymbol{U}_d=\begin{bmatrix} a_1(\theta_d,\phi_d,p_d)\mathrm{e}^{\mathrm{j}\rho_{d1}} \\ a_2(\theta_d,\phi_d,p_d)\mathrm{e}^{\mathrm{j}\rho_{d2}} \\ \vdots \\ a_N(\theta_d,\phi_d,p_d)\mathrm{e}^{\mathrm{j}\rho_{dN}} \end{bmatrix} \tag{5-9}$$

其中，(θ_d, ϕ_d) 表示期望信号的俯仰角和方位角；p_d 是相应的极化；$a(\theta, \phi, p)$ 是采用的幅度分布；ρ_{dj} 表示相对于坐标原点第 j 个单元期望信号的相位。信号的相位表示为

$$\rho=k(N-1)d\sin\theta\sin\phi$$

类似的，第 l 个探测信号的信号向量为

$$\boldsymbol{U}_{il}=\begin{bmatrix} a_1(\theta_{il},\phi_{il},p_{il})\mathrm{e}^{\mathrm{j}\rho_{il1}} \\ a_2(\theta_{il},\phi_{il},p_{il})\mathrm{e}^{\mathrm{j}\rho_{il2}} \\ \vdots \\ a_N(\theta_{il},\phi_{il},p_{il})\mathrm{e}^{\mathrm{j}\rho_{ilN}} \end{bmatrix} \tag{5-10}$$

由式（5－6）和式（5－8）可以得到自适应阵列的输入信号，表示为

$$\boldsymbol{V}=\boldsymbol{Z}_0^{-1}\left(\boldsymbol{X}_d+\sum_{l=1}^{m}\boldsymbol{X}_{il}\right) \tag{5-11}$$

如果包括加性热噪声，那么自适应阵列的总输入信号为

$$\boldsymbol{X}=\boldsymbol{V}+\boldsymbol{X}_n \tag{5-12}$$

通过式（5－11）和式（5－12）可以得到

$$\boldsymbol{X}=\boldsymbol{Z}_0^{-1}\left(\boldsymbol{X}_d+\sum_{l=1}^{m}\boldsymbol{X}_{il}\right)+\boldsymbol{X}_n \tag{5-13}$$

其中，$\boldsymbol{X}_n$ 表示接收噪声向量，可表示为 $\boldsymbol{X}_n=[n_1(t), n_2(t), \cdots, n_N(t)]^{\mathrm{T}}$，T 表示转置。

信号协方差矩阵可表示为

$$\boldsymbol{R}=E\{\boldsymbol{X}^*\boldsymbol{X}^{\mathrm{T}}\} \tag{5-14}$$

星号表示复共轭；$E\{\ \}$ 表示期望。将式（5-13）代入式（5-14）可以得到

$$\boldsymbol{R}=\frac{\sigma^2}{\boldsymbol{Z}_0^*\boldsymbol{Z}^{\mathrm{T}}}\left[\boldsymbol{Z}_0^*\boldsymbol{Z}_0^{\mathrm{T}}+\sum_{l=1}^{m}\xi_{il}\boldsymbol{U}_{il}^*\boldsymbol{U}_{il}^{\mathrm{T}}+\xi_d\boldsymbol{U}_d^*\boldsymbol{U}_d^{\mathrm{T}}\right] \tag{5-15}$$

其中，σ^2 表示热噪声功率；ξ_d 表示期望信号功率与σ^2 的比；ξ_{il} 表示第 l 个探测信号功率与σ^2 的比率。

探测信号和热噪声的归一化信号协方差矩阵可表示为

$$\boldsymbol{R}_n=\boldsymbol{Z}_0^*\boldsymbol{Z}_0^{\mathrm{T}}+\sum_{l=1}^{m}\xi_{il}\boldsymbol{U}_{il}^*\boldsymbol{U}_{il}^{\mathrm{T}} \tag{5-16}$$

因此，式（5-15）可写为

$$\boldsymbol{R}=\frac{\sigma^2}{\boldsymbol{Z}_0^*\boldsymbol{Z}^{\mathrm{T}}}[\boldsymbol{R}_n+\xi_d\boldsymbol{U}_d^*\boldsymbol{U}_d^{\mathrm{T}}] \tag{5-17}$$

其逆为

$$\boldsymbol{R}^{-1}=\frac{\boldsymbol{Z}_0}{\sigma^2\boldsymbol{Z}_0^{\mathrm{T}}}\{[\boldsymbol{R}_n+\xi_d\boldsymbol{U}_d^*\boldsymbol{U}_d^{\mathrm{T}}]\}^{-1} \tag{5-18}$$

考虑矩阵求逆算法（Householder，2006 年）

$$(\mathbf{A}-\alpha\boldsymbol{U}^*\boldsymbol{U}^{\mathrm{T}})^{-1}=\mathbf{A}^{-1}-\beta\mathbf{A}^{-1}\boldsymbol{U}^*\boldsymbol{U}^{\mathrm{T}}\mathbf{A}^{-1}$$

其中，尺度因子 α 和 β 的关系为 $\frac{1}{\alpha}+\frac{1}{\beta}=\boldsymbol{U}^{\mathrm{T}}\mathbf{A}^{-1}\boldsymbol{U}^*$。因此，由式（5-18）可以得到

$$(\boldsymbol{R}_n-(-\xi_d\boldsymbol{U}_d^*\boldsymbol{U}_d^{\mathrm{T}}))^{-1}=\boldsymbol{R}_n^{-1}-\chi\boldsymbol{R}_n^{-1}\boldsymbol{U}_d^*\boldsymbol{U}_d^{\mathrm{T}}\boldsymbol{R}_n^{-1}$$

其中，$\frac{1}{\chi}=\frac{1}{\xi_d}+\boldsymbol{U}_d^{\mathrm{T}}\boldsymbol{R}_n^{-1}\boldsymbol{U}_d^*$ 或者

$$\chi=\frac{\xi_d}{1+\xi_d\boldsymbol{U}_d^{\mathrm{T}}\boldsymbol{R}_n^{-1}\boldsymbol{U}_d^*} \tag{5-19}$$

因此，式（5-18）可以表示为

$$\boldsymbol{R}^{-1}=\frac{\boldsymbol{Z}_0\boldsymbol{Z}_0^*}{\sigma^2}\{\boldsymbol{R}_n^{-1}-\tau\boldsymbol{R}_n^{-1}\boldsymbol{U}_d^*\boldsymbol{U}_d^{\mathrm{T}}\boldsymbol{R}_n^{-1}\}\tag{5-20}$$

利用LMS算法（Godara，2004年），稳态情况下加权向量$\boldsymbol{W}$可以写为

$$\boldsymbol{W}=\frac{\boldsymbol{S}}{\boldsymbol{R}}\tag{5-21}$$

其中，参考相关向量$\boldsymbol{S}=E\{\boldsymbol{X}^*r(t)\}$，其中，$r(t)=A_r\mathrm{e}^{\mathrm{j}(\omega_0t+\psi_d)}$表示复参考信号（Riegler和Compton，1973年）。因此，参考相关向量可以写为$\boldsymbol{S}=A_rA_d\ (\boldsymbol{Z}_0^{-1})^*\boldsymbol{U}_d^*$。

稳态情况下加权向量为

$$\boldsymbol{W}=K\boldsymbol{Z}_0^{\mathrm{T}}\boldsymbol{R}_n^{-1}\boldsymbol{U}_d^*\tag{5-21a}$$

其中

$$K=\frac{A_rA_d}{\sigma^2}(1-\tau\boldsymbol{U}_d^{\mathrm{T}}\boldsymbol{R}_n^{-1}\boldsymbol{U}_d^*)$$

自适应阵列的SINR可以表示为

$$\mathrm{SINR}=\frac{P_d}{\sum_{l=1}^{m}P_{il}+P_n}\tag{5-22}$$

其中，期望信号的输出功率P_d表示为

$$P_d=\frac{A_d^2}{2}\left|\frac{\boldsymbol{U}_d^{\mathrm{T}}\boldsymbol{W}}{\boldsymbol{Z}_0^{\mathrm{T}}}\right|^2\tag{5-23}$$

P_{il}表示第l个探测信号的输出功率，表示为

$$P_{il}=\frac{A_{il}^2}{2}\left|\frac{\boldsymbol{U}_{il}^{\mathrm{T}}\boldsymbol{W}}{\boldsymbol{Z}_0^{\mathrm{T}}}\right|^2\tag{5-24}$$

P_n为热噪声的输出功率，表示为

$$P_n=\frac{\sigma^2}{2}\ |\boldsymbol{W}|^2\tag{5-25}$$

因此，式（5-22）中所示的稳态N单元阵列的输出SINR可以表示为

$$\mathrm{SINR}=\xi_d\boldsymbol{U}_d^{\mathrm{T}}\boldsymbol{R}_n^{-1}\boldsymbol{U}_d^*\tag{5-26}$$

考虑N个中心馈电半波偶极子的自适应阵列。所有单元具有相

同的阵元间距 d 。包括自阻抗和互阻抗分量的偶极子阻抗矩阵的单元通过附录 A 中的式（A-17）～式（A-20）得到。

5.3.1 并排偶极子阵列

图 5-4 给出了两个中心馈电 $\lambda/2$ 偶极子阵元间距与互阻抗之间的关系，同时给出了阻抗的幅度和相位。显然，当阵元间距较小时，互阻抗较大。耦合效应使阵列性能下降明显。

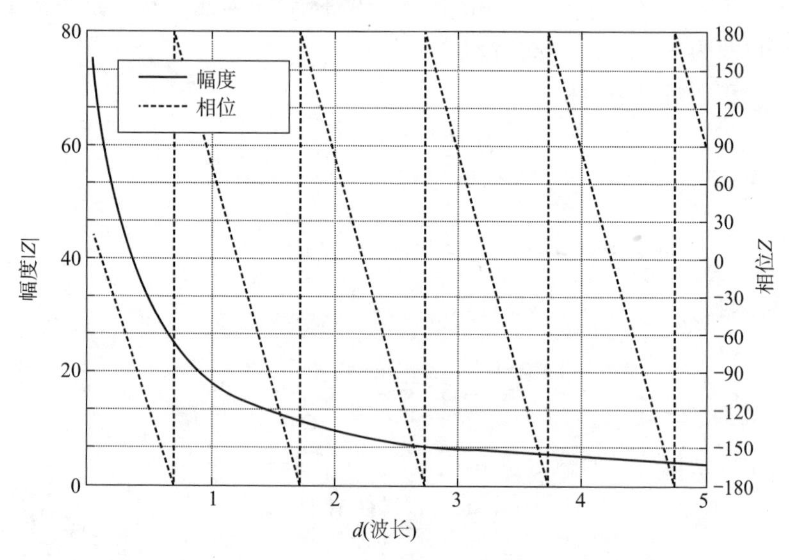

图 5-4 两个中心馈电的 $\lambda/2$ 偶极子阵元间距与互阻抗之间的关系

稳态性能：图 5-5（a）给出了半波长、中心馈电的 6 单元偶极子阵列互阻抗的幅度随着阵元间距的变化。由图可见，对于给定间距，互阻抗随着与第一个天线单元距离的增大而减小。相应地，图 5-5（b）给出了互阻抗的相位。由图可见，随着天线单元距离增大，互阻抗的相位有增大的趋势。

此外，图 5-6 给出了 6 单元偶极子阵列期望信号入射角度与输出 SINR 的关系。偶极子的间距为半波长。假设每个偶极子的终端负载阻抗（$Z_L = Z_{ii}^*$），期望信号功率和热噪声功率的比率 ξ_d 为 5 dB。

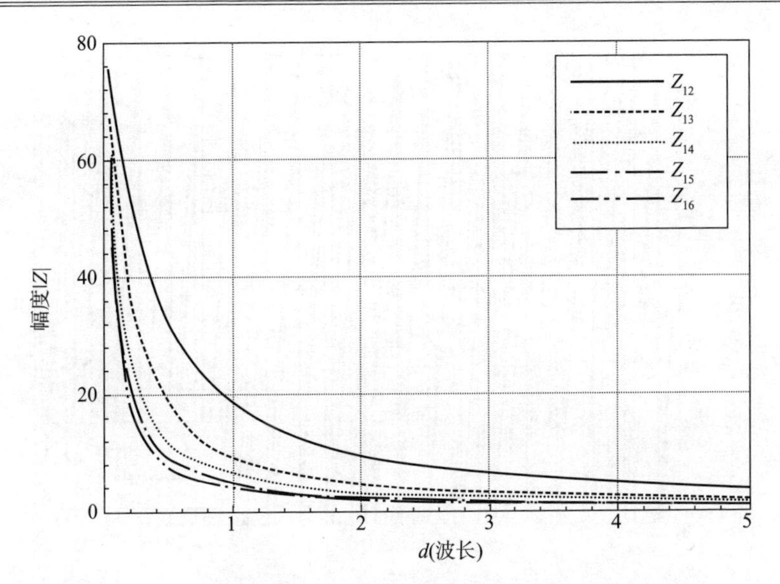

图 5－5（a）　半波长、中心馈电的 6 单元偶极子阵列互阻抗的幅度随阵元间距的变化曲线

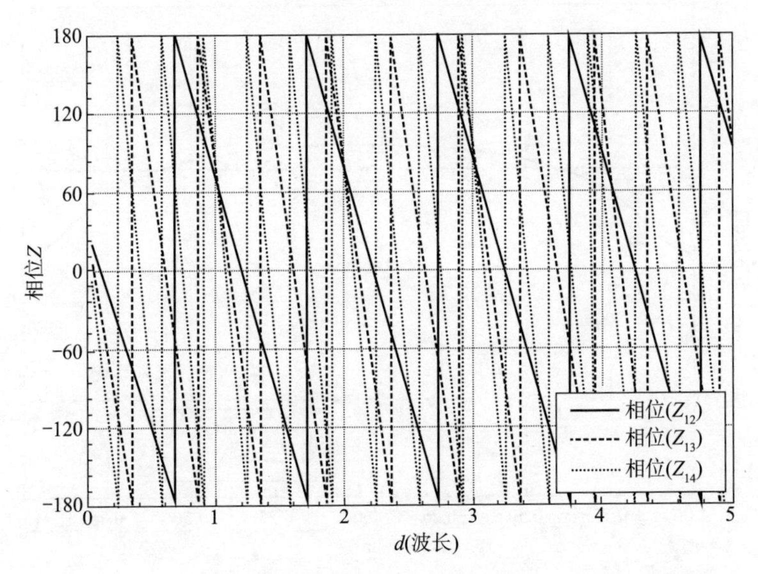

图 5－5（b）　半波长、中心馈电的 6 单元偶极子阵列互阻抗的相位

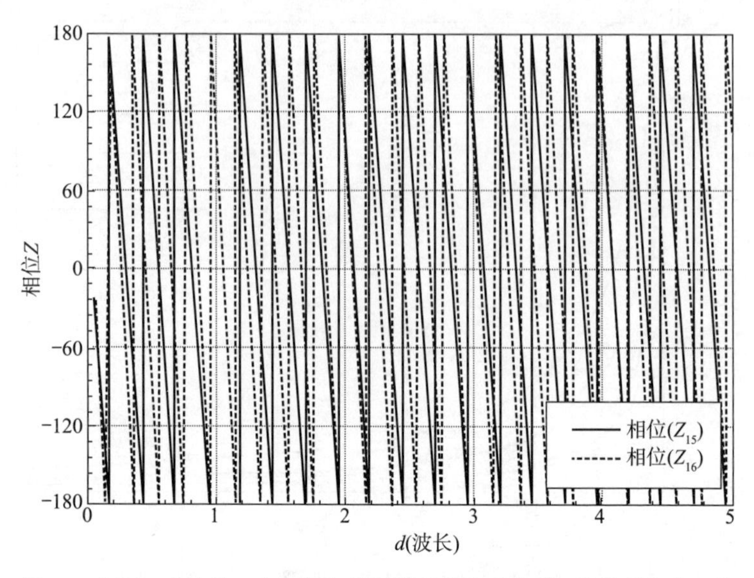

图5-5（b） 半波长、中心馈电的6单元偶极子阵列互阻抗的相位（续）

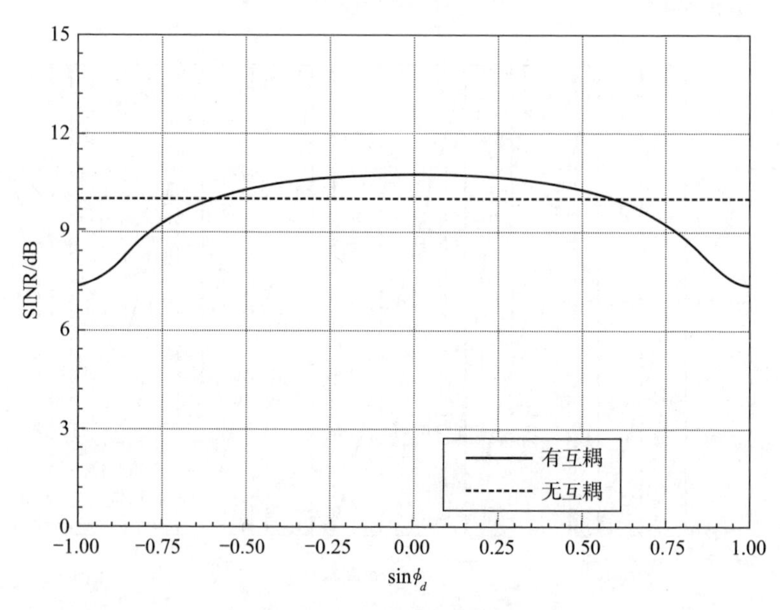

图5-6 6单元偶极子阵列期望信号入射角度与输出SINR的关系

假设没有探测信号照射到阵列上，计算了有互耦效应和无互耦效应两种状态下的输出 SINR。当考虑耦合效应时，阵列性能（即输出 SINR），随着期望信号的入射角度下降。另一方面，偶极子之间的互耦效应无法忽略。这可能是由于偶极子之间的耦合改变期望信号引起的天线终端的电压，从而影响输出 SINR。

保持 6 单元半波偶极子阵列其他参数不变，令 ξ_d 变化，输出 SINR 的变化如图 5－7 所示。由图可见，当 ξ_d 增大时，阵列的输出 SINR 也增大。图 5－8（a）给出了半波偶极子阵列天线单元数量与输出 SINR 的变化关系。

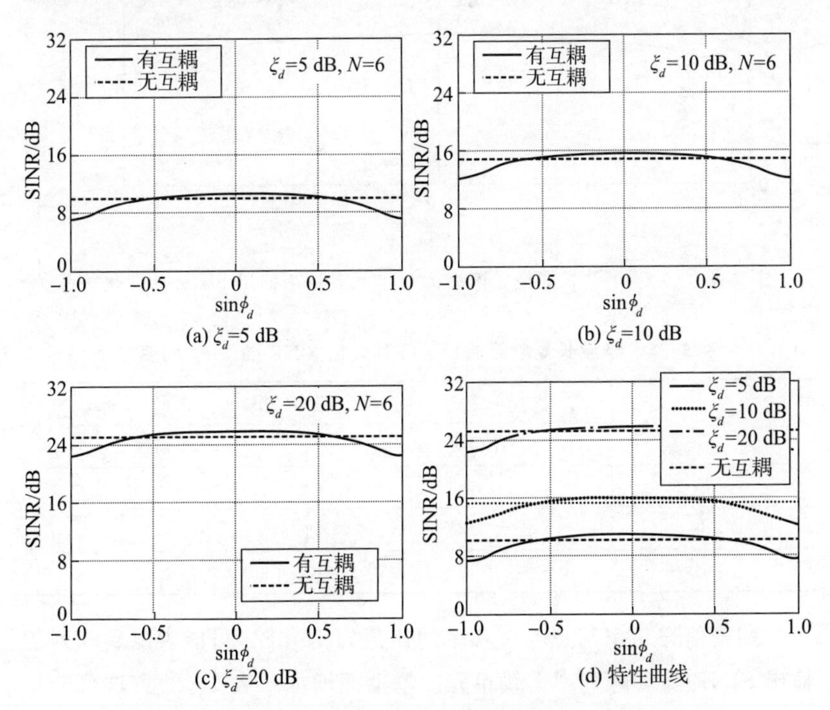

图 5－7　半波长 6 单元偶极子阵列期望信号和热噪声功率比率 ξ_d 对输出 SINR 的影响

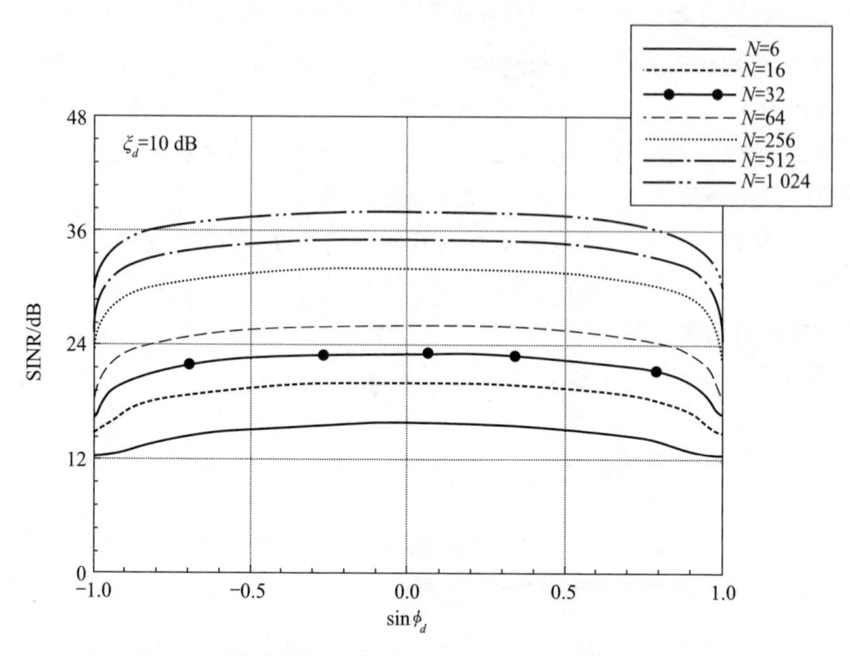

图 5-8 (a) 半波长偶极子阵列天线单元数量与输出 SINR 的变化关系

表 5-1 半波长 6 单元偶极子阵列输出 SINR 随着 ξ_d 的变化

ξ_d	输出 SINR/dB	
	有互耦效应	无互耦效应
5 dB	10.75	10
10 dB	15.75	15
20 dB	25.75	25

期望信号功率与热噪声功率的比值为 10 dB。可能观测到阵列的输出 SINR 随着阵列中天线单元的增加而增加（表 5-2）。这可能是由于增加了天线阵列在输出 SINR 中总的贡献。图 5-8（b）给出了输出 SINR 随着 ξ_d 的变化情况。当 ξ_d 增加时，输出 SINR 也增加。

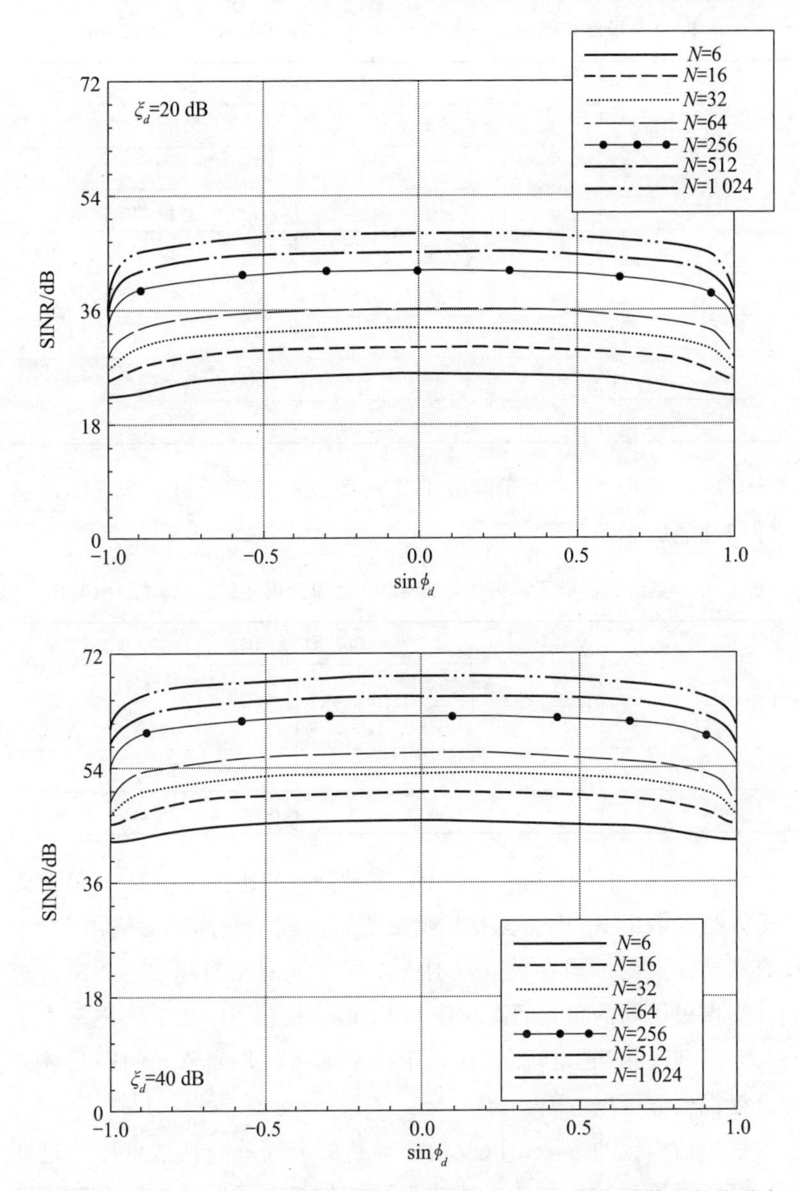

图 5-8（b）　中心馈电半波长偶极子阵列输出 SINR 随期望信号与热噪声功率比值的变化；$d=0.5\lambda$，$\theta_d=90°$

表 5-2　半波长偶极子阵列输出 SINR 随 N 的变化；ξ_d =10 dB

N	输出 SINR/dB	
	有互耦效应	无互耦效应
6	15.75	15
16	20.07	19.26
32	23.10	22.27
64	26.13	25.28
256	32.15	31.30
512	35.17	34.31
1 024	38.18	34.72

其次，分析了 16 单元偶极子阵列天线单元间距对输出 SINR 这一阵列性能的影响（表 5-3）。

表 5-3　半波长偶极子阵列的输出 SINR 随单元间距的变化；ξ_d =10 dB

单元间距 d	输出 SINR/dB	
	有互耦效应	无互耦效应
0.25λ	16.70	19.26
0.5λ	20.07	19.26
λ	19.51	19.26

图 5-9 给出了在 ξ_d =10 dB，三种不同间距情况下，16 单元偶极子阵列的输出 SINR。无互耦情况下，不同单元间距对输出 SINR 没有影响。但是，当存在互耦时，不同单元间距对输出 SINR 有影响。当偶极子间的单元间距大于 0.5λ 时，输出 SINR 的水平基本上与无互耦情况相当。换而言之，正如所期望的，当单元间距足够大时，互耦效应可以忽略。

输出信噪比的下降，以及由此导致的天线阵列性能可以通过期望信号的总入射功率作为基础来解释。如果单元间距减小，阵列孔径的总尺寸同样减小，这就导致期望信号的总入射功率下降。但是，热噪声水平不随着阵列尺寸而改变。因此，引起了信噪比的下降。

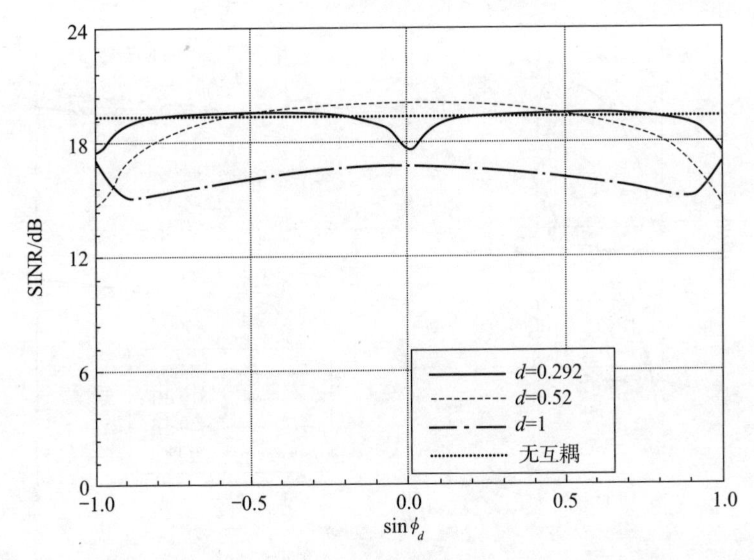

图 5-9　16 单元半波长、中心馈电偶极子阵列单元间距对输出 SINR 的影响

$\xi_d=10$ dB, $\theta_d=90°$

类似的，保持孔径尺寸不变，如果通过增加天线单元数量来减小单元间距，输出 SINR 同样下降。这是由于更多的天线单元增加了热噪声功率，而并没有增加期望信号的功率，从而使得阵列性能下降（Compton，1982 年）。表 5-4 给出了偶极子单元数量和期望信号与热噪声功率的比值对输出 SINR 的影响。图 5-10 为 32 单元半波长偶极子阵列输出 SINR。

表 5-4　输出 SINR 随着 ξ_d 和半波长偶极子单元数量的变化

ξ_d	输出 SINR/dB					
	$N=6$		$N=16$		$N=32$	
	无互耦	有互耦	无互耦	有互耦	无互耦	有互耦
5 dB	10.0	12.4	14.3	16.9	17.3	20.0
10 dB	15.0	17.4	19.3	21.9	22.3	25.0
20 dB	25.0	27.4	29.3	31.9	32.3	35.0

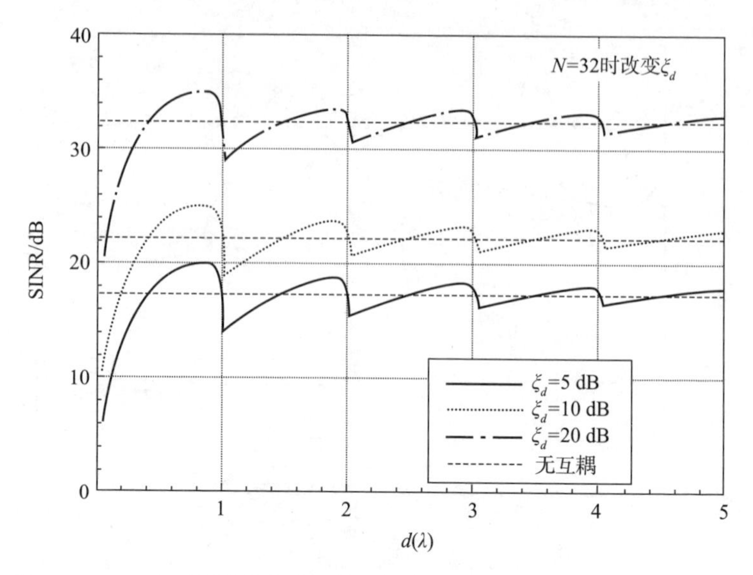

图 5-10　32 单元半波长偶极子阵列输出 SINR（θ_d，ϕ_d）=（90°，0°）

保持孔径尺寸为两倍波长，不同天线单元数目半波长偶极子阵列的输出 SINR 计算曲线如图 5-11 所示。期望信号与热噪声功率的比值 ξ_d 为 5 dB。在无互耦情况下，输出 SINR 直接正比于偶极子单元数量。但是，存在互耦时，该结论也同样成立。对于给定阵列孔径尺寸，输出 SINR 随着阵列单元的增加而下降。

瞬态响应：信号协方差矩阵，自适应阵列的性能在有无互耦情况下是不同的。协方差矩阵可表示为

$$\boldsymbol{\Phi}=\sigma^2\left[\boldsymbol{I}+\sum_{l=1}^{m}\xi_{il}\left(\frac{\boldsymbol{U}_{il}}{\boldsymbol{Z}_0}\right)^*\left(\frac{\boldsymbol{U}_{il}}{\boldsymbol{Z}_0}\right)^{\mathrm{T}}+\xi_d\left(\frac{\boldsymbol{U}_d}{\boldsymbol{Z}_0}\right)^*\left(\frac{\boldsymbol{U}_d}{\boldsymbol{Z}_0}\right)^{\mathrm{T}}\right] \tag{5-27}$$

如果一个期望信号和 m 个探测信号照射在 N 个单元的天线阵列上，接收信号协方差矩阵至少含有本征值为 1 的（$N-m-1$）个本征向量。

互耦效应可以改变这些非 1 本征值。对于更小的间距，互耦效应影响阵列对期望信号和探测信号的瞬态响应。图 5-12 给出了一

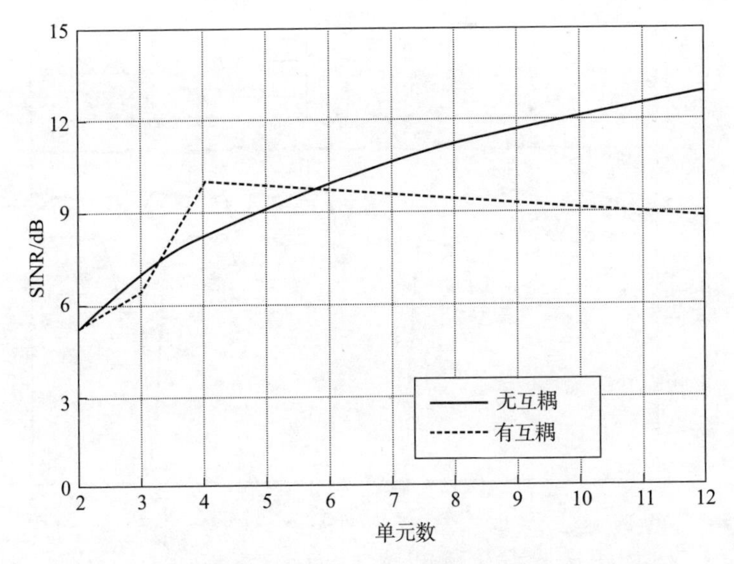

图 5－11　固定孔径 6 单元半波长偶极子阵列输出 SINR

个期望信号（0°；10 dB）和两个探测信号（30°；20 dB），（−45°；30 dB）照射偶极子阵列时，协方差矩阵的非 1 本征值。

5.3.2　平行阶梯阵列

平行阶梯阵列的构型如图 5－13 所示。平行阶梯阵列中每对单元中一个单元的高度 h 相对于参考基准为零，而另一个单元高度为 h 。N 个单元偶极子阵列的长度为 l ，d 表示相邻两个偶极子的间距。

在平行阶梯阵列（图 5－13）中，每对 $\lambda/2$ 偶极子的间距为 d ，自阻抗和互阻抗可以通过余弦 $C_i(x)$ 和正弦 $S_i(x)$ 的积分表示。平行阶梯阵列中自阻抗的电阻和电抗（King，1957 年）可以表示为

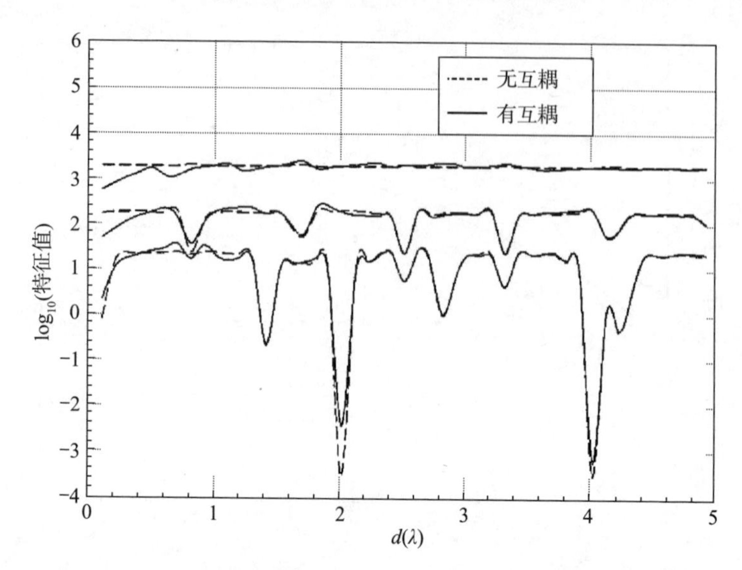

图 5-12　6 单元中心馈电、半波长偶极子阵列的非 1 本征值。一个期望信号和两个探测信号（10 dB，0°；20 dB，30°；30 dB，-45°）

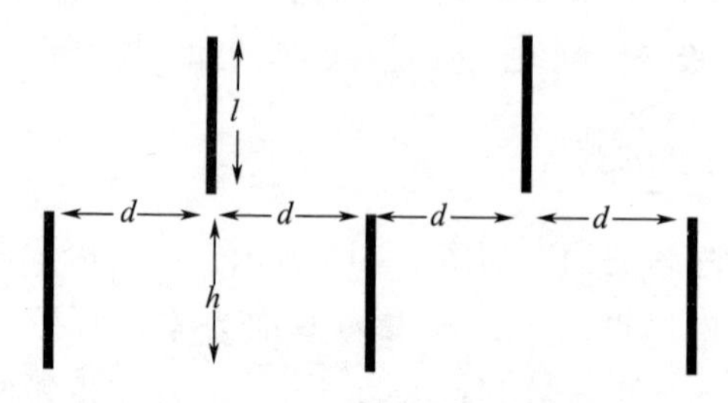

图 5-13　平行阶梯阵列的构型

$$R_{\text{self}}=\frac{\eta}{2\pi}\left\{C+\ln(kl)-C_i(kl)+\frac{1}{2}\sin(kl)\left[S_i(2kl)-2S_i(kl)\right]+\frac{1}{2}\cos(kl)\left[C+\ln(kl/2)+C_i(2kl)-2C_i(kl)\right]\right\}$$

(5-28)

$$X_{\text{self}}=\frac{\eta}{4\pi}\left\{2S_i(kl)+\cos(kl)\left[2S_i(kl)-S_i(2kl)\right]-\right.$$
$$\left.\sin(kl)\left[2C_i(kl)-C_i(2kl)-C_i\left(\frac{2ka^2}{l}\right)\right]\right\} \tag{5-29}$$

另一方面，平行阶梯阵列互阻抗的电阻和电抗可以表示为

$$R_{\text{mutual}}=-\frac{h}{8\pi}\cos(kh)\left[-2C_i\left(k\left(\sqrt{d^2+h^2}+h\right)\right)-2C_i\left(k\left(\sqrt{d^2+h^2}-h\right)\right)+\right.$$
$$C_i\left(k\left[\sqrt{d^2+(h-l)^2}+(h-l)\right]\right)+C_i\left(k\left[\sqrt{d^2+(h-l)^2}-(h-l)\right]\right)+$$
$$\left.C_i\left(k\left[\sqrt{d^2+(h+l)^2}+(h+l)\right]\right)+C_i\left(k\left[\sqrt{d^2+(h+l)^2}-(h+l)\right]\right)\right]+$$
$$\frac{\eta}{8\pi}\sin(kh)\left[-2S_i\left(k\left(\sqrt{d^2+h^2}+h\right)\right)-2S_i\left(k\left(\sqrt{d^2+h^2}-h\right)\right)+\right.$$
$$S_i\left(k\left[\sqrt{d^2+(h-l)^2}+(h-l)\right]\right)+S_i\left(k\left[\sqrt{d^2+(h-l)^2}-(h-l)\right]\right)+$$
$$\left.S_i\left(k\left[\sqrt{d^2+(h+l)^2}+(h+l)\right]\right)+S_i\left(k\left[\sqrt{d^2+(h+l)^2}-(h+l)\right]\right)\right] \tag{5-30}$$

$$X_{\text{mutual}}=\frac{\eta}{8\pi}\sin(kh)\left[-2C_i\left(k\left(\sqrt{d^2+h^2}+h\right)\right)-2C_i\left(k\left(\sqrt{d^2+h^2}-h\right)\right)-\right.$$
$$C_i\left(k\left[\sqrt{d^2+(h-l)^2}+(h-l)\right]\right)+C_i\left(k\left[\sqrt{d^2+(h-l)^2}-(h-l)\right]\right)-$$
$$\left.C_i\left(k\left[\sqrt{d^2+(h+l)^2}+(h+l)\right]\right)+C_i\left(k\left[\sqrt{d^2+(h+l)^2}-(h+l)\right]\right)\right]-$$
$$\frac{\eta}{8\pi}\cos(kh)\left[-2S_i\left(k\left(\sqrt{d^2+h^2}+h\right)\right)+2S_i\left(k\left(\sqrt{d^2+h^2}-h\right)\right)-\right.$$
$$S_i\left(k\left[\sqrt{d^2+(h-l)^2}+(h-l)\right]\right)-S_i\left(k\left[\sqrt{d^2+(h-l)^2}-(h-l)\right]\right)-$$
$$\left.S_i\left(k\left[\sqrt{d^2+(h+l)^2}+(h+l)\right]\right)-S_i\left(k\left[\sqrt{d^2+(h+l)^2}-(h+l)\right]\right)\right] \tag{5-31}$$

其中，正弦和余弦的求和可以表示为（Abramowitz 和 Stegun，1965 年）

$$S_i(x)=\sum_{n=0}^{\infty}\frac{(-1)^n x^{2n+1}}{(2n+1)(2n+1)!} \tag{5-32}$$

$$C_i(x)=C+\ln x+\sum_{n=1}^{\infty}(-1)^n\frac{x^{2n}}{(2n)(2n)!} \quad (5-33)$$

其中，$C=0.5772$ 为欧拉常数。

自阻抗和互阻抗的详细公式见附录 A。

等长偶极子：考虑具有 N 个半波长中心馈电偶极子组成的均匀平行阶梯阵列。分析三种不同的情况：1）非交错阵列（$h=-\lambda/4$）；2）交错阵列（$h=0$）；3）交错阵列（$h=\lambda/4$），如图 5-14 所示。第一种情况中，非交错单元的偶极子阵列中所有偶极子的中心高度相对于参考面保持一致（或者 $x=0$；x 为相对于参考面的单元高度）。

第二种情况交错阵列中，第二个单元的基底距离中心高度 h 为 0。第三种情况的交错阵列中，天线单元以半波长的高度（$x=\lambda/2$）交错阵列。假设所有单元具有相同的横向单元间距 d，并且以距离参考面 $h=0$ 和 $h=x$ 的高度交替排列。换而言之，如果梯形偶极子阵列的第一个单元基底相对于参考面的高度为 $x=0$，那么天线偶极子奇数位置的单元高度应该为 x，偶数单元的高度应该为 $x=0$。

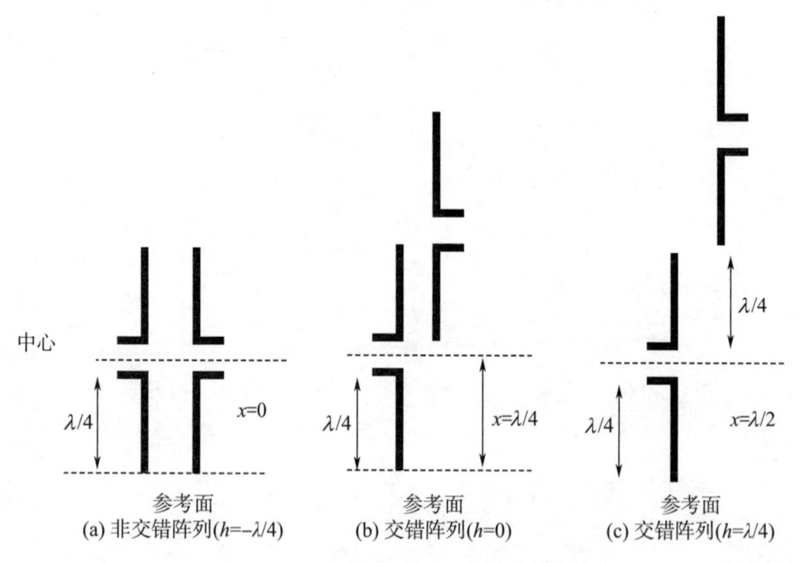

图 5-14 三种不同情况的平行阶梯阵列构型

计算上述三种情况的互电阻、互电抗以及互阻抗的幅度/相位随着单元间距 d 的变化。图 5 - 15～图 5 - 17 表示每种情况下三个参数的变化趋势相同。但是，进一步观察可以发现，当第二个单元的底面相对于参考面的高度（x）增加时，这些参数将减小。这是由于增加了偶极子的间距，减小了互耦效应。

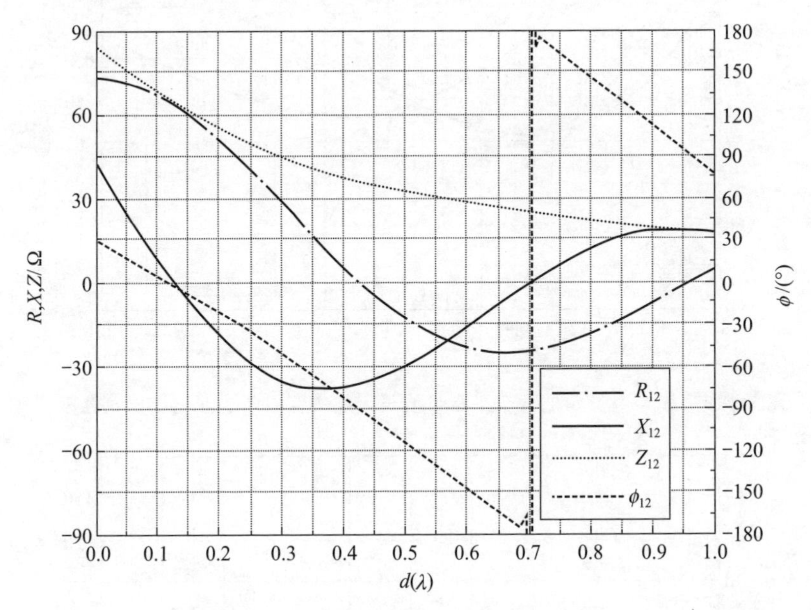

图 5 - 15　非交错两个平行半波偶极子天线的互电阻、互电抗以及互阻抗

此外，由图 5 - 15 可以明显地看出，相位（ϕ_{12}）的非连续点随着距离参考面的高度的增加而向左移动。因此，在上述三种情况中，可以发现当两个偶极子单元以高度 $\lambda/4$ 交错阵列时具有最小的互阻抗，例如第二个单元基底距离参考面的高度为 $\lambda/2$。

假设信号环境中没有探测信号，计算三种类型偶极子阵列的输出 SINR。图 5 - 18 给出了输出 SINR 随入射角的变化。由图可见，当方位角为 0°时输出 SINR 最大，随着方位角偏离 0°，输出 SINR 的值降低。情况 3 具有最大的输出 SINR，此时第二个天线单元基底距离参考面高度为半波长。

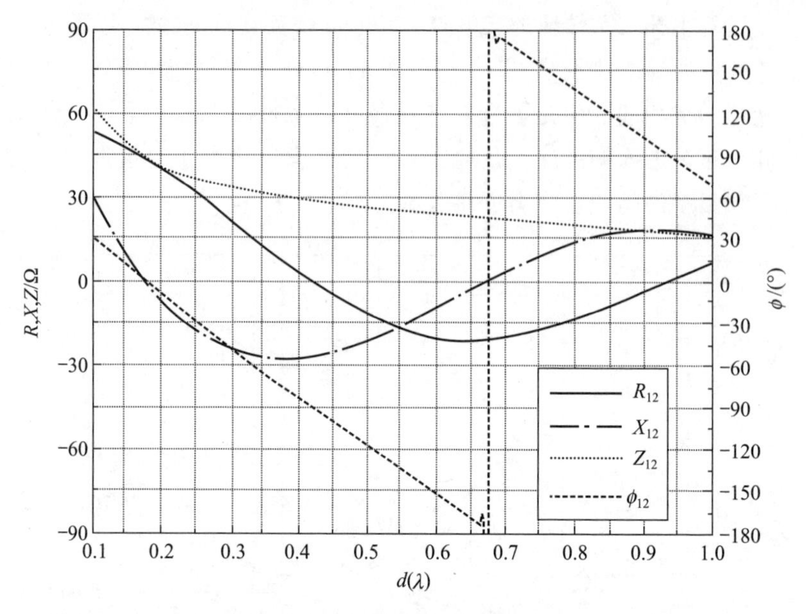

图 5-16　$h=0$ 交错的两个平行半波长天线的互电阻、互电抗以及互阻抗

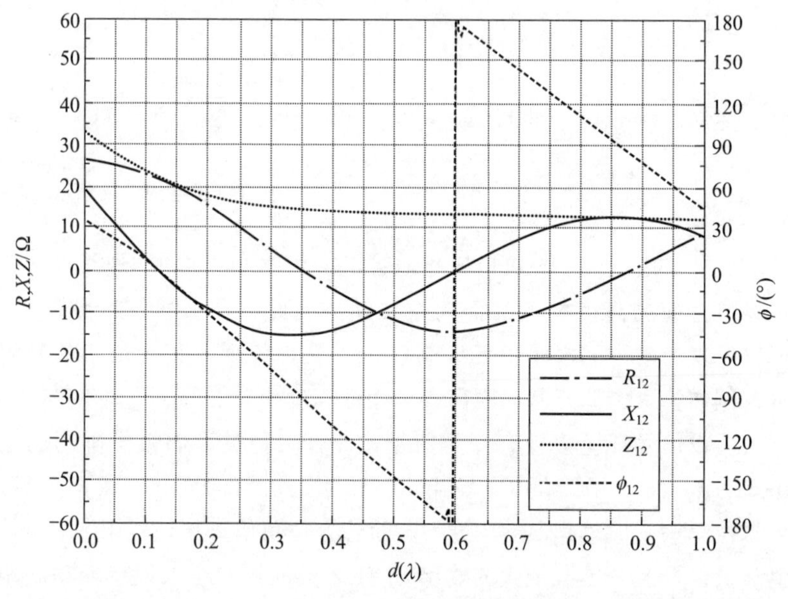

图 5-17　$h=\lambda/4$ 交错的两个平行半波长天线的互电阻、互电抗以及互阻抗

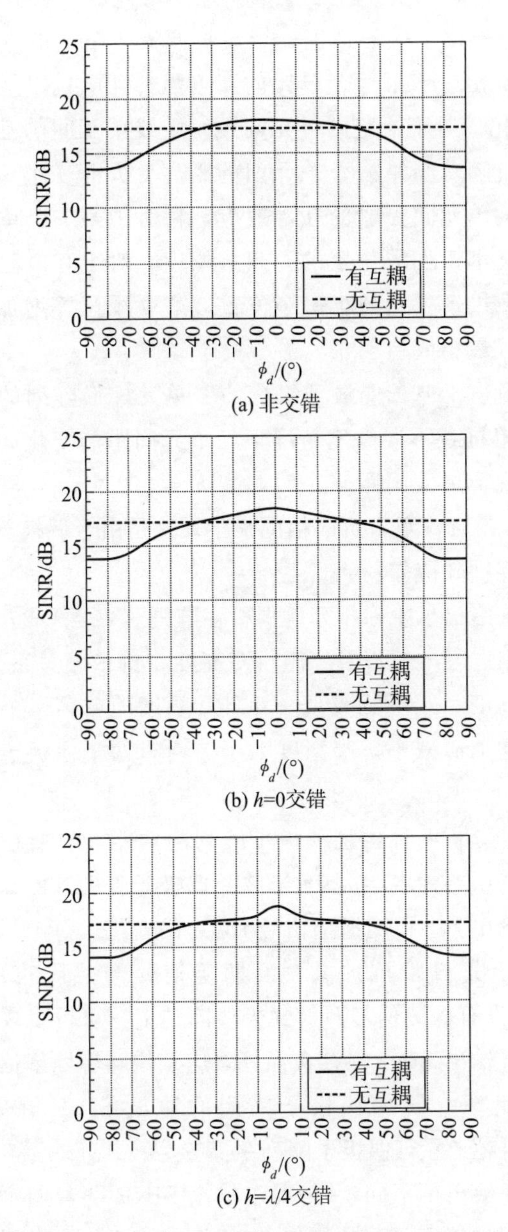

(a) 非交错

(b) h=0交错

(c) h=λ/4交错

图 5－18　10 单元中心馈电、半波长偶极子阵列的输出 SINR。$\sigma_d = 10$ dB，$\theta_d = 90°$，$d = 0.5\lambda$

图 5－19 给出了中心馈电、半波长偶极子组成的 6 单元梯形阵列中不同单元相对于第一个单元的互电阻、互电抗以及互阻抗随着间距 d 的变化。对于给定的单元间距，天线单元间的互电阻、互电抗以及互阻抗随着与第一个单元间的距离变大而变小。同样可以看出，由于阵列单元间更弱的互耦效应，相对于第一个单元奇数位置的互阻抗幅度小于偶数位置的互阻抗幅度。对于互电阻和互电抗而言，相对于偶极子阵列的第一个位置，第 n 个位置增加时，次数也会增加，并且最小值趋于 0。

中心馈电、半波长偶极子组成的 6 单元梯形阵列的互电阻、互电抗以及互阻抗在不同高度情况下随单元间距的变化如图 5－20 所示。可以发现，单元间距较小时，如 $h=0.25\lambda$，互阻抗的幅度较大，但当 $h=\lambda$ 时，互阻抗的幅度很小。这是由于偶极子天线单元高度较大时，互耦效应较弱。

图 5－21 给出了阶梯排列的偶极子阵列（$d=\lambda/2$）中两个单元之间的互电阻、互电抗以及互阻抗对高度 h 的依赖关系。可以发现，对于很小的高度，互阻抗较高，并且其幅度随着第二个偶极子与参考面距离的增加而减小。当高度大于 λ 时，两个偶极子单元的互阻抗接近 0。

接下来，分析两种构型偶极子阵列的性能，包括并排和平行阶梯两种构型的中心馈电 10 单元半波长偶极子阵列。图 5－22 给出了两种构型的输出 SINR 随期望信号 DOA 的变化。每个偶极子单元的负载阻抗等于其自阻抗的共轭。期望信号与热噪声的功率比为 10 dB。假定没有探测信号照射到天线阵列上。可以发现，对这两种构型的阵列，输出 SINR（存在互耦效应）均随着期望信号的照射角度而减小。此外，阶梯偶极子阵列的输出 SINR 在宽角度范围（$\pm 10^\circ$）内相对于平行偶极子阵列更高。

图 5－23 给出了不同 σ_d 情况下输出 SINR 随着期望信号方向的变化。此处，偶极子阵列的输出 SINR 随着 σ_d 增大而增加。图 5－24 给出了梯形阵列的输出 SINR 随着偶极子天线单元数及阵列尺寸的

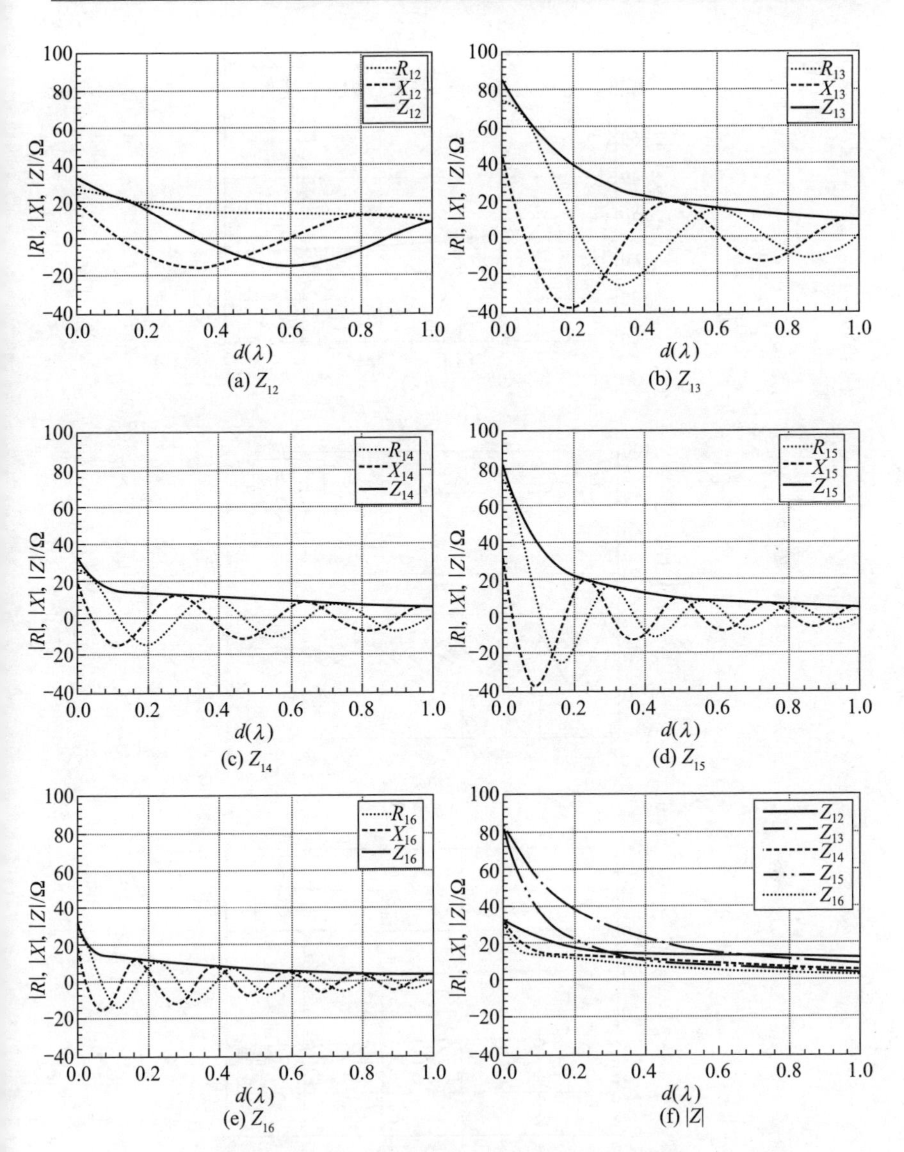

图 5-19　中心馈电、半波长偶极子组成的 6 单元梯形阵列中不同单元相对于第一个单元的互电阻、互电抗以及互阻抗

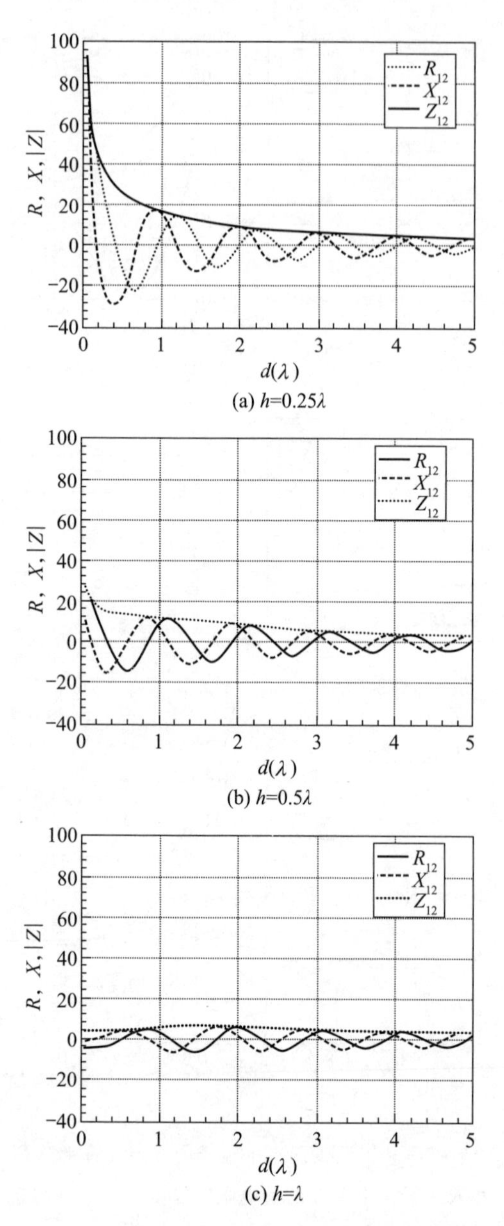

(a) $h=0.25\lambda$

(b) $h=0.5\lambda$

(c) $h=\lambda$

图 5-20 中心馈电、半波长偶极子组成的 6 单元梯形阵列的互电阻、互电抗以及互阻抗

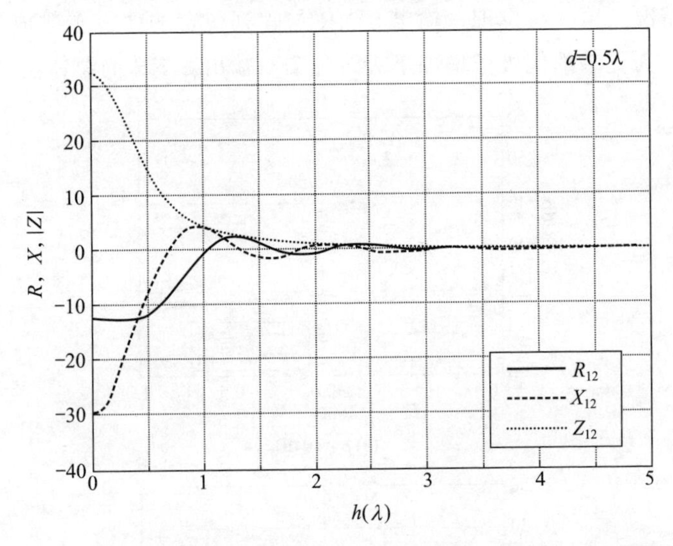

图 5-21　阶梯排列偶极子阵列 ($d=\lambda/2$) 中两个单元之间的互电阻、互电抗以及互阻抗

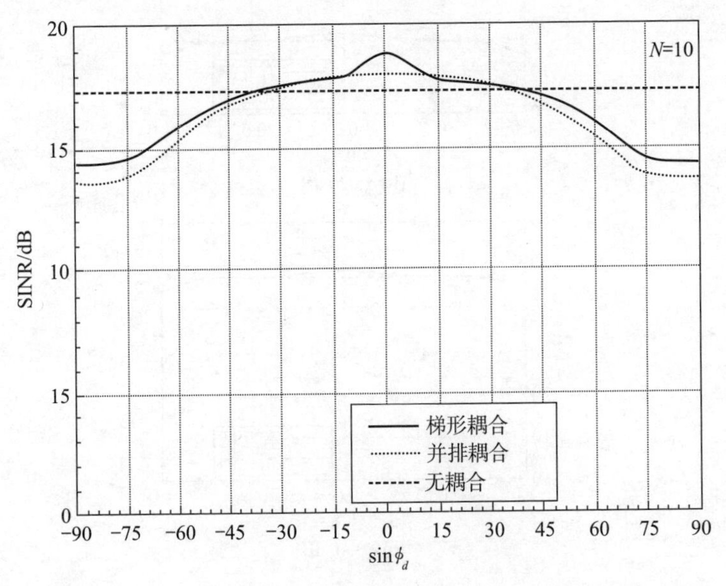

图 5-22　中心馈电 10 单元半波长偶极子阵列的输出 SINR

变化情况。再一次发现，输出 SINR 与阵列包含的偶极子数成正比。这是因为更多的偶极子增加了天线阵列对输出 SINR 的总体贡献。

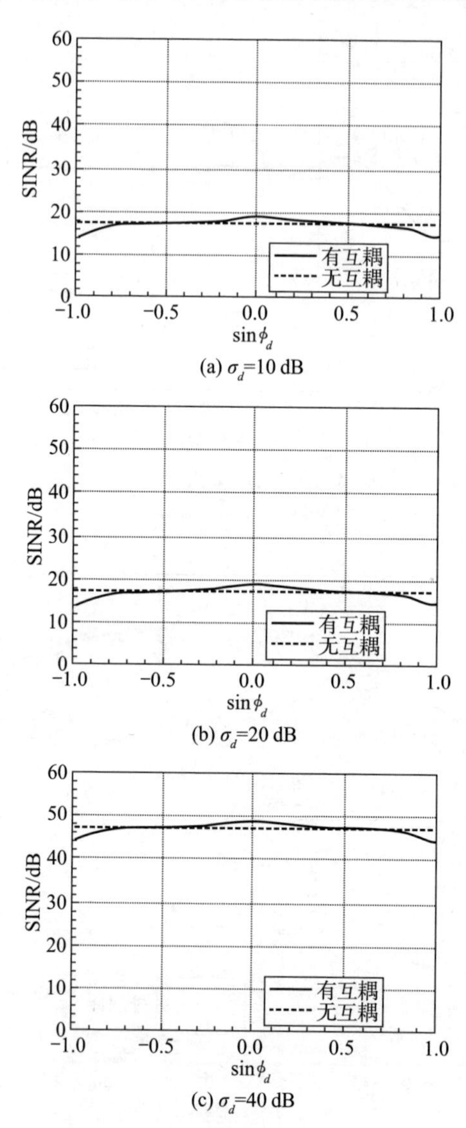

(a) σ_d=10 dB

(b) σ_d=20 dB

(c) σ_d=40 dB

图 5-23　中心馈电 10 单元半波长偶极子阵列的输出 SINR 效应

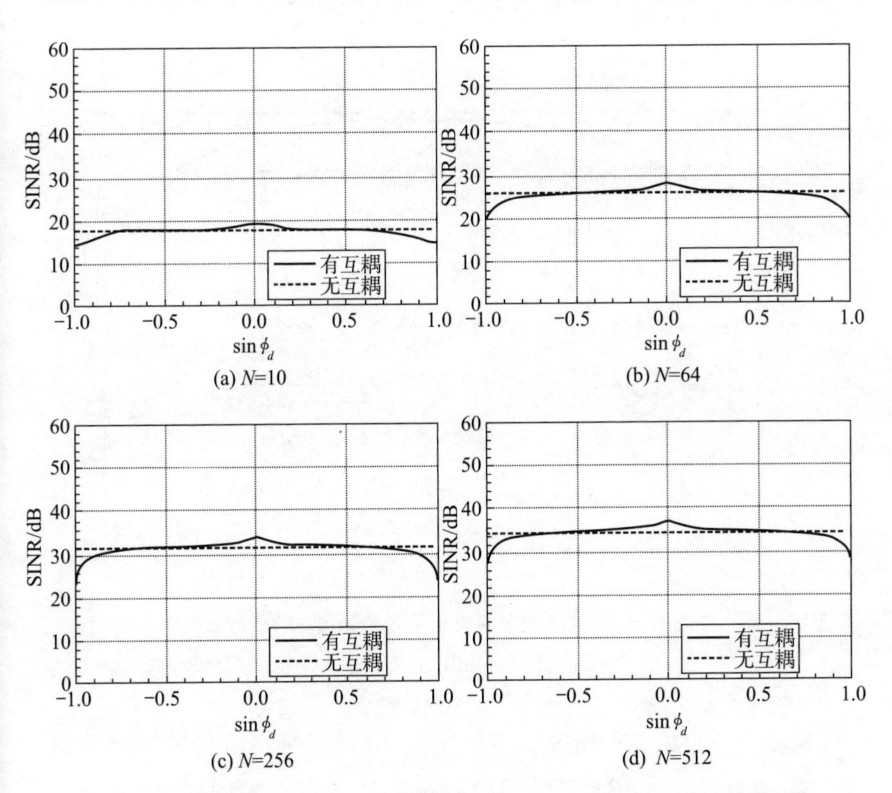

图 5-24　中心馈电 10 单元半波偶极子阵的输出 SINR 与天线单元数量的变化关系；$\sigma_d = 10$ dB，$d = 0.5\lambda$，$\theta_d = 90°$

下面分析 10 单元平行阶梯阵列的单元间距在控制阵列性能方面的作用。图 5-25 给出了 10 单元平行阶梯阵列在 $\sigma_d = 10$ dB，交替高度为 $h = 0$ 和 $h = \lambda/2$，三种单元间距（$d = 0.25\lambda$，0.5λ，λ）的输出 SINR。可以发现，$d = 0.25\lambda$ 时，阵列的输出 SINR 最低。此外，在 0°和 $d = 0.5\lambda$ 时，阵列的输出 SINR 最大，在 0°和 $d = \lambda$ 时，阵列的输出 SINR 最小。因此，可以推断，以输出 SINR 作为标准，平行阶梯阵列在 $d = 0.5\lambda$ 时的性能较好。

下面分析期望信号照射方向对输出 SINR 的影响，考虑由 10 个半波长偶极子单元组成的平行阶梯阵列中，位于奇数位置的天线单

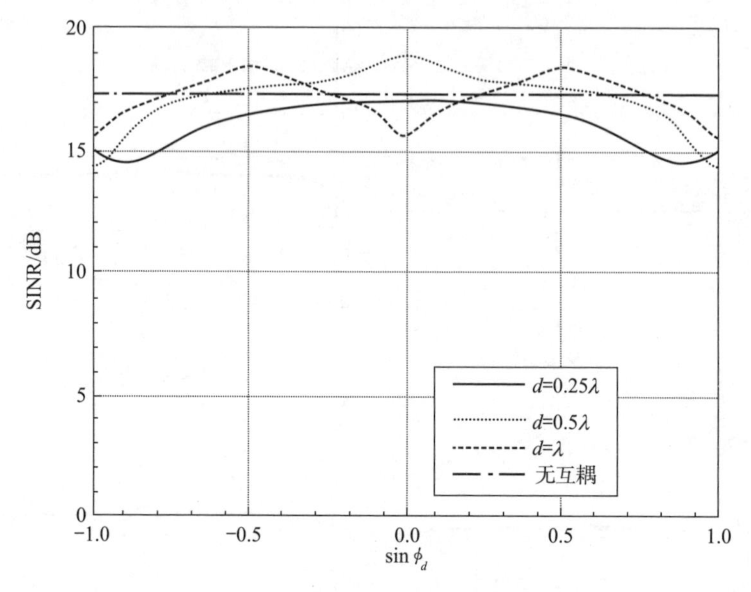

图 5 - 25　中心馈电 10 单元半波偶极子阵列的输出 SINR 与单元间距的关系 $\sigma_d = 10$ dB, $\theta_d = 90°$

元高度不同的情况。图 5 - 26 给出了 10 单元平行阶梯阵列的输出 SINR 在 $\sigma_d = 10$ dB、单元间距 $d = 0.5\lambda$ 时随着不同高度取值 $h = 0.25\lambda$，0.5λ，λ 的变化。相对于另外两种情况，10 单元平行阶梯阵列在期望信号方向为 0°、$h = 0.5\lambda$ 时，输出 SINR 最大。此外，方向远离 0°时，输出 SINR 的幅度连续降低。因此，输出 SINR 在高度为 0.5λ 时更高。

图 5 - 27 给出了半波长偶极子梯形阵列的输出 SINR 随着单元数量的变化。单元间距最大为 5λ 。

假设期望信号照射方向为边射（90°，0°），$\sigma_d = 10$ dB。奇数位置的单元高度为距离参考面 $\lambda/2$。可以发现，单元之间的互耦效应对梯形阵列输出 SINR 产生影响，即使在单元间距较大时。此外，输出 SINR 随着平行阶梯偶极子阵列单元数量的增大而增大。

下面分析期望信号与热噪声的功率比 σ_d ，保持其他参数不变的情

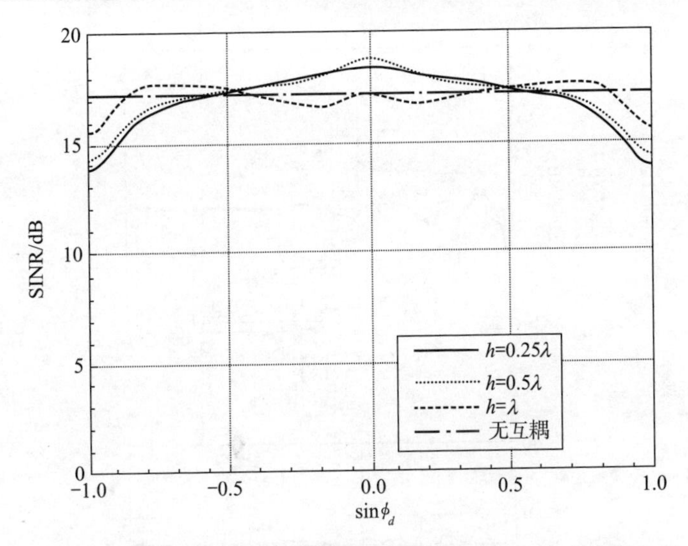

图 5-26　中心馈电 10 单元半波长偶极子阵列的输出 SINR 与高度 h 的关系
$\sigma_d = 10\ \text{dB}, \theta_d = 90^\circ$

况下，单元间距对 10 单元半波长偶极子阵列输出 SINR 的影响，如图 5-28 所示。假设位于奇数位置的单元距离参考面的高度为 $\lambda/2$。由图 5-28 可以看出，当期望信号和热噪声的功率比增大时，偶极子阵列的输出 SINR 同样增大。因此，图 5-27 和图 5-28 说明，相对于增加阵列偶极子单元的数量的方法，通过增加期望信号与热噪声的功率比，也能够更加有效地提升梯形偶极子阵列的输出 SINR。

平行阶梯阵列中另一个参数是偶极子单元相对于参考面的高度。图 5-29 给出了单元高度的变化对阵列性能的影响。无论是 σ_d 还是天线单元增加，都导致输出 SINR 的增加。在所有情况中，当高度 $h=0.5\lambda$ 时，输出 SINR 的幅度最大，然后开始下降。但是，当高度大于一个波长时，输出 SINR 的值减少很小，并收敛为一个常数。因此，即使半波长梯形偶极子阵列偶数位置的单元高度较大时，互耦效应也能够对输出 SINR 产生影响。此外，如果一个梯形阵列的单元数量增加时，有无互耦效应情况下输出 SINR 也存在差异。

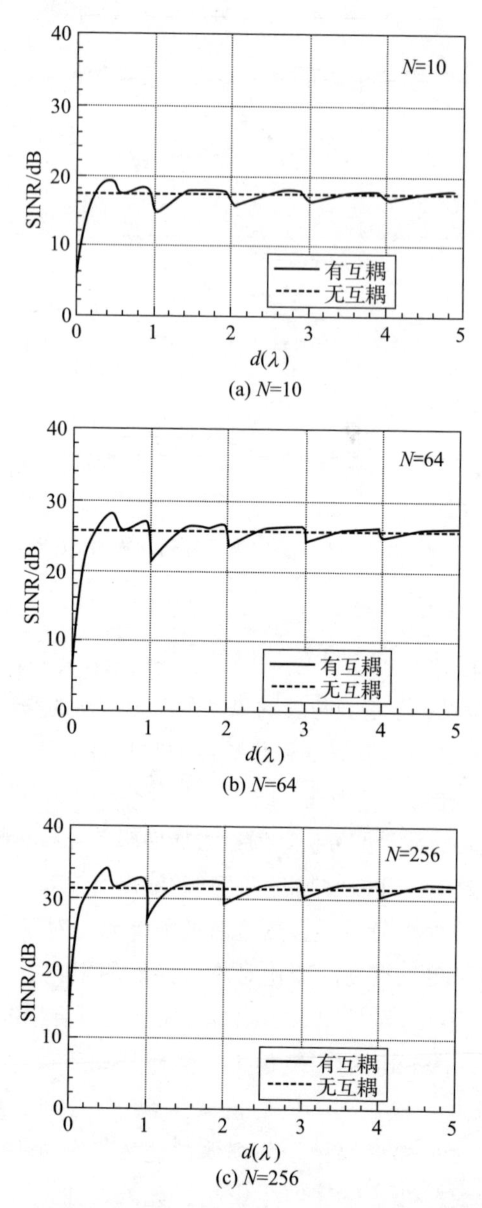

(a) N=10

(b) N=64

(c) N=256

图 5-27 中心馈电半波长梯形阵列的输出 SINR 随着单元数量的变化。$\sigma_d = 10\ \mathrm{dB}$，$(\theta_d{}', \phi_d) = (90°, 0°)$

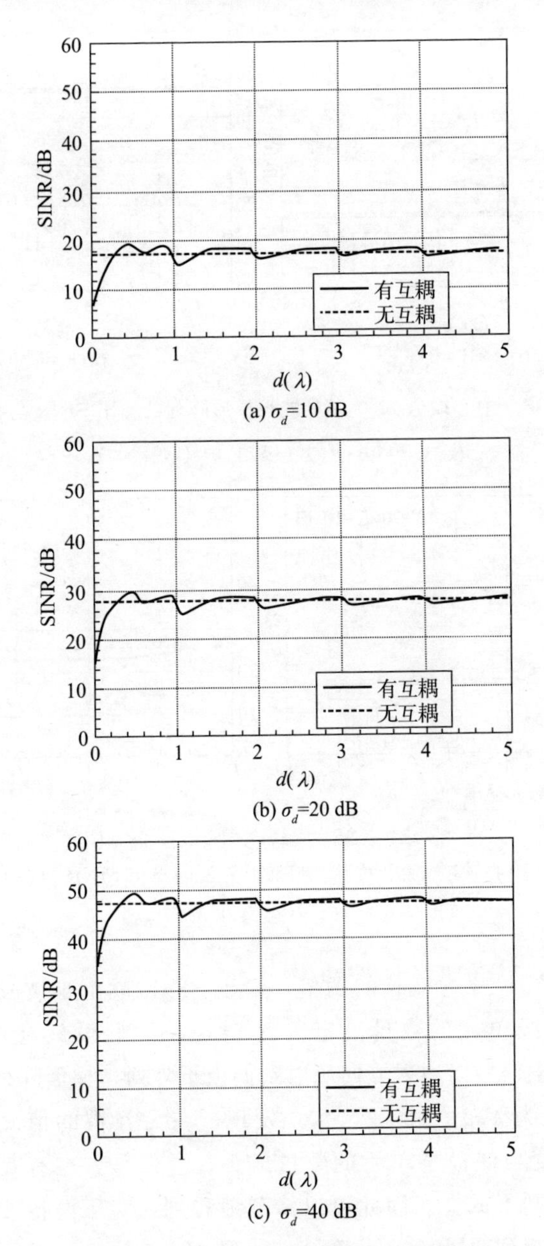

(a) σ_d=10 dB

(b) σ_d=20 dB

(c) σ_d=40 dB

图 5-28　单元间距对 10 单元半波长偶极子阵列输出 SINR 的影响

$(\theta_d{}', \phi_d) = (90°, 0°)$

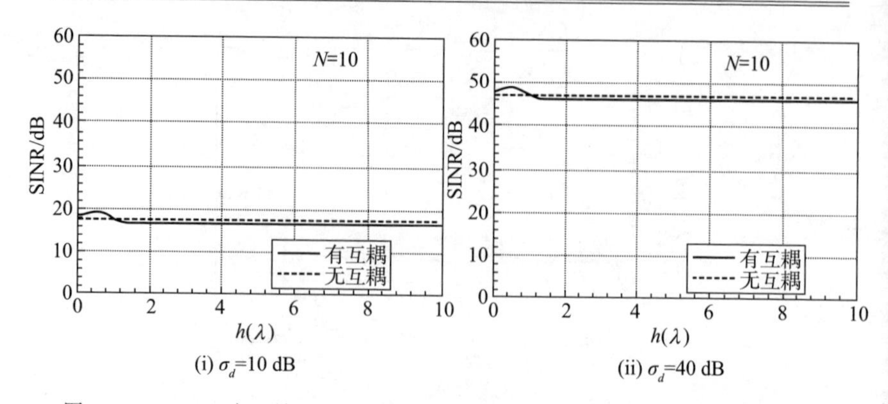

图 5 - 29（a）　中心馈电 10 单元半波长梯形阵列的输出 SINR 与 σ_d 的关系。

σ_d = 10 dB，($\theta_d{}'$，ϕ_d) = (90°，0°)

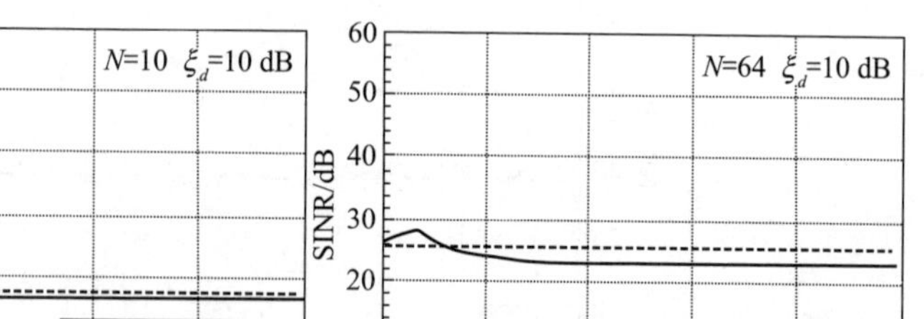

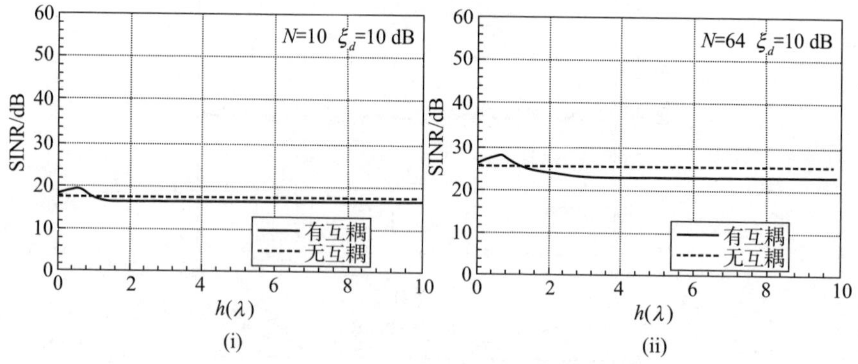

图 5 - 29（b）　中心馈电 10 单元半波长梯形阵列的输出 SINR 与单元数量的关系。

σ_d = 10 dB，($\theta_d{}'$，$\phi_d{}'$) = (90°，0°)。

保持孔径尺寸为波长的两倍，输出 SINR 就由半波长梯形阵列中偶极子天线单元的数量决定（图 5 - 30）。假设只有功率 σ_d = 10 dB 的期望信号以边射方向照射到偶极子阵列，梯形阵列偶数位置的单元高度为 $\lambda/2$。由图 5 - 30 发现，在无互耦的情况下，输出 SINR 的幅度与偶极子单元的数量成正比。但是，在有互耦的情况下，该结论则不成立。因此可以清楚地看到，对于两倍波长的固定孔径尺寸，直到偶极子单元数量增加到 $N=7$ 时，输出 SINR 才增大，大于该值时，即使增加了单元数量，输出 SINR 的幅度又减小。

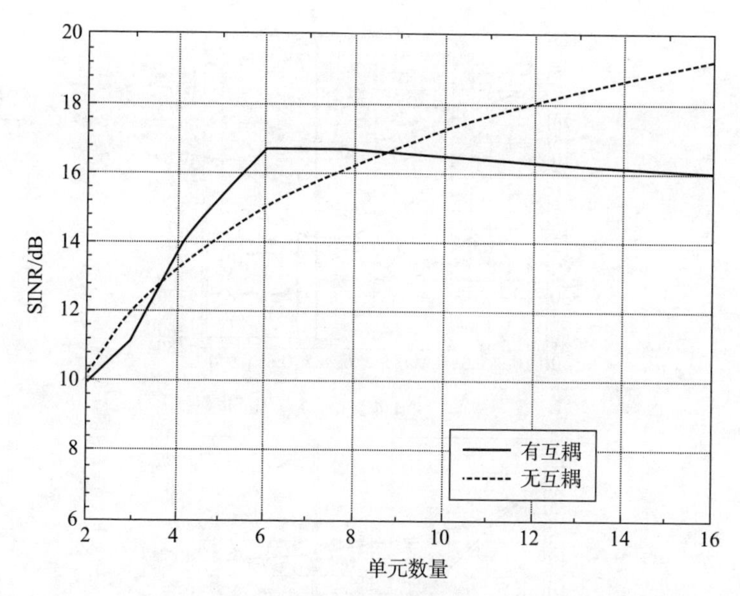

图 5-30　中心馈电半波长偶极子梯形阵列的输出 SINR 与单元数量的关系。σ_d =10 dB，孔径= 2λ

不等长度偶极子：另外，考虑具有不等长度偶极子单元的阵列。首先，考虑梯形阵列中两个单元具有不同的长度，第一个单元长度为半波长，第二个单元与第一个单元长度不同。然后，分析了不同参数的变化对互电阻、互电抗、互阻抗的幅度/相位以及输出 SINR 的影响。

假设偶极子间距为 $\lambda/2$，σ_d =10 dB 的期望信号从边射方向（90°，0°）照射到偶极子阵列。信号环境中不包括探测信号。

如果两个单元的梯形阵列中第一个单元的长度为 $L=\lambda/2$，以及第二个单元的长度为 $L=\lambda/3$，图 5-31 给出了非交错、交错参数为 $h=0$ 和 $h=\lambda/4$ 三种情况下互电阻、互电抗以及互阻抗幅度/相位的变换情况。当两个单元梯形阵列中第二个单元的长度为 $L=\lambda/3$ [图 5-31（a）]，而不是 $L=\lambda/2$ 时，互电抗、互电阻以及互阻抗明显地降低。

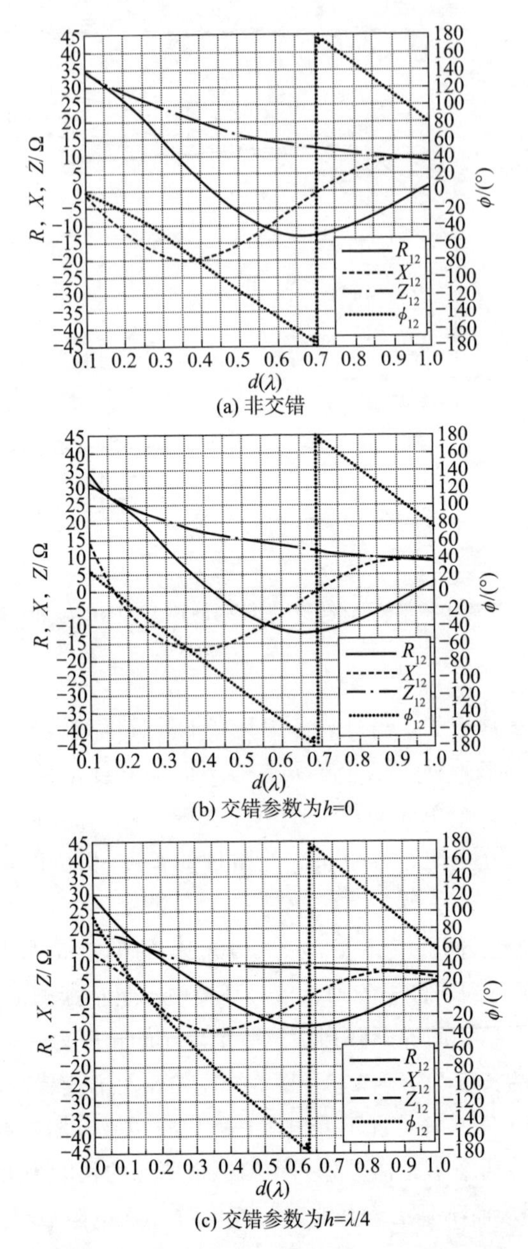

图 5-31　长度为 $\lambda/2$ 和 $\lambda/3$ 偶极子阵列的互电阻、互电抗以及互阻抗

但是，当比较包含长度为 $\lambda/2$ 和 $\lambda/3$ 的该阵列三种不同情况，即非交错，$h=0$ 交错以及 $h=\lambda/4$ 交错时，很容易发现第三种情况具有最小的互阻抗。这是因为天线单元之间大的等效距离使耦合效应变弱。

接下来，考虑10个单元的梯形阵列，$\lambda/2$ 和 $\lambda/3$ 长度以 $d=\lambda/2$ 角度交错排列。假设只有 $\sigma_d=10$ dB的期望信号从边射方向照射到偶极子阵列。考虑互耦效应，并基于输出SINR分析了期望信号照射方向对阵列性能的影响（图5－32）。可以发现，0°时具有最大输出SINR（≈40 dB），而等长度半波长偶极子阵列相应幅度为18.8 dB（图5－18）。但是，输出SINR随着照射方向偏离0°而下降。此外，第三种情况输出SINR最大，即当天线单元以 $h=\lambda/4$ 交错排列。

对于一个以 $\lambda/2$ 和 $\lambda/3$ 交替的不等长梯形排列，保持所有其他参数不变，只改变单元数目。假设只有 $\sigma_d=10$ dB的期望功率信号入射阵列上，入射方向为边射方向（90°）。图5－33给出了上述三种情况下，相对于期望信号方向，输出SINR随单元数目的变化。可以看出，如果梯形阵列中的偶极子数目增加，则输出SINR的幅度以及0°附近幅度的锐角也增加。此外，如果从0°位置移开，则输出SINR的幅度继续显著降低。同样，当天线单元按 $h=\lambda/4$ 交错排列，输出SINR最适合于第三种情况。

接着分析梯形阵列中不等长度 $\lambda/2$ 和 $\lambda/3$、不同单元数量、不同单元间距 d 对输出SINR的影响。在所有三种情况中，仿真了 $N=10$、64以及256的情况。图5－34给出了平行阶梯结构中不同偶极子数量的输出SINR随着间距 d 的变化。可以看出，梯形阵列的输出SINR随着偶极子单元数量的增大而增大。三种情况均具有该特点。偶极子单元较小时，输出SINR快速地增大。但是，当 d 大于 λ 时，输出SINR幅度的变化不明显，可以忽略。

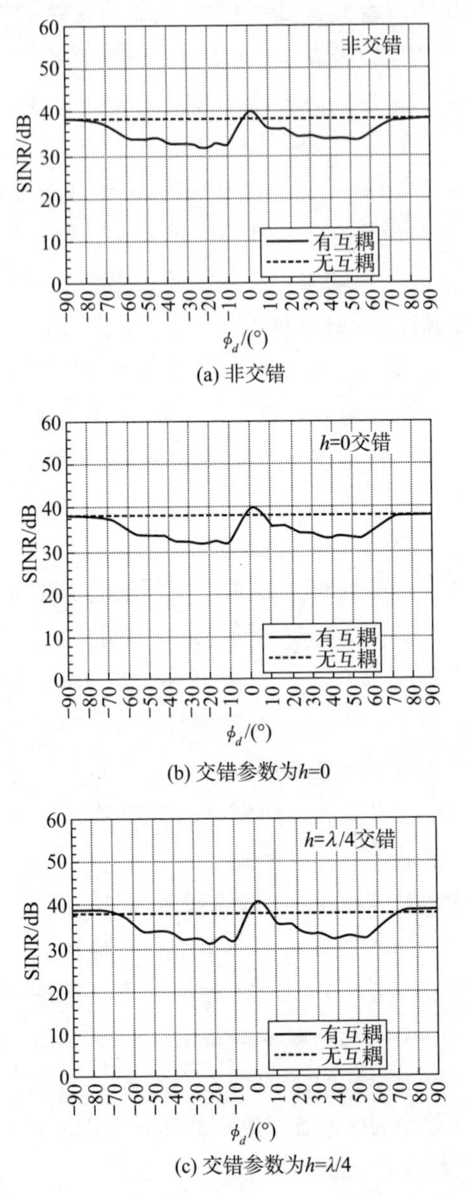

图 5-32　λ/2 和 λ/3 长度交错排列 10 单元梯形阵列的输出 SINR

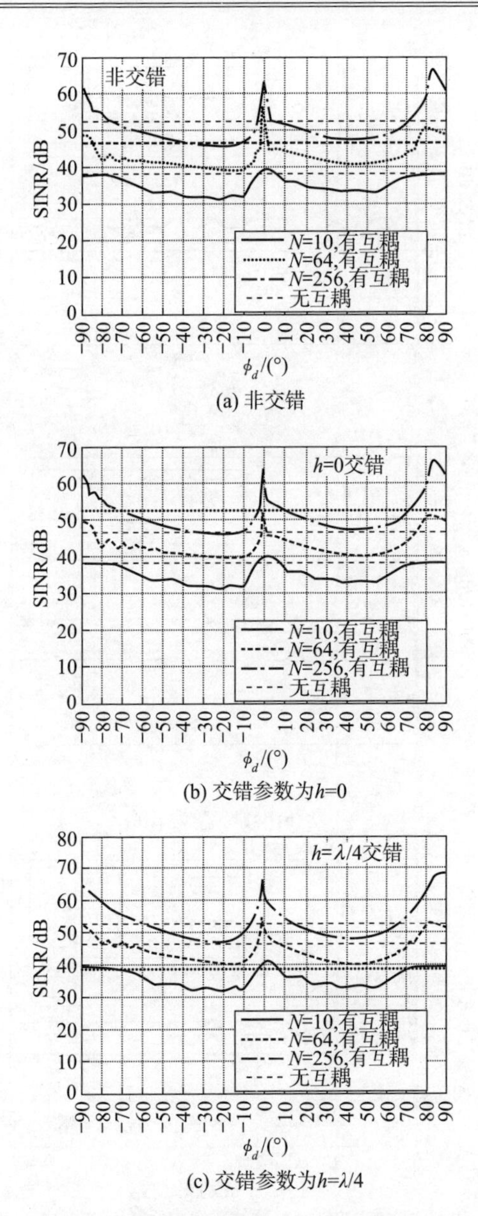

图 5-33　λ/2 和 λ/3 长度交错排列 10 单元梯形阵列的输出 SINR 与期望信号方向的关系

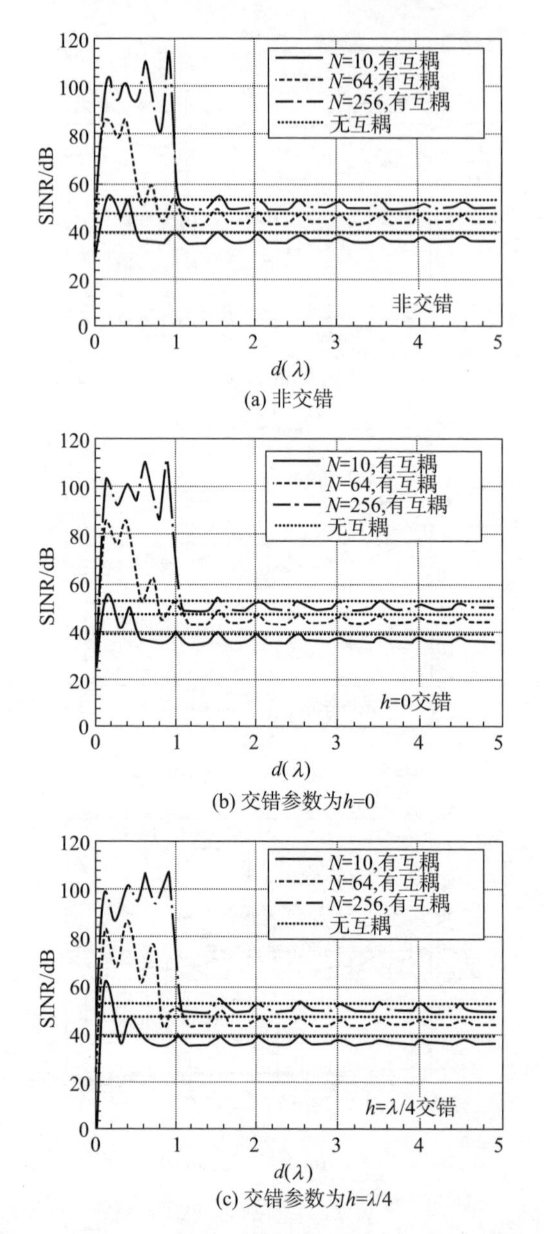

(a) 非交错

(b) 交错参数为$h=0$

(c) 交错参数为$h=\lambda/4$

图 5－34　$\lambda/2$ 和 $\lambda/3$ 长度交错排列 10 单元梯形阵列的输出 SINR 与单元数量的关系

最后，保持所有参数不变，计算了 10 单元 1/4 波长偶极子阵列的输出 SINR，如图 5－35 所示。分两种情况分析了期望信号照射方向对输出 SINR 的影响，10 单元 1/4 波长偶极子梯形阵列奇数位置的高度为 $\lambda/4$ 和 $\lambda/2$。可以发现，对于两种情况而言，输出 SINR 均在 0°方向具有最大的 SINR，约为 50 dB。但是，当采用不等长天线时，输出 SINR 的变化趋势不再以 0°对称。此外，可以推断如果奇数位置天线单元的高度为 $\lambda/2$，具有更好的 SINR。因此，1/4 波长偶极子的梯形阵列是实现高输出 SINR 的良好选择。

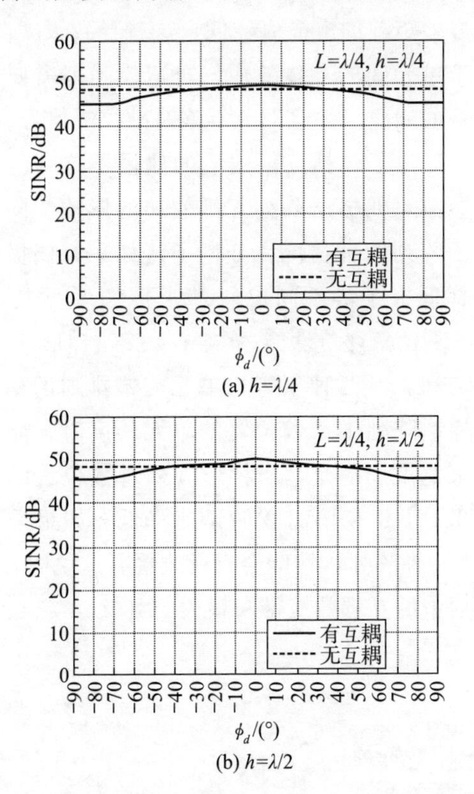

图 5－35　10 单元半波长偶极子梯形阵列的输出 SINR 与期望信号方向的关系

$\sigma_d = 10$ dB，$(\theta'_d, \phi_d) = (90°, 0°)$，$d = \lambda/2$

5.4 结论

在天线阵列中，单元间距通常较近，导致天线单元之间的互耦无法忽略。互耦效应能够在天线增益和波束宽度等方面降低阵列性能。该效应在较小单元间距时更为重要。此外，由于天线单元之间的互耦效应，信号权重向量的改变导致输出 SINR 的降低，从而影响了自适应阵列对互耦抑制的效果。互耦效应，尤其是较小单元间距时，信号协方差矩阵的本征值降低，这就导致天线阵列响应变慢。换而言之，由于单元间的互耦效应，自适应阵列需要更长的时间完成针对照射信号的响应，并且调节零陷对准探测信号。

在本章中，讨论了包括互耦效应的偶极子阵列的性能，分析了不同阵列设计参数对偶极子阵列互耦效应的影响。同时考虑了等长和不等长偶极子阵列两种情况。分析了诸如平行偶极子、共线偶极子以及平行阶梯偶极子等不同构型。对于 10 单元的半波长梯形阵列，基于输出 SINR 来评价性能，$h=\lambda/4$ 交错梯形阵列的性能更好。研究了具有 $\lambda/2$ 和 $\lambda/3$ 两种不等长单元交错排列的梯形阵列。结果表明，当减小梯形阵列中奇数位置的单元长度时，能够改善天线阵列的增益和波束宽度。但是，当梯形阵列奇数位置的长度为 $\lambda/3$ 或者 $\lambda/4$ 时，输出 SINR 在偏离 $0°$时迅速降低。如果采用具有等长度 1/4 波长的平行阶梯阵列，性能会有所改善。这说明，优选设计参数能够对天线阵列中的互耦效应带来很大的贡献。

参考文献

Abramowitz，M. and I. A. Stegun. 1965. Handbook of Mathematical Functions：With Formulas，Graphs，and Mathematical Tables. New York：Dover Publications，1046.

Adve，R. S. and T. K. Sarkar. 2000. 'Compensation for the effects of mutual coupling on direct data domain adaptive algorithms.' IEEE Transactions on Antennas and Propagation 48：86 - 94.

Coetzee，J. C. and Y. Yu. 2008. 'Port decoupling for small arrays by means of an eigenmode feed network.' IEEE Transactions on Antennas and Propagation 56：1587 - 93.

Compton，R. T.，Jr. 1979. 'The power - inversion adaptive array：Concept and performance.' IEEE Transactions on Aerospace and Electronics System 15 (6)：803 - 14.

Compton，R. T.，Jr. 1982. 'A method of choosing element patterns in an adaptive array.' IEEE Transactions on Antennas and Propagation 30：489 - 93.

Dandekar，K. R.，H. Ling，and G. Xu. 2002. 'Experimental study of mutual coupling compensation in smart antenna applications.' IEEE Transactions on Wireless Communications 1 (3)：480 - 87.

Fletcher，P. N. and P. Darwood. 1998. 'Beam forming for circular and semicircular array antennas for low cost wireless LAN data communication systems.' IEEE Proceedings on Microwave Antennas and Propagation 145 (2)：153 - 58.

Friedlander，B. and A. J. Weiss. 1991. 'Direction finding in the presence of mutual coupling.' IEEE Transactions on Antennas and Propagation 39：273 - 84.

Godara，L. C. 2004. Smart Antennas. Washington DC：CRC Press，448.

Goossens, R. and H. Rogier. 2007. ‘A hybrid UCA - RARE/ Root - MUSIC approach for 2 - D direction of arrival estimation in uniform circular arrays in the presence of mutual coupling.’ IEEE Transactions on Antennas and Propagation 55: 841 - 49.

Guo, J. L. and J. Y. Li. 2009. ‘Pattern synthesis of conformal array antenna in the presence of platform using differential evolution algorithm.’ IEEE Transactions on Antennas and Propagation 57: 2615 - 21.

Gupta, I. J. and A. A. Ksienski. 1983. ‘Effect of mutual coupling on the performance of adaptive arrays.’ IEEE Transactions on Antennas and Propagation 31: 785 - 91.

Householder, A. S. 2006. The Theory of Matrices in Numerical Analysis. New York: Dover Publications, 272.

Hui, H. T. 2004a. ‘A new definition of mutual impedance for application in dipole receiving antenna arrays.’ IEEE Antennas and Wireless Propagation Letters 3 (1): 364 - 67.

Hui, H. T. 2004b. ‘A practical approach to compensate for the mutual coupling effect in an adaptive dipole array.’ IEEE Transactions on Antennas and Propagation 52: 1262 - 69.

Hui, H. T., K. Y. Chan, and E. K. N. Yung. 2003. ‘Compensating for the mutual coupling effect in a normal - mode helical antenna array for adaptive nulling.’ IEEE Transactions on Vehicular Technology 52: 743 - 51.

Jenn, D. C. and S. Lee. 1995. ‘In - band scattering from arrays with series feed networks.’ IEEE Transactions on Antennas and Propagation 43: 867 - 73.

Jenn, D. C. and V. Flokas. 1996. ‘In - band scattering from arrays with parallel feed networks.’ IEEE Transactions on Antenn and Propagation 44: 172 - 78.

King, H. 1957. ‘Mutual impedance of unequal length antennas in echelon.’ IRE Transactions on Antennas and Propagation 5: 306 - 13.

Lau, B. K., J. B. Andersen, G. Kristensson, and A. F. Molisch. 2006. ‘Impact of matching network on bandwidth of compact antenna arrays.’ IEEE

Transactions on Antennas and Propagation 54：3225 – 38.

Leviatan，Y.，A. T. Adams，P. H. Stockmann，and D. R. Miedaner. 1983. ‘Cancellation performance degradation of a fully adaptive Yagi array due to inner – element coupling.’ Electronics Letters 19（5）：428 – 32.

Li，X. and Z. P. Nie. 2004. ‘Mutual coupling effects on the performance of MIMO wireless channels.’ IEEE Antennas Wireless Propagation Letters 3（1）：344 – 47.

Lui，H. S. and H. T. Hui. 2010. ‘Improved mutual coupling compensation in compact antenna arrays.’ IET Microwaves，Antennas and Propagation 4：1506 – 16.

Lui，H. S.，H. T. Hui，and M. S. Leong. 2009. ‘A note on the mutual coupling problems in transmitting and receiving antenna arrays.’ IEEE Antennas and Propagation Magazine 51（5）：171 – 76.

Niow，C. H.，Y. T. Yu，and H. T. Hui. 2011. ‘Compensate for the coupled radiation patterns of compact transmitting antenna arrays.’ IET Microwaves，Antennas and Propagation 5：699 – 704.

Pasala，K. M. and E. M. Friel. 1994. ‘Mutual coupling effects and their reduction in wideband direction of arrival estimation.’ IEEE Transactions on Aerospace and Electronic Systems 30：1116 – 22.

Riegler，R. L. and R. T. Compton，Jr. 1973. ‘An adaptive array for interference rejection.’ Proceedings of IEEE 61：748 – 58.

Strait，B. and K. Hirasawa. 1969. ‘Array design for a specified pattern by matrix methods.’ IEEE Transactions on Antennas and Propagation 17：237 – 39.

Wang，B. H. and H. T. Hui. 2011. ‘Wideband mutual coupling compensation for receiving antennas using the system identification method.’ IET Microwaves，Antennas and Propagation 5：184 – 91.

第6章　互耦对偶极子阵列RCS的影响

6.1　引言

航空航天飞行器的雷达散射截面（RCS）与其表面安装的天线阵列密切相关。天线的模式项散射和它的阵面几何尺寸、激励馈电网络的特性以及互耦的影响相关。相控阵天线工作的时候，需要通过馈电网络实现发射或接收功能。馈电网络包括辐射阵元、移相器、耦合器和终端电阻。根据布局，馈电网络可能被分为串联馈电网络、共馈电网络（corporate - feed）和空间馈电网络（Volakis，2007年）。

设计一套完整的具有特定辐射特性的相控阵系统，要考虑许多因素，包括阵元数、阵元间隔、波束扫描角、移相器、耦合器和负载结构等。如果天线单元的间隔小于半波长，互耦影响就变得非常突出。在阵列天线设计过程中，上述参数的选择对阵列RCS的影响非常大。

互耦影响阵列单元的阻抗、反射系数、辐射方向图，进而影响相控阵的RCS。每一个天线的阵列单元都有确定的物理尺寸和形状。因为各种原因，例如网络中的不匹配、制造缺陷等，到达这些单元的入射波都会产生二次辐射。一个天线单元产生的辐射场和其周围天线单元产生的辐射场相互作用，增强了互耦效应。当这些二次辐射场沿不同方向散射时，就会对目标的RCS产生显著影响。

进一步说，互耦对阵列性能的影响与以下因素有关：1）馈电网络，2）阵列扫描角，3）天线阵列的几何关系，如并排结构、共线结构以及平行阶梯结构。据公开文献报道，有多种方法可估算天线的RCS，包括有限差分时域（FDTD）法（Ma等人，2005年）、射线追踪（SBR）法（Dikmen等人，2010年；Tao等人，2010年）、基于物理光学（PO）的近似方法（Zdunek和Rachowicz，2008年）、散射矩阵法（Fan和Jin，1997年）、矩量法（MoM）（Pozar，1992年；Wang等人，2010年）、解析方法（Zhang等人，2010年）、矩量法-粒子群优化（MoM-PSO）算法（Wang等人，2009年）。

这些年来，人们一直努力减小或抵消互耦的影响（Hui，2007年）。Gupta和Ksienski（1983年）提出了一种开路电压法来确定发射和接收天线阵列的互耦。还有人提出了另一种基于接收互阻抗补偿的方法，比较适用于紧凑的小尺寸接收单极子阵列（Hui，2004年；Yu和Hui，2011年）。Lee和Chu（2005年）使用幂级数展开技术研究了互耦对有限大非线性加载天线阵列的影响。但不管怎样，馈电网络的影响一直是忽略不计的。Lu等人（2009年）提出了一种估计天线阵列RCS的方法，把RCS看成是阵列因子和单元因子影响的结果而不考虑互耦的影响。Jenn和Lee（1995年）估算串联馈电相控阵天线的RCS，其中考虑了馈电部件却忽略了互耦的影响。Lee和Chu（1988年）使用迭代散射矩阵法计算并联馈电相控阵天线的RCS，考虑了互耦的因素，也考虑了边界的影响和馈电网络的多重反射的影响。Li等人（2004年）在使用Butler馈电网络分析相控阵时统一考虑了互耦和馈电失配的影响。

本章主要介绍在考虑互耦影响的情况下如何估计串联馈电偶极子阵列（图6-1）的RCS。介绍通过追踪从天线孔径向馈电网络移动的信号路径计算串联馈电相控阵RCS的公式。馈电网络任意位置的散射场均由阻抗决定。这些单个的散射源叠加在一起就形成了总的相控阵列的RCS。通过对比有和没有互耦影响的RCS仿真结果，比较它们的变化趋势、外推和在开放空间的测试结果验证了分析的正确性。

6.2 计算串联馈电偶极子阵列 RCS 的公式

在平面波入射条件下，目标的 RCS 可以表示为散射场和入射场之比（Knott 等人，1985 年）。天线模式项散射场的数学表达式可以表示为

$$\boldsymbol{E}_n^s(\theta,\phi)=\left\{\frac{\mathrm{j}\eta}{4\lambda Z_a}\boldsymbol{h}\left[\boldsymbol{h}\cdot\boldsymbol{E}^i(\theta,\phi)\right]\frac{\mathrm{e}^{-\mathrm{j}\boldsymbol{kR}}}{R}\right\}\Gamma_n^r(\theta,\phi) \tag{6-1}$$

这里，$\boldsymbol{E}_n^s$ 是第 n 个单元的散射场；$\boldsymbol{E}^i$ 是入射场；$(\theta,\ \phi)$ 是信号方向；$Z_a=R_a+\mathrm{j}X_a$ 是辐射阻抗，其中 $R_a=R_r+R_d$，R_a 是天线电阻，X_a 是天线的电抗，R_r 是辐射电阻，R_d 是天线损耗电阻（包括导通和绝缘损耗）；λ 是波长；η 是天线周围媒质的阻抗；$\boldsymbol{k}=2\pi/\lambda$ 是自由空间波数；$\boldsymbol{R}$ 是目标和观察点之间的距离；Γ_n^r 是回到单元 n 的总反射信号；$\boldsymbol{h}$ 是天线单元的有效高度。

对处于自由空间的无损耗天线，$\eta=\eta_0=120\pi\ \Omega$，$R_d=0$，则 $R_a=R_r$。式（6-1）可以表示为

$$\boldsymbol{E}_n^s(\theta,\phi)=\left\{\frac{\mathrm{j}\eta_0}{4\lambda Z_a}\boldsymbol{h}\left[\boldsymbol{h}\cdot\boldsymbol{E}^i(\theta,\phi)\right]\frac{\mathrm{e}^{-\mathrm{j}\boldsymbol{kR}}}{R}\right\}\Gamma_n^r(\theta,\phi) \tag{6-2}$$

单位幅度入射平面波可写为（Aumann 等人，1989 年）

$$\boldsymbol{E}^i(\theta,\phi)=\mathrm{e}^{-\mathrm{j}\boldsymbol{kd}_n}\hat{\theta} \tag{6-3}$$

这里，$\boldsymbol{d}_n=\hat{x}(n-1)d$ 为距离向量，d 表征单元间的空间距离。波向量 $\boldsymbol{k}$ 可以用方向余弦和单位向量表示（Chu，1991 年）。由下式给出

$$\boldsymbol{k}=k(\hat{x}\sin\theta\cos\phi+\hat{y}\sin\theta\sin\phi+\hat{z}\cos\theta) \tag{6-4}$$

因此入射信号相位因子中的点积可简化为

$$\begin{aligned}\boldsymbol{k}\cdot\boldsymbol{d}_n&=k(\hat{x}\sin\theta\cos\phi+\hat{y}\sin\theta\sin\phi+\hat{z}\cos\theta)\cdot\hat{x}(n-1)d\\&=(n-1)kd\sin\theta\cos\phi\\\boldsymbol{k}\cdot\boldsymbol{d}_n&=(n-1)\alpha\end{aligned} \tag{6-5}$$

对于一个坐标系原点位于其内部的封闭体，它的外法线和入射波传播向量的标量积（点积）必然为负。

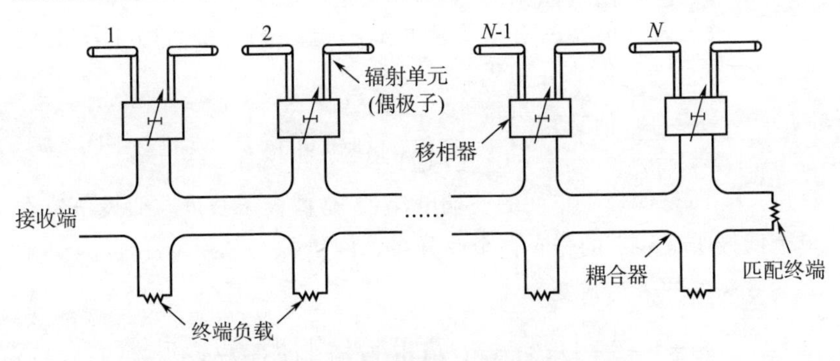

图 6-1　典型的相控阵天线串联馈电网络

数学上，$\boldsymbol{k}\cdot\boldsymbol{d}_n<0$。因此，由式（6-3）和式（6-5）可以得到

$$\mathrm{e}^{-\mathrm{j}\boldsymbol{k}\cdot\boldsymbol{d}_n}=\mathrm{e}^{\mathrm{j}(n-1)\alpha} \tag{6-6}$$

对 x 极化天线，把式（6-6）代入式（6-2）得到

$$\begin{aligned}\boldsymbol{E}_n^s(\theta,\phi)&=\left\{\frac{\mathrm{j}\eta_0}{4\lambda Z_a}h\hat{x}\,[h\hat{x}.\,\mathrm{e}^{\mathrm{j}(n-1)\alpha}\hat{\theta}]\,\frac{\mathrm{e}^{-\mathrm{j}kR}}{R}\right\}\Gamma_n^r(\theta,\phi)\\&=\left\{\frac{\mathrm{j}\eta_0}{4\lambda Z_a}h^2(\hat{x}.\hat{\theta})\,[\Gamma_n^r(\theta,\phi)\,\mathrm{e}^{\mathrm{j}(n-1)\alpha}]\,\frac{\mathrm{e}^{-\mathrm{j}kR}}{R}\right\}\hat{x}\\&=\left[\frac{\mathrm{j}\eta_0}{4\lambda Z_a}h^2(\cos\theta)\boldsymbol{E}_n^r(\theta,\phi)\right]\frac{\mathrm{e}^{-\mathrm{j}kR}}{R}\hat{x}\end{aligned} \tag{6-7}$$

这就是天线阵列中一个偶极子单元产生的散射场。所有阵列单元的散射场叠加即得到总的散射场。

$$\boldsymbol{E}_n^s(\theta,\phi)=\sum_{n=1}^{N}\boldsymbol{E}_n^s(\theta,\phi)=\sum_{n=1}^{N}\left\{\left[\frac{\mathrm{j}\eta_0}{4\lambda Z_a}h^2(\cos\theta)\boldsymbol{E}_n^r(\theta,\phi)\right]\frac{\mathrm{e}^{-\mathrm{j}kR}}{R}\hat{x}\right\} \tag{6-8}$$

那么，单位幅度入射波条件下偶极子阵列的总 RCS 为

$$\begin{aligned}\sigma(\theta,\phi)&=\lim_{R\to\infty}4\pi R^2\left|\sum_{n=1}^{N}\left\{\left[\frac{\mathrm{j}\eta_0}{4\lambda Z_a}h^2(\cos\theta)\boldsymbol{E}_n^r(\theta,\phi)\right]\frac{\mathrm{e}^{-\mathrm{j}kR}}{R}\hat{x}\right\}\right|^2\\&=4\pi\left|\sum_{n=1}^{N}\left[\frac{\mathrm{j}\eta_0}{4\lambda Z_a}h^2(\cos\theta)\boldsymbol{E}_n^r(\theta,\phi)\right]\right|^2\end{aligned} \tag{6-9}$$

一个 x 极化天线单元的有效高度由式（6－10）表示（Jenn，1995年）

$$\boldsymbol{h}=h\hat{x}=\left[\frac{1}{I(0)}\int_{\Delta l}I(l)\,\mathrm{d}l\right]\hat{x} \tag{6-10}$$

这里，$I(0)$ 是偶极子单元的终端电流，l 是偶极子长度，假设电流在单个偶极子天线上的分布为余弦分布，例如 $I(l)=I(0)\cos(kl)$，那么有效高度的表达式变为

$$\boldsymbol{h}=\left[\frac{1}{I(0)}\int_{\Delta l}I(0)\cos(kl)\,\mathrm{d}l\right]\hat{x}=\left[\int_{\Delta l}\cos(kl)\,\mathrm{d}l\right]\hat{x} \tag{6-11}$$

把式（6－11）代入式（6－9）得到

$$\sigma(\theta,\phi)=4\pi\left|\sum_{n=1}^{N}\left\{\frac{\mathrm{j}\eta_0}{4\lambda Z_a}\left[\int_{\Delta l}\cos(kl)\,\mathrm{d}l\right]^2(\cos\theta)\boldsymbol{E}_n^r(\theta,\phi)\right\}\right|^2$$

$$=4\pi\left|\frac{\mathrm{j}\eta_0}{4\lambda Z_a}\left[\int_{\Delta l}\cos(kl)\,\mathrm{d}l\right]^2\cos\theta\sum_{n=1}^{N}\boldsymbol{E}_n^r(\theta,\phi)\right|^2$$

$$\sigma(\theta,\phi)=4\pi\left|F\sum_{n=1}^{N}\boldsymbol{E}_n^r(\theta,\phi)\right|^2 \tag{6-12}$$

这里

$$F=\frac{\mathrm{j}\eta_0}{4\lambda Z_a}\left[\int_{\Delta l}\cos(kl)\,\mathrm{d}l\right]^2\cos\theta \tag{6-13}$$

$\boldsymbol{E}_n^r(\theta,\ \phi)$ 表示从失配的馈电网络返回到天线孔径的总散射场，当信号在馈电网络的不同元器件中传输时，这个因子可以通过遍历信号的途径来计算。

$$\sigma(\theta,\phi)=4\pi\left[|\sigma_r(\theta,\phi)|^2+|\sigma_p(\theta,\phi)|^2+|\sigma_c(\theta,\phi)|^2+|\sigma_s(\theta,\phi)|^2\right] \tag{6-14}$$

相控阵天线的总 RCS 是辐射单元、移相器、耦合器影响的总效果。

6.3 馈电网络不同位置的阻抗

信号从天线孔径进入馈电网络，到达接收端口之前要经过网络

的不同位置。馈电网络是由各种器件组合而成的，如散热器、移相器、耦合器和终端负载等。每个器件对传输信号都呈现一定的阻抗值（图 6-2）。因此，馈电网络的连接处最容易产生阻抗失配。在入射信号被反射的过程中，阻抗失配情况决定反射系数的值，而反射系数的值最终影响阵列的总 RCS。下面分别讨论馈电网络不同位置处的传输阻抗。

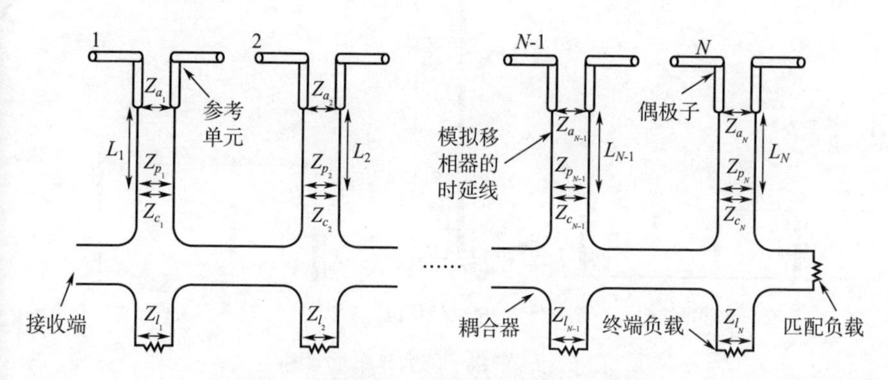

图 6-2　串联馈电网络中不同位置的阻抗

6.3.1　偶极子天线终端的阻抗

一般来说，一个偶极子天线在馈电终端的阻抗是有限值。其大小取决于天线位置、入射波角度及互耦情况。本文针对偶极子阵列的三种不同构型，即并排结构、共线结构和平行阶梯结构，分析互耦的影响（图 6-3）。

天线阻抗可以表示为 $Z_{a_n} = R_{a_n} + \mathrm{j}X_{a_n}$。相应的阻抗矩阵（Gupta 和 Ksienski，1983 年）可以写为

$$z_{a_{x,y}} = \begin{pmatrix} z_{a1,1} & z_{a1,2} & \cdots & z_{a1,N} \\ z_{a2,1} & z_{a2,2} & \cdots & z_{a2,N} \\ \vdots & \vdots & \ddots & \vdots \\ z_{aN,1} & z_{aN,2} & \cdots & z_{aN,N} \end{pmatrix} \tag{6-15}$$

这里，$Z_{a_{i,j}}$ 表示第 i 个单元的自阻抗，$Z_{a_{i,j}}$ $(i \neq j)$ 表示第 i 个和第 j

个单元之间的互阻抗。不同结构的偶极子间的自阻抗和互阻抗表达式见附录 C。第 n 个单元的总的天线阻抗可以表示为

$$Z_{a_n}=\sum_{y=1}^{N} z_{a_{x,y}} \frac{I_y}{I_x} \tag{6-16}$$

这里，I_n 是第 n 个天线单元馈电终端的电流。

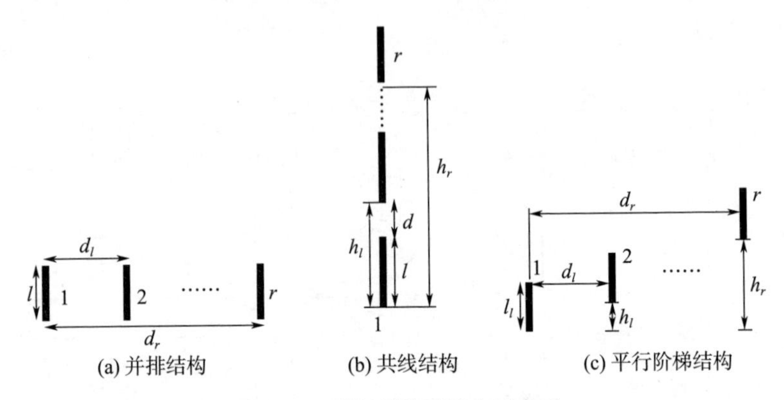

(a) 并排结构 (b) 共线结构 (c) 平行阶梯结构

图 6-3 偶极子阵列排布示意图

6.3.2 移相器终端的阻抗

移相器终端的阻抗和移相器的特性有关。建模时移相器被作为一个阻值为 Z_0 的简单无耗延迟线来考虑。连接到每个天线的延迟线的长度取决于对相移的要求。延迟线的长度 L_n 可以由相移量（Batchelor 等人，2000 年）算出。

$$L_n=\frac{\lambda}{2\pi}[(n-1)kd\sin\theta_s\cos\phi_s] \tag{6-17}$$

这些延迟线一端连接天线，另一端连接耦合器。因此天线阻抗，即移相器的输入阻抗，可以转化为和延迟线的长度（Liao，1990 年）相关的量

$$Z_{p_n}=Z_0\left[\frac{Z_{a_n}+\mathrm{j}Z_0\tan\left(\frac{2\pi}{\lambda}L_n\right)}{Z_0+\mathrm{j}Z_{a_n}\tan\left(\frac{2\pi}{\lambda}L_n\right)}\right] \tag{6-18}$$

这就得到了移相器另一端的阻抗 Z_{p_n}（图 6 - 2）。

6.3.3　耦合器终端的阻抗

耦合器不同端口的阻抗和耦合器的类型有关。假设馈电网络有一个无损四端口耦合器（图 6 - 4）。端口 1 和端口 2 是分别从主馈线引出的输入和直通端口，端口 3 为经过移相器与天线相连的耦合端口，端口 4 是终端为一个负载的隔离端口。通常，负载阻抗被设计为耦合端口阻抗的共轭，即 $Z_{c_n}=Z_{l_n}^*$ 。如此设计可以确保在耦合端口和终端之间传输的功率最大，进而在终端负载处产生的反射系数最大，RCS 也就更大。

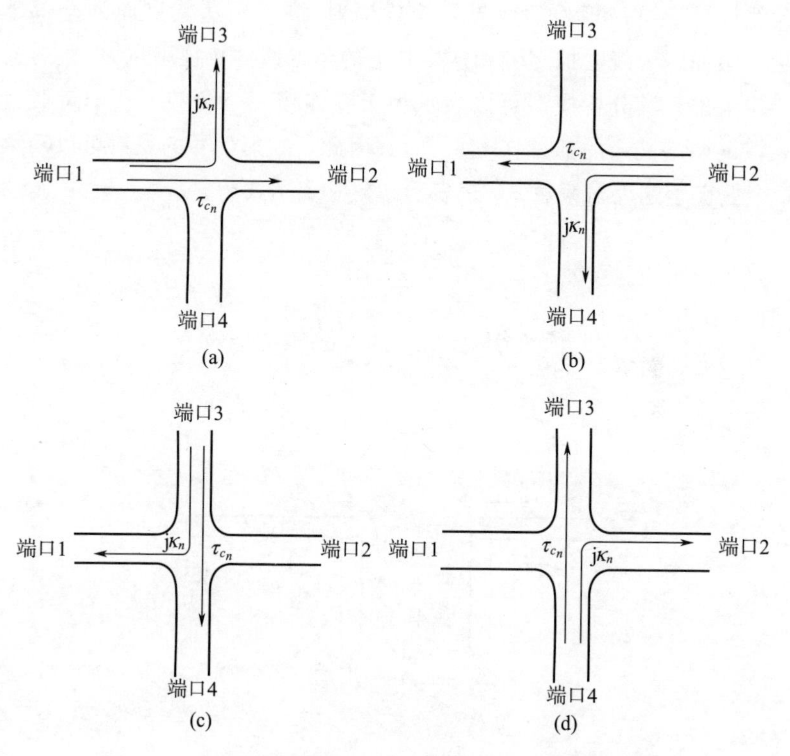

图 6 - 4　一个四端口耦合器，传输系数 τ_{c_n} ，耦合系数 $j\kappa_n$

6.4 馈电网络不同器件产生的散射贡献

相控阵天线总的 RCS 可以由处于馈电网络中不同位置的单个器件的散射总和来表示。这些个体产生的贡献的表达式可以根据信号从天线口面到馈电网络之间经过的路径来确定。每个个体的贡献都可以用馈电网络单元的反射和传输系数来描述。

6.4.1 偶极子散射形成的 RCS

入射信号产生散射的第一个来源是辐射单元（如偶极子）。对于天线设计来讲，理想的效果是希望辐射/接收到达其口面的全部能量。然而，天线阻抗 Z_{a_n} 和连接其上的延迟线的特征阻抗 Z_0 很容易产生失配。其分析模型可以表示为天线连接一个负载，这个负载代表馈电网络其余的部分（图 6－5）。因此，入射信号的反射可以用第 n 个偶极子的反射系数 ρ_{r_n} 来表示。数学表达式为

$$\rho_{r_n}=\left|\frac{Z_{a_n}-Z_0}{Z_{a_n}+Z_0}\right| \tag{6－19}$$

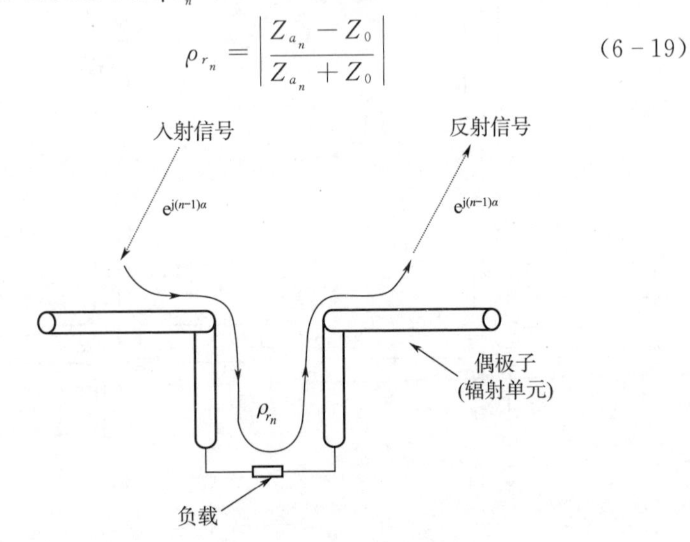

图 6－5　从辐射单元反射的信号

相邻天线单元产生的辐射会在原基础上沿着阵列产生一个线性相移。第 n 个天线单元的散射电场可以用反射系数 ρ_{r_n} 和第 n 个单元的相位来表示

$$\boldsymbol{E}_{r_n}^{r}(\theta,\phi)=\mathrm{e}^{\mathrm{j}(n-1)\alpha}\rho_{r_n}\mathrm{e}^{\mathrm{j}(n-1)\alpha}=\rho_{r_n}\mathrm{e}^{\mathrm{j}2(n-1)\alpha} \tag{6-20}$$

式（6-20）表示一个辐射单元的散射场。叠加全部阵列单元的总场就得到了偶极子阵列总的散射场。因此，相应的 RCS 可以表示为

$$\sigma_r(\theta,\phi)=F\sum_{n=1}^{N}\boldsymbol{E}_{r_n}^{r}(\theta,\phi)=F\sum_{n=1}^{N}\rho_{r_n}\mathrm{e}^{\mathrm{j}2(n-1)\alpha} \tag{6-21}$$

6.4.2　移相器散射形成的 RCS

辐射单元接收（而非反射）的信号传输到馈电网络的下一个部件，即移相器（模型为无损延迟线）的输入端口。可以由辐射单元的传输系数 τ_{r_n} 表示，$\tau_{r_n}^2=1-\rho_{r_n}^2$。传输信号沿着延迟线到达耦合端口。在延迟线的终端，如果终端阻抗 Z_{p_n} 和特征阻抗 Z_0 不一致，信号就会产生反射。可以用移相器的反射系数 ρ_{p_n} 表示

$$\rho_{p_n}=\left|\frac{Z_{p_n}-Z_0}{Z_{p_n}+Z_0}\right| \tag{6-22}$$

这个反射信号传回辐射单元后又再次传输和反射。不过这些高次谐波的量级较低，可以忽略不计。因此，如图 6-6 所示，第 n 个移相器产生的散射场可以表示为

$$\boldsymbol{E}_{p_n}^{r}(\theta,\phi)=[\mathrm{e}^{\mathrm{j}(n-1)\alpha}\tau_{r_n}\rho_{p_n}\tau_{r_n}\mathrm{e}^{\mathrm{j}(n-1)\alpha}]=\tau_{r_n}^2\rho_{p_n}\mathrm{e}^{\mathrm{j}2(n-1)\alpha} \tag{6-23}$$

假设天线是互易器件，就得到了式（6-23）中的 $\tau_{r_n}^2$ 项。这里，负载表示移相器以外的馈电网络的部分。式（6-23）中的指数项指线性相移量，和其在天线单元中的情况类似。同样，将式（6-23）表示的所有相控阵单元效应加起来就得到了移相器的总散射场。

相应的 RCS 可以表示为

$$\sigma_p(\theta,\phi)=F\sum_{n=1}^{N}\boldsymbol{E}_{p_n}^{r}(\theta,\phi)=F\sum_{n=1}^{N}\tau_{r_n}^2\rho_{p_n}\mathrm{e}^{\mathrm{j}2(n-1)\alpha} \tag{6-24}$$

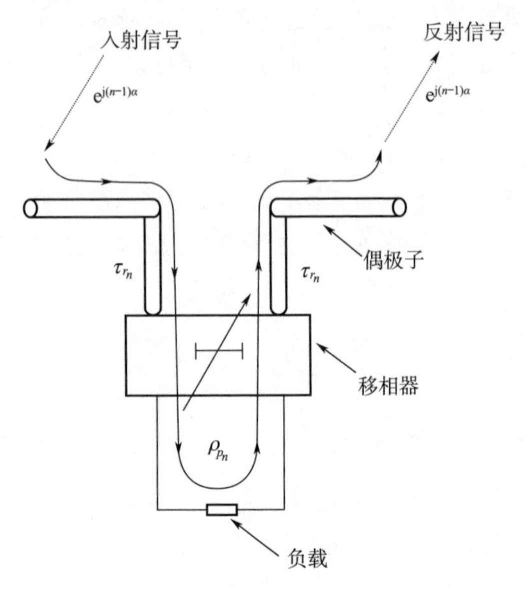

图 6-6 从移相器反射的信号

6.4.3 耦合器耦合端口散射形成的 RCS

图 6-7 给出了信号的传输路径，它经过移相器，向耦合器的耦合端口传输。这个传输信号由移相器的传输系数确定，$\tau_{p_n}^2=1-\rho_{p_n}^2$ 。如果移相器的终端阻抗 Z_{a_n} 和耦合器输入端口的阻抗 Z_{c_n} 不匹配，在连接处就会产生反射。相应的反射系数 ρ_{c_n} 可以表示为

$$\rho_{c_n}=\left|\frac{Z_{c_n}-Z_{p_n}}{Z_{c_n}+Z_{p_n}}\right| \tag{6-25}$$

因此，第 n 个耦合器产生的散射场可以表示为

$$\begin{aligned}\boldsymbol{E}_{c_n}^{r}(\theta,\phi)&=(e^{j(n-1)\alpha}\tau_{r_n}\tau_{p_n}e^{j(n-1)\alpha_s}\rho_{c_n}\tau_{p_n}e^{j(n-1)\alpha_s}\tau_{r_n}e^{j(n-1)\alpha})\\&=(\tau_{r_n}^2\tau_{p_n}^2\rho_{c_n}e^{j2(n-1)\alpha_s}e^{j2(n-1)\alpha})=\tau_{r_n}^2\tau_{p_n}^2\rho_{c_n}e^{j2(n-1)(\alpha_s+\alpha)}\\&=\tau_{r_n}^2\tau_{p_n}^2\rho_{c_n}e^{j2(n-1)\zeta}\end{aligned} \tag{6-26}$$

这里，α_s 代表沿 x 方向扫描天线波束时单元间的相位。把辐射单元

和移相器都看作是互易器件，式（6 - 26）中有 $\tau_{r_n}^2$ 和 $\tau_{p_n}^2$ 。式（6 - 26）中的指数项对应线性相移量。因此耦合器耦合端口处的信号产生的散射形成的 RCS 可以表示为

$$\sigma_c(\theta,\phi)=F\sum_{n=1}^{N}\boldsymbol{E}_{c_n}^{r}(\theta,\phi)=F\sum_{n=1}^{N}\tau_{r_n}^2\tau_{p_n}^2\rho_{c_n}\mathrm{e}^{\mathrm{j}2(n-1)\zeta} \quad (6-27)$$

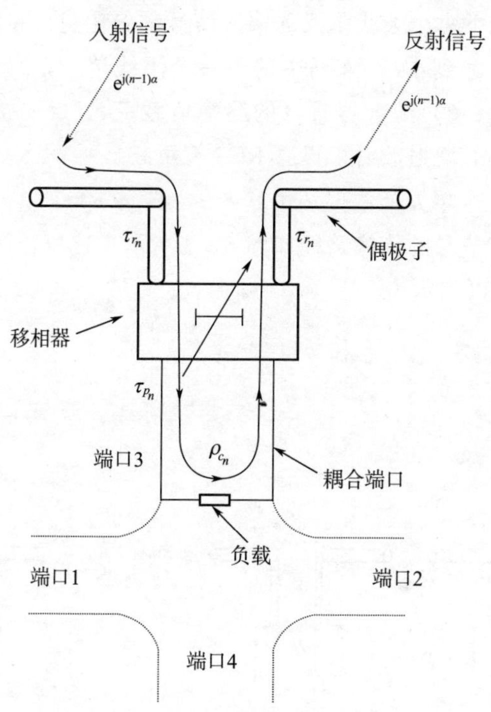

图 6 - 7　从耦合器耦合端口反射的信号

6.4.4　耦合器耦合端口外部散射形成的 RCS

信号的传输路径（不包括从耦合器耦合端口反射的信号）取决于耦合器的特性。假设耦合器是无损耗的四端口器件，耦合系数可表示为

$$\kappa_n = \frac{Z_{a_n} i_n^2}{\sum_{p=1}^{N} Z_{a_p} i_p^2 - \sum_{q=1}^{n-1} Z_{a_q} i_q^2} \tag{6-28}$$

耦合器的耦合系数详见附录 D。耦合器的传输系数为 $\tau_{c_n}^2 = 1 - \kappa_n^2$ 。

理想情况下每个天线单元的输入信号都希望只向接收端口传输。但它却可以传输到：1）阵列中的下一个天线单元；2）阵列中的前一个天线单元；3）耦合器自身的终端负载；4）反向接收端口。所有这些信号都对增强散射、提高 RCS 有贡献。

阵列第 n 个单元的散射场由其余的（$N-n$）个单元入射到其上的信号引起。信号的传输路径如图 6-8 所示。这里，终端负载的反射系数 ρ_{l_n} 可以表示为

$$\rho_{l_n} = \left| \frac{Z_{l_n} - Z_{c_n}}{Z_{l_n} + Z_{c_n}} \right| \tag{6-29}$$

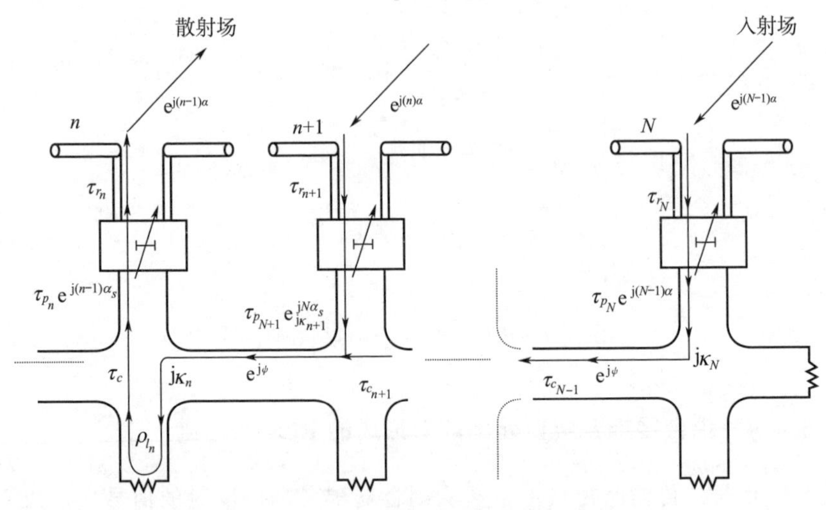

图 6-8 信号向第 n 个天线单元的传输路径

沿着信号经过每一个单元的传输路径，散射电场可以表示为

$$\boldsymbol{E}_{1_n}^r(\theta,\phi)=\left[\begin{array}{c}\left(\begin{array}{c}\mathrm{e}^{\mathrm{j}(N-1)\alpha}\tau_{r_N}\tau_{p_N}\mathrm{e}^{\mathrm{j}(N-1)\alpha_s}\mathrm{j}\kappa_N\mathrm{e}^{\mathrm{j}\psi}\tau_{c_{N-1}}\mathrm{e}^{\mathrm{j}\psi}\tau_{c_{N-2}}\cdots\\ \mathrm{e}^{\mathrm{j}\psi}\mathrm{j}\kappa_n\rho_{l_n}\tau_{c_n}\tau_{p_n}\mathrm{e}^{\mathrm{j}(n-1)\alpha_s}\tau_{r_n}\mathrm{e}^{\mathrm{j}(n-1)\alpha}\end{array}\right)+\\ \left(\begin{array}{c}\mathrm{e}^{\mathrm{j}(N-2)\alpha}\tau_{r_{N-1}}\tau_{p_{N-1}}\mathrm{e}^{\mathrm{j}(N-2)\alpha_s}\mathrm{j}\kappa_{N-1}\mathrm{e}^{\mathrm{j}\psi}\tau_{c_{N-2}}\cdots\\ \mathrm{e}^{\mathrm{j}\psi}\mathrm{j}\kappa_n\rho_{l_n}\tau_{c_n}\tau_{p_n}\mathrm{e}^{\mathrm{j}(n-1)\alpha_s}\tau_{r_n}\mathrm{e}^{\mathrm{j}(n-1)\alpha}\end{array}\right)+\cdots\\ +\left(\begin{array}{c}\mathrm{e}^{\mathrm{j}(n)\alpha}\tau_{r_{n+1}}\tau_{p_{n+1}}\mathrm{e}^{\mathrm{j}(n)\alpha_s}\mathrm{j}\kappa_{n+1}\\ \mathrm{e}^{\mathrm{j}\psi}\mathrm{j}\kappa_n\rho_{l_n}\tau_{c_n}\tau_{p_n}\mathrm{e}^{\mathrm{j}(n-1)\alpha_s}\tau_{r_n}\mathrm{e}^{\mathrm{j}(n-1)\alpha}\end{array}\right)\end{array}\right] \tag{6-30}$$

合并同类项得到

$$\begin{aligned}\boldsymbol{E}_{1_n}^r(\theta,\phi)&=\left\{\begin{array}{c}(\tau_{r_N}\tau_{r_n}\tau_{p_N}\tau_{p_n})(\mathrm{j}\kappa_N\mathrm{j}\kappa_n)\rho_{l_n}[\mathrm{e}^{\mathrm{j}(N-1)\zeta}\mathrm{e}^{\mathrm{j}(n-1)\zeta}](\tau_{c_{N-1}}\mathrm{e}^{\mathrm{j}\psi}\tau_{c_{N-2}}\mathrm{e}^{\mathrm{j}\psi}\cdots\tau_{c_n}\mathrm{e}^{\mathrm{j}\psi})+\\ (\tau_{r_{N-1}}\tau_{r_n}\tau_{p_{N-1}}\tau_{p_n})(\mathrm{j}\kappa_{N-1}\mathrm{j}\kappa_n)\rho_{l_n}[\mathrm{e}^{\mathrm{j}(N-2)\zeta}\mathrm{e}^{\mathrm{j}(n-1)\zeta}](\tau_{c_{N-2}}\mathrm{e}^{\mathrm{j}\psi}\cdots\tau_{c_n}\mathrm{e}^{\mathrm{j}\psi})+\cdots\\ +(\tau_{r_{n+1}}\tau_{r_n}\tau_{p_n}\tau_{p_{n+1}})(\mathrm{j}\kappa_{n+1}\mathrm{j}\kappa_n)\rho_{l_n}[\mathrm{e}^{\mathrm{j}(n)\zeta}\mathrm{e}^{\mathrm{j}(n-1)\zeta}](\tau_{c_n}\mathrm{e}^{\mathrm{j}\psi})\end{array}\right\}\\ &=\left[\begin{array}{c}(\tau_{r_N}\tau_{r_n}\tau_{p_N}\tau_{p_n})(\mathrm{j}\kappa_N\mathrm{j}\kappa_n)\rho_{l_n}[\mathrm{e}^{\mathrm{j}(N-1)\zeta}\mathrm{e}^{\mathrm{j}(n-1)\zeta}]\prod_{i=n}^{N-1}\tau_{c_i}\mathrm{e}^{\mathrm{j}\psi}+\\ (\tau_{r_{N-1}}\tau_{r_n}\tau_{p_{N-1}}\tau_{p_n})(\mathrm{j}\kappa_{N-1}\mathrm{j}\kappa_n)\rho_{l_n}[\mathrm{e}^{\mathrm{j}(N-2)\zeta}\mathrm{e}^{\mathrm{j}(n-1)\zeta}]\prod_{i=n}^{N-2}\tau_{c_i}\mathrm{e}^{\mathrm{j}\psi}+\cdots\\ +(\tau_{r_{n+1}}\tau_{r_n}\tau_{p_n}\tau_{p_{n+1}})(\mathrm{j}\kappa_{n+1}\mathrm{j}\kappa_n)\rho_{l_n}[\mathrm{e}^{\mathrm{j}(n)\zeta}\mathrm{e}^{\mathrm{j}(n-1)\zeta}]\prod_{i=n}^{n}\tau_{c_i}\mathrm{e}^{\mathrm{j}\psi}\end{array}\right]\end{aligned} \tag{6-31}$$

提出因子 $[\tau_{r_n}\tau_{p_n}\rho_{l_n}\mathrm{j}\kappa_n\mathrm{e}^{\mathrm{j}(n-1)\zeta}]$ ，得到

$$\begin{aligned}\boldsymbol{E}_{1_n}^r(\theta,\phi)&=\left\{\tau_{r_n}\tau_{p_n}\rho_{l_n}\mathrm{j}\kappa_n\mathrm{e}^{\mathrm{j}(n-1)\zeta}\left\{\begin{array}{c}[\tau_{r_N}\tau_{p_N}\mathrm{j}\kappa_N\mathrm{e}^{\mathrm{j}(N-1)\zeta}]\prod_{i=n}^{N-1}\tau_{c_i}\mathrm{e}^{\mathrm{j}\psi}\\ +[\tau_{r_{N-1}}\tau_{p_{N-1}}\mathrm{j}\kappa_{N-1}\mathrm{e}^{\mathrm{j}(N-2)\zeta}]\prod_{i=n}^{N-2}\tau_{c_i}\mathrm{e}^{\mathrm{j}\psi}\\ +\cdots+[\tau_{r_{n+1}}\tau_{p_{n+1}}\mathrm{j}\kappa_{n+1}\mathrm{e}^{\mathrm{j}(n)\zeta}]\prod_{i=n}^{n}\tau_{c_i}\mathrm{e}^{\mathrm{j}\psi}\end{array}\right\}\right\}\\ &=\tau_{r_n}\tau_{p_n}\rho_{l_n}\mathrm{j}\kappa_n\mathrm{e}^{\mathrm{j}(n-1)\zeta}\sum_{m=n+1}^{N}[\tau_{r_m}\tau_{p_m}\mathrm{j}\kappa_m\mathrm{e}^{\mathrm{j}(m-1)\zeta}]\prod_{i=n}^{m-1}\tau_{c_i}\mathrm{e}^{\mathrm{j}\psi}\end{aligned} \tag{6-32}$$

同一个单元的散射场 n 也会受从前 $n-1$ 个阵列单元传过来的信号的影响。信号的传输路径见图 6-9。沿着信号经过每一个单元的传输路径，散射电场可以表示为

$$\boldsymbol{E}_{2_n}^{r}(\theta,\phi)=\left[\begin{array}{c}\left(\begin{array}{c}\mathrm{e}^{\mathrm{j}0\alpha}\tau_1\tau_{p_1}\mathrm{e}^{\mathrm{j}0\alpha_s}\tau_{c_1}\rho_{l1}\mathrm{j}\kappa_1\mathrm{e}^{\mathrm{j}\psi}\tau_{c_2}\mathrm{e}^{\mathrm{j}\psi}\cdots\\ \tau_{c_{n-1}}\mathrm{e}^{\mathrm{j}\psi}\mathrm{j}\kappa_n\tau_{p_n}\mathrm{e}^{\mathrm{j}(n-1)\alpha_s}\tau_{r_n}\mathrm{e}^{\mathrm{j}(n-1)\alpha}\end{array}\right)+\\ \left(\begin{array}{c}\mathrm{e}^{\mathrm{j}1\alpha}\tau_2\tau_{p_2}\mathrm{e}^{\mathrm{j}1\alpha_s}\tau_{c_2}\rho_{l2}\mathrm{j}\kappa_2\mathrm{e}^{\mathrm{j}\psi}\tau_{c_3}\mathrm{e}^{\mathrm{j}\psi}\cdots\\ \tau_{c_{n-1}}\mathrm{e}^{\mathrm{j}\psi}\mathrm{j}\kappa_n\tau_{p_n}\mathrm{e}^{\mathrm{j}(n-1)\alpha_s}\tau_{r_n}\mathrm{e}^{\mathrm{j}(n-1)\alpha}\end{array}\right)+\\ \cdots+\left(\begin{array}{c}\mathrm{e}^{\mathrm{j}(n-2)\alpha}\tau_{n-1}\tau_{p_{n-1}}\mathrm{e}^{\mathrm{j}(n-2)\alpha_s}\tau_{c_{n-1}}\rho_{l_{n-1}}\\ \mathrm{j}\kappa_{n-1}\mathrm{e}^{\mathrm{j}\psi}\mathrm{j}\kappa_n\tau_{p_n}\mathrm{e}^{\mathrm{j}(n-1)\alpha_s}\tau_{r_n}\mathrm{e}^{\mathrm{j}(n-1)\alpha}\end{array}\right)\end{array}\right] \tag{6-33}$$

合并同类项得到

$$\boldsymbol{E}_{2_n}^{r}(\theta,\phi)=\left\{\begin{array}{c}(\tau_{r_n}\tau_{r_1}\tau_{p_n}\tau_{p_1})(\mathrm{j}\kappa_1\mathrm{j}\kappa_n)\rho_{l1}[\mathrm{e}^{\mathrm{j}0\zeta}\mathrm{e}^{\mathrm{j}(n-1)\zeta}](\tau_{c_1}\mathrm{e}^{\mathrm{j}\psi}\tau_{c_2}\mathrm{e}^{\mathrm{j}\psi}\cdots\tau_{c_{n-1}}\mathrm{e}^{\mathrm{j}\psi})+\\ (\tau_{r_n}\tau_{r_2}\tau_{p_n}\tau_{p_2})(\mathrm{j}\kappa_2\mathrm{j}\kappa_n)\rho_{l1}[\mathrm{e}^{\mathrm{j}1\zeta}\mathrm{e}^{\mathrm{j}(n-1)\zeta}](\tau_{c_2}\mathrm{e}^{\mathrm{j}\psi}\cdots\tau_{c_{n-1}}\mathrm{e}^{\mathrm{j}\psi})+\\ \cdots+(\tau_{r_n}\tau_{r_{n-1}}\tau_{p_n}\tau_{p_{n-1}})(\mathrm{j}\kappa_{n-1}\mathrm{j}\kappa_n)\rho_{l_{n-1}}[\mathrm{e}^{\mathrm{j}(n-2)\zeta}\mathrm{e}^{\mathrm{j}(n-1)\zeta}](\tau_{c_{n-1}}\mathrm{e}^{\mathrm{j}\psi})\end{array}\right\}$$

$$=\left\{\begin{array}{c}(\tau_{r_n}\tau_{r_1}\tau_{p_n}\tau_{p_1})(\mathrm{j}\kappa_1\mathrm{j}\kappa_n)\rho_{l1}(\mathrm{e}^{\mathrm{j}0\zeta}\mathrm{e}^{\mathrm{j}(n-1)\zeta})\prod_{i=1}^{n-1}\tau_{c_i}\mathrm{e}^{\mathrm{j}\psi}+\\ (\tau_{r_n}\tau_{r_2}\tau_{p_n}\tau_{p_2})(\mathrm{j}\kappa_2\mathrm{j}\kappa_n)\rho_{l1}(\mathrm{e}^{\mathrm{j}1\zeta}\mathrm{e}^{\mathrm{j}(n-1)\zeta})\prod_{i=2}^{n-1}\tau_{c_i}\mathrm{e}^{\mathrm{j}\psi}+\\ \cdots+(\tau_{r_n}\tau_{r_{n-1}}\tau_{p_n}\tau_{p_{n-1}})(\mathrm{j}\kappa_{n-1}\mathrm{j}\kappa_n)\rho_{l_{n-1}}(\mathrm{e}^{\mathrm{j}(n-2)\zeta}\mathrm{e}^{\mathrm{j}(n-1)\zeta})\prod_{i=n-1}^{n-1}\tau_{c_i}\mathrm{e}^{\mathrm{j}\psi}\end{array}\right\} \tag{6-34}$$

提出因子 $[\tau_{r_n}\tau_{p_n}\mathrm{j}\kappa_n\mathrm{e}^{\mathrm{j}(n-1)\zeta}]$，得到

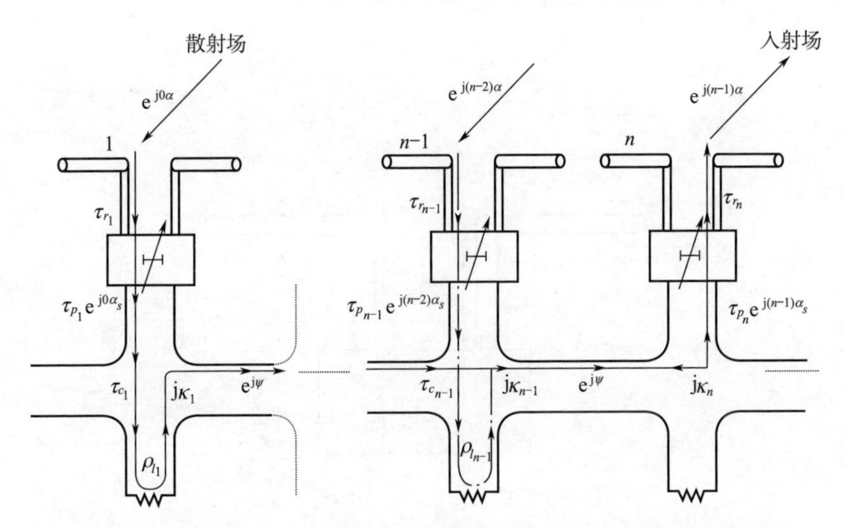

图 6-9　从前面 $n-1$ 个阵列单元向第 n 个单元传输的信号的传输路径

$$\boldsymbol{E}_{2_n}^r(\theta,\phi)=\left\{\tau_{r_n}\tau_{p_n}\mathrm{j}c_n\mathrm{e}^{\mathrm{j}(n-1)\zeta}\left[\begin{array}{c}\tau_{r_1}\tau_{p_1}\rho_{l1}\mathrm{j}\kappa_1\mathrm{e}^{\mathrm{j}0\zeta}\prod\limits_{i=1}^{n-1}\tau_{c_i}\mathrm{e}^{\mathrm{j}\psi}\\+\tau_{r_2}\tau_{p_2}\rho_{l2}\mathrm{j}\kappa_2\mathrm{e}^{\mathrm{j}1\zeta}\prod\limits_{i=2}^{n-1}\tau_{c_i}\mathrm{e}^{\mathrm{j}\psi}+\cdots\\+\tau_{r_{n-1}}\tau_{p_{n-1}}\rho_{l_{n-1}}\mathrm{j}\kappa_{n-1}\mathrm{e}^{\mathrm{j}(n-2)\zeta}\prod\limits_{i=n-1}^{n-1}\tau_{c_i}\mathrm{e}^{\mathrm{j}\psi}\end{array}\right]\right\}$$

$$=\left[\tau_{r_n}\tau_{p_n}\mathrm{j}\kappa_n\mathrm{e}^{\mathrm{j}(n-1)\zeta}\sum_{m=1}^{n-1}\tau_{r_m}\tau_{p_m}\rho_{l_m}\mathrm{j}\kappa_m\mathrm{e}^{\mathrm{j}(m-1)\zeta}\prod_{i=m}^{n-1}\tau_{c_i}\mathrm{e}^{\mathrm{j}\psi}\right]$$

(6-35)

经耦合器终端负载传输的信号也会对第 n 个单元的散射场造成影响，如图 6-10 所示。这种输入信号的自身散射可以表示为

$$\boldsymbol{E}_{3n}^r(\theta,\phi)=[\mathrm{e}^{\mathrm{j}(n-1)\alpha}\tau_{r_n}\tau_{p_n}\mathrm{e}^{\mathrm{j}(n-1)\alpha_s}\tau_{c_n}]\rho_{l_n}[\tau_{c_n}\tau_{p_n}\mathrm{e}^{\mathrm{j}(n-1)\alpha_s}\tau_{r_n}\mathrm{e}^{\mathrm{j}(n-1)\alpha}]$$

$$=\rho_{l_n}\tau_{r_n}^2\tau_{p_n}^2\tau_{c_n}^2\mathrm{e}^{\mathrm{j}2(n-1)\alpha}\mathrm{e}^{\mathrm{j}2(n-1)\alpha_s}$$

$$\boldsymbol{E}_{3n}^r(\theta,\phi)=\rho_{l_n}\tau_{r_n}^2\tau_{p_n}^2\tau_{c_n}^2\mathrm{e}^{\mathrm{j}2(n-1)\zeta}$$

(6-36)

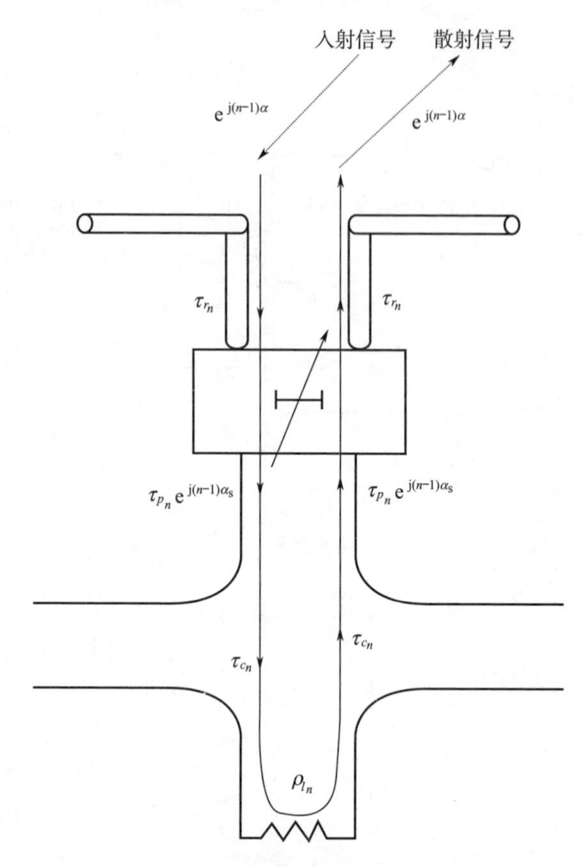

图 6-10　经耦合器终端负载传输的信号传输路径

成功克服上述所有散射源的信号向接收端口传输（图 6-11）。但是，如果接收端口和耦合器的输入端口不匹配，输入端口就会产生散射。输入端口的反射系数可以表示为

$$\rho_{\mathrm{in}} = \frac{Z_{12} - Z_0}{Z_{12} + Z_0} \tag{6-37}$$

这里 Z_{12} 是阵列中第一个耦合器输入端口的阻抗，Z_0 是连接输入端口和第一个耦合器的同轴电缆的特征阻抗。耦合器输入输出端口连接处的散射场表示为

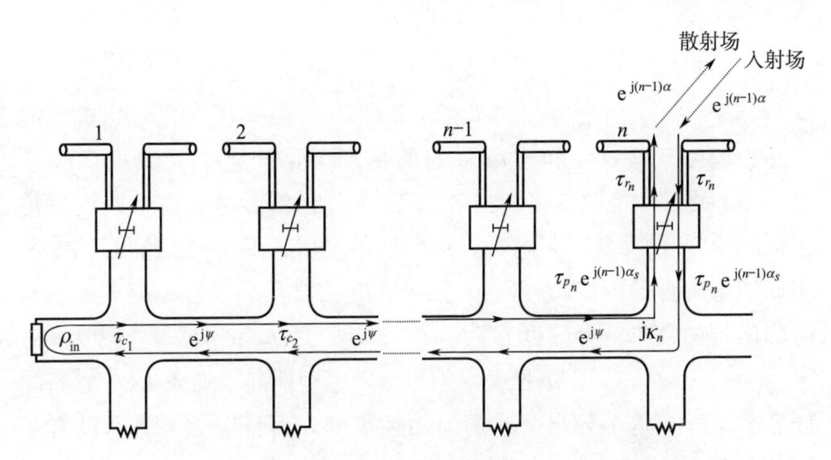

图 6-11　经输入端口终端负载传输的信号传输路径

$$\boldsymbol{E}_{4n}^{r}(\theta,\phi)=\left[\begin{array}{c}[\mathrm{e}^{\mathrm{j}(n-1)\alpha}\tau_{r_n}\tau_{p_n}\mathrm{e}^{\mathrm{j}(n-1)\alpha_s}\mathrm{j}\kappa_n\mathrm{e}^{\mathrm{j}\psi}\tau_{c_{n-1}}\cdots\mathrm{e}^{\mathrm{j}\psi}\tau_{c_2}\mathrm{e}^{\mathrm{j}\psi}\tau_{c_1}]\rho_{\mathrm{in}}\\ \tau_{c_1}\mathrm{e}^{\mathrm{j}\psi}\tau_{c_2}\mathrm{e}^{\mathrm{j}\psi}\cdots\tau_{c_{n-1}}\mathrm{e}^{\mathrm{j}\psi}\mathrm{j}\kappa_n\tau_{p_n}\mathrm{e}^{\mathrm{j}(n-1)\alpha_s}\tau_{r_n}\mathrm{e}^{\mathrm{j}(n-1)\alpha}\end{array}\right] \tag{6-38}$$

合并同类项得到

$$\boldsymbol{E}_{4n}^{r}(\theta,\phi)=[\tau_{r_n}^{2}\tau_{p_n}^{2}\mathrm{e}^{\mathrm{j}2(n-1)\alpha}\mathrm{e}^{\mathrm{j}2(n-1)\alpha_s}(\mathrm{j}\kappa_n)^2\rho_{\mathrm{in}}(\tau_{c_1}\mathrm{e}^{\mathrm{j}\psi}\tau_{c_2}\mathrm{e}^{\mathrm{j}\psi}\cdots\tau_{c_{n-1}}\mathrm{e}^{\mathrm{j}\psi})^2]$$

$$\boldsymbol{E}_{4n}^{r}(\theta,\phi)=\left[\rho_{\mathrm{in}}\tau_{r_n}^{2}\tau_{p_n}^{2}(\mathrm{j}\kappa_n)^2\mathrm{e}^{\mathrm{j}2(n-1)\zeta}\left(\prod_{i=1}^{n-1}\tau_{c_i}\mathrm{e}^{\mathrm{j}\psi}\right)^2\right] \tag{6-39}$$

由耦合器耦合端口以外的信号散射形成的总场可以表示为

$$\boldsymbol{E}_{s_n}^{r}(\theta,\phi)=\boldsymbol{E}_{1n}^{r}(\theta,\phi)+\boldsymbol{E}_{2_n}^{r}(\theta,\phi)+\boldsymbol{E}_{3n}^{r}(\theta,\phi)+\boldsymbol{E}_{4n}^{r}(\theta,\phi) \tag{6-40}$$

相应的 RCS 为

$$\sigma_s(\theta,\phi)=F\sum_{n=1}^{N}\boldsymbol{E}_{s_n}^{r}(\theta,\phi) \tag{6-41}$$

把式（6-21）、式（6-24）、式（6-27）和式（6-41）代入式（6-13），得到由于馈电网络失配引起的总的相控阵 RCS。因此，相控阵 RCS 标准表达式可以写为

$$\sigma(\theta,\phi)=\frac{4\pi}{\lambda^2}\{|\sigma_r(\theta,\phi)|^2+|\sigma_p(\theta,\phi)|^2+|\sigma_c(\theta,\phi)|^2+|\sigma_s(\theta,\phi)|^2\}$$

(6-42)

在忽略互耦效应和边缘影响的情况下，计算了无穷小偶极子（$l \ll \lambda$）的线性串联馈电相控阵的 RCS 方向图。尽管这些假设简化了阵列 RCS 的算法，但这种方法仍然不实用。图 6-12 给出了 50 个串联馈电阵列的 RCS 方向图，分别给出了耦合系数公式中考虑和不考虑阻抗的结果。参数设为 $\theta_s=0°$，$\psi=\pi/2$，$d=0.4\lambda$，$l=0.5\lambda$，$\rho_r=\rho_p=\rho_c=\rho_l=0.2$，单位振幅均匀分布。很明显，两条 RCS 方向图吻合得很好。这个导出公式的通用性更好，而且考虑了有和没有互耦的情况。

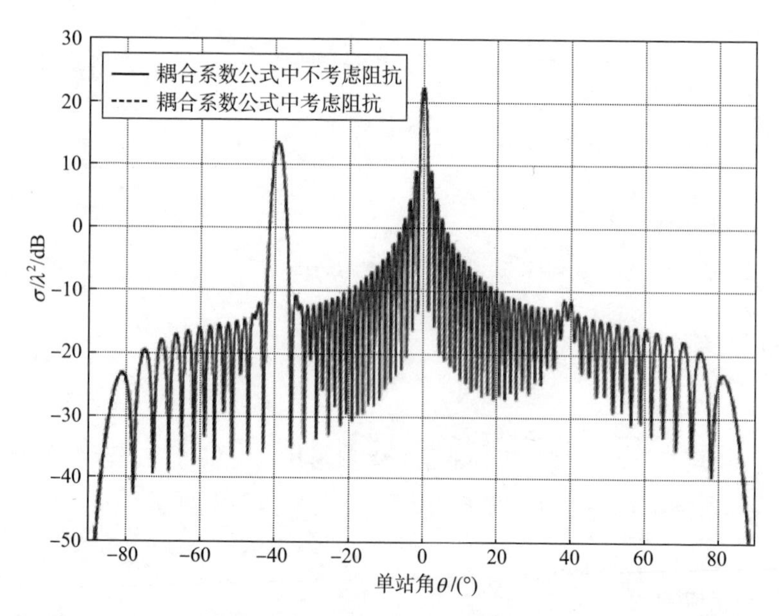

图 6-12　50 单元串联馈电阵列的 RCS 方向图。$\theta_s=0°$，$\psi=\pi/2$，$d=0.4\lambda$，$l=0.5\lambda$，$\rho_r=\rho_p=\rho_c=\rho_l=0.2$，单位振幅均匀分布

下面分析偶极子天线单元有效高度对相控阵 RCS 的影响。尽管一个天线可以用物理长度（高度）来描述，但它的有效口径却和物

理尺寸不同。因此要准确计算天线的 RCS，考虑天线有效高度比天线单元的物理高度更为重要。天线的有效高度与其表面电流分布特性有关。

这里，为了满足无穷小偶极子的假设，偶极子天线高度设为 0.003λ 。对用偶极子天线物理高度和有效高度计算的 RCS 方向图进行对比（图 6－13），可见，两条曲线吻合良好。说明计算偶极子阵列 RCS 的公式通用性较好，可以用来计算无穷小和有限长度偶极子。

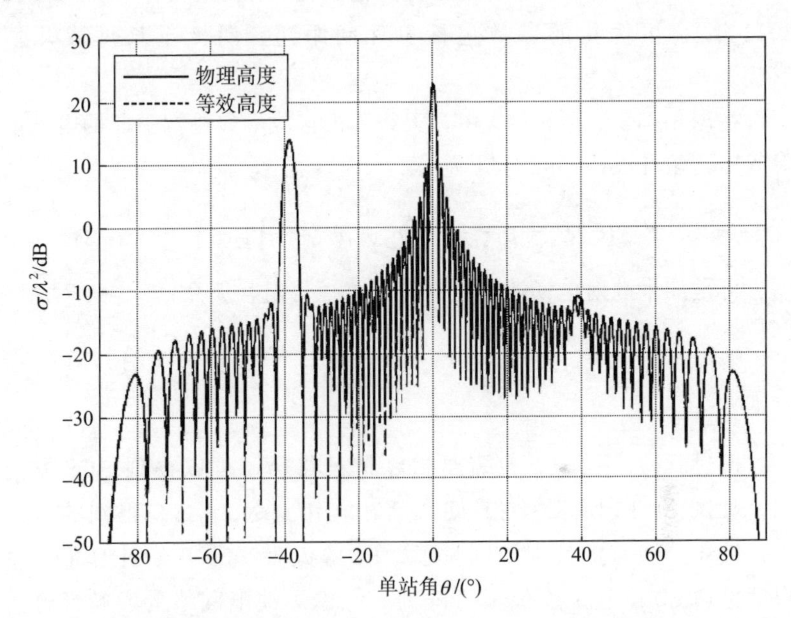

图 6－13　串联馈电偶极子线阵的 RCS 方向图。$N=50$，$\theta_s=0°$，$\psi=\pi/2$，$d=0.4\lambda$，$l=0.003\lambda$，$\rho_r=\rho_p=\rho_c=\rho_l=0.2$，单位振幅均匀分布

下面用天线的阻抗代替天线的电阻计算相控阵 RCS。在天线阻抗和相控阵 RCS 的表达式中，考虑了偶极子天线单元的有限半径。恰当地选择偶极子单元的半径和长度是十分必要的。通常偶极子被当作一条细线。这里，线径取为 $10^{-5}\lambda$ 。假设天线是谐振的，希望对于谐振长度的偶极子，天线的电抗消失。因此，偶极子的长度取

0.488λ 。

根据偶极子天线长度和半径计算的辐射电抗为 $-7.566\times10^{-5}\ \Omega$，几乎等于0。RCS方向图如图6-14（a）所示。

保持其他参数不变，对比了使用和没用辐射电抗的RCS计算结果。可以看出，当选择不同的偶极子长度和单元间距离时，RCS方向图的大小是不同的。缩小单元间的距离或保持偶极子长度不变［图6-14（b）］，可以缩小RCS方向图间的差距。因此可以得出结论，相控阵RCS可以通过多变量优化（Zhang等人，2010年，2011年）。可优化的参数包括单元间距离、偶极子长度或几何形状。

在图6-12到图6-14中，天线阵列接收端口终端引起的电场散射（Jenn和Lee，1995年）为

$$\boldsymbol{E}_{4n}^{r}(\theta,\phi)=\rho_{l}\tau_{r}^{2}\tau_{p}^{2}\left[\sum_{n=1}^{N}\mathrm{j}\kappa_{n}\mathrm{e}^{\mathrm{j}(n-1)\zeta}\prod_{i=1}^{n-1}\tau_{c_{i}}\mathrm{e}^{\mathrm{j}\psi}\right]^{2} \tag{6-43}$$

可是如果散射电场通过追踪信号路径得出，那么

$$\boldsymbol{E}_{4n}^{r}(\theta,\phi)=\sum_{n=1}^{N}\left[\rho_{\mathrm{in}}\tau_{r_{n}}^{2}\tau_{p_{n}}^{2}(\mathrm{j}\kappa_{n})^{2}\mathrm{e}^{\mathrm{j}2(n-1)\zeta}\left(\prod_{i=1}^{n-1}\tau_{c_{i}}\mathrm{e}^{\mathrm{j}\psi}\right)^{2}\right] \tag{6-44}$$

通过式（6-44），也就是追踪信号路径，可以得到RCS方向图，如图6-15所示。对比可以看出，用式（6-43）得到的RCS方向图中，负载的反射峰不见了。Lu等人（2009年）计算了一个串联馈电60×60平面偶极子阵列，考虑了馈电网络的影响。这里偶极子天线的辐射电抗取 $R_{a}=24.7(kl)^{2.4}$ 。在Lu等人（2009年）计算公式的基础上，计算了30个单元的串联馈电偶极子线阵的RCS方向图，如图6-16所示。图6-15、图6-16的RCS方向图也类似。

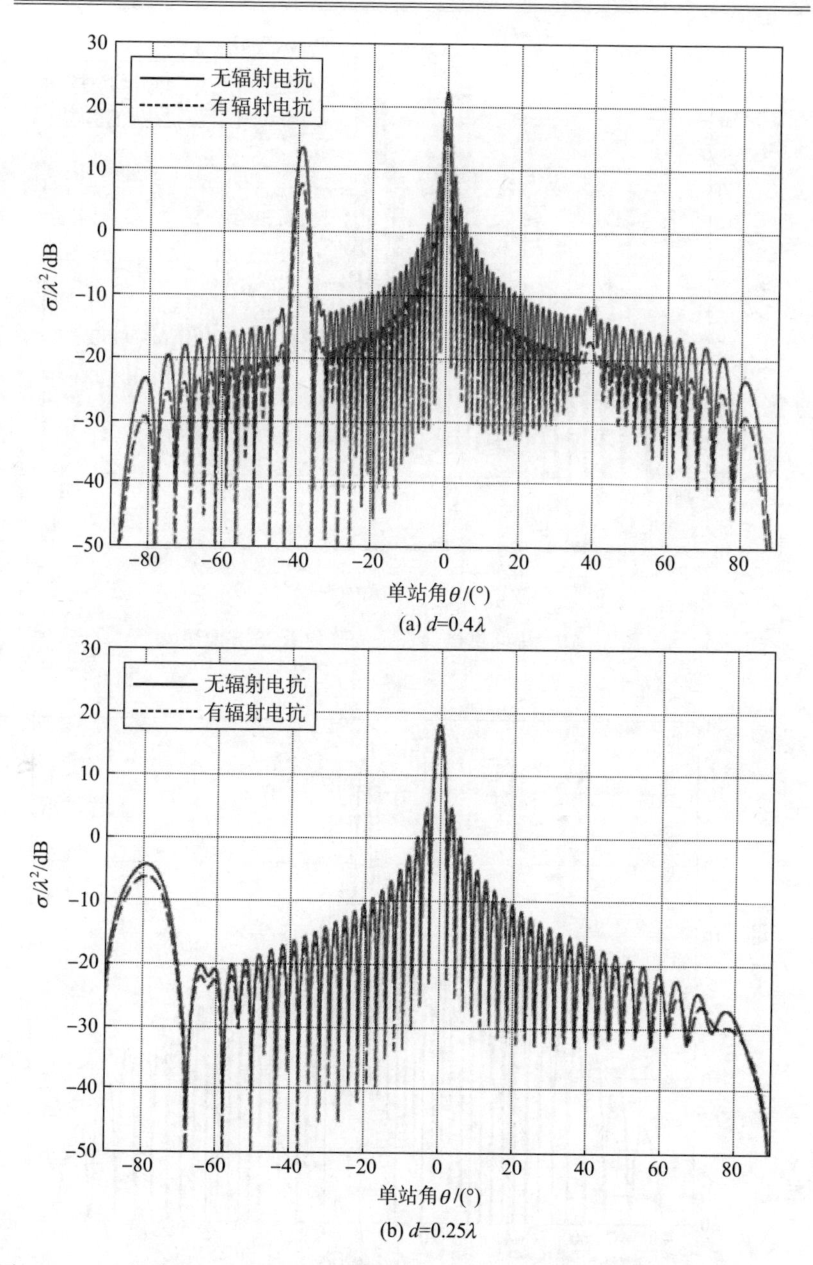

图 6-14　天线单元空间距离对串联馈电 50 单元线性偶极子阵的影响。$\theta_s=0^\circ$，$\psi=\pi/2$，$l=0.488\lambda$，$\rho_r=\rho_p=\rho_c=\rho_l=0.2$，单位振幅均匀分布

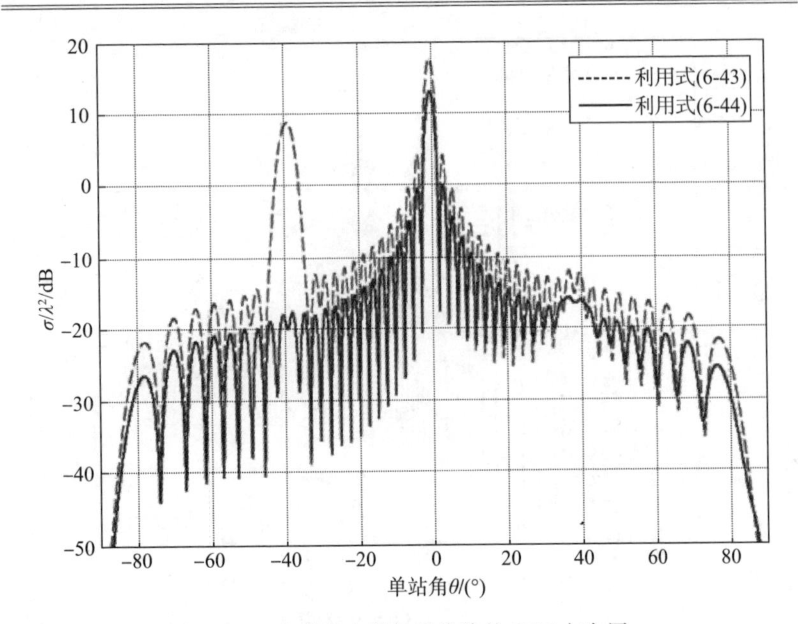

图 6-15 串联馈电偶极子线阵的 RCS 方向图。

$N=30$，$\theta_s=0°$，$d=0.4\lambda$，$l=0.5\lambda$，$\rho=0.2$

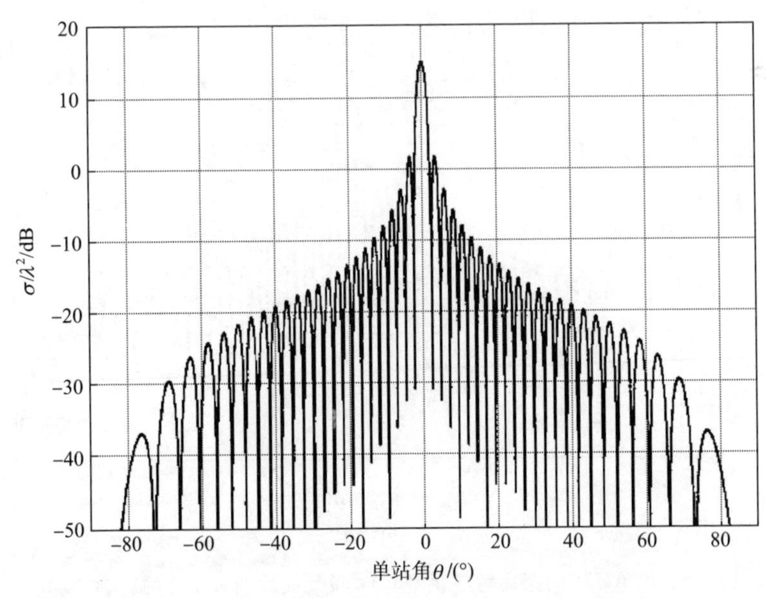

图 6-16 30 单元串联馈电偶极子线阵的 RCS 方向图。

$\theta_s=0°$，$d=0.4\lambda$，$l=0.5\lambda$，$\rho=0.2$

下面，考虑互耦对计算共线结构偶极子阵列 RCS 的影响。图 6－17 给出了在考虑和没考虑互耦影响的 20 个偶极子阵列的 RCS 方向图。其他参数设为 $\theta_s = 0°$，$\psi = \pi/2$，$d = 0.1\lambda$，$l = 0.5\lambda$，$a = 10^{-5}\lambda$，$Z_0 = 150\ \Omega$，$Z_l = 225\ \Omega$。幅度分布设为单位振幅均匀分布。结果显示，互耦明显改变了偶极子阵列的 RCS。

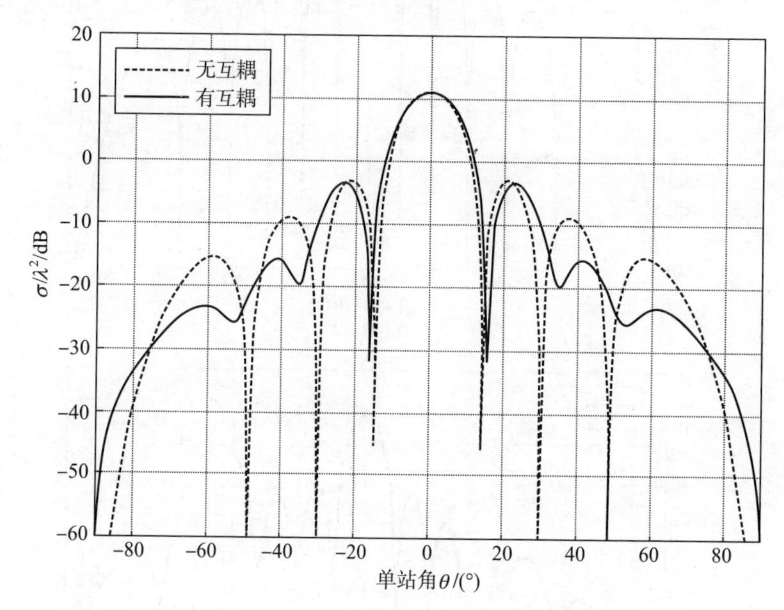

图 6－17　并排结构的 20 单元串联馈电偶极子线阵的 RCS 方向图

图 6－18 给出了由于波束扫描角变化引起的偶极子阵列（平行阶梯结构）RCS 方向图的变化。波束扫描角包括 0°，45°和 85°。其他参数设为 $N = 30$，$Z_0 = 75\ \Omega$，$Z_l = 150\ \Omega$。可以看出，平行阶梯结构的偶极子阵列的 RCS 方向图在有和没有互耦时几乎完全相同。但是，随着扫描角从 0°增加到 45°或 85°，RCS 方向图的差异变得越来越明显。在大扫描角的时候，互耦对偶极子阵列和 RCS 都有明显的影响，这和文献中推导的结果一致（Lee 和 Chu，1988 年）。图 6－19 和图 6－20 分别给出了在不同扫描角的时候（0°，45°和 85°），并排结构和共线结构偶极子阵列的 RCS 方向图变化。除了 Z_0 和 Z_l，

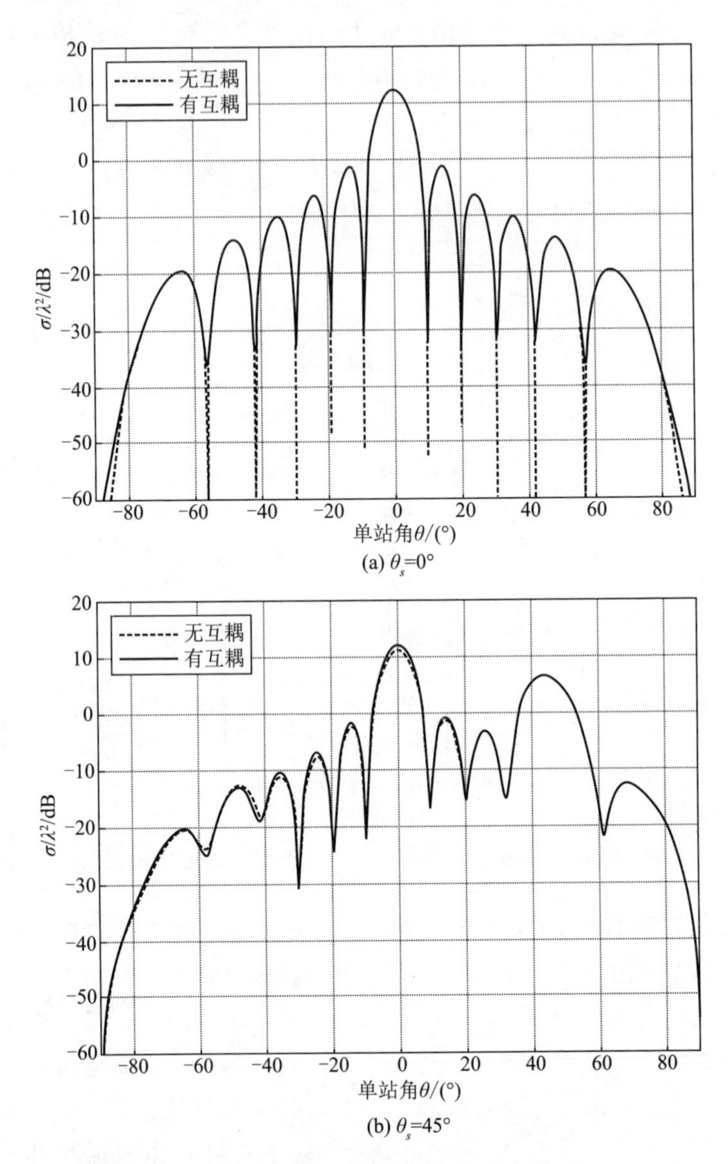

图 6-18　共线结构的串联馈电偶极子线阵的 RCS 方向图，$N = 30$，$\psi = \pi/2$，$d = 0.1\lambda$，$l = 0.5\lambda$，$a = 10^{-5}\lambda$，$Z_0 = 75\ \Omega$，$Z_l = 150\ \Omega$，单位幅度均匀分布

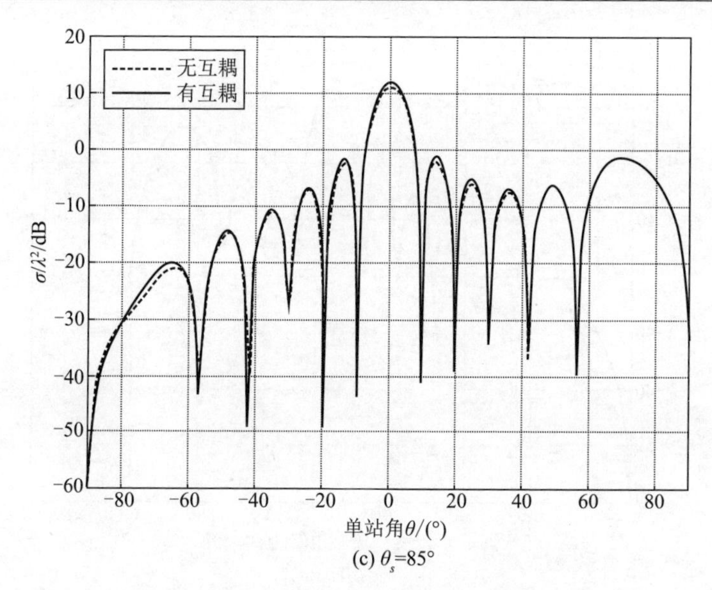

(c) θ_s=85°

图 6-18　共线结构的串联馈电偶极子线阵的 RCS 方向图，$N = 30$，$\psi = \pi/2$，$d = 0.1\lambda$，$l = 0.5\lambda$，$a = 10^{-5}\lambda$，$Z_0 = 75\ \Omega$，$Z_l = 150\ \Omega$，单位幅度均匀分布（续）

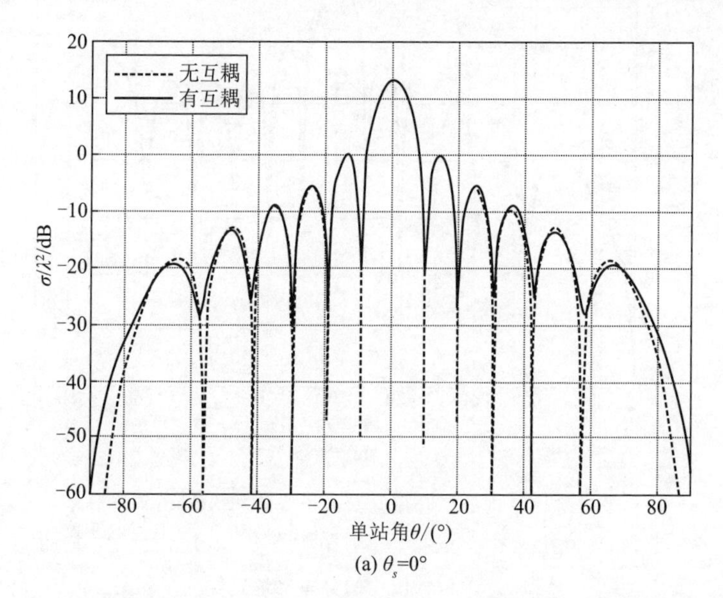

(a) θ_s=0°

图 6-19　平行阶梯结构的串联馈电偶极子线阵的 RCS 方向图，$N = 30$，$\psi = \pi/2$，$d = 0.1\lambda$，$l = 0.5\lambda$，$a = 10^{-5}\lambda$，$Z_0 = 125\ \Omega$，$Z_l = 235\ \Omega$，单位幅度均匀分布

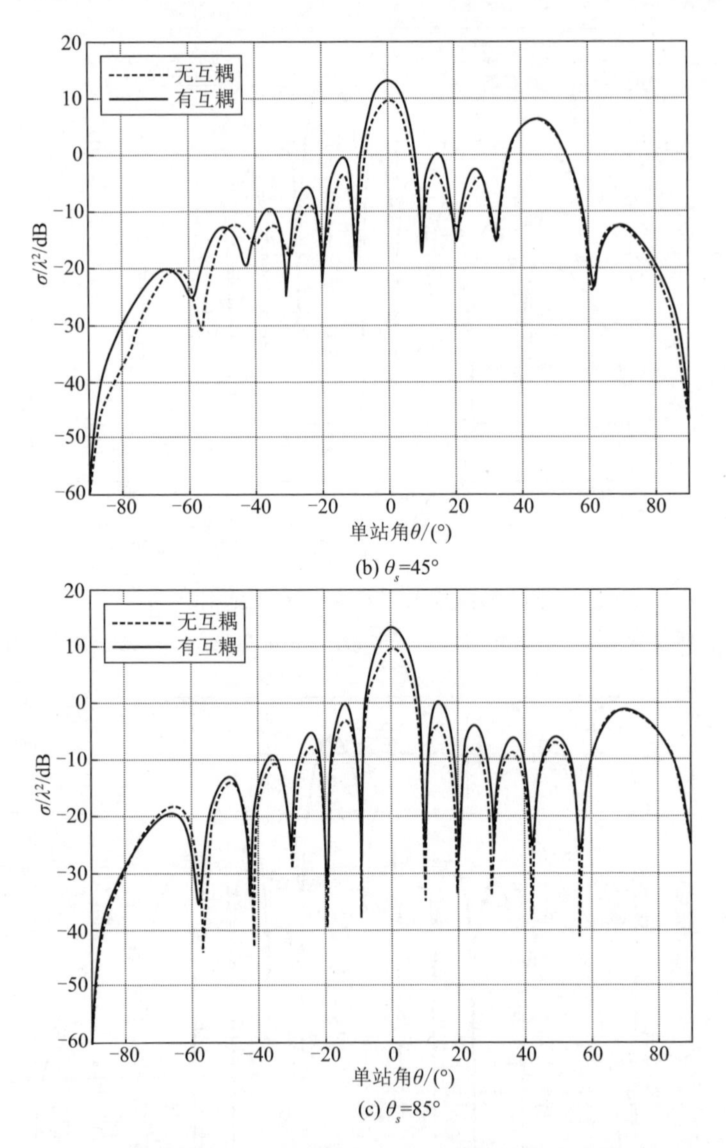

图 6-19　平行阶梯结构的串联馈电偶极子线阵的 RCS 方向图，$N = 30$，$\psi = \pi/2$，$d = 0.1\lambda$，$l = 0.5\lambda$，$a = 10^{-5}\lambda$，$Z_0 = 125\ \Omega$，$Z_l = 235\ \Omega$，单位幅度均匀分布（续）

其他参数和图 6-18 设置相同。在并排结构偶极子阵列中，Z_0 和 Z_l 分别为 125 Ω 和 235 Ω。在共线结构偶极子阵列中，Z_0 和 Z_l 分别为 150 Ω 和 280 Ω。我们注意到，由于扫描角变化引起的变化趋势对三种结构的偶极子阵列是相同的。但是，考虑和不考虑互耦对 RCS 方向图的影响在平行阶梯结构的偶极子阵列中是最小的。

在如何降低散射场方面，RCS 仿真计算提供了一种直观有效的方法。改变馈电网络某一设计参数可以有效降低 RCS。其中一个参数是相控阵天线的单元数量。但是，如果天线单元的数量较少，阵列的方向性会变差。还有就是减小天线的长度，进而减小天线的有效辐射面积。

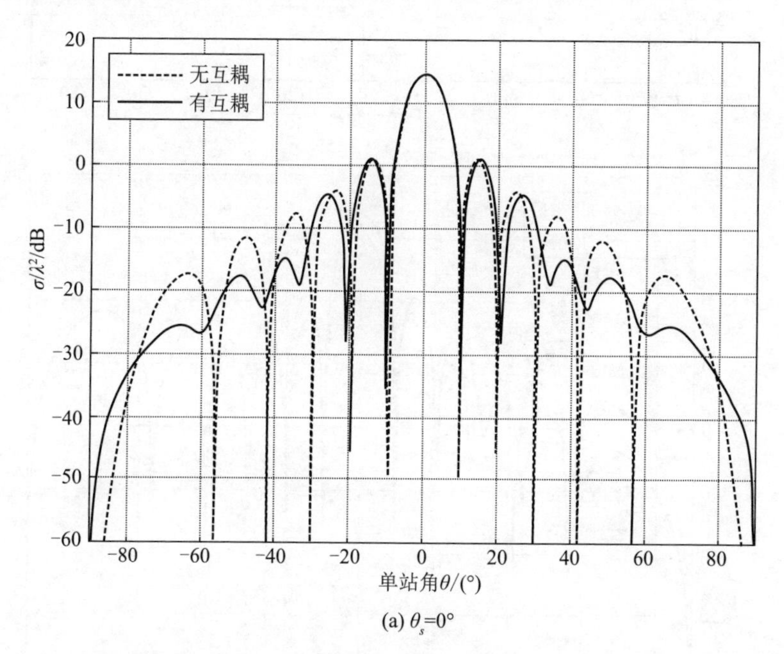

(a) $\theta_s=0°$

图 6-20　并排结构的串联馈电偶极子线阵的 RCS 方向图，$N=30$，$\psi=\pi/2$，$d=0.1\lambda$，$l=0.5\lambda$，$a=10^{-5}\lambda$，$Z_0=150\ \Omega$，$Z_l=280\ \Omega$，单位幅度均匀分布

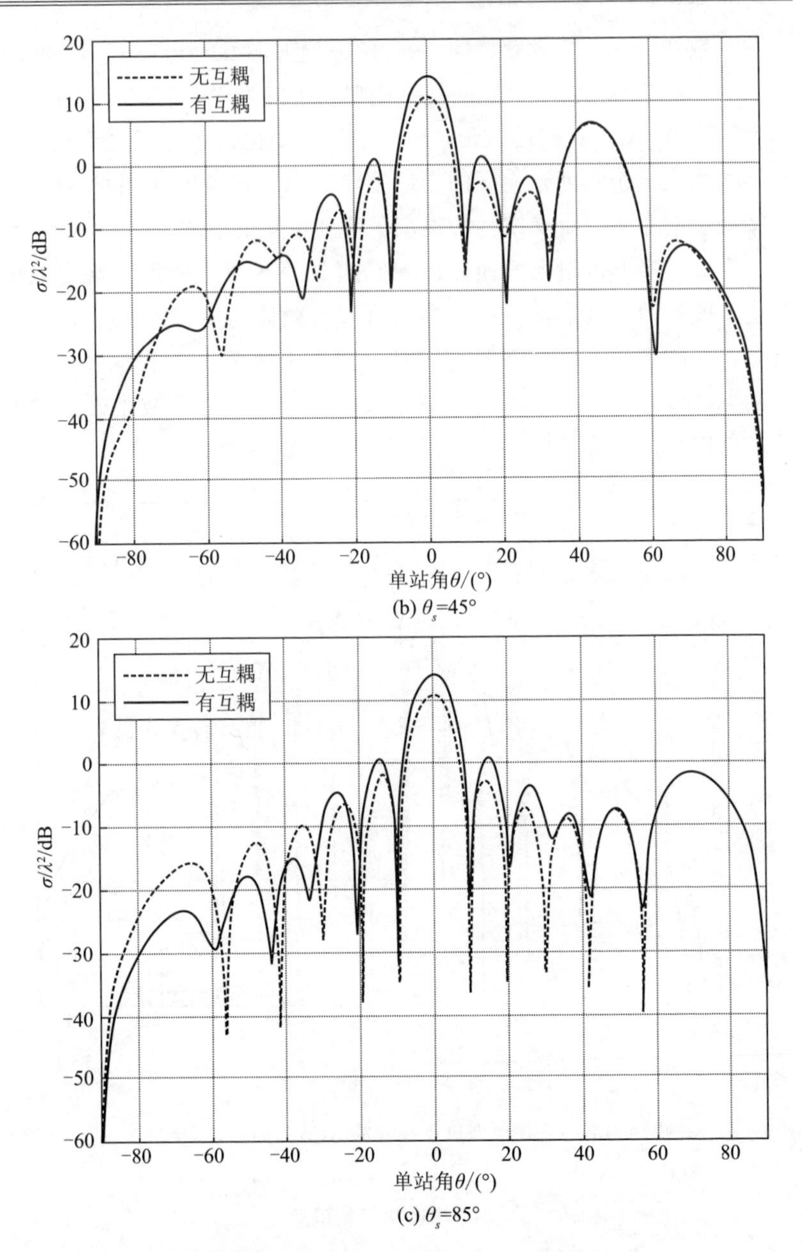

图 6-20 并排结构的串联馈电偶极子线阵的 RCS 方向图，$N=30$，$\psi=\pi/2$，$d=0.1\lambda$，$l=0.5\lambda$，$a=10^{-5}\lambda$，$Z_0=150\ \Omega$，$Z_l=280\ \Omega$，单位幅度均匀分布（续）

图 6－21（a）给出了长度为 $\lambda/2$ 和 $\lambda/3$，扫描角为 0°的平行阶梯结构的偶极子阵列的 RCS。其他参数设为 $N=30$，$\psi=\pi/2$，$d=0.1\lambda$，$a=10^{-5}\lambda$，$Z_0=125\ \Omega$，$Z_l=235\ \Omega$。RCS 随着偶极子的长度减小而减小。但是 RCS 方向图的走势和偶极子的长度无关。图 6－21（b）给出了偶极子长度等参数相同，但扫描角为 70°的 RCS 方向图。变化趋势和图 6－21（a）是一致的。

这表明，在任意扫描角减小偶极子长度都可以降低 RCS。但是偶极子长度的变化会影响阵列的谐振频率。因此，不推荐仅通过减小偶极子长度降低 RCS。其他参数如终端负载或天线孔径也应恰当选取。

下面研究激励耦合器的电流幅度和阵列 RCS 的关系。天线终端电流变化会影响功率，进而改变耦合器的耦合系数。图 6－22 给出了不同幅度分布对偶极子阵列（并排结构）RCS 方向图的影响，包括均匀分布、余弦平方加权、道尔夫-切比雪夫和泰勒分布。各参数设置为 $N=30$，$\theta_s=0°$，$\psi=\pi/2$，$d=0.1\lambda$，$l=0.5\lambda$，$a=10^{-5}\lambda$，$Z_0=150\ \Omega$，$Z_l=280\ \Omega$，考虑互耦的影响。

可以看出，无论幅度分布是什么样的，镜面散射波瓣都相等。但是对其他的旁瓣就不同了，切比雪夫分布时的影响最大。耦合器隔离端口的终端负载影响其端口的终端反射系数，进而影响散射场的大小，最终改变相控阵天线的 RCS。图 6－23 给出了终端阻抗 $Z_l=0\ \Omega$，$50\ \Omega$，$280\ \Omega$ 时的 RCS 方向图。其他参数和前面的例子（图 6－22）相同。可以看出，终端阻抗为 $280\ \Omega$ 时的 RCS 比终端短路或阻抗为 $50\ \Omega$ 时的要小。但是 RCS 方向图的走势和终端负载值无关。图 6－24 比较了扫描角为 50°时，终端短路或不同终端阻抗对 RCS 的影响。结果显示，无论扫描角是多少，在耦合端口的终端选择匹配的负载都可以降低 RCS。

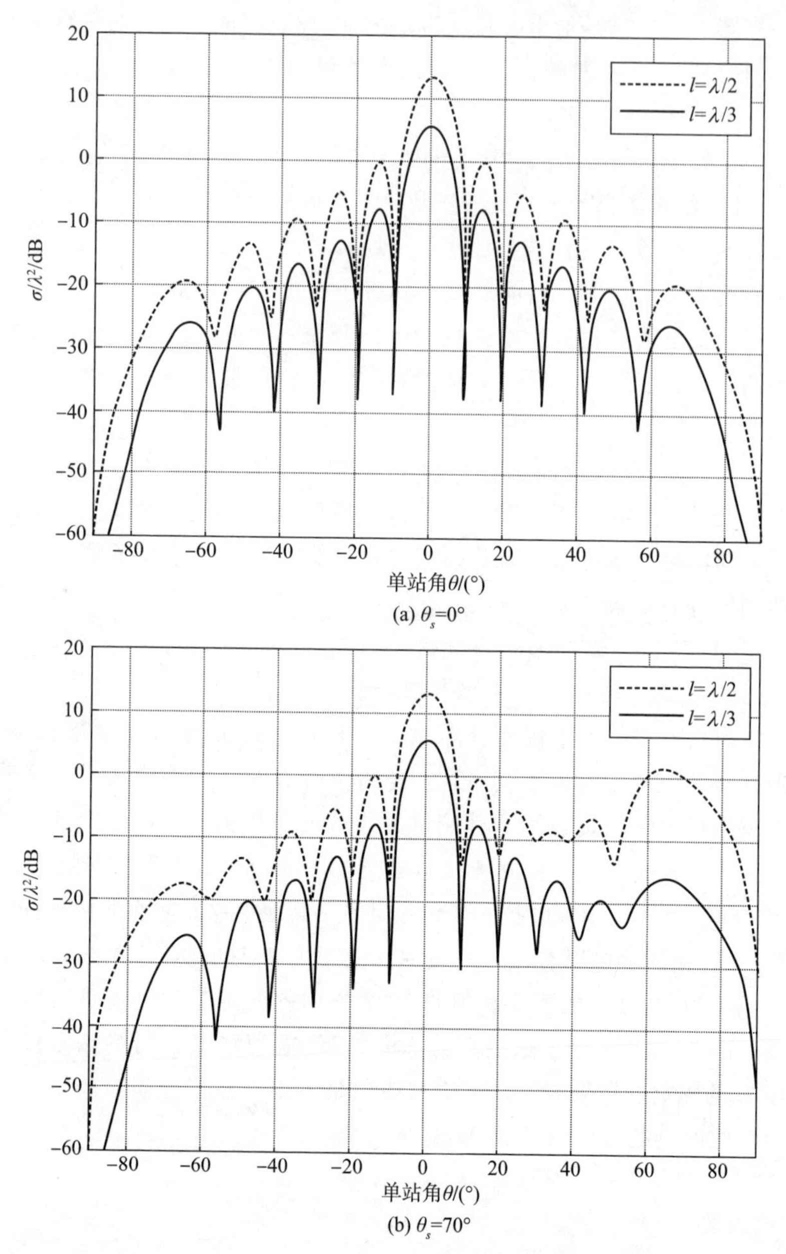

(a) θ_s=0°

(b) θ_s=70°

图 6-21　偶极子长度对平行阶梯结构的 30 单元串联馈电偶极子线阵的 RCS 的影响

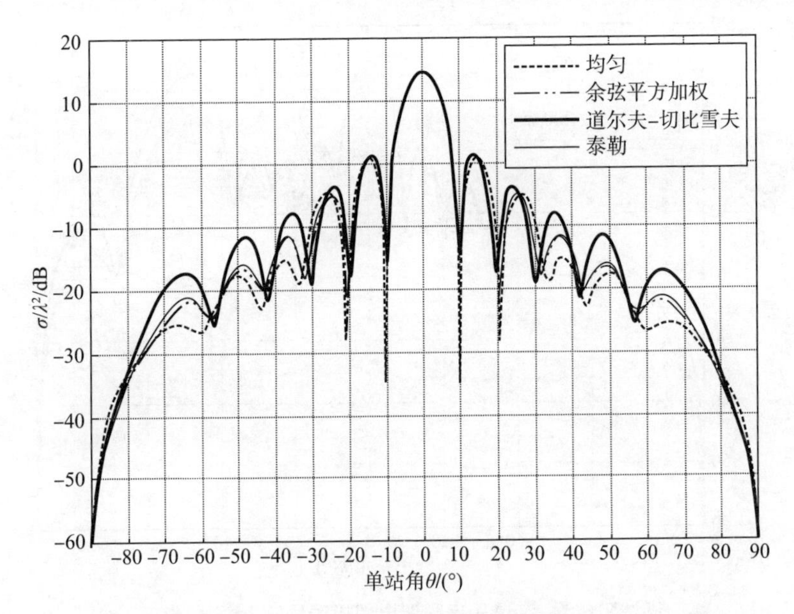

图 6-22　振幅分布对 30 单元串联馈电偶极子线阵 RCS 的影响

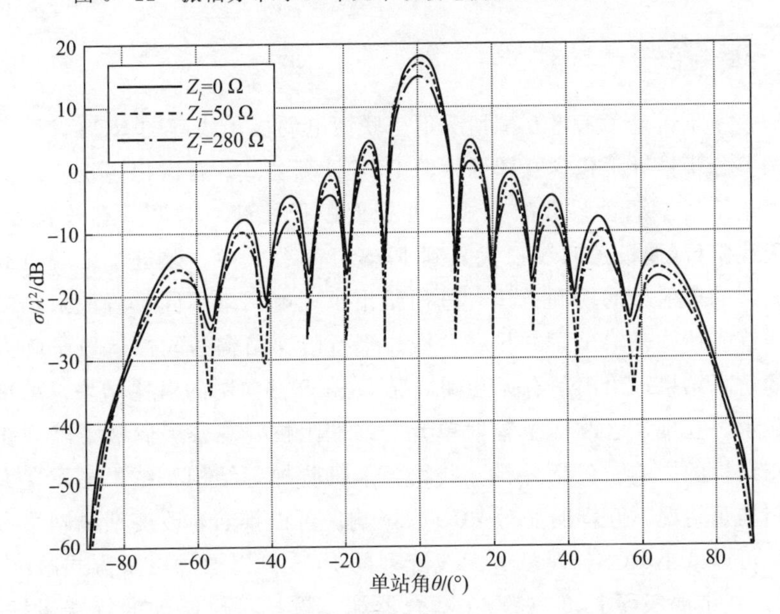

图 6-23　终端阻抗对 30 单元串联馈电偶极子线阵 RCS 的影响，$\theta_s = 0°$

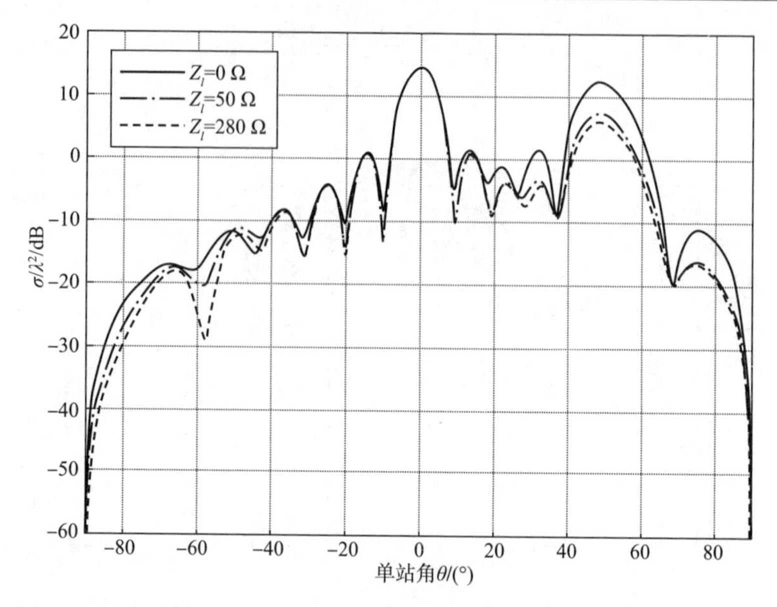

图 6-24　终端阻抗对 30 单元串联馈电偶极子线阵 RCS 的影响，$\theta_s = 50°$

6.5　结论

本章讨论了考虑互耦情况下串联馈电偶极子线阵的 RCS 计算方法。分步推导了包含互耦因素的 RCS 计算公式。首次以阻抗矩阵的方式给出了耦合系数的公式，并把偶极子长度、偶极子有效长度、天线阻抗/偶极子的线径代入到 RCS 计算公式中。改进了终端负载引起的散射场的求和方法，进而给出了馈电网络不同位置散射场的详细表达式，给出了并排、共线、平行阶梯结构的线性偶极子阵列的仿真结果，给出了有无互耦情况下 RCS 方向图的对比结果。结果显示，互耦显著改变了辐射单元的终端阻抗。观察了偶极子阵列排布结构的影响，包括并排、共线、平行阶梯等结构。结果显示，大扫描角情况下互耦明显对 RCS 有影响。可以推断，改变馈电网络参数可以减小 RCS。偶极子天线阵列的 RCS 可以通过以下方式减缩：1）减小偶极子长度，2）在耦合器端口选择一个匹配的终端阻抗，3）选择一个合适的幅度分布。

参考文献

Aumann，H. M.，A. J. Fenn，and F. G. Will werth. 1989. ‘Phased array antenna calibration and pattern prediction using mutual coupling measurements.’ IEEE Transactions on Antennas and Propagation 37：844 - 50.

Batchelor，J. C.，L. Economou，and R. J. Langley. 2000. ‘Scanned microstrip arrays using simple integrated ferrite phase shifters.’ IEE Proceedings of Microwaves，Antennas and Propagation 147 (3)：237 - 41.

Balanis，C. A. 2005. Antenna Theory，Analysis and Design. New Jersey：John Wiley & Sons，1117.

Chu，R. S. 1991. ‘Analysis of an infinite phased array of dipole elements with RAM coating on ground plane and covered with layered radome.’ IEEE Transactions on Antennas and Propagation 39：164 - 76.

Dikmen，F.，A. A. Ergin，B. Terzi，and L. Sevgili. 2010. ‘Implementation of an efficient shooting and bouncing rays scheme.’ Microwave and Optical Technology Letters 52：2409 - 13.

Fan，G. - X. and J. - M. Jin. 1997. ‘Scattering from a cylindrically conformal slotted waveguide array antenna.’ IEEE Transactions on Antennas and Propagation 45：1150 - 59.

Gupta，I. J. and A. A. Ksienski. 1983. ‘Effect of mutual coupling on the performance of adaptive arrays.’ IEEE Transactions on Antennas and Propagation 31：785 - 91.

Hui，H. T. 2007. ‘Decoupling methods for the mutual coupling effect in antenna arrays：A review.’ Recent Patents Engineering 1 (2)：187 - 93.

Hui，H. T. 2004. ‘A practical approach to compensate for the mutual coupling effect of an adaptive dipole array.’ IEEE Transactions on Antennas and

Propagation 52：1262 - 69.

Jenn，D. C. and S. Lee 1995. ‘In - band scattering from arrays with series feed networks.’ IEEE Transactions on Antennas and Propagation 43：867 - 73.

Jenn，D. C. 1995. Radar and Laser Cross Section Engineering. Washington，DC：AIAA Education Series，476.

Knott，E. F.，J. F. Shaeffer，and M. T. Tuley. 1985. Radar Cross Section. Dedham，MA：Artech House Inc，462.

Lee，K. C. and T. H. Chu. 2005. ‘Mutual coupling mechanisms within arrays of nonlinear antennas.’ IEEE Transactions on Electromagnetic Compatibility 47：963 - 70.

Lee，K. M. and R. S. Chu. 1988. ‘Analysis of mutual coupling between a finite phased array of dipoles and its feed network.’ IEEE Transactions on Antennas and Propagation 36：1681 - 99.

Li，W. - R.，C. - Y.，Chu，and S. - F. Chang. 2004. ‘Switched - beam antenna based on modified Butler matrix with low sidelobe level.’ Electronics Letters 40（5）：290 - 92.

Liao，S. Y. 1990. Microwave Devices and Circuits. Englewood Cliffs，NJ：Prentice Hall，542.

Lu，B.，S. X. Gong，S. Zhang，and J. Ling. 2009. ‘A new method for determining the scattering of linear polarised element arrays.’ Progress in Electromagnetics Research M 7：87 - 96.

Ma，W.，M. R. Rayner，and C. G. Parini. 2005. ‘Discrete Green's function formulation of the FDTD method and its application in antenna modeling.’ IEEE Transactions on Antennas and Propagation 53：339 - 46.

Pozar，D. M. 1992. ‘RCS of microstrip antenna on normally biased ferrite substrate.’ IEEE Microwave and Guided Wave Letters 2（5）：1079 - 80.

Tao，Y.，H. Lin，and H. Bao. 2010. ‘GPU - based shooting and bouncing ray method for fast RCS prediction.’ IEEE Transactions on Antennas and Propagation 58：494 - 502.

Volakis, J. L. 2007. Antenna Engineering Handbook. Fourth edition. New York, USA: McGrawHill, 1773.

Wang, W. T., S. X. Gong, Y. J. Zhang, F. T. Zha, and J. Ling. 2009. 'Low RCS dipole array synthesis based on MoM - PSO hybrid algorithm.' Progress in Electromagnetics Research 94: 119 - 32.

Wang, W. T., Y. Liu, S. X. Gong, Y. J. Zhang, and X. Wang. 2010. 'Calculation of antenna mode scattering based on method of moments.' PIERS Letters 15: 117 - 26.

Yu, Y. and H. T. Hui. 2011. 'Design of a mutual coupling compensation network for a small receiving monopole array.' IEEE Transactions on Microwave Theory and Techniques 59: 2241 - 45.

Zdunek, A. and W. Rachowicz. 2008. 'Cavity radar cross section prediction.' IEEE Transactions on Antennas and Propagation 56: 1752 - 62.

Zhang, S., S. X. Gong, Y. Guan, and B. Lu. 2011. 'Optimised element positions for prescribed radar cross section pattern of linear dipole arrays.' International Journal of RF and Microwave Computer - Aided Engineering 21 (6): 622 - 28.

Zhang, S., S. X. Gong, Y. Guan, J. Ling, and B. Lu. 2010. 'A new approach for synthesising both the radiation and scattering patterns of linear dipole antenna array.' Journal of Electromagnetic Waves and Application 24 (7): 861 - 70.

第7章　有源 RCSR 中旁瓣对消器的作用

7.1　引言

最优阵列处理器作为通用传感器可应用于不同领域，常用于受到各种干扰的雷达和通信系统中。旁瓣对消器的主要功能是从期望信号中分离出有害干扰信号，以便提取信号相关信息，减少噪声。人们提出了各种对消器方案，并取得了较好的干扰抑制性能和快速收敛效果（Li 和 Stoica，2005 年）。旁瓣对消干扰抑制功能也可以用于有源雷达散射截面减缩（RCSR）。此外，在旁瓣对消器中应用有效的自适应算法，如最小均方（LMS），可以降低系统实现的复杂度。换句话说，旁瓣对消器实现了一个最优权重的匹配算法，可以有效地抑制相关和不相关的干扰信号。这些干扰信号可以是单频（即零带宽）窄带源，或分布在有限频段的宽带信号源。

广义旁瓣对消器（GSC）在干扰信号波达方向（DOA）信息不可先验获取时特别有用。利用自适应算法的适当权重，GSC 可有效地减少计算量。GSC 采用线性约束最小方差（LCMV）准则抑制来自其他方向的干扰源，同时保持对期望信号来源方向的高信干比（SINR）输出。

然而，一旦预估的和实际的 DOA（图 7－1）出现差异，GSC 的性能将大大降低。此外，GSC 的输入信号包含随机梯度。梯度变大时，为实现收敛，就需要小步长来调整权重。

小步长会降低收敛速度，进而影响阵列对信号环境的响应速度。为了给旁瓣对消器提供足够的鲁棒性，附加一个由滤波器和盲补偿器组成的模块，组成决策反馈广义旁瓣对消器，即 DF－

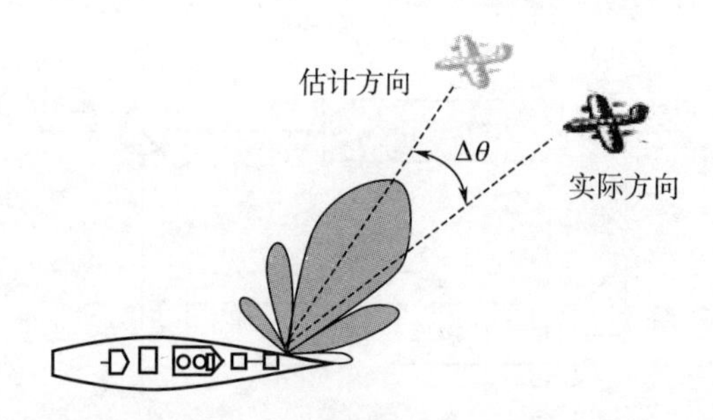

图 7-1　自适应天线阵列信号波达方向（DOA）不匹配的关系示意图

GSC。DF-GSC 的盲补偿器补偿信号通道和 DOA 的失配误差。反馈滤波器帮助从误差信号中分离有用信号分量，从而避免了自消除问题。在传统的 GSC 设计中，盲补偿器和决策反馈滤波器有利于在存在 DOA 失配误差时增强鲁棒性，加快收敛速度和提高信干比（SINR）输出。

为了增加旁瓣对消器的鲁棒性，可以采用不同类型的约束条件，点约束是最小约束，其约束矩阵为标量。定向约束（Steele，1983 年）在抑制干扰方面非常有效，而导数约束（Buckley 和 Griffiths，1986 年）则可提供最高的信噪比输出。

在这一章中，讨论了 GSC、DF-GSC、带盲补偿器的 DF-GSC 的自适应权重问题。根据收敛速度和准确的朝向探测源入射角方向的深零定位，采用自适应模式，分析了不同 LMS 算法的旁瓣对消性能。还考虑了包含多个期望源和探测源的各种信号场景，目的是利用有效的干扰抑制手段实现有源 RCS 减缩。

7.2　广义旁瓣对消器（GSC）

传统的 GSC 原理示意图包括一个无约束的权重的 w_{uc} 和一个信号对消分支，它由分块矩阵 $\boldsymbol{B}$ 和约束权重 w_c 组成（图 7-2）。在 GSC 模型中，一个关键元素是分块矩阵 $\boldsymbol{B}$，这个矩阵的转置要求有 $N-1$ 个线性无关的行，每一行加起来都等于 0。具有这种性质的矩阵有许多种。

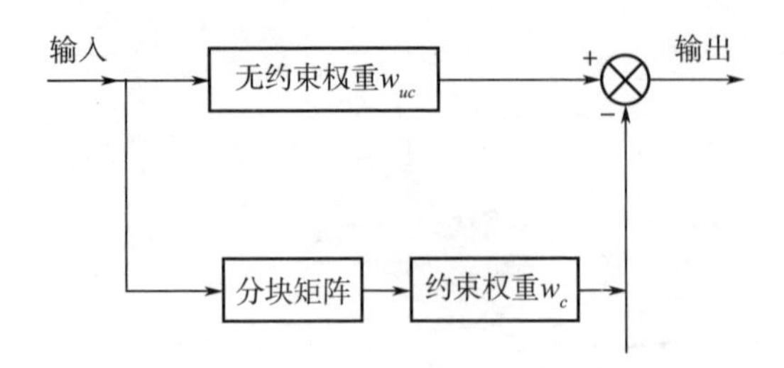

图 7-2 广义旁瓣对消器（GSC）原理图

这里，利用哈达玛有序沃什函数（Hadamard - ordered Walsh function）生成矩阵 $\boldsymbol{B}$（Harmuth，1970 年）

$$\boldsymbol{Had}(i,j)=(-1)^{\sum_{n=0}^{3}b_n(i)b_n(j)} \tag{7-1}$$

其中，$b_0(n)$ 表示传输符号。

哈达玛（Hadamard）矩阵具有埃尔米特（Hermitian）矩阵结构。每一列都是线性无关的。使用一个点约束，从矩阵中删除一列，可以生成一个 16×15 维的块矩阵。这个矩阵的每一列元素的和是零。Hadamard 矩阵可以递归地计算如下

$$\boldsymbol{Had}_{n+1}=\begin{bmatrix} Had_n & Had_n \\ Had_n & -Had_n \end{bmatrix} \tag{7-2}$$

当输入信号通过分块矩阵时，所期望的信号分量就会完全失效。约束条件是期望信号应该具有无失真的响应。方便起见，采用零阶点约束，也是本章唯一使用的约束。利用 LMS 自适应算法（Godara，2004 年），将约束权重收敛到稳态值。然后，采用线性约束最小幂（LCMP）准则（Widrow 和 Stearns，1985 年）。为方便起见，将基于调制的正交移相编码（QPSK）代入平缓衰减信道环境中。假设信道具有平缓衰减特性，即 $s_0(n)=h(n)\cdot b_0(n)$，其中 $h(n)$ 是信道系数。采用高斯白噪声模拟噪声进行仿真，在范围 [0, 5] 内以等概率生成随机整数，这些整数代表未调制的离散符号。

由 $b_0(n)=\sqrt{2}\,\mathrm{e}^{\mathrm{j}\left(\frac{\pi}{4}+\frac{\pi}{2}m\right)}$ 得到调制序列 $b_0(n)$，这里 m 是产生于第

n 个瞬间（snapshot）的随机整数。信号传输通道产生大的衰减量，这些量可以用衰落系数表示（Anderson 和 Svensson，2003 年），瑞利平缓衰落信道由公式 $h(n)=J_{1/4}(2\pi fmn)/\sqrt[4]{n}\quad(n\neq 0)$ 给出。$J_{1/4}(x)$ 是 1/4 阶的第一类贝塞尔函数。调制频率 f_m 取决于 $-4\leqslant f_m^* n\leqslant 4$ 的约束。

优化问题就是最小化成本函数 J，由下式给出

$$J=\boldsymbol{w}^{\mathrm{H}}\boldsymbol{R}_x\boldsymbol{w}\ \text{取决于}\ \boldsymbol{C}^{\mathrm{H}}\boldsymbol{w}=f \tag{7-3}$$

这里，J 表示均方误差（MSE）；$\boldsymbol{R}_x$ 是相关矩阵；f 是一个标量；$\boldsymbol{C}$ 是 $(N\times 1)$ 约束矩阵；$\boldsymbol{w}$ 是复合权向量，如下式所示

$$\boldsymbol{w}=\boldsymbol{w}_{uc}-\boldsymbol{B}w_c \tag{7-4}$$

任何源的方向向量 $\boldsymbol{a}(\theta_m)$ 由下式给出

$$\boldsymbol{a}(\theta_m)=[1,\quad \mathrm{e}^{i\tau_{\theta_m}},\quad \mathrm{e}^{i2\tau_{\theta_m}},\quad \cdots,\quad \mathrm{e}^{i(N-1)\tau_{\theta_m}}]^{\mathrm{T}}\quad(m=0,1,2,3) \tag{7-5}$$

这里，$\tau_{\theta_m}=(2\pi d/L_\lambda)\sin\theta_m$；$d$ 是元素间距；L_λ 是入射信号的波长；θ_m 是第 m 个信号的到达角（DOA）。$(N\times 1)$ 阵中的第 n 个接收信号向量序列可以写成

$$\begin{aligned} x(n)&=a(\theta_0)s_0(n)+\sum_{m=1}^{3}a(\theta_m)s_m(n)+N(n) \\ &=s(n)+i(n)+N(n) \end{aligned} \tag{7-6}$$

这里，$s(n)$ 是从期望方向入射到阵列上接收到的信号；$s_0(n)$ 是从期望信号源传输过来的信号；$i(n)$ 是从干扰探测源接收到的信号；$N(n)$ 是随机噪声。

图 7-2 中的广义旁瓣对消器 GSC（Widrow 和 Stearns，1985 年）的输出由下式给出

$$y(n)=(\boldsymbol{w}_{uc}-\boldsymbol{B}w_c)^{\mathrm{H}}x(n) \tag{7-7}$$

由于 $\boldsymbol{C}$ 和 f 是已知量，无约束的权重 $\boldsymbol{w}_{uc}$ 可以用下式初步确定

$$\boldsymbol{w}_{uc}=\boldsymbol{C}(\boldsymbol{C}^{\mathrm{H}}\boldsymbol{C})^{-1}f \tag{7-8}$$

约束权重 w_c 采用自适应算法或解析算法迭代计算。

迭代方法包括权重自适应，如 LMS 算法。

$$w_c(n+1)=w_c(n)+\mu_c v(n)e^*(n) \quad (7-9)$$

其中，μ_c 是控制收敛速度和由下式给出的分块矩阵块（Lee 和 Wu，2005 年）输出的步长。

$$v(n)=\boldsymbol{B}^{\mathrm{H}}x(n) \quad (7-10)$$

由于 GSC 重复利用阵列的输出作为误差信号 $e(n)$，所以

$$e(n)=y(n) \quad (7-11)$$

另外，约束权重可以解析地确定。最优权重表示为

$$w_{\mathrm{opt}}=w_{uc}-\boldsymbol{B}w_{c,\mathrm{opt}} \quad (7-12)$$

其中

$$w_{c,\mathrm{opt}}=(\boldsymbol{B}^{\mathrm{H}}\boldsymbol{R}_x\boldsymbol{B})^{-1}\boldsymbol{B}^{\mathrm{H}}\boldsymbol{R}_x\boldsymbol{w}_{uc} \quad (7-12a)$$

最小均方差（MMSE）$J_{\min}$ 由下式给出

$$J_{\min}=w_{uc}^{\mathrm{H}}\boldsymbol{R}_x w_{\mathrm{opt}} \quad (7-13)$$

其中，$\boldsymbol{R}_x$ 是阵列相关矩阵，表示为

$$\boldsymbol{R}_x=\sigma_{s_0}^2 a(\theta_0)a^{\mathrm{H}}(\theta_0)+\sum_i \sigma_{s_i}^2 a(\theta_i)a^{\mathrm{H}}(\theta_i)+\sigma_n^2 I \quad (7-14)$$

其中，σ_{sj}^2 为 $s_j(n)$ 的方差。

仅考虑干扰和噪声的情况下，相关系数矩阵 $\boldsymbol{R}_{i+N}$ 由下式给出

$$\boldsymbol{R}_{i+N}=\sum_i \sigma_{s_i}^2 a(\theta_i)a^{\mathrm{H}}(\theta_i)+\sigma_n^2 I \quad (7-15)$$

GSC 的最小输出功率 $P_{0,\min}$ 等于最小成本函数

$$P_{0,\min}=J_{\min} \quad (7-16)$$

输出功率 P_s 与入射的期望信号相关，由下式给出

$$P_s=\sigma_{s_0}^2 \left| w_{uc}^{\mathrm{H}}a(\theta_0)\right|^2 \quad (7-17)$$

其中，$\sigma_{s_0}^2$ 是期望信号输入功率。

GSC 的最佳信噪比表示为（Godara，2004 年）

$$\mathrm{SINR}_{\mathrm{opt}}=\frac{P_s}{P_{0,\min}-P_s} \quad (7-18)$$

对应于适配模式的阵列增益由下式给出

$$\mathrm{Gain}(\theta)=w_{\mathrm{opt}}^{\mathrm{H}}a(\theta) \quad (7-19)$$

因此，这是信噪比的解析估计和适应模式。

传统的 GSC 实现方法容易受到 DOA 估计不匹配的影响，这在实际情况中是经常遇到的。即使得到最优的权重，式（7-9）中的随机梯度 $v(n)y^*(n)$ 也不为零。这样，迭代计算就产生了 MSE。为了减少 MSE，可减小迭代步长，但要以降低收敛速度为代价。

在 DOA 失配的情况下，阵列往往会混淆期望信号和探测信号，这可能导致对期望信号的抑制。这种情况称为自抵消。为避免这种情况，在 GSC 的常规设计中，可采用陷波滤波器的解决方案。另一种方法是，在权重自适应上施加约束，如导数约束、线性约束和方向约束等。然而，施加附加约束后，由于其自由度（DOF）的消耗（Lee 等人，2005 年）会导致阵列的干扰抑制降低。众所周知，可用自由度的数目越小，自适应阵列的抑制效能就越低。

针对各种失配误差，增强鲁棒性的另一种方法是在 GSC 的处理单元中采用盲补偿器。这种包含 GSC 的结构，被称为决策反馈广义旁瓣对消器（DF-GSC），（Perreau 等人，2000 年）。盲补偿器常用于数字信号，以规避码间串扰（ISI）。

7.3　决策反馈广义旁瓣对消器（DF-GSC）

DF-GSC 带有盲补偿器和决策反馈滤波器的附加模块，以改变传统 GSC 的输出。然后将改进的 GSC 的输出作为误差信号（图7-3）。

盲补偿器和反馈滤波器作用于不同的误差信号，从而有不同的权重—— w_m 和 w_{c2} 。盲补偿器能在可接受的相位不确定性条件下恢复传输比特数据 $b_0(n)$ 。盲补偿器利用误差信号 $e_m(n)=\hat{b}_0(n)-w_m^* y(n)$ 训练，其中 $\hat{b}_0(n)$ 是接收到的比特数据；w_m 是补偿器的抽头权重系数。

Lee 和 Wu（2005 年）提出由下式更新 w_m 权重

$$w_m(n+1)=w_m(n)+\mu_m y(n)e_m^*(n) \tag{7-20}$$

其中，μ_m 是调节收敛速度的步长；* 表示向量的复共轭。假设盲补

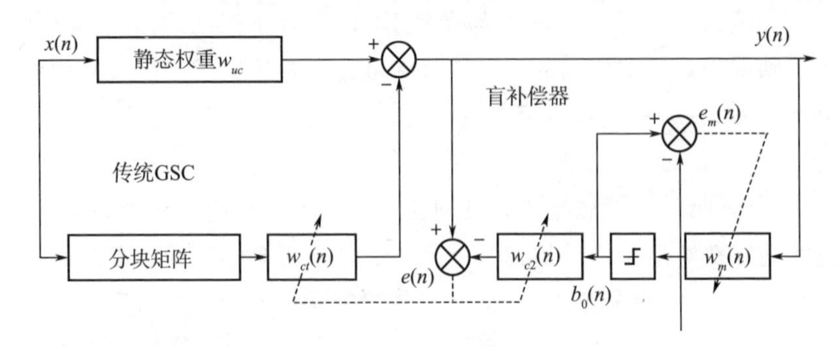

图 7－3 决策反馈广义旁瓣对消器（DF－GSC）原理图

偿器精准的捕获编码（Lee 等人，2005 年），则 $s_0(n)=\hat{s}_0(n)=b_0(n)=\hat{b}_0(n)$。

DF－GSC 由下式从误差信号提取期望信号

$$e(n)=(w_{uc}-Bw_{c1})^{\mathrm{H}}x(n)-w_{c2}^{*}b_0(n) \tag{7-21}$$

误差信号用来更新权重系数 w_{c1} 和 w_{c2}

$$\begin{aligned} w_{c1}(n+1)&=w_{c1}(n)+\mu_{c1}v(n)e^{*}(n) \\ w_{c2}(n+1)&=w_{c2}(n)+\mu_{c2}b_0(n)e^{*}(n) \end{aligned} \tag{7-22}$$

除了计算 w_{opt} 之外，信干比（SINR）的估计与 GSC 中的估计是一样的。上述方法是一种估计 SINR 的迭代方法。对 SINR 解析估计的另一种方法是将 w_{opt} 分解为两个权重 $w_{c1,\mathrm{opt}}$ 和 $w_{c2,\mathrm{opt}}$。

$$w_{c1,\mathrm{opt}}=\frac{B^{\mathrm{H}}R_x w_{uc}}{B^{\mathrm{H}}R_x B} \tag{7-23}$$

$$w_{c2,\mathrm{opt}}=S^{\mathrm{H}}(\theta_0)w_{uc} \tag{7-24}$$

一旦获取最优权重 $\boldsymbol{w}_{\mathrm{opt}}=\begin{bmatrix} w_{c1} \\ w_{c2} \end{bmatrix}$，自适应模式即被确定。

7.4 技术性能分析

以 $\lambda/2$ 间距的 16 单元均匀线阵为例，对 GSC 和 DF－GSC 的性能进行分析。入射信号包括一个期望信号和三个干扰探测信号，分别在0°、30°、60°和－25°入射。期望信号源的信噪比（SNR）为0 dB，每个干扰探测源的干扰噪声比（INR）为20 dB。

该信号假定为具有平坦衰落信道特征的随机QPSK信号，例如，$s_0(n)=h(n)\times b_0(n)$，h 是信道系数。噪声是0.5倍方差的AWGN（加性高斯白噪声）。入射信号的DOA假设为已知。图7－4给出了GSC和DF－GSC输出SINR对应的图像。图中采用LMS算法进行了权重自适应。

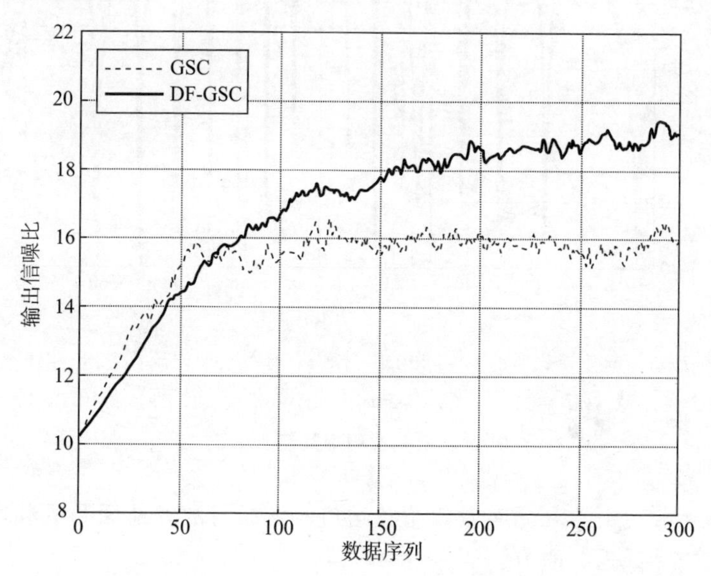

图7－4　GSC和DF－GSC在由三个探测源（30°，60°，－25°；每个20 dB）组成的信号环境下的SINR输出

从图7－4可以看出，DF－GSC在SINR和收敛速度方面表现更好。相应的适应模式（图7－5）表明，DF－GSC朝向探测源的入射角方向设置了深的零陷，并保持主瓣朝向期望方向。换句话说，阵列没有向任何探测源方向传输信号，因此实现了较低的可观测性。

旁瓣对消器抑制探测源的能力在低可探测技术方面具有潜在应用。在飞机和导弹等平台上适当配置这样的旁瓣对消器，只允许接收期望信号，而抑制各种敌方探测源对阵列的探测企图。换句话说，

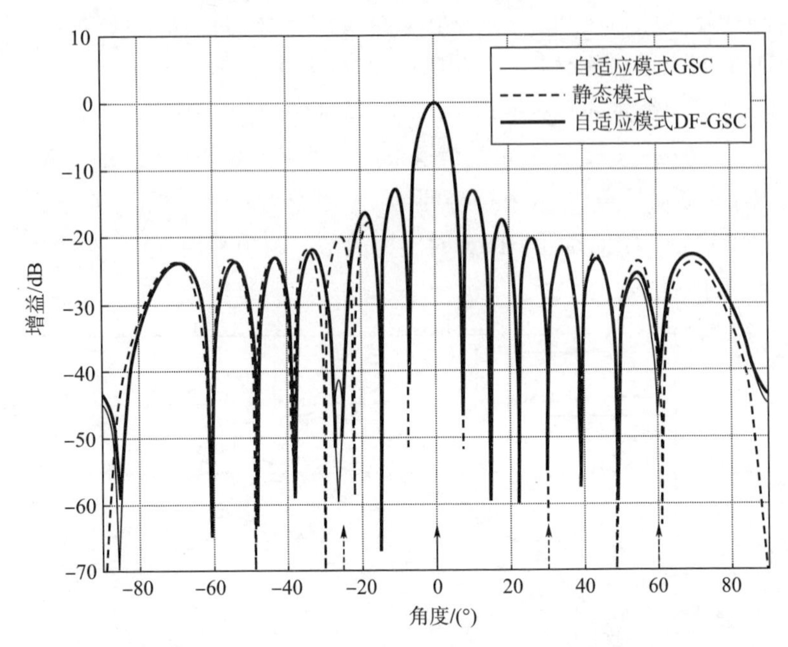

图 7-5　调整模式后的 GSC 和 DF-GSC，有一个期望源（0°，0 dB）和三个探测源（30°，60°，−25°；每个 20 dB）。沿 x 轴，期望源用实线箭头标记，探测源用虚线箭头标记

这些旁瓣对消器利用有效权重自适应算法，对敌方地面和机载雷达都具有“隐形”能力。

为了比较 GSC 和 DF-GSC 两种方案的收敛速度，给出了相同 SINR 条件下的学习曲线，如图 7-6 所示。信号环境由一个期望源（0°）和两个方位为 45°和 20°的单频雷达探测源组成，源的功率不同（10，100）。很明显，DF-GSC 达到最优输出 SINR 的收敛速度高于 GSC。

在不同的 SNR 环境中，GSC 和 DF-GSC 的输出 SINR 性能如图 7-7 所示。其中，仿真中没有取平均值。可以观察到，当 SINR 超出一定值时，GSC 的输出是饱和的，而 DF-GSC 不存在这样的问题。

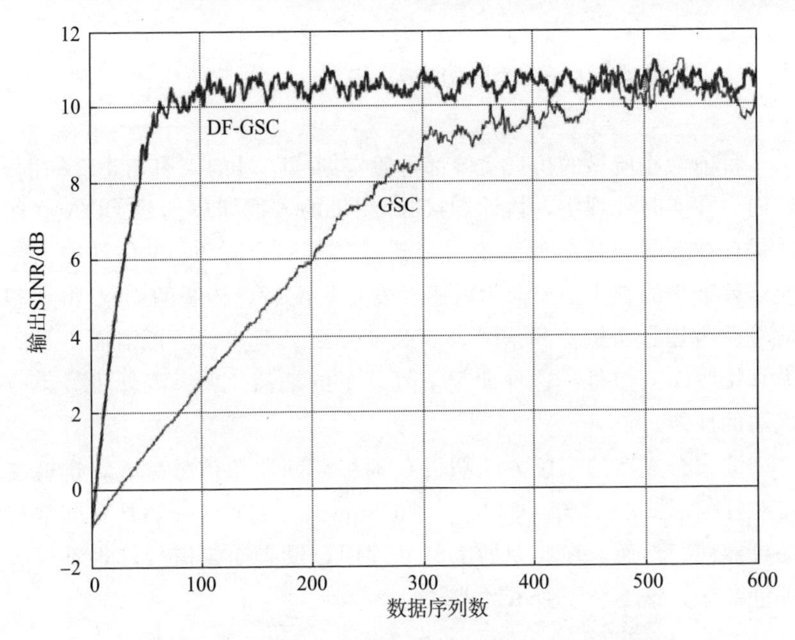

图 7－6　GSC 和 DF－GSC 在相同 SINR 下的学习曲线

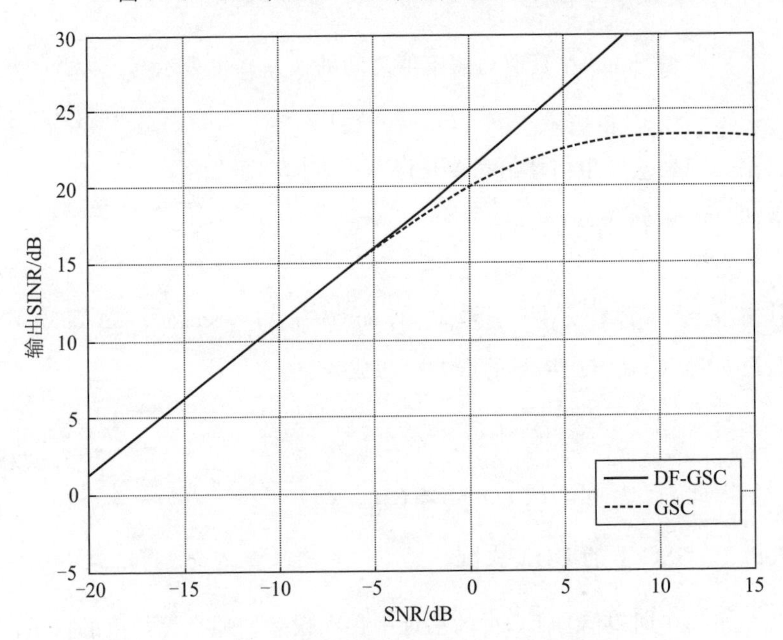

图 7－7　不同信噪比下的稳态 SINR 性能

7.5 波束到达角（DOA）失配

目前为止所做的仿真实验都是假定期望信号的入射角是已知的。然而，在实时处理中，估计和接收/测量的入射期望信号 DOA 之间总是存在差异。传统的旁瓣对消器，如 GSC，对 DOA 估计中由指向误差带来的细小偏差极为敏感。发生失配时，传统的 GSC 将期望信号认为是非期望探测信号。因此，旁瓣对消器试图抵消而不是无失真接收探测信号。这种期望信号分量的抵消，大大降低了波束合成器的性能。

波束合成器的传统方法假设在训练期间期望信号缺乏，这就使得对任何形式的 DOA 失配（Li 和 Stoica，2005 年）都具有非常好的鲁棒性。然而，在典型的实时处理中，没有期望信号就很难得到训练数据，这不利于旁瓣对消器的鲁棒性。

7.5.1 失配信号模型

期望信号 DOA 真值与假定值之间的误差，可表示为

$$\theta_0 = \hat{\theta}_0 + \Delta \tag{7-25}$$

其中，$\hat{\theta}_0$ 是入射角估计值；Δ 是误差，方向向量如下

$$\boldsymbol{S}(\theta_0) = \boldsymbol{S}(\hat{\theta}_0 + \Delta) = [1,\ \mathrm{e}^{i\alpha\sin(\hat{\theta}_0+\Delta)},\ \mathrm{e}^{i2\alpha\sin(\hat{\theta}_0+\Delta)},\ \cdots,\ \mathrm{e}^{i(N-1)\alpha\sin(\hat{\theta}_0+\Delta)}]^{\mathrm{T}} \tag{7-26}$$

其中，$\alpha = 2\pi d/\lambda$ 。对于小的 Δ，有 $\sin(\hat{\theta}_0+\Delta) \approx \sin(\hat{\theta}_0) + \Delta\cos(\hat{\theta}_0)$ 。假设 $\hat{\theta}_0 = 0°$ ，方向向量的误差可写成

$$\boldsymbol{S}(\theta_0) = \boldsymbol{S}(\Delta) = [1,\ \mathrm{e}^{i\alpha\Delta},\ \mathrm{e}^{i2\alpha\Delta},\ \cdots,\ \mathrm{e}^{i(N-1)\alpha\Delta}]^{\mathrm{T}} \tag{7-27}$$

因此，$s(n)$ 可写成 $s(n) = \boldsymbol{S}(\Delta)s_0(n)$ 。

7.5.2 GSC 下的 DOA 失配

如果在期望信号 DOA 的估计中存在误差，那么无约束的权重向

量 $\boldsymbol{w}_{uc}$ 与对期望信号的阵列响应不匹配。这种误差影响了分块矩阵响应。该矩阵不能通过干扰消除滤波器来阻挡期望信号。因此，如果有足够多的 DOF 可用，滤波器将消除期望信号。即使采用最优权重，这种信号相消也阻碍了旁瓣对消器达到 SINR 最大化。在传统的 GSC（Lee 和 Wu，2005 年）中，与期望信号相关联的输出功率可表示为

$$P_s = \sigma_{s_0}^2 \left| (w_{uc} - Bw_{c1,\mathrm{opt}})^{\mathrm{H}} \boldsymbol{S}(\Delta) \right|^2 \tag{7-28}$$

信号相消的程度受信号功率和失配程度的影响。

7.5.3　DF - GSC 下的 DOA 失配

在 DF - GSC 中，不存在信号消除的问题。由于 GSC 系统中的两个信号路径之间的相关性，约束权重 $w_{c1,\mathrm{opt}}$ 和 $w_{c2,\mathrm{opt}}$ 在 DOA 误差方面（Lee 和 Wu，2005 年）存在耦合。耦合权重可以表示为

$$w_{c1,\mathrm{opt}} = \frac{B^{\mathrm{H}} R_{i+N} w_{uc}}{B^{\mathrm{H}} R_{i+N} B} \tag{7-29}$$

$$w_{c2,\mathrm{opt}} = \boldsymbol{S}^{\mathrm{H}}(\Delta)(w_{uc} - Bw_{c1,\mathrm{opt}}) \tag{7-30}$$

在 DOA 存在误差时，DF - GSC 的 MMSE 由下式给出

$$J_{\min} = w_{uc}^{\mathrm{H}} R_{i+N} w_{\mathrm{opt}} \tag{7-31}$$

输出功率为

$$P_{0,\min} = w_{\mathrm{opt}}^{\mathrm{H}} R_x w_{\mathrm{opt}} \tag{7-32}$$

7.6　自适应阵列处理中的约束

在传统的旁瓣对消器的设计中，如 GSC，通过在处理器中加入陷波滤波器，以便分离期望信号和探测信号。其主要目的是提高旁瓣对消器的鲁棒性。此外，还减少了自适应权重和最佳权重的差异，并提高了收敛速度（Lee 等人，2005 年）。替换方法是在阵列处理器中施加约束。众所周知，在自适应天线阵列中常采用多约束最优自适应波束。有很多对主瓣阵列响应施加约束的方法，约束自适应阵

列处理器对主波束信号的响应，获得对期望观测方向的维持，并实现期望的静态模式。

7.6.1　点约束

点约束是施加到自适应权重的最常见约束，以生成期望的自适应模式（Buckley 和 Griffiths，1986 年）。如果 $\boldsymbol{C}=\boldsymbol{D}$ 和 $F=N$（$\boldsymbol{C}$ 是约束向量，$\boldsymbol{D}$ 是 $N\times 1$ 的一维向量，N 为天线单元的数量），那么约束方程可以写为

$$\boldsymbol{W}^{*}\boldsymbol{D}=N \tag{7-33}$$

对权重向量施加一个约束，以响应主瓣方向。换句话说，权重向量在除了主瓣方向以外的所有角度都趋于降低输出功率。由于探测方向（目标）和看到的方向通常不重合，采用多重约束来保持主瓣角度范围和有效零位朝向探测源方向。

7.6.2　导数约束

众所周知，对于所期望的具有高功率比的期望信号，其信号的抑制较小。此外，它还影响主瓣宽度。如果在主波瓣方向上施加导数约束，则可以将其最小化。进一步通过控制主瓣的前几个导数，自适应阵列可以在主瓣的角度范围内规避零点（Buckley 和 Griffiths，1986 年）。这些导数约束控制了朝向波束反射角和期望源的入射角之间的波束模式的灵敏度。设置这些导数为零（Huarng 和 Yeh，1992 年）时，约束方程为

$$\widetilde{\boldsymbol{V}}=[v(\theta)\quad \dot{v}(\theta)\quad \ddot{v}(\theta)\cdots] \tag{7-34}$$

其中，$\boldsymbol{V}$ 是一个矩阵约束列向量，$v(\theta)$ 是点约束列，$\dot{v}(\theta)$ 和 $\ddot{v}(\theta)$ 分别是一阶和二阶导数约束。具有导数约束的自适应阵列的性能不依赖于相位原点，只要转向角无误差，就可以实现高 SINR。这一主波束模式将更广泛地用于更高阶的导数。特别是当对入射信号的假定和实际方向不一致的时候，这种更宽的波束是很有帮助的。

7.6.3　方向约束

在加权自适应中，如果考虑方向约束，很容易实现探测源抑制和高输出 SINR。然而，如果假定的和实际的视角不匹配，则阵列会将入射的期望信号作为干扰信号抵消掉。波束控制角误差对波束形成器的鲁棒性，可以通过使用权重适应和自适应模式的多定向约束或导数约束提高。在实际情况下，方向约束倾向于用在导数约束无效的病态情况（Takao 等人，1976 年）。而且，导数约束被证明是良好的条件。这取决于选择适当的导数约束来实现更好的条件阵列处理系统。

7.6.4　仿真结果

如果假设失配量为 2°，GSC 和 DF - GSC 的 SINR 输出取决于所考虑的约束条件。

点约束 GSC：如果在 GSC 中仅考虑了点约束，那么输出的 SINR 变化如图 7 - 8 所示，输出 SINR 急剧下降，收敛于－8 dB。

点约束和一阶导数约束 GSC：在对权重适应的导数约束和点约束条件下，GSC 的性能进一步提高（图 7 - 8）。附加约束在旁瓣对消中增强了鲁棒性，输出 SINR 大大增加，输出 SINR 曲线快速收敛于 2.5 dB。

点约束 DF - GSC：考虑点约束的 DF - GSC，在 DOA 存在不匹配时输出 SINR，如图 7 - 9（a）所示。使用前 50 个数据序列的训练，SINR 收敛于 2 500 个数据序列后，约 9 dB。

一阶导数和点约束 DF - GSC：在 DOA 失配时的 DF - GSC 学习曲线如图 7 - 9（b）所示。权重适应是对点和第一个导数的约束进行的，此外，不需要训练数据，在阵列处理中包含导数约束降低了所获得的 SINR，这可能是由于可用 DOF 较少。

仿真结果表明，DF - GSC 方案与传统旁瓣对消器（如 GSC）相比，对不匹配错误提供了更好的鲁棒性。

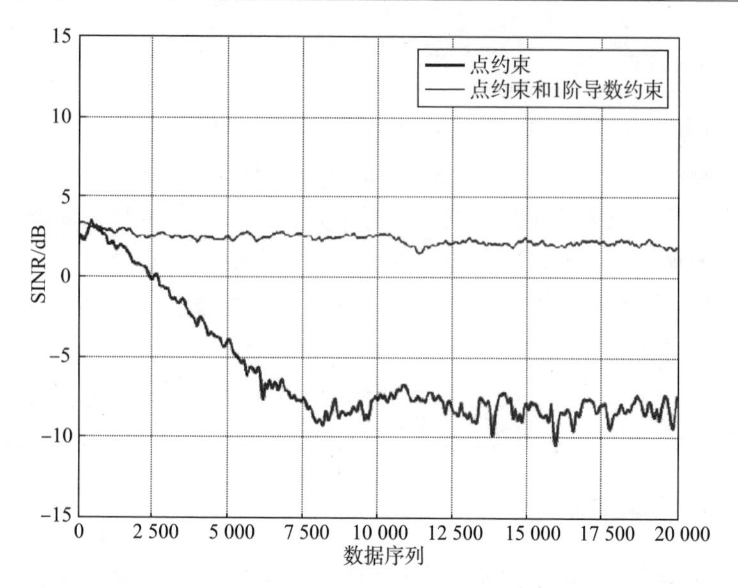

图 7-8 DOA 不匹配使用点和一阶导数约束条件下，GSC 的学习曲线

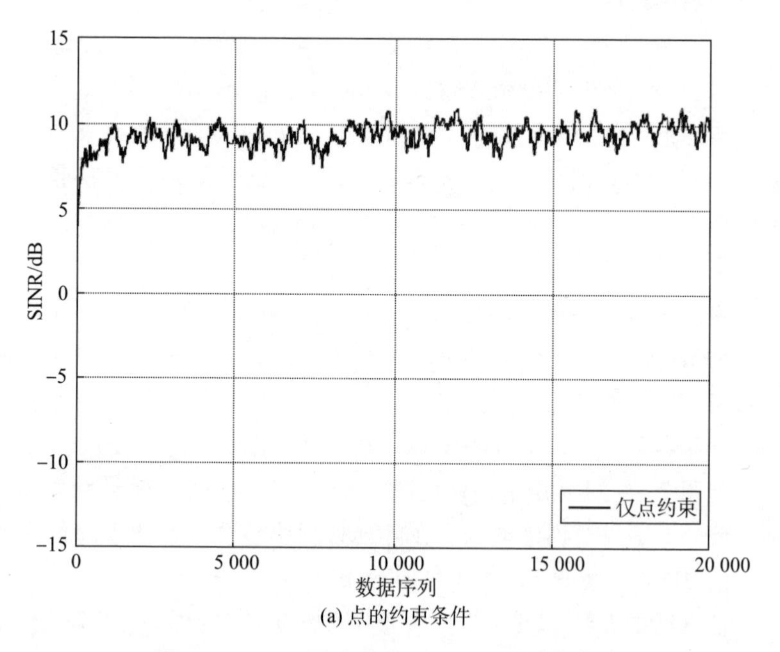

(a) 点的约束条件

图 7-9 DOA 不匹配时 DF-GSC 的学习曲线

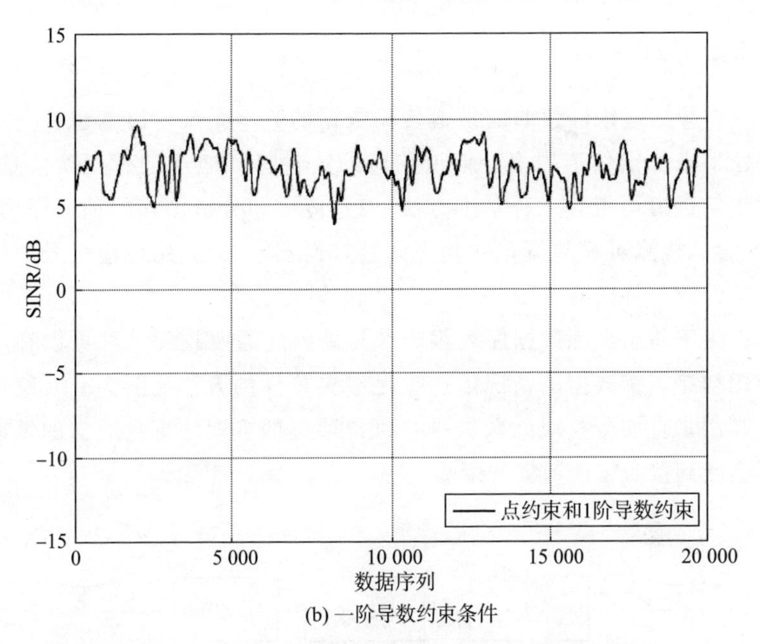

(b) 一阶导数约束条件

图 7－9　DOA 不匹配时 DF－GSC 的学习曲线（续）

7.7　旁瓣对消器中的盲补偿器

在缺乏训练样本的情况下，从多个角度研究了对抗多路径效应的盲信道辨识与均衡问题。盲均衡法是指不需要进行初始训练的方法。自适应阵列的性能得到了增强，同时保持了对任何不匹配误差的鲁棒性。这种方法的一个主要优点是它不会受到错误数据被错误接收的影响（Li 和 Liu，1998 年）。这增强了旁瓣对消器的鲁棒性。

与基于训练数据的经典方法相比，盲适应技术收敛速度较慢。如何建立一个鲁棒性好、计算效率高的用于盲补偿器的子程序仍然是一项艰巨的任务。

7.7.1 理论背景

一个通过线性扭曲的信道传输数据的数字系统，通常包含一个补偿器来补偿信道失真。信道响应的定量特征通常没有先验信息。对未知信道均衡有三种基本方法：1）传输和分析已知的训练序列；2）尝试检测可靠数据，并相应调整补偿器；3）利用传输信号的统计特性调整补偿器（Leou 等人，2014 年）。

由于初始训练数据序列很难获得，因此需要找到一种可以在不使用初始训练数据的情况下产生足够鲁棒性的方法。图 7－10 给出了利用来自均衡模块的数据进行盲自适应的方案。盲自适应的性能不会受到接收错误数据的影响。

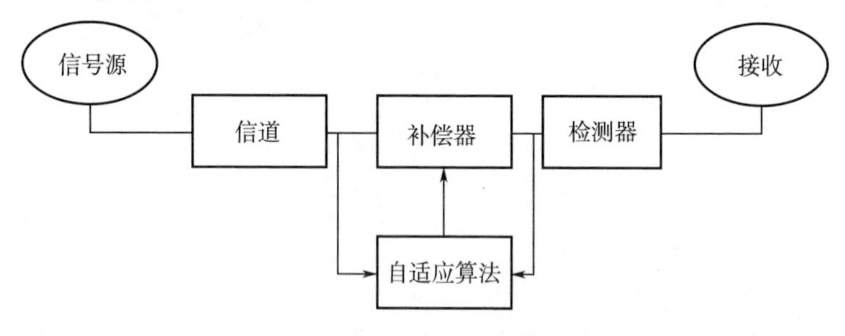

图 7－10　盲自适应方案

7.7.2 算法步骤

在 DF－GSC 中，这一原则包括近似导数约束的初始化，并逐步获得。首先，由于 DOA 的不匹配，主瓣变宽。然而，该算法保证了在静态滤波器输出中期望信号有足够的强度。即使在缺乏训练数据的情况下，补偿器也会继续收敛。一旦实现收敛，自适应阵列就会按顺序分配约束。这反过来会导致 DOF 的可用数量增加，从而实现精确的零深定位。图 7－11 描述了盲处理法的计算方案。

盲处理法：在盲自适应方法中，跟踪快速通道变化，重新捕获功能条件是基于信息数据。然而，如果已知与传输数据相关的任何特定信息，则应当利用。在许多情况下，所期望的信号可能太弱，

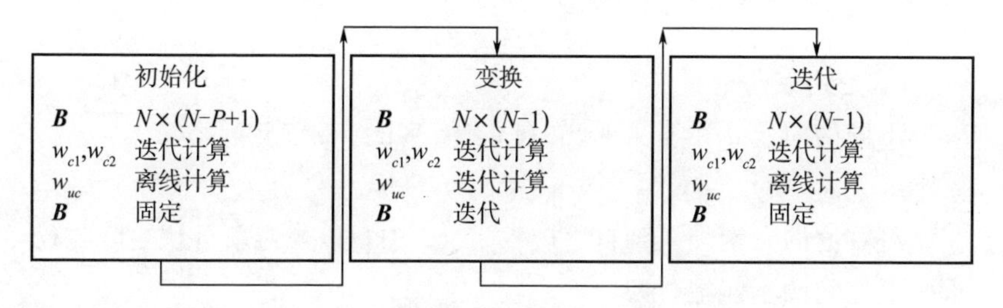

图 7-11　旁瓣对消盲自适应的算法步骤

无法初始化盲补偿器。这使得在 DOA 不匹配的情况下，很难在初始阶段得到准确的判决（Xie 等人，2012 年）。在 DF-GSC 中引入盲自适应时，可以跳过初始阶段的训练位，得到期望的输出 SINR。Lee 和 Wu（2005 年）提出了将一个盲补偿器加入 DF-GSC 的方法，如图 7-12 所示。在此方法中，权重估计过程包括三个步骤。

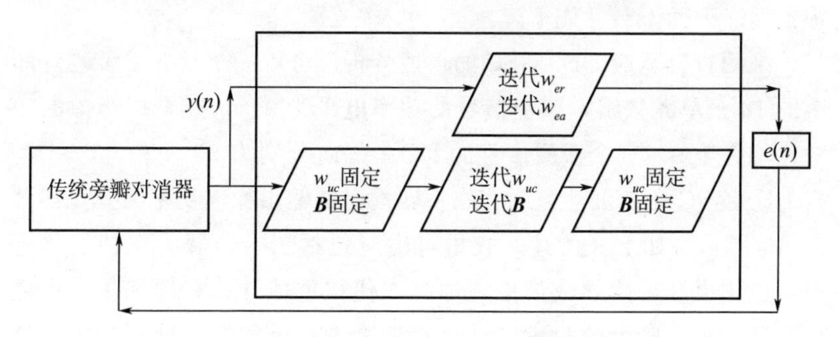

图 7-12　盲 DF-GSC 算法

第一阶段估算初始化映射矩阵，增加权重系数的向量维数。第二阶段是变换，迭代计算分块矩阵和静态权重。随着导数约束条件的增加，点约束的数量从 p 到（$p-1$），而 DOF 则从 $N-p$ 增加到 $N-(p-1)$ 。第三阶段是权重自适应。

概述如下：

A：初始化：该阵列的映射矩阵 $\boldsymbol{P}$ 是由分块矩阵 $\boldsymbol{B}$ 计算获得的。

$$\boldsymbol{P}=\boldsymbol{B}\boldsymbol{B}^{\mathrm{H}} \tag{7-35}$$

对应的映射向量 $\boldsymbol{p}'$ 包含导数约束，计算如下

$$\boldsymbol{p}' = \boldsymbol{P} \cdot \boldsymbol{c}_p \tag{7-36}$$

$\boldsymbol{c}_p$ 是约束向量。

不同的向量 $\boldsymbol{d}$ 由下式给出（Lee 和 Wu，2005 年）

$$\boldsymbol{d}_{N-(P-1)} = \boldsymbol{w}_{uc,N-(P-1)} - \boldsymbol{w}_{uc,N-p} \tag{7-37}$$

将零值的元素加入到自适应权重 $\boldsymbol{w}_{c1}$ 中，以规避新分块矩阵与权重向量之间的不匹配，即

$$\boldsymbol{w}_{c1,N-(P-1)} = [w_{c1,N-P} \quad 0] \tag{7-38}$$

B. 变换：新权重向量 $\boldsymbol{w}_{uc,\ N-(p-1)}$ 和分块矩阵用下式计算

$$\begin{aligned} \boldsymbol{B}_{N-(p-1)} &= [B_{N-p} \quad \gamma_n p_{N-(p-1)}] \\ \boldsymbol{w}_{uc,N-(p-1)} &= w_{uc,N-p} + \gamma_n d_{N-(p-1)} \end{aligned} \tag{7-39}$$

其中，$\gamma_n = 1 - [(T-1) - n]/(T-1)$，$0 \leqslant n \leqslant (T-1)$。

重复上述步骤直到 $\gamma_n = 1$。在此方法中 DF - GSC 跳过了利用训练数据序列而不会性能下降。

采用盲自适应 DF - GSC 的性能分析。考虑一个具有 $\lambda/2$ 均匀间距的 16 个单元数组，期望信号的功率电平为 0.2，三个探测源的功率比均为 100，三个探测信号的 DOA 方向分别为 20°、50°和 −35°。盲 DF - GSC 在 2°波达方向存在不匹配时的输出噪声功率的变化如图 7 - 13 所示。如上文所述，权重自适应包括三个步骤。在初始化阶段，点约束和一阶导数约束施加到迭代权重估计。在训练 110 次之后，进行第二阶段的权重估计，直到第 190 个数据序列，然后在最后阶段开始保持分块矩阵维数固定。变换阶段长度为 100。图 7 - 14 给出了盲 DF - GSC 自适应模式，为了对比，常规 DF - GSC 模式也包括在内。显然，盲 DF - GSC 的抑制能力优于 DF - GSC，可有效抑制所有三个干扰源。此外在 DOA 不匹配情况下，具有盲适应的 DF - GSC 比常规 DF - GSC 具有更好的鲁棒性。

其次，在 35°，48°和 65°三个紧密排列的分别具有 20 dB 功率水平的干扰信号证明盲 DF - GSC 的抑制能力。图 7 - 15 给出了自适应和盲 DF - GSC 的静态模式。可以看出，所有三个干扰信号都能有效地抑制，同时在期望信号源方向上不会干扰主瓣。

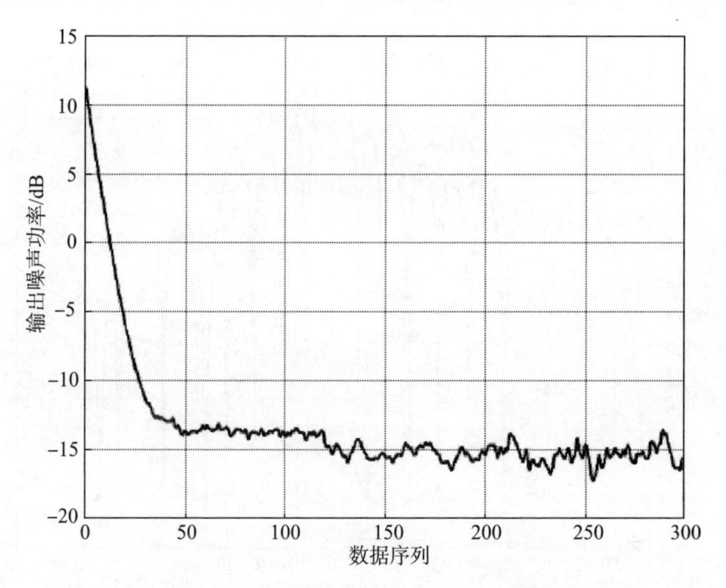

图 7-13　盲 DF-GSC 的噪声功率输出

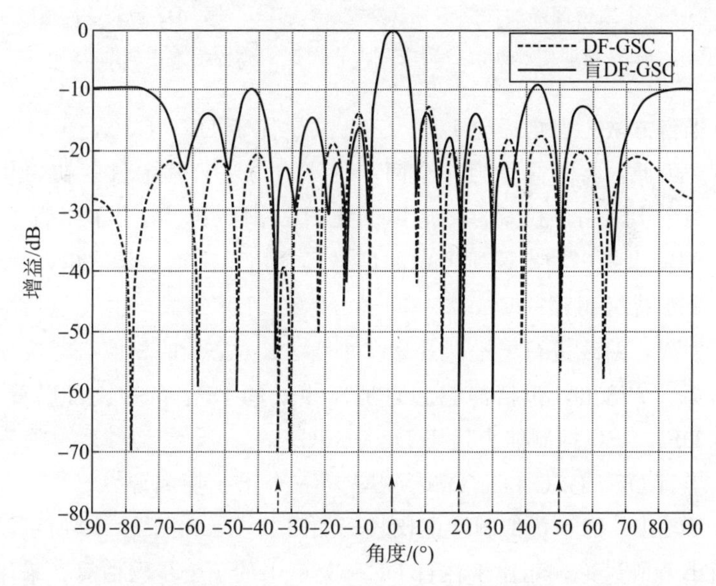

图 7-14　三个探测信号（50°，20°，−35°）的盲 DF-GSC 自适应模式。沿 x 轴期望源标记为实线箭头，而探测源标记为虚线箭头

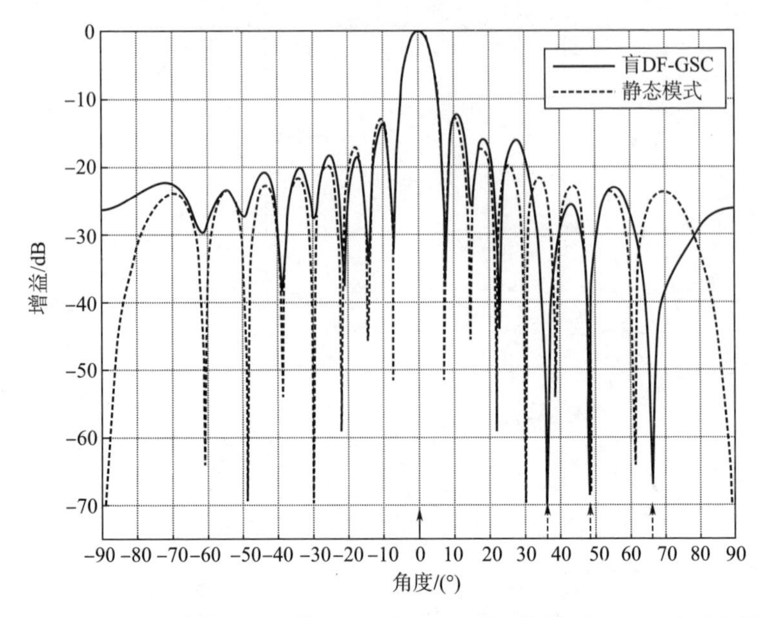

图 7-15　三个紧密间隔的探测信号（35°，48，65°）的盲 DF-GSC 自适应模式。沿 x 轴期望源标记为实线箭头，而探测源标记为虚线箭头

半盲方法：盲自适应 DF-GSC 虽然优于 DF-GSC，但计算成本高。因此，将其简化为一个两步的半盲方法，其中只有初始化和变换两个步骤用于权重自适应中。在图 7-16 中，给出了半盲 DF-GSC 的输出噪声功率。所考虑的信号场景由单个期望源（0°，0 dB）和三个干扰探测源（50°，20°和－35°，20 dB）组成。由于包括随机信号生成，曲线进行了平滑处理。半盲 DF-GSC 的相应自适应模式在图 7-17 给出，包括静态和自适应模式的 DF-GSC。可以看出，半盲 DF-GSC 抑制能力优于 DF-GSC。

半盲 DF-GSC 和盲 DF-GSC 对三个干扰探测源（－35°，20，50°；20 dB）的干扰抑制性能比较，如图 7-18 和图 7-19 所示。如前面小节所讨论，相比于在盲 DF-GSC 中的三个步骤估算，采用两步骤自适应权重估算的半盲 DF-GSC 的计算量更少。如图 7-18 所示，半盲 DF-GSC 的输出 SINR 高于盲DF-GSC。

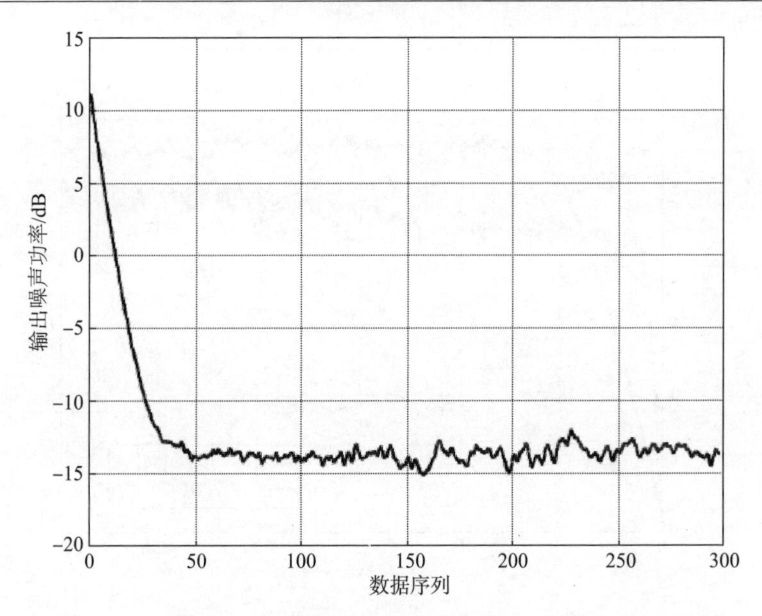

图 7－16　半盲 DF－GSC 的输出噪声功率

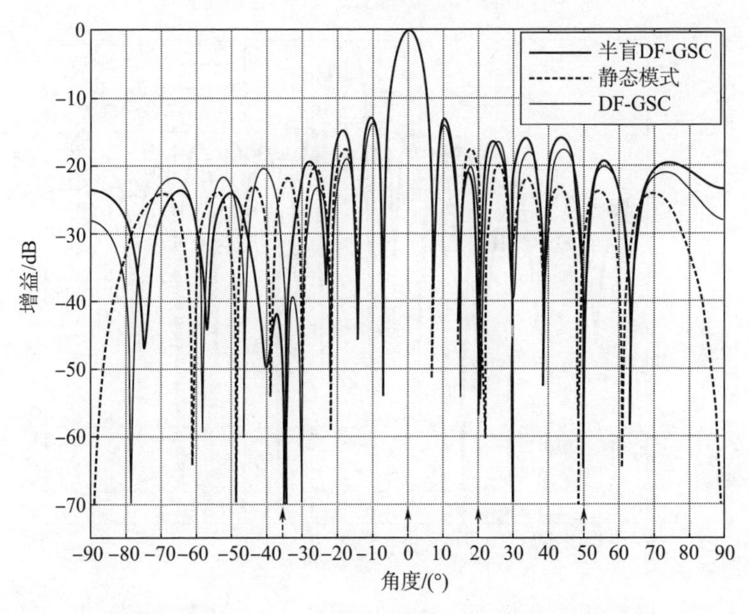

图 7－17　三个探测信号源（−35°，20°，50°；20 dB）的半盲 DF－GSC 自适应模式。沿 x 轴期望源标记为实线箭头，而探测源标记为虚线箭头

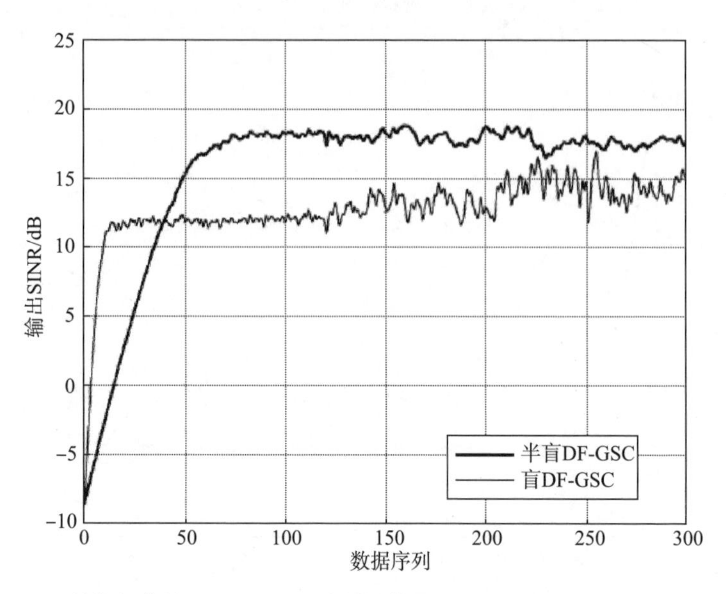

图 7-18　单期望信号源（0°）和三个探测信号源（−35°，20°，50°，20 dB）的半盲 DF-GSC 和盲 DF-GSC 性能比较

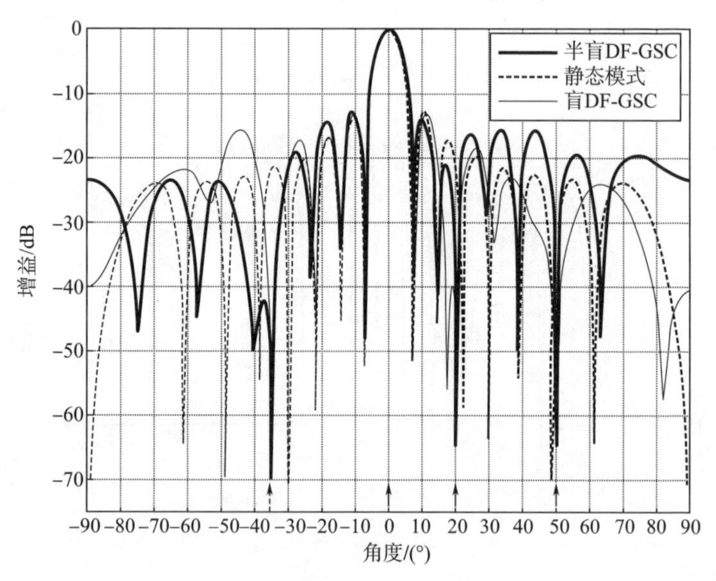

图 7-19　半盲 DF-GSC 和盲 DF-GSC 抑制性能比较。沿 x 轴期望源标记为实线箭头，而探测源标记为虚线箭头

采用改进的 LMS 算法进行权重自适应。此外，在探测方向考虑精确布置深零位时，半盲 DF - GSC 的性能优于盲 DF - GSC。这说明，半盲 DF - GSC 具有抑制向干扰信号源方向发射能量而同时保持与期望信号源通信的能力。

7.8　结论

用于自适应阵列的广义旁瓣对消器（GSC）方案是采用线性约束最小方差（LCMV）准则来抑制来自不同方向的干扰探测源，同时对所期望的信号源保持高 SINR 输出。当入射信号到达角（DOA）事先未知时，GSC 尤其有用。采用自适应算法，可非常有效地降低计算成本。然而，如果预估信号和实际信号到达角之间存在差异，GSC 性能会大大降低。

为提供足够的鲁棒性，引入一个包括滤波器和盲补偿器的模块，即 DF - GFC。DF - GSC 方案避免了 DOA 失配情况下的信号消除。另一种针对失配误差增强鲁棒性的方法是在信号处理中施加附加约束。然而，这会降低阵列抑制探测信号和热噪声的能力。这是因为施加多个约束条件消耗了大量的可用自由度（DOF），导致对干扰雷达源信号的抑制较差。

期望信号 DOA 估计误差阻碍了期望信号进入干扰消除滤波器通路中的分块矩阵。该滤波器会过滤掉静态滤波器输出的期望信号分量，并提供足够的可用自由度。这将导致信号消除，因此，在 DOA 不匹配的情况下，传统的旁瓣对消器即使有最优权重，也无法实现高 SINR 输出。

点约束、方向约束和导数约束等可用于提高旁瓣对消器的鲁棒性。点约束是最小约束，依据加法原则，将约束矩阵设为标量。方向约束对干扰抑制是有效的，而导数约束具有最高的 SINR。自适应模式的主瓣宽度取决于导数约束的阶数。高阶导数约束导致主瓣朝向期望源的波束更宽。如果实际信号和假设信号方向不能精确匹配，则较宽的阵列主瓣较好。如果在加权自适应中引入点约束和多阶导数约束，则旁瓣对消器的鲁棒性增加，输出 SINR 的收敛速度也得到改善。可以看出，虽然阵列处理器中增加导数约束提高了鲁棒性，但输出 SINR 下降。此外，这些施加的附加约束，需要在初始步骤中进行训练，在实际应用中具有一定的挑战性。

为了在保持鲁棒性的同时，实现更高的输出 SINR，提出了一种新的方法，即 DF－GSC 盲处理法。实施这项技术过程需要三个步骤，并同时使用两种约束条件，而不是分别单独使用。第一步，首先迭代计算权重，然后，进入变换阶段，分块矩阵的列逐渐减少。在这里，分块矩阵和权重都是递归计算的，以增加 DF－GSC 的鲁棒性。因此，DF－GSC 可以不使用初始训练数据就能快速收敛。还讨论了一种只有两个步骤的称为半盲 DF－GSC 的新的盲自适应技术。根据输出 SINR 和在探测方向精确布置的深零位，与盲自适应方法一起分析了旁瓣对消器的性能。

该研究是为了证实旁瓣对消器在有源 RCSR 的应用潜力。

参考文献

Anderson, J. B. and A. Svensson. 2003. Coded Modulation Systems. New York: Kluwer Academic/Plenum Publishers, 485.

Buckley, K. M. and L. J. Griffiths. 1986. 'Adaptive generalised sidelobe canceller with derivative constraints.' IEEE Transactions on Antennas and Propagation 34: 311 - 319.

Godara, L. C. 2004. Smart Antennas. Washington DC: CRC Press, 448.

Harmuth, H. F. 1970. Transmission of Information by Orthogonal Functions. New York: Springer - Verlag, 325.

Huarng, K. - C. and C. - C. Yeh. 1992. 'Performance analysis of derivative constraint adaptive arrays with pointing errors.' IEEE Transactions on Antennas and Propagation 40: 975 - 81.

Lee, J. - H., K. - P. Cheng, and C. - C. Wang. 2005. 'Robust adaptive array beamforming under steering angle mismatch.' Signal Processing 86: 296 - 309.

Lee, Y. and W. - R. Wu. 2005. 'A robust adaptive generalized sidelobe canceller with decision feedback.' IEEE Transactions on Antennas and Propagation 53: 3822 - 32.

Leou, M. - L., C. - M. Wu, Y. - C. Liaw, and H. - K. Su. 2014. 'An orthogonalized blind algorithm for hybrid of adaptive array and equalizer.' International Journal of Communication Systems 27: 201 - 15.

Li, J. and P. Stoica. 2005. Robust Adaptive Beamforming. Hoboken, NJ: John Wiley & Sons, 422.

Li, Y. and K. J. R. Liu. 1998. 'Adaptive blind source separation and equalisation for multiple - input/multiple - output systems.' IEEE Transactions on Information Theory 44: 2864 - 76.

Perreau, S., L. B. White, and P. Duhamel. 2000. 'A blind decision feedback equalizer incorporating fixed lag smoothing.' IEEE Transactions on Signal Processing 48: 1315 - 28.

Steele, A. K. 1983. 'Comparison of directional constraints for beamformers subject to multiple linear constraints.' IEE Proceedings, Pt. F and H 130 (1): 41 - 45.

Takao, K., M. Fujita, and T. Nishi. 1976. 'An adaptive antenna array under directional constraint.' IEEE Transactions on Antennas and Propagation 24: 662 - 69.

Widrow, B. and S. D. Stearns. 1985. Adaptive Signal Processing. Englewood Cliffs, NJ: Prentice - Hall, 474.

Xie, N., H. Hu, and H. Wang. 2012. 'A new hybrid blind equalization algorithm with steady - state performance analysis.' Digital Signal Processing 22 (2): 233 - 37.

第8章　新兴RCSR技术

8.1　引言

本书讨论的有源雷达散射截面减缩（RCSR）和算法涉及航空航天目标的实时RCSR与控制。安装在平台上的天线阵列主动调控方向图使之与平台的整体结构雷达散射截面（RCS）保持一致。方向图的适应度取决于诸如雷达散射源数量、频率、电波到达角度、功率电平以及带宽等参数。安装在航空航天平台的相控阵列的RCS在指向每个敌方探测源方向减缩，而同时保持与友方雷达的通信链路。

有源RCSR概念之外，人们已经提出了通过无源方法获得低可观测性的其他一些技术和想法，包括工程材料的使用，即频率选择表面（FSS）、人工磁导体（AMC）、超材料、共形承载天线等。研究工作强调小型化、带宽增强和结构共形等。这对于安装在航空航天结构表面上的天线尤其如此。通常，非隐身飞机的RCS可以从10 dBsm变化到30 dBsm，而导弹具有相对较低的RCS（−20 dBsm到10 dBsm）（Doan等人，1995年；Paterson，1999年）。此外，由于诸如监视、跟踪和侦察等应用，这些平台上安装了各种传感器和天线，对整个平台的RCS也产生贡献。因此，人们对减少天线RCS的方法进行了广泛的研究（Volakis等人，1992年；Zhang等人，2012年）。已提出的解决方案包括表面整形、应用雷达吸波材料（RAM）（Pozar，1992年；Wang等人，2011年）、在雷达罩中使用锥形电阻片（Gustafsson，2006年；Genovesi等人，2012年）、无源RCSR（Knott等人，2004年）和有源RCSR等。通过使用锥形负载可以有效地抑制边缘散射。对于30°和85°之间的方位角，通过锯齿加载可使平均后向散射减少超过30 dB（Chen等人，2011年）。然而，RCSR通常会推高成本、重量和系统维护需求。除天线或天线阵列的结构项RCS外，需要严格分析的是天线系统馈电网络中的散射。这使得具有良好辐射特性的低RCS天线阵列设计，成为一个巨大的挑战。当馈电网络的终端端口匹配时，天线散射以结构项散射为主。否则，所接收电磁波能量的一部分被反射，并再次辐射，这称为散射的天线项模式（Hu等人，2007年）。如果将天线的接地层替换为FSS或AMC这样的混合结构，天线的结构项RCS可以在带外频率降低10～20 dB。这一概念已经应用于诸如反射阵列这样的无源天线（Misran等人，2003年）。该概念不能直接拓展用于如微带贴片天线这样的印刷天线。基于FSS的接地层允许准TEM传播模式。然而，这个想法已用于单极子阵列（Wang等人，2009年）。对于FSS传输频段的频率，混合接地层可能对RCSR有显著的贡献。然而，在所有方向上的鲁棒性和RCSR是不确定的。可以通过对包括馈电网络在内的天线系统进行优化设计来控制带内散射，在部件水平上降低对来波信号的内部反射（Sneha等人，2012年）。

本章在几个前沿领域讨论了航空航天装备的RCSR设计和开发进展，包括嵌入式天线、共形承载天线、FSS、超材料和基于等离子体的RCSR。

8.2 嵌入式天线

有效的天线设计需实现期望的辐射方向图和极化分集，即天线应能辐射线极化、圆极化或椭圆极化电磁波。可以通过齐平安装在表面上制备天线/阵列。此外，天线单元应免于故障，坚固并耐用。在实际环境下，没有辐射单元能完全满足所有要求。然而，可以对阵列系统的硬件实现进行折中。要切记，辐射单元的选择应基于构成阵列的一组单元的辐射特性，而不是孤立单元的辐射特性。

由于耦合效应，阵列的几何形状对于控制阵列性能具有重要意义。此外，阵列在平台上的安装会显著影响辐射特性。表面的作用开始占主导，其中包括曲率和材料。这使得阵列的位置成为一个关键问题。视场，即阵列的扫描区域应该保证天线能够执行期望的任务。机身的其他部件不应妨碍天线阵列的视场。阵列也不应暴露于飞机其他有源部分的电磁干扰（EMI）。天线位置的其他因素有机身、冰、灰尘、水和温度的影响等。因此，可以推断天线系统的性能可能受到机身阻力、非最佳天线位置或天线部件选择不当的影响。传感器有效载荷也会增加保持环境负荷方面的困难。

此外，应该从航空航天飞行器设计和研发一开始进行天线和传感器设计及其与其他结构的一体化考量。这包括平台上共形承载天线的电磁（EM）设计、制造和安装，与旁瓣电平相关的性能，受控的波束转向，由馈电网络的电路和处理单元所导致的热平衡，等等。

平面印刷天线是用于航空飞行器的理想选择，因为它们易于制造并粘合到机身上，使其成为飞行器整体的一部分。由于其平面结构，可以将这种天线阵列的馈电网络制备成天线系统的一部分，使其成为紧凑且轻便的系统。最常见的安装位置是飞机的前端或鼻锥区域。鼻锥具有最大可用的正面尺寸（Frontal Square Footage），其中天线阵列可以与媒质覆层一起放置。在这个位置可以轻松实现半球扫描覆盖。另一个可能的位置是机翼的前缘，其提供了期望的俯仰角扫描覆盖。然而，在方位平面上，如果阵列仅安装在一个机翼上，则可能产生机身阻挡。可以将UHF（超高频）和X波段天线阵列集成到多频带和全向覆盖结构中，以解决传统雷达和天线罩的重量问题。安装在飞机机翼上的高增益，电子转向UHF天线可以定位并跟踪固定和移动目标。通常，数据链路应用中使用的刀片天线安装在机身上。由于它伸出机身容易遭到损坏，并且这种突起会产生额外的电磁散射，因此对RCS有贡献。这种天线可以由在圆形复合天线罩内嵌入式安装的缝隙天线代替。类似地，偶极天线也可以嵌入到结构中。

材料、电子学和新型设计方面的最新进展证明，柔性、导电和高强度线可以编织在飞行器结构上。这种基于织物的天线有助于降低工作频率（Bayram 等人，2010 年）。此外，这种天线在平台上共形。这些天线可伸缩并可移去而没有任何不利影响。这些天线增加了平台的结构刚度。这些共形、轻质和承载天线在航空航天领域有着广泛的应用。然而，将这样的天线嵌入到飞行器的蒙皮中需要适当的表面建模。天线应该足够稳固以能承受柔性，并且在系统内实现的算法必须控制波束在弯曲的移动表面上转向。

在当前场景下，小型化的共形多功能天线正开始用于航空航天平台。这些天线使用轻质、高反差聚合物复合材料开发，可以进行 3D 制造。这一组合在宽的频率（GHz）范围表现出低的电损耗角正切（$\tan\delta < 0.02$），因此可用作印刷天线的介质基片。碳纳米管（CNT）用于聚合物基底上的低损耗印刷（Zhou 等人，2010 年；Bayram 等人，2010 年）。这种 CNT 天线具有轻质、柔软、介电常数可控和低损耗角正切等特点，是航空航天飞行器的首选。

此外，共形度和结构兼容性是天线方案设计的重要部分。当天线与平台共形时，它可以弯曲或延展。在这种情况下，承受各种振动产生的机械力以及压力和温度变化时，还必须能保持天线性能。这些要求通过复合材料来满足。这样的材料可以在常温下处理，从而使它们有利于飞机上的多层致密系统封装。

目前航空航天天线的另一个趋势是使用超宽带（UWB）天线，特别是无线通信和防御应用天线。宽的频率工作范围使得 UWB 天线的 RCSR 成为一项艰巨的任务（Salman，2009 年；Jiang 等人，2010 年）。根据开路和短路 RCS 计算了 UWB 天线的 RCS。在天线的外金属覆盖物上开了几个圆形和半圆形的孔，从而将其结构 RCS 减少了 3～5 dB，特别是在高频范围（6～20 GHz）。然而，这些孔并不影响天线的辐射特性。

印刷天线是安装在诸如飞机和导弹等平台上的共形阵列的首选天线。这些天线可以容易地在弯曲表面上实现，减少了飞行器的整体散射截面。这种天线的RCS可以通过在微带贴片上使用有耗基片(Jackson，1990年)、使用铁氧体材料作为基片和覆盖层（Yang等人，1992年)，使用集总加载（Yang和Gong，2004年；Ma等人，2004年)，或使分布阻抗加载（Volakis等人，1992年）进一步降低影响。然而，这些方法影响天线的辐射特性。Zhao等人（2009年）在贴片的顶部使用可重构的八木基片将RCS降低20～25 dB。在贴片或接地层上开槽和使用FSS作为接地层，也可以对RCSR贡献15 dB（Hong等人，2010年；Ren等人，2011年)。

通过使用诸如PIN二极管这样的电可控开关器件可以动态控制天线的辐射方向图（Jamlos等人，2010年；Bai等人，2011年)。可以在低RCS和辐射状态之间切换天线模式，使得雷达散射截面减小和最佳辐射性能都能实现。通过二极管的正向偏置ON条件下的RF电阻特性，获得大角度跨度的低RCS状态。在正向偏置期间，在PIN二极管中感应的场能量耗散，从而降低RCS 15～20 dB(Shang等人，2012年)。当要求天线在最佳辐射状态时，使用PIN二极管的电容特性，通过施加直流反向偏置电压实现。

已经为无人机提出了工作在X波段的双极化共形阵列（Ahn等人，2011年)。该天线阵列有16个与圆柱表面共形的2×2子阵列。可以改变曲率半径以适合飞行器中的有效载荷容器。在航空飞行器上安装共形有源电扫描天线（AESA）的可行性已经得到了验证(Gerini和Zappelli，2005年；Knott等人，2012年)。

8.3　共形承载天线

集成到飞机和导弹上的共形天线结构具有减小质量和尺寸以及降低可观测度的可能。一般来说，商业和军用飞机由天线组成，这些天线会增加气动阻力和质量，因为这些天线突出在表面上。甚至传统的共形天线结构也涉及将天线安装在天线罩内，该雷达罩附着在飞行器的蒙皮上或者代替部分外部蒙皮。这种设计也增加了平台的整体质量和阻力。根据最近的趋势，这些天线结构可以被直接沉积在或嵌入到复合材料气动表面内的共形天线图案所代替。这种天线被称为共形承载天线结构（CLAS）。

这种天线的主要目的是避免安装从机身突出的传统天线。此外，它们与飞机结构的外模线（OML）共形，支撑结构载荷，并进行信号的发送和接收。嵌入到复合材料结构内的天线具有 RF 性能较好、质量低、成本低和阻力低等特点，并且它们不会扰乱气动特性（Callus，2008 年）。

由于 CLAS 支持结构加载，外蒙皮应由诸如碳纤维增强聚合物（CFRP）或合金这样的高强度材料制成。然而，这些高硬度材料对电磁波不透明。因此，在蒙皮内部生成一个矩形凹槽，以便使它沿外模线保持连续，为结构载荷提供支撑，并为固定天线部件的结构提供空间。CLAS 的外表与平台的 OML 共形。

凹槽盖的材料应对 RF 透明。因此，盖子可以是玻璃纤维增强聚合物（GFRP）或石英基纤维复合材料。通过将材料厚度保持在几毫米并且保持距离天线在半波长整数倍上，使传输损耗最小化。GFRP 的低刚度不应导致二次弯曲。此外，变形效应不应降低天线辐射能力和结构特性。辐射元件可以具有不同的形状和尺寸。元件的材料可以是良导体，但是，当嵌入到复合材料结构中时，考虑到耐久性就不够致密。大多数 CLAS 辐射体都沿着 OML 取向，以尽量减小天线厚度。然而，最近的设计包括辐射体沿贯穿厚度方向的取向。可以考虑满足体积/尺寸限制并能产生期望辐射方向图的所有取向。

辐射元件之后，在承载片之间放置蜂窝或泡沫芯材。应使用蜂窝芯而不是泡沫芯，因为泡沫芯的密度和电磁损耗较低。CFRP 片与芯材粘合在一起以便承载。辐射单元放置在浴缸形状的凹槽中，导电片用作接地层。有耗介质层放在 CLAS 的背面，以避免旁瓣辐射。

CLAS 主要形式是印刷天线，即微带贴片天线。已知微带天线的效率取决于介质基板的传输损耗和在天线内耦合的能量。寻找具有所需介电常数和磁导率的合适材料是天线设计者面临的一个挑战。解决方案可能是基于超材料的基板。另一种选择可能是将介电材料（GFRP 或 QFRP）与磁性材料（铁磁性或顺磁性线）混合。这种天线的机械强度将满足承载结构的刚度要求，并且能够耐受结构内的应变。问题是如何将这些材料在共形承重结构内集成起来。制造过程将取决于尺寸和公差要求。对于较高频率的天线设计而言这个问题更为突出。

在典型的微带贴片天线中，介质基板较厚（对于 X 波段约为 10 mm）。由于复合材料航空航天飞行器蒙皮厚度在同一数量级，天线位置上的蒙皮变成双倍厚，并且如果为了提高刚度增加支撑结构，这一厚度会进一步增加。反过来，由于承载蒙皮上开凹槽，这种类型的厚度被 CLAS 中的三明治蒙皮所消化。通常，用于凹槽的材料是树脂或复合材料纤维。与航空航天飞行器的 CFRP 蒙皮的刚度相比，这些材料的刚度相对较小。此外，在对这种结构施加载荷时，即使是沿着蒙皮，它也会产生二次弯曲。因此，需要加厚飞行器蒙皮以抵抗可能的应变或弯曲，但这又增加了天线系统的质量和复杂性。然而，智能设计可能有助于解决这个问题。

如果 CFRP 蒙皮的外层板相对于主载荷离轴放置，则天线将对平台蒙皮的承载能力（Callus，2008 年）影响最小。通过开孔插入的馈线也不应降低结构完整性。由于复合材料飞机结构通常都以开放或填充孔压缩的强度来制造，所以这不是问题。

另一种可以集成到机身结构而不需要额外的增强，并且性能下降在可接受范围的天线是缝隙阵列。复合材料蒙皮本身可用作接地层。为了恢复气动表面，应在开槽中填充材料，如低模量聚合物树脂或诸如 GFRP 或 QFRP 之类的复合材料。具有直边的窗口具有较低的承载能力和应变耐受性，这可以通过对接头进行嵌接并放置锥形金属衬套（Callus，2008 年）得到改善。

承载航空航天结构通常由基于帽状或刀片状的加筋蒙皮制成。

这些加强件类似于波导中的缝隙阵列。应适当地设计这种加强件的尺寸和形状，以便在期望的频率范围内实现对缝隙阵列的结构支撑。通过在缝隙中填充介电材料可以进一步增加带宽。

为取代过去在飞机表面上安装的工作在各自频率上的不同天线，可以设计具有可变尺寸的多个波导加强件，每个波导加强件都调谐在不同的频率范围。另一个选择是混合的缝隙配置，将用于较高频率的缝隙设计在较低频率的缝隙之间。缝隙设计的关键问题是元件之间的间距。频带之间应充分分开，以适合位于低频缝隙之间的高频缝隙。可以通过改变缝隙的形状和尺寸来实现整个频率范围内的辐射，例如，用于带宽增强的螺旋缝隙。

由内部设计的叶片组成的复合材料无人机表面既用作加强件，也用作切割缝隙阵列的增强板和基座。这种设计减少了蒙皮的厚度，却同时保持足够的结构强度。在可调承载天线的设计和开发中，人们正较多地使用诸如铁电体这样的材料。这些材料由于其介电常数在电场作用下的显著变化而引起大家的兴趣。特别地，当用于易于受到机械应变的承载天线时，材料的介电常数会变化，进而影响其辐射特性。

8.4 基于 FSS 的 RCSR

FSS 由电介质基板上任意形状和尺寸周期性排列的金属结构，或者这些金属结构的互补设计，即在金属片上的开孔组成。最关键的问题是对 FSS 单元形状的合适选择，这些形状可以是矩形/圆形缝隙，环状缝隙，单/多加载缝隙，圆环等。FSS 结构的性能由单元的类型和几何形状，介电衬底的本构参数和单元的周期性决定。FSS 结构的性能指标包括频率响应，传递函数及其对入射角和极化的依赖性（Munk，2000 年）。FSS 单元的选择取决于诸如窄带/多频带工作、占空比和带宽要求等设计规范。FSS 本质上是滤波器，在所选频段传输或反射电磁波。

金属贴片 FSS 在设计频率表现出全反射特性，而孔隙 FSS 在谐振频率全透过。这些 FSS 结构可以组合到天线罩或天线系统中而不影响原有的天线辐射特性。此外，这些结构有利于针对天线的所有带外频率实现 RCSR（Ren 等人，2011 年）。

为了降低天线的 RCS，近年来的趋势是在贴片天线设计中引入 FSS 接地层。这种设计的主要目的是，对天线工作频率范围而言，有一个有效的基于完美电导体（PEC）的接地层，而对其他频率而言，该接地层则具有通带特性。此外，FSS 能防止能量反射回天线孔径。这导致天线 RCS 大大降低，同时又保持了其辐射特性（Lu 等人，2009 年）。他们实现了 20～30 dB 的带外 RCSR。

加载 FSS 结构，例如加载芯片的单方环和双方环可能由于集总电阻中的欧姆损耗，产生宽带吸收。这种结构可用作薄而低成本的雷达吸收体（Yang 和 Shen，2007 年）。此外，可以通过在 FSS 元胞中引入有源器件来扩展 FSS 的能力（Chang 等人，1996 年；Khosravi 和 Abrishamian，2007 年）。有源 FSS 可以将其频率响应从拒止传输结构切换到实际上是透明的但插入损耗较小的结构。这种特性变化是电子控制的，可以开发用于 RCSR。

低剖面印刷天线阵列后面的 FSS 结构允许 FSS 通带频率范围的入射波穿过天线结构（Genovesi 等人，2012 年）。如果反射结构在这样一个天线的后面，通过 FSS 传输到天线结构中的能量可能会被反射回来，从而限制了天线系统中 FSS 层的效率。通过将吸收层放置在 FSS 层附近的天线结构后面，可以解决这个问题。这有助于改变入射波所经历的阻抗。这一效应取决于天线结构和吸收层之间的分隔。当多层天线系统的反射行为接近自由空间的反射行为时，就实现了完美的阻抗匹配。

据报道，具有 FSS 接地层的低剖面微带贴片阵列的 RCS 比 FSS 通带内的低约 15～20 dB。甚至对于同一频段的斜入射角，也能实现 RCSR（Genovesi 等人，2012 年）。阵列的辐射特性仍然保持对于带外雷达信号有着显著的降低。用于 RCSR 的 FSS 设计必须满足以下条件：1）全反射频段应与天线共振频率范围相匹配；2）天线系统的谐振频率应在来波入射角范围内稳定。

8.5 基于超材料的 RCSR

由于其特有的传播特性，超材料可用于 RCSR（Xu 等人，2010年），用于具有低旁瓣电平的天线设计和用于避免电磁干扰。由有耗介质材料和超材料组成的多层结构已用于实现宽带 RAM（Oraizi 和Abdolali，2008 年）。Oraizi 等人（2010 年）介绍了色散和非色散条件下的双零超薄材料（DZR）涂层的应用。使用基于遗传算法和共轭梯度技术的混合方法（GA - CG）来优化 RAM 涂层的反射功率。

FSS 可用于天线的带外 RCSR。余下的挑战是如何实现天线的带内 RCSR。加载有集总元件如电阻（Li 等人，2008 年）的电磁带隙（EBG）吸收材料或超材料基吸收体（Yang 等人，2013 年）已用于加脊波导上缝隙阵列的 RCSR。

有报道说，基于超材料的吸收体给出了 RCSR 为 10 dB 时大于90％的吸收带宽（Yang 等人，2013 年）。低 RCS 性能对入射角以及平行和垂直极化均不敏感。如果使用基于超材料的吸收体代替 PEC作为波导缝隙天线的接地层，则天线带内 RCS 显著减小（Liu 等人，2013 年）。在工作频段内可实现整体 RCSR 降低达 8 dB。此外，法向 RCS 降低可以达到 15 dB，而不影响天线的辐射特性。

最近，在微带天线设计中已经提出了一种双频段超材料吸收体（Zhang 等人，2014 年）。这种四层结构在很宽的入射角范围内具有高吸收并且极化不敏感特性。如果这种吸收体装载在微带贴片天线上，则天线带内 RCS 将对 TE（横电）和 TM（横磁）极化均降低高达 9dB，而对辐射方向图没有任何不利影响。

结构上集成的基于超材料的共形天线可以具有期望的通信能力，而不会降低气动、结构和射频性能。接地层由超材料 EBG 材料制成，降低了天线的高度。与传统的理想导电体（PEC）接地层不同，

EBG 接地层起到理想磁导体（PMC）的作用。相比于 PEC 接地层的 λ/ 4 间隔要求，EBG 接地层允许天线辐射单元放置在紧挨着接地层的地方，从而显著降低了天线的高度。此外，超材料 EBG 接地层允许天线厚度约为常规天线设计的 10%。可以实现高达 10～15 dB 的总体 RCSR 而不降低天线性能。如果在天线设计中使用诸如多晶铁氧体这类磁性材料，则可以进一步提高天线带宽。

结构集成的基于超材料的共形阵列是一种低剖面阵列，占据较小的平台体积，为其他子系统和辅助设备提供了额外的空间。表面上有些很小的凸起，因而减小了天线的气动阻力和电磁散射。由于天线在结构上与平台集成，所以不需要寄生封装，这有利于减小质量并提高灵活性。系统的鲁棒性将会更强，并且维护和寿命周期成本降低。这种结构集成天线可以安装在诸如飞机、导弹或无人驾驶飞行器等各种平台上。此外，材料的选择范围包括金属、介质和复合材料，这有助于保持天线系统的辐射和结构性能。

对平面超材料吸收体用于 RCS 减缩和控制已经进行了广泛的研究。最近，提出了一种用于曲面的共形超材料吸收体（Jang 等人，2013 年）。众所周知，在弯曲表面上的不同点处，入射角会变化。这需要针对不同入射角度进行超材料单元设计。基于三种超材料的基元胞，已经提出了圆柱形表面用的共形吸收体。实现了 10～12 dB 的 RCSR，同时保持两种极化下的高吸收特性。

除了 RCSR 之外，还可以开发用于增强天线增益的超材料。Pan 等人（2014 年）提出了一种基于部分反射面（PRS）的微带贴片天线设计。贴片天线嵌在两个平行反射器之间，一个是金属接地层，另一个是 PRS，由位于地平面上方半波长位置的金属周期结构组成。这产生了法布里-珀罗（F－P）型谐振腔，从而增强了天线方向性。由于介质板两侧的金属图案不同，其上表面和下表面具有不同的透射和反射行为。上表面表现出低反射特性，因而减少了天线的带外 RCS（10～25 dB），获得 3dB 的天线带内 RCSR。所提出的设计表明，增益提高了 6dB。

除了天线 RCS 之外，超材料涂层也已用于 RCSR（Bucinskas 等人，2010 年），Culhaoglu 等人（2013 年）的研究证明，具有低反射特性的电薄超材料涂层可以显著降低电大尺寸金属立方体的 Ka 波段单站和双站 RCS。所提出的涂层由印刷在基板上的金属条带阵列组成。这些条带为亚波长尺寸，具有容性负载特性。在镜面方向以及非镜面方向能够获得大约 10 dB 的 RCSR。可以针对电大 3D 结构对此进行进一步探索研究。

8.6 基于等离子体的 RCSR

等离子体隐身是另一种已经尝试的实现低可探测性的技术。等离子体是具有不同参数（等离子体密度、温度、碰撞频率以及施加的磁场）和电子密度分布（指数、抛物线和爱泼斯坦）的电离气体，对电磁波传播具有不同的响应。等离子体的这种特殊特征具有隐身应用潜力。

在基于等离子体的隐身中，改变飞行器周围的电场以降低 RCS。如果可以环绕飞机外部生成等离子体云，则电磁波将在表面被吸收，而不是反射回雷达天线。这种基于等离子体的方法是前沿隐身技术之一，并且仍处在探索研究阶段。

使用等离子体隐身的动机与使用 RAM 的相似。当 EM 波在弱电离等离子体中传播时，其经历散射和吸收过程。吸收主要是由于能量从 EM 波转移到等离子体的带电粒子，然后由于弹性/非弹性碰撞而转移到中性原子（Yuan 等人，2011 年）。当 EM 波从自由空间传播到等离子体或在变密度等离子体内传播时，由于折射率的变化，会发生波的散射（Laroussi 和 Roth，1993 年）。

等离子体吸收体的优点包括质量小，在宽的频率范围内衰减 EM 波，并且可以在不需要时关闭等离子体发生器。然而，所需电源体积庞大。等离子体吸收体可以用于包裹部件，对整体 RCSR（20～30 dB）贡献显著（Chaudhury 和 Chaturvedi，2005 年，2009

年)。未磁化的等离子体也可在一系列频率上当作RAM使用(Stadler等人，1992年)。

足够高密度的等离子体具有类似导体的性质，因此可用作发射和接收天线。当被EM源照射时，等离子体表现为导体行为。反过来，一旦电源关闭，它就表现出非导电材料性质。可以利用这个属性来生成一个对探测雷达而言实际上已经消失的RCS。此外，与常规天线相比，等离子体天线可以用作可重构的辐射元件。其辐射特性可以是电控变化的，无需机械控制[①]。

基于等离子体的RCSR既有优点也有缺点。等离子体云可以替代RAM涂层，从而减少质量和维护成本。此外，等离子体云提供热屏蔽并改善飞机的气动性能。然而，对于等离子体隐身技术而言，还需要考虑几个挑战。第一个问题是在飞机周围产生等离子体云，电源需要很高的功率，也增加飞机的总质量。第二个问题是避免等离子体层阻碍飞机雷达工作（Vidmar，1990年)。最后，等离子体云产生可见的等离子体轨迹，这可能会破坏RCSR的作用。

8.7　结论

对小尺寸和减缓RF拥塞（小平台上的通信，成像和信息收集）的需求要求天线尺寸减小90%或更多，同时保持所期望的增益和数据率。此外，要求天线/阵列是多功能的，覆盖宽的频率范围(UWB)。整个航空航天飞行器表面都可以作为RF（智能）蒙皮，这意味着RF功能层的结构完整。安装在飞行器表面上的天线易于被偏转和受气动弹性变形。如果天线阵列嵌入结构内，则会减少这一问题。除了RCSR之外，这还有助于质量和尺寸控制。

可以使用锥形电阻片、基于等离子体、基于FSS或基于超材料的天线设计来实现低RCS天线。有源RCSR需要与无源RCSR集

---

① 原文有误，已修正——译注。

成，以获得对电磁散射的总体控制。为此，共形结构集成天线将是首选。

用于低频应用的天线的物理尺寸是航空航天飞行器的一个问题。基于纺织线的承载阵列可以附着在结构上。相控阵的功率要求根据应用和频率范围而不同。影响天线性能的因素包括机身遮挡、非最佳天线选址或天线部件选择不当。这些共形、质量小并承重的天线可用于通信、导航和监视系统。

使用 FSS 的 RCSR 通过利用其通带和阻带频率特性来实现。可以在工作频率范围内实现透明，而在不同方向反射带外信号。这种方法被称为虚假的 RCSR，仅对单站雷达有效。对于双基地雷达，反射到其他方向的电磁波信号也可以被探测到。

在天线罩上使用有损耗的涂料可能会导致插入损耗高。基于超材料的吸收体可以是规避这个问题的选择之一。然而，由于其窄带吸收特性，这些吸收体也只有有限的效率。另一种可能是对航空航天飞行器采用等离子体隐身。尽管还有几个技术问题有待解决，但研究人员期望通过利用等离子体覆盖飞行器的部分反射结构实现实质的 RCSR。这些结构包括飞机的垂直稳定器、涡轮喷气发动机风扇叶片和发动机进气口等。

参考文献

Ahn, C. - H., Y. - J. Ren, and K. Chang. 2011. ‘A dual - polarised cylindrical conformal array antenna suitable for unmanned aerial vehicles.’ International Journal of RF and Microwave Computer - Aided Engineering 21: 91 - 98.

Bai, Y. - Y., S. Q. Xiao, and M. - C. Tang. 2011. ‘Wide - angle scanning phased array with pattern reconfigurable elements.’ IEEE Transactions on Antennas and Propagation 59: 4071 - 76.

Bayram, Y., Z. Yijun, B. S. Shim, S. Xu, J. Zhu, N. A. Kotov, and J. L. Volakis. 2010. ‘E - textile conductors and polymer composites for load bearing antennas.’ IEEE Transactions on Antennas and Propagation 58: 2732 - 36.

Bucinskas, J., L. Nickelson, and V. Shugurovas. 2010. ‘Microwave scattering and absorption by a multilayered lossy metamaterial - glass cylinder.’ Progress in Electromagnetics Research. 105: 103 - 18.

Callus, P. J. 2008. ‘Novel concepts for conformal load - bearing antenna structure.’ DSTO - TR - 2096, Technical Report, DSTO Platforms Sciences Laboratory, Australia, 94.

Chang, T. K., R. J. Langley, and E. A. Parker. 1996. ‘Active frequency selective surfaces.’ IEE Proceedings on Microwave Antennas Propagation 143 (1): 62 - 66.

Chaudhury, B. and S. Chaturvedi. 2009. ‘Study and optimisation of plasma - based radar cross section reduction using three - dimensional computations.’ IEEE Transactions on Plasma Science 37: 2116 - 27.

Chaudhury, B. and S. Chaturvedi. 2005. ‘Three - dimensional computation of reduction in radar cross section using plasma shielding.' IEEE Transactions on Plasma Science 33: 2027 - 34.

Chen, H. - Y., L. - J. Deng, P. - H. Zhou, and J. - L. Xie. 2011. 'Tapered impedance loading for suppression of edge scattering.' IET Microwave, Antennas and Propagation 5 (14): 1744 - 49.

Culhaoglu, A. E., A. V. Osipov, and P. Russer. 2013. 'Mono - and bistatic scattering reduction by a metamaterial low reflection coating.' IEEE Transactions on Antennas and Propagation 61: 462 - 66.

Doan, L. R., P. A. Day, and O. Brovko. 1995. 'Large dynamic range radar cross section parallel tracking.' Los Angeles CA: RL - TR - 95 - 212, Hughes Aircraft Company, 192.

Genovesi, S., F. Costa, and A. Monorchio. 2012. 'Low - profile array with reduced radar cross section by using hybrid frequency selective surfaces.' IEEE Transactions on Antennas and Propagation. 60: 2327 - 35.

Gerini, G. and L. Zappelli. 2005. 'Multilayer array antennas with integrated frequency selective surfaces conformal to a circular cylindrical surface.' IEEE Transactions on Antennas and Propagation 53: 2020 - 30.

Gustafsson, M. 2006. 'RCS reduction of integrated antenna arrays with resistive sheets.' Journal of Electromagnetic Waves and Applications 20: 27 - 40.

Hong, T., L. - T. Jiang, Y. - X. Xu, S. - X. Gong, and W. Jiang. 2010. 'Radiation and scattering analysis of a novel circularly polarised slot antenna.' Journal of Electromagnetic Waves and Applications 24: 1709 - 20.

Hu, S., H. Chen, C. Law, Z. Shen, L. Zhu, W. Zhang, and W. Dou. 2007. 'Backscattering cross section of ultra wideband antennas.' IEEE Antennas and Wireless Propagation Letters 6: 70 - 73.

Jackson, D. R. 1990. 'The RCS of a rectangular microstrip patch in a substrate - superstrate geometry.' IEEE Transactions on Antennas and Propagation 38: 2 - 8.

Jamlos, M. F., O. A. Aziz, T. B. A. Rahman, M. R. B. Kamarudin, P. Saad,

M. T. Ali，and M. N. Md Tan. 2010. ‘A reconfigurable radial line slot array (RLSA) antenna for beam shape and broadside application.’ Journal of Electromagnetic Waves and Applications 24：1171 – 82.

Jang，Y.，M. Yoo，and S. Lim. 2013. ‘Conformal metamaterial absorber for curved surface.’ Optics Express 21 (20)：24163 – 70.

Jiang，W.，T. Hong，Y. Liu，S. – X. Gong，Y. Guan，and S. Cui. 2010. ‘A novel technique for radar cross section reduction of printed antennas.’ Journal of Electromagnetic Waves and Applications 24：51 – 60.

Khosravi，M. and M. S. Abrishamian. 2007. ‘Reduction of monostatic RCS by switchable FSS elements.’ PIERS Online 3 (6)：770 – 73.

Knott，E. F.，J. F. Shaeffer，and M. T. Tuley. 2004. Radar Cross Section. Raleigh，NC：SciTech，611.

Knott，P.，T. Bertuch，H. Wilden，O. Peters，A. R. Brenner，and I. Walterscheid. 2012. ‘SAR experiments using a conformal antenna array radar demonstrator.’ International Journal of Antennas and Propagation 2012：7.

Laroussi，M. and J. R. Roth. 1993. ‘Numerical calculation of the reflection，absorption，and transmission of microwaves by a non – uniform plasma slab.’ IEEE Transactions on Plasma Science 21：366 – 72.

Li，Y.，H. Zhang，Y. Fu，and N. Yuan. 2008. ‘RCS reduction of ridged waveguide slot antenna array using EBG radar absorbing material.’ IEEE Antennas Wireless Propagation Letters 7：473 – 76.

Liu，T.，X. Cao，J. Gao，Q. Zheng，W. Li，and H. Yang. 2013. ‘RCS reduction of waveguide slot antenna with metamaterial absorber.’ IEEE Transactions on Antennas and Propagation 61：1479 – 84.

Lu，B.，X. Gong，J. Ling，and H. W. Yuan. 2009. ‘Radar cross – section reduction of antennas using a stop – band frequency selective surface.’ Microwave Journal 52：6.

Ma，H.，C. Xu，and H. Zheng. 2004. ‘Effect of impedance load on radiation and scattering of microstrip antenna.’ Modern Electronic Technology 6：

6-7.

Misran, N., R. Cahill, and V. F. Fusco. 2003. 'RCS reduction technique for reflectarray antennas.' Electronic Letters 39 (23): 1630-31.

Munk, B. A. 2000. Frequency Selective Surfaces: Theory and Design. New York: Wiley-Interscience, 440.

Oraizi, H. and A. Abdolali. 2008. 'Design and optimisation of planar multilayer antireflection metamaterial coatings at Ku band under circularly polarised oblique plane wave incidence.' Progress in Electromagnetics Research C 3: 1-18.

Oraizi, H., A. Abdolali, and N. Vaseghi. 2010. 'Application of double zero metamaterials as radar absorbing materials for the reduction of radar cross section.' Progress in Electromagnetics Research 101: 323-37.

Pan, W., C. Huang, P. Chen, X. Ma, C. Hu, and X. Luo. 2014. 'A low-RCS and high-gain partially reflecting surface antenna.' IEEE Transactions on Antennas and Propagation 62: 945-49.

Paterson, J. 1999. 'Overview of low observable technology and its effect on combat aircraft survivability.' Journal of Aircraft 36 (2): 380-88.

Pozar, D. M. 1992. 'RCS reduction for a microstrip antenna using a normally biased ferrite substrate.' IEEE Microwave Guided Wave Letters 2: 196-98.

Ren, L.-S., Y.-C. Jiao, J.-J. Zhao, and F. Li. 2011. 'RCS reduction for a FSS-backed reflectarray using a ring element.' Progress in Electromagnetics Research Letters 26: 115-23.

Salman, N. 2009. 'Low profile and compact size coplanar UWB antenna working from 2.8 GHz to over 40 GHz.' Microwave and Optical Technology Letters 51: 408-11.

Shang, Y. P., S. Q. Xiao, J. L. Li, and B.-Z. Wang. 2012. 'An electronically controllable method for radar cross section reduction for a microstrip antenna.' Progress in Electromagnetics Research 127: 15-30.

Sneha, H. L., H. Singh, and R. M. Jha. 2012. 'Mutual coupling effects for radar cross section (RCS) of a series - fed dipole antenna array.' International Journal of Antennas and Propagation 2012: 20.

Stadler, K. R., R. J. Vidmar, and D. J. Eckstrom. 1992. 'Observations of strong microwave absorption in collisional plasmas with gradual density gradients.' Journal of Applied Physics 72: 5089 - 94.

Vidmar, R. J. 1990. 'On the use of atmospheric pressure plasmas as electromagnetic refiectors and absorbers.' IEEE Transactions on Plasma Science 18: 733 - 41.

Volakis, J. L., A. A. Lexanian, and J. M. Lin. 1992. 'Broadband RCS reduction of rectangular patch by using distributed loading.' Electronic Letters 28 (25): 2322 - 23.

Wang, F. W., S. X. Gong, S. Zhang, X. Mu, and T. Hong. 2011. 'RCS reduction of array antennas with radar absorbing structures.' Journal of Electromagnetic Waves and Applications 25: 2487 - 96.

Wang, W. - T., S. - X. Gong, X. Wang, H. - W. Yuan, J. Ling, and T. - T. Wan. 2009. 'RCS reduction of array antenna by using bandstop FSS reflector.' Journal of Electromagnetic Waves and Applications 23: 1505 - 14.

Xu, H. - Y., H. Zhang, X. Yin, and K. Lu. 2010. 'Ultra - wideband Koch fractal antenna with low backscattering cross section.' Journal of Electromagnetic Waves and Applications 24: 2615 - 23.

Yang, H., X. Cao, J. Gao, W. Li, Z. Yuan, and K. Shang. 2013. 'Low RCS metamaterial absorber and extending bandwidth based on electromagnetic resonances.' Progress in Electromagnetics Research 33: 31 - 44.

Yang, H. and S. Gong. 2004. 'RCS reduction technique out of operation of microstrip antennas.' Journal of Microwaves 20: 35 - 39.

Yang, H. - Y., J. A. Castaneda, and N. G. Alexopoulos. 1992. 'Multifunctional and low RCS nonreciprocal microstrip antennas.' Electromagnetics 12 (1): 17 - 31.

Yang，J. and Z. X. Shen. 2007. ‘A thin and broadband absorber using double - square loops.’ IEEE Antennas and Wireless Propagation Letters 6：388 - 91.

Yuan，C. X.，Z. X. Zhou，J. W. Zhang，X. L. Xiang，Y. Feng，and H. G. Sun. 2011. ‘Properties of propagation of electromagnetic wave in a multilayer radar absorbing structure with plasma and radar absorbing material.’ IEEE Transactions on Plasma Science 39：1768 - 75.

Zhao，S. - C.，B. - Z. Wang，and W. Shao. 2009. ‘Reconfigurable Yagi - Uda substrate for RCS reduction of patch antenna.’ Progress in Electromagnetics Research B 11：173 - 87.

Zhou，Y.，Y. Bayram，F. Du，L. Dai，and J. L. Volakis. 2010. ‘Polymer - carbon nanotube sheets for conformal load bearing antennas.’ IEEE Transactions on Antennas and Propagation 58：2169 - 75.

Zhang，H.，X. - Y. Cao，J. Gao，H. Yang，and Q. Yang. 2014. ‘A novel dual - band metamaterial absorber and its application for microstrip antenna.’ Progress in Electromagnetics Research Letters 44：35 - 41.

Zhang，J.，J. Wang，M. Chen，and Z. Zhang. 2012. ‘RCS reduction of patch array antenna by electromagnetic band - gap structure.’ IEEE Antennas and Wireless Propagation Letters 11：1048 - 51.

后　记

写作本书的主要目的是论证有源雷达截面减缩（RCSR）这一新概念的可行性。在此背景下，讨论了相控天线阵列的理论和算法。

聪明的读者可以看出，本书并不直接实现平台的低可观测性。因此，你手中的这本书并不是在低可探测平台获得有源 RCSR 的手册或参考书。

通过本书的技术路线（即相控天线阵列的理论和算法）去设计和实现低可观测平台的有源 RCSR 将涉及对机上/机载天线的分析。如本书前言所述，现在已经在所有三个频率区域（低频，谐振和高频）建立起了机上/机载天线分析的方法和技术。有关参考文献众多，读者也可能有自己的偏爱。

另一个重要的方面是共形阵列的 RCSR。同样，现代共形天线理论似乎已经系统化了（Josefsson 和 Persson，2006 年）。顺便说一句，参考文献（Josefsson 和 Persson，2006 年）中的共形阵列理论的分析内核广泛依赖于 Jha 等人（1993 年，1994 年）或 Jha 和 Wiesbeck（1995 年）等作者的工作。为实现低可观测平台，需要分析机载平台上的共形相控阵列。共形天线阵的 RCS 与平台的结构项 RCS 相加，就得到总的静态 RCS 方向图。在感知入射雷达波的到达角（DOA）之后，整体的结构项加天线模式项 RCS 方向图调整为在 DOA 获得有源 RCS 减缩，从而形成有源低可观测平台。

要注意到，实现低可观测平台的其他技术也很普遍，本书也进行了一些讨论。RCSR 的宽带化很重要，并且不应忽视 RAM 设计的基本理论（Vinoy 和 Jha，1996 年）。同样，在低可观测平台需求背景下，等离子体隐身正在成为又一个可能的选择。

最后，必须明白，相控阵列不是调整 RCS 方向图的唯一途径。既然涉及了有源器件，建议也将视角扩展到 FSS 天线和超材料等方面。

参 考 文 献

Jha，R. M. and W. Wiesbeck. 1995. ‘Geodesic constant method：A novel approach to analytical surface – ray tracing on convex conducting bodies.’ IEEE Antennas and Propagation Magazine 37（2）：28 – 38.

Jha，R. M.，P. R. Mahapatra，and W. Wiesbeck. 1994. ‘Surface – ray tracing on hybrid surfaces of revolution for UTD mutual coupling analysis.’ IEEE Transactions on Antennas and Propagation 42，1167 – 75.

Jha，R. M.，S. A. Bokhari，and W. Wiesbeck. 1993. ‘A novel ray – tracing on general paraboloids of revolution for UTD applications.’ IEEE Transactions on Antennas and Propagation 41，934 – 39.

Josefsson L. and P. Persson. 2006. Conformal Array Antenna：Theory and Design. Hoboken，NJ：John Wiley & Sons，472.

Vinoy，K. J. and R. M. Jha. 1996. Radar Absorbing Materials：From Theory to Design and Characterisation. Norwell，Boston：Kluwer Academic Publishers，209.

附　录

附录A　天线自阻抗与两个天线间互阻抗的计算

当两个天线单元彼此靠近时，即 $d_{\text{spacing}} < \lambda/2$，每个天线的阻抗取决于该天线的自阻抗和两个天线之间的互阻抗。为了说明这一点，可以用一般的四端口网络来表示二单元阵列（图A-1）。

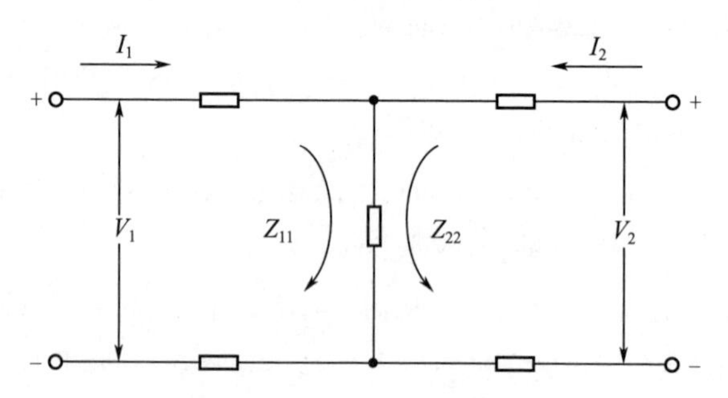

图A-1　两个相同天线单元组成阵列的等效网络

输入和输出端口的电压为

$$V_1 = I_1 Z_{11} + I_2 Z_{12} \tag{A-1}$$

$$V_2 = I_1 Z_{21} + I_2 Z_{22} \tag{A-2}$$

其中，Z_{11} 和 Z_{22} 分别是天线1和天线2的自阻抗。Z_{12} 和 Z_{21} 是两个天线之间的互阻抗。由于天线1所产生的天线2的互阻抗表示为

$$Z_{21} = \frac{V_{21}}{I_1(0)} \tag{A-3}$$

其中，V_{21} 是天线2终端处由天线1中电流 $I_1(0)$ 产生的开路电压。开路电压可表示为

$$V_{21}=\frac{-1}{I_2(0)}\int_0^h E_{Z21}I_2(z)\mathrm{d}z \tag{A-4}$$

其中，h 是天线 1 的高度，E_{Z21} 是电场沿天线 2 轴向的平行分量，$I_2(z)$ 是沿天线 2 的电流。

因而，将式（A－4）代入式（A－3），得

$$Z_{21}=\frac{-1}{I_1(0)I_2(0)}\int_0^h E_{Z21}I_2(z)\mathrm{d}z \tag{A-5}$$

其中

$$I_2(z)=\frac{-I_2(0)}{\sin kh}\sin k(h-z)=I_{2m}\sin k(h-z)$$

I_{2m} 是天线 2 上的最大电流。

对于安装在地面上的两个高度为 h 的天线，如图 A－2 所示，有

$$r_0=\sqrt{d^2+z^2}\quad r_1=\sqrt{d^2+(h-z)^2}\quad r_2=\sqrt{d^2+(h+z)^2}$$

其中，d 为天线间距。

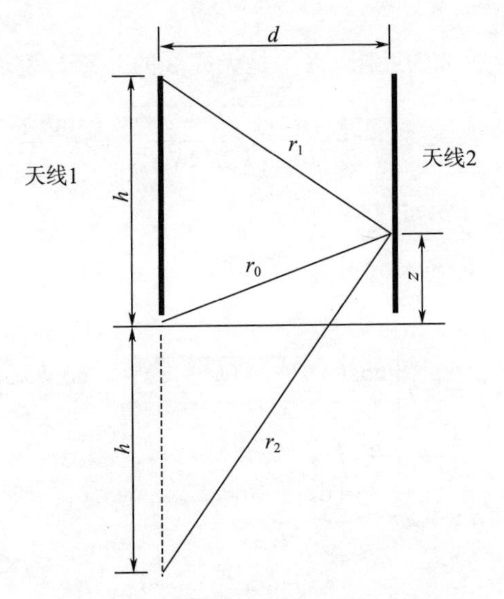

图 A－2　两个相同单元阵列的示意图

沿天线 2 轴向的电场平行分量由下式给出

$$E_{Z21}=-\mathrm{j}30I_{m1}\left(\frac{\mathrm{e}^{-\mathrm{j}kr_1}}{r_1}+\frac{\mathrm{e}^{-\mathrm{j}kr_2}}{r_2}-2\cos kh\ \frac{\mathrm{e}^{-\mathrm{j}kr_0}}{r_0}\right) \tag{A-6}$$

因而，式（A-5）变为

$$Z_{21}=\frac{-30I_{1m}I_{2m}}{I_1(0)I_2(0)}\int_0^H\left(-\frac{\mathrm{je}^{-\mathrm{j}kr_1}}{r_1}-\frac{\mathrm{je}^{-\mathrm{j}kr_2}}{r_2}+2\mathrm{j}\cos kh\ \frac{\mathrm{e}^{-\mathrm{j}kr_0}}{r_0}\right)\sin k(h-z)\mathrm{d}z \tag{A-7}$$

此即为天线 2 相对于天线 1 的互阻抗。

通过在以上公式中乘以 $\frac{I_1(0)I_2(0)}{I_{1m}I_{2m}}$ 项，得到相对于环形电流的互阻抗。

因而，天线 2 相对于环形电流的互阻抗为

$$\begin{aligned}Z_{21}&=-30\int_0^H\left(-\frac{\mathrm{je}^{-\mathrm{j}kr_1}}{r_1}-\frac{\mathrm{je}^{-\mathrm{j}kr_2}}{r_2}+2\mathrm{j}\cos kh\ \frac{\mathrm{e}^{-\mathrm{j}kr_0}}{r_0}\right)\sin k(h-z)\mathrm{d}z\\&=R_{\mathrm{mutual}}+\mathrm{j}X_{\mathrm{mutual}}\end{aligned} \tag{A-8}$$

其中，R_{21} 是天线 2 的互阻，X_{21} 是天线 2 的互感，表示为

$$\begin{aligned}R_{21}=30\int_0^H\sin k(h-z)\Bigg[&\frac{\sin k\sqrt{d^2+(h-z)^2}}{\sqrt{d^2+(h-z)^2}}+\frac{\sin k\sqrt{d^2+(h+z)^2}}{\sqrt{d^2+(h+z)^2}}-\\&2\cos kh\ \frac{\sin k\sqrt{d^2+z^2}}{\sqrt{d^2+z^2}}\Bigg]\mathrm{d}z\end{aligned} \tag{A-9}$$

$$\begin{aligned}X_{21}=30\int_0^H\sin k(h-z)\Bigg[&\frac{\cos k\sqrt{d^2+(h-z)^2}}{\sqrt{d^2+(h-z)^2}}+\frac{\cos k\sqrt{d^2+(h+z)^2}}{\sqrt{d^2+(h+z)^2}}-\\&2\cos kh\ \frac{\cos k\sqrt{d^2+z^2}}{\sqrt{d^2+z^2}}\Bigg]\mathrm{d}z\end{aligned} \tag{A-10}$$

对于间距为 d 的 $\lambda/4$ 单极子对，互阻和互感抗由下式给出

$$R_{21}=15\left\{2C_i(kd)-C_i\left[\sqrt{(kd)^2+\pi^2}-\pi\right]-C_i\left[\sqrt{(kd)^2+\pi^2}+\pi\right]\right\} \tag{A-11}$$

$$X_{21}=15\{S_i[\sqrt{(kd)^2+\pi^2}-\pi]+S_i[\sqrt{(kd)^2+\pi^2}+\pi]-2S_i(kd)\} \tag{A-12}$$

其中，$C_i(kd)$ 和 $S_i(kd)$ 为余弦和正弦积分，表示为

$$S_i(x)=\sum_{k=0}^{\infty}\frac{(-1)^k x^{2k+1}}{(2k+1)(2k+1)!} \tag{A-13}$$

$$C_i(x)=C+\ln x+\sum_{k=1}^{\infty}(-1)^k\frac{x^{2k}}{2k(2k)!} \tag{A-14}$$

等高度 H 且间距为 d 的天线间互阻抗的一般表达式由下式给出

$$R_{21}=30\left\{\begin{array}{l}\sin(kh)\cos(kh)[S_i(u_2)-S_i(v_2)-2S_i(v_1)+2S_i(u_1)]\\-\dfrac{\cos(2kh)}{2}[2C_i(u_1)-2C_i(u_0)+2C_i(v_1)-C_i(u_2)-C_i(u_2)]\\-[C_i(u_1)-2C_i(u_0)+C_i(v_1)]\end{array}\right\} \tag{A-15}$$

$$X_{21}=30\left\{\begin{array}{l}\sin(kh)\cos(kh)[2C_i(v_1)-2C_i(u_1)+C_i(v_2)-C_i(u_2)]\\-\dfrac{\cos(2kh)}{2}[2S_i(u_1)-2S_i(u_0)+2S_i(v_1)-S_i(u_2)-S_i(u_2)]\\-[S_i(u_1)-2S_i(u_0)+S_i(v_1)]\end{array}\right\} \tag{A-16}$$

其中

$$u_0=kd\quad u_1=k(\sqrt{d^2+h^2}-h)\quad v_1=k(\sqrt{d^2+h^2}+h)$$

$$u_2=k[\sqrt{d^2+(2h)^2}+2h]\quad v_2=k[\sqrt{d^2+(2h)^2}-2h]$$

对于并排放置的一对偶极子（图 A-3），间距为 d，自阻抗和互阻抗由下式给出

$$R_{\text{self}}=\frac{\eta}{2\pi}\left\{\begin{array}{l}C+\ln(kl)-C_i(kl)+\dfrac{1}{2}\sin(kl)[S_i(2kl)-2S_i(kl)]\\+\dfrac{1}{2}\cos(kl)[C+\ln(kl/2)+C_i(2kl)-2C_i(kl)]\end{array}\right\} \tag{A-17}$$

$$X_{\mathrm{self}}=\frac{\eta}{4\pi}\left\{2S_i(kl)+\cos(kl)[2S_i(kl)-S_i(2kl)]-\sin(kl)\left[2C_i(kl)-C_i(2kl)-C_i\left(\frac{2ka^2}{l}\right)\right]\right\}$$

(A-18)

$$R_{\mathrm{mutual}}=\frac{\eta}{4\pi}\{2C_i(kd)-C_i[k(\sqrt{d^2+l^2}+l)]-C_i[k(\sqrt{d^2+l^2}-l)]\}$$

(A-19)

$$X_{\mathrm{mutual}}=-\frac{\eta}{4\pi}\{2S_i(kd)-S_i[k(\sqrt{d^2+l^2}+l)]-S_i[k(\sqrt{d^2+l^2}-l)]\}$$

(A-20)

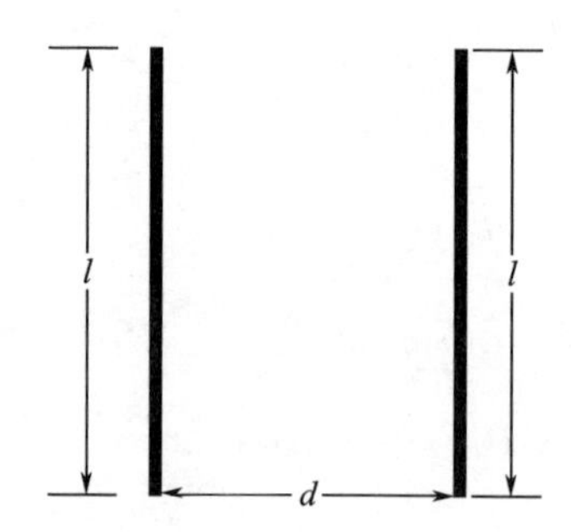

图 A-3　长度为 l 的两个相同偶极子天线并排放置构型

附录B　相同长度两天线间互阻抗的计算

设 l_1 和 l_2 是间距为 d，按高度 h 交错排列的两个中心馈电偶极子天线的半长度。考虑 r_0，r_1 和 r_2 分别为从第一个单元的中心、顶部和基座到第二个单元各不同部位的距离。两个天线间的互阻抗由下式给出

$$Z_{21} = -\frac{V_{21}}{I_{1b}} \tag{B-1}$$

其中，V_{21} 是天线 2 终端上由于天线 1 中基电流 I_{1b} 产生的开路电压。该开路结果由天线上所有单元长度感应的电压产生，可以通过互易定理找出，并由下式给出

$$V_{21} = \frac{1}{I_{2b}}\left[\int_{h}^{l_2+h} E_{z1} I_2(z)\mathrm{d}z + \int_{l_2+h}^{2l_2+h} E_{z1} I_2(z)\mathrm{d}z\right] \tag{B-2}$$

其中，I_{2b} 是天线 2 的基电流；E_{z1} 是沿天线 2，在 z 点处由于天线 1 中电流所产生的平行于天线轴的电强度分量。

天线电流分布由下式给出

$$I_2(z) = I_{2m}\sin\beta(z-h) \quad h < z < l_2 + h \tag{B-3}$$

$$I_2(z) = I_{2m}\sin\beta(2l_2 + h - z) \quad l_2 + h < z < 2l_2 + h \tag{B-4}$$

其中，I_{2m} 是最大电流。

电场平行分量的表达式由下式给出

$$E_{z1} = 30 I_{1m}\left[\frac{-\mathrm{j}\mathrm{e}^{-\mathrm{j}\beta r_1}}{r_1} + \frac{-\mathrm{j}\mathrm{e}^{-\mathrm{j}\beta r_2}}{r_2} + \frac{2\mathrm{j}\cos\beta l_1 \mathrm{e}^{-\mathrm{j}\beta r_0}}{r_0}\right] \tag{B-5}$$

互阻抗与环形电流间的关系由下式给出

$$Z_{12\text{loop}} = \frac{I_{1b} I_{2b}}{I_{1m} I_{2m}} Z_{12\text{base}} \tag{B-6}$$

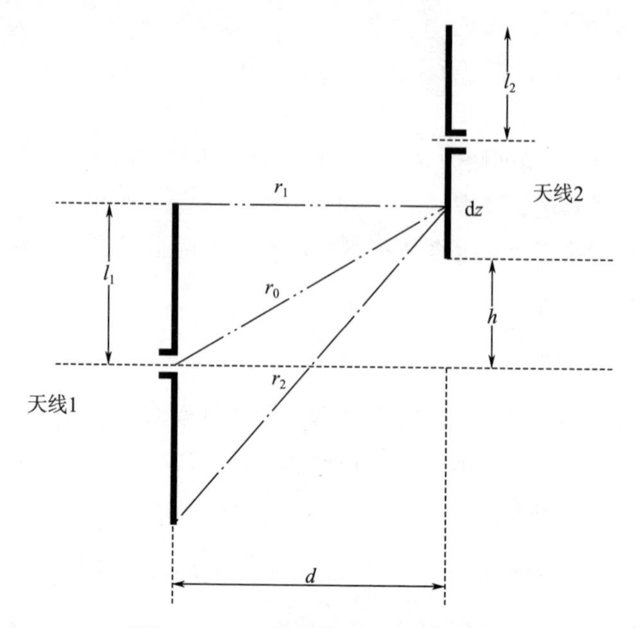

图 B-1 平行阶梯偶极子阵列示意图

$$Z_{12}=-30\frac{1}{I_{2b}}\left\{\begin{aligned}&\left[\int_{h}^{l_2+h}\sin\beta(z-h)+\int_{l_2+h}^{2l_2+h}\sin\beta(2l_2+h-z)\right]\\&\left[\frac{-\mathrm{j}\mathrm{e}^{-\mathrm{j}\beta r_1}}{r_1}+\frac{-\mathrm{j}\mathrm{e}^{-\mathrm{j}\beta r_2}}{r_2}+\frac{2\mathrm{j}\cos\beta l_1\mathrm{e}^{-\mathrm{j}\beta r_0}}{r_0}\right]\mathrm{d}z\end{aligned}\right\} \tag{B-7}$$

其中

$$\begin{aligned}r_0&=\sqrt{d^2+z^2}\\r_1&=\sqrt{d^2+(l_1-z)^2}\\r_2&=\sqrt{d^2+(l_1+z)^2}\end{aligned} \tag{B-8}$$

式(B-7)可简化为

$$Z_{12}=-30\frac{1}{I_{2b}}\begin{Bmatrix}\left[\int_{h}^{l_2+h}\sin\beta(z-h)+\int_{l_2+h}^{2l_2+h}\sin\beta(2l_2+h-z)\right]\\ \left[\frac{\sin\beta r_1}{r_1}+\frac{\sin\beta r_2}{r_2}-\frac{2\cos\beta l_1\sin\beta r_0}{r_0}\right]\mathrm{d}z\end{Bmatrix}$$

(B - 9)

通过求解上面的积分，实部给出了互阻 R_{12}，虚部给出了互感抗 X_{21}。因而，互阻和互感抗由下式给出

$$R_{12}=15\begin{Bmatrix}\cos\beta(l_1-h)\left[C_i(u_0)+C_i(v_0)-C_i(u_1)-C_i(v_1)\right]\\+\sin\beta(l_1-h)\left[-S_i(u_0)+S_i(v_0)+S_i(u_1)-S_i(v_1)\right]\\+\cos\beta(l_1+h)\left[C_i(u'_0)+C_i(v'_0)-C_i(u_2)-C_i(v_2)\right]\\+\sin\beta(l_1+h)\left[-S_i(u'_0)+S_i(v'_0)+S_i(u_2)-S_i(v_2)\right]\\+\cos\beta(l_1-2l_2-h)\left[-C_i(u_1)-C_i(v_1)+C_i(u_3)+C_i(v_3)\right]\\+\sin\beta(l_1-2l_2-h)\left[S_i(u_1)-S_i(v_1)-S_i(u_3)+S_i(v_3)\right]\\+\cos\beta(l_1+2l_2+h)\left[-C_i(u_2)-C_i(v_2)+C_i(u_4)+C_i(v_4)\right]\\+\sin\beta(l_1+2l_2+h)\left[S_i(u_2)-S_i(v_2)-S_i(u_4)+S_i(v_4)\right]\\+2\cos\beta l_1\cos\beta h\left[-C_i(w_1)-C_i(y_1)+C_i(w_2)+C_i(y_2)\right]\\+2\sin\beta l_1\sin\beta h\left[S_i(u_1)-S_i(v_1)-S_i(u_1)+S_i(v_3)\right]\\+2\cos\beta l_1\cos\beta(2l_2+h)\left[C_i(w_2)+C_i(y_2)-C_i(w_3)-C_i(y_3)\right]\\+2\cos\beta l_1\sin\beta(2l_2+h)\left[-S_i(w_2)+S_i(y_2)+S_i(w_3)-S_i(y_3)\right]\end{Bmatrix}$$

(B - 10)

其中

$$S_i(u_0)=\int_0^{u_0}\frac{\sin u}{u}\mathrm{d}u$$

$$C_i(u_0)=\int_0^{u_0}\frac{\cos u}{u}\mathrm{d}u$$

$$u_0=\beta\left[\sqrt{d^2+(h-l_1)^2}+(h-l_1)\right];$$

$$v_0=\beta\left[\sqrt{d^2+(h-l_1)^2}-(h-l_1)\right];$$

$$u'_0=\beta\left[\sqrt{d^2+(h+l_1)^2}-(h+l_1)\right];$$

$$v'_0=\beta\left[\sqrt{d^2+(h+l_1)^2}+(h+l_1)\right];$$

$$u_1=\beta[\sqrt{d^2+(h-l_1+l_2)^2}+(h-l_1+l_2)];$$
$$v_1=\beta[\sqrt{d^2+(h-l_1+l_2)^2}-(h-l_1+l_2)];$$
$$u_2=\beta[\sqrt{d^2+(h+l_1+l_2)^2}-(h+l_1+l_2)];$$
$$v_2=\beta[\sqrt{d^2+(h+l_1+l_2)^2}+(h+l_1+l_2)];$$
$$u_3=\beta[\sqrt{d^2+(h-l_1+2l_2)^2}+(h-l_1+2l_2)];$$
$$v_3=\beta[\sqrt{d^2+(h-l_1+2l_2)^2}-(h-l_1+2l_2)];$$
$$u_4=\beta[\sqrt{d^2+(h+l_1+2l_2)^2}-(h+l_1+2l_2)];$$
$$v_4=\beta[\sqrt{d^2+(h+l_1+2l_2)^2}+(h+l_1+2l_2)];$$
$$w_1=\beta(\sqrt{d^2+h^2}-h);$$
$$y_1=\beta(\sqrt{d^2+h^2}+h);$$
$$w_2=\beta[\sqrt{d^2+(h+l_2)^2}-(h+l_2)];$$
$$y_2=\beta[\sqrt{d^2+(h+l_2)^2}+(h+l_2)];$$
$$w_3=\beta[\sqrt{d^2+(h+2l_2)^2}-(h+2l_2)];$$
$$y_3=\beta[\sqrt{d^2+(h+l_2)^2}+(h+l_2)];$$

类似的

$$X_{12}=15\left\{\begin{array}{l}\cos\beta(l_1-h)[-S_i(u_0)-S_i(v_0)+S_i(u_1)+S_i(v_1)]\\+\sin\beta(l_1-h)[-C_i(u_0)+C_i(v_0)+C_i(u_1)-C_i(v_1)]\\+\cos\beta(l_1+h)[-S_i(u_0')-S_i(v_0')+S_i(u_2)+S_i(v_2)]\\+\sin\beta(l_1+h)[-C_i(u_0')+C_i(v_0')+C_i(u_2)-C_i(v_2)]\\+\cos\beta(l_1-2l_2-h)[S_i(u_1)+S_i(v_1)-S_i(u_3)-S_i(v_3)]\\+\sin\beta(l_1-2l_2-h)[C_i(u_1)-C_i(v_1)-C_i(u_3)+C_i(v_3)]\\+\cos\beta(l_1+2l_2+h)[S_i(u_2)+S_i(v_2)-S_i(u_4)-S_i(v_4)]\\+\sin\beta(l_1+2l_2+h)[C_i(u_2)-C_i(v_2)-C_i(u_4)+C_i(v_4)]\\+2\cos\beta l_1\cos\beta h[S_i(w_1)+S_i(y_1)-S_i(w_2)-S_i(y_2)]\\+2\sin\beta l_1\sin\beta h[C_i(u_1)-C_i(v_1)-C_i(u_1)+C_i(v_3)]\\+2\cos\beta l_1\cos\beta(2l_2+h)[-S_i(w_2)-S_i(y_2)+S_i(w_3)+S_i(y_3)]\\+2\cos\beta l_1\sin\beta(2l_2+h)[-C_i(w_2)+C_i(y_2)+C_i(w_3)-C_i(y_3)]\end{array}\right\}$$

(B-11)

如果两个天线单元长度相等，即在某一高度 $l_1=l_2=l=\lambda/2$，则两单元平行阶梯偶极子阵列的互阻 R_{12} 和互感抗 X_{12} 的表达式由下式给出

$$R_{12}=-\frac{\eta}{8\pi}\cos(kh)\begin{Bmatrix}-2C_i\left[k\left(\sqrt{d^2+h^2}+h\right)\right]-2C_i\left[k\left(\sqrt{d^2+h^2}-h\right)\right]+\\ C_i\left\{k\left[\sqrt{d^2+(h-l)^2}+(h-l)\right]\right\}+\\ C_i\left\{k\left[\sqrt{d^2+(h-l)^2}-(h-l)\right]\right\}+\\ C_i\left\{k\left[\sqrt{d^2+(h+l)^2}+(h+l)\right]\right\}+\\ C_i\left\{k\left[\sqrt{d^2+(h+l)^2}-(h+l)\right]\right\}\end{Bmatrix}$$

$$+\frac{\eta}{8\pi}\sin(kh)\begin{Bmatrix}-2S_i\left[k\left(\sqrt{d^2+h^2}+h\right)\right]-2S_i\left[k\left(\sqrt{d^2+h^2}-h\right)\right]+\\ S_i\left\{k\left[\sqrt{d^2+(h-l)^2}+(h-l)\right]\right\}+\\ S_i\left\{k\left[\sqrt{d^2+(h-l)^2}-(h-l)\right]\right\}+\\ S_i\left\{k\left[\sqrt{d^2+(h+l)^2}+(h+l)\right]\right\}+\\ S_i\left\{k\left[\sqrt{d^2+(h+l)^2}-(h+l)\right]\right\}\end{Bmatrix} \quad (B-12)$$

$$X_{12}=-\frac{\eta}{8\pi}\cos(kh)\begin{Bmatrix}-2S_i\left[k\left(\sqrt{d^2+h^2}+h\right)\right]+2S_i\left[k\left(\sqrt{d^2+h^2}-h\right)\right]-\\ S_i\left\{k\left[\sqrt{d^2+(h-l)^2}+(h-l)\right]\right\}-\\ S_i\left\{k\left[\sqrt{d^2+(h-l)^2}-(h-l)\right]\right\}-\\ S_i\left\{k\left[\sqrt{d^2+(h+l)^2}+(h+l)\right]\right\}-\\ S_i\left\{k\left[\sqrt{d^2+(h+l)^2}-(h+l)\right]\right\}\end{Bmatrix}$$

$$+\frac{\eta}{8\pi}\sin(kh)\begin{Bmatrix}-2C_i\left[k\left(\sqrt{d^2+h^2}+h\right)\right]-2C_i\left[k\left(\sqrt{d^2+h^2}-h\right)\right]-\\ C_i\left\{k\left[\sqrt{d^2+(h-l)^2}+(h-l)\right]\right\}+\\ C_i\left\{k\left[\sqrt{d^2+(h-l)^2}-(h-l)\right]\right\}-\\ C_i\left\{k\left[\sqrt{d^2+(h+l)^2}+(h+l)\right]\right\}+\\ C_i\left\{k\left[\sqrt{d^2+(h+l)^2}-(h+l)\right]\right\}\end{Bmatrix} \quad (B-13)$$

其中，$C_i(x)$ 和 $S_i(x)$ 为正弦和余弦积分。

附录C 偶极子阵列的自阻抗与互阻抗

偶极子的自阻抗由下式给出

$$R_{\mathrm{self}_n}=\frac{\eta}{2\pi}\left\{\begin{aligned}&C+\ln(kl_n)-C_i(kl_n)+\frac{1}{2}\sin(kl_n)\,[S_i(2kl_n)-2S_i(kl_n)]\\&+\frac{1}{2}\cos(kl_n)\left[C+\ln\left(\frac{kl_n}{2}\right)+C_i(2kl_n)-2C_i(kl_n)\right]\end{aligned}\right\} \tag{C-1}$$

$$X_{\mathrm{self}_n}=\frac{\eta}{4\pi}\left\{\begin{aligned}&2S_i(kl_n)+\cos(kl_n)\,[2S_i(kl_n)-S_i(2kl_n)]\\&-\sin(kl_n)\left[2C_i(kl_n)-C_i(2kl_n)-C_i\left(\frac{2ka_n^2}{l_n}\right)\right]\end{aligned}\right\} \tag{C-2}$$

其中，$C_i(kl_n)$ 和 $S_i(kl_n)$ 正弦和余弦积分，表示为

$$S_i(x)=\sum_{k=0}^{\infty}\frac{(-1)^k x^{2k+1}}{(2k+1)(2k+1)!}$$

$$C_i(x)=C+\ln(x)+\sum_{k=1}^{\infty}(-1)^k\frac{x^{2k}}{2k(2k)!}$$

各种构型下的互阻抗表达式为

并排构型

$$R_{S_r}=\frac{\eta}{4\pi}[2C_i(u_{0_r})-C_i(u_{1_r})-C_i(u_{2_r})] \tag{C-3}$$

$$X_{S_r}=-\frac{\eta}{4\pi}[2S_i(u_{0_r})-S_i(u_{1_r})-S_i(u_{2_r})] \tag{C-4}$$

其中

$$u_{0_r}=kd_r;\quad u_{1_r}=k\left(\sqrt{d_r^2+l_n^2}+l_n\right);\quad u_{2_r}=k\left(\sqrt{d_r^2+l_n^2}-l_n\right)$$

共线构型

$$R_{C_r}=\begin{cases}-\dfrac{\eta}{8\pi}\cos(v_{0_r})\left[-2C_i(2v_{0_r})+C_i(v_{2_r})+C_i(v_{1_r})-\ln(v_{3_r})\right]\\+\dfrac{\eta}{8\pi}\sin(v_{0_r})\left[2S_i(2v_{0_r})-S_i(v_{2_r})-S_i(v_{1_r})\right]\end{cases}\tag{C-5}$$

$$X_{C_r}=\begin{cases}-\dfrac{\eta}{8\pi}\cos(v_{0_r})\left[2S_i(2v_{0_r})-S_i(v_{2_r})-S_i(v_{1_r})\right]\\+\dfrac{\eta}{8\pi}\sin(v_{0_r})\left[2C_i(2v_{0_r})-C_i(v_{2_r})-C_i(v_{1_r})-\ln(v_{3_r})\right]\end{cases}\tag{C-6}$$

其中

$$v_{0_r}=k(d+l_n);\quad v_{1_r}=2k(d+2l_n);\quad v_{2_r}=2kd;\quad v_{3_r}=\frac{d^2+2dl_n}{(d+l_n)^2}$$

平行阶梯构型

$$R_{p_r}=-\frac{\eta}{8\pi}\cos(w_{0_r})[-2C_i(w_{1_r})-2C_i(w'_{1_r})+C_i(w_{2_r})+C_i(w'_{2_r})+C_i(w_{3_r})+C_i(w'_{3_r})]+\frac{\eta}{8\pi}\sin(w_{0_r})[2S_i(w_{1_r})-2S_i(w'_{1_r})-S_i(w_{2_r})+S_i(w'_{2_r})-S_i(w_{3_r})+S_i(w'_{3_r})]\tag{C-7}$$

$$X_{p_r}=-\frac{\eta}{8\pi}\cos(w_{0_r})[2S_i(w_{1_r})+2S_i(w'_{1_r})-S_i(w_{2_r})-S_i(w'_{2_r})-S_i(w_{3_r})-S_i(w'_{3_r})]+\frac{\eta}{8\pi}\sin(w_{0_r})[2C_i(w_{1_r})-2C_i(w'_{1_r})-C_i(w_{2_r})+C_i(w'_{2_r})-C_i(w_{3_r})+C_i(w'_{3_r})]\tag{C-8}$$

其中

$$w_{0_r}=kh_r;w_{1_r}=k\left(\sqrt{d^2+h_r^2}+h_r\right);$$

$$w'_{1_r}=k\left(\sqrt{d^2+h_r^2}-h_r\right);$$

$$w_{2_r}=k\left[\sqrt{d^2+(h_r-l_n)^2}+(h_r-l_n)\right];$$

$$w'_{2_r}=k\left[\sqrt{d^2+(h_r-l_n)^2}-(h_r-l_n)\right];$$

$$w_{3_r}=k\left[\sqrt{d^2+(h_r+l_n)^2}+(h_r+l_n)\right];$$

$$w'_{3_r}=k\left[\sqrt{d^2+(h_r+l_n)^2}-(h_r+l_n)\right]$$

式（C-1）到式（C-8）对具有相同线半径 a 、相等长度 l 的偶极子是有效的。因而，对阵列中的所有 n 个单元，有 $l_n=l$ 和 $a_n=a$ 。同时，d_r 表示所考虑单元对之间的相对距离；h_r 表示所考虑单元间的偏移距离，$r=(x, y)$ 表示这些单元的坐标对。

附录D 耦合与传输系数：公式

耦合器的耦合系数是耦合到耦合端口处的功率与输入或接收端口处的功率的比值。即

耦合系数=耦合端口处的功率/接收端口处的功率

对馈电网络中的每个耦合器，其耦合端口处的功率与其终端处的电流与阻抗的乘积成正比。而第 n 个耦合器接收端口处的功率是总接收功率减去阵列单元1到 $n-1$ 所接收的功率。

第一个单元的耦合系数表达式由下式给出

$$\kappa_1=\frac{P_1}{P_{rx}} \tag{D-1}$$

类似的，对其他单元

$$\kappa_2=\frac{P_2}{P_{rx}-P_1}=\frac{P_2}{P_{rx}-\sum_{q=1}^{1}P_q} \quad \text{（第二个单元的耦合系数）} \tag{D-2}$$

$$\kappa_3=\frac{P_3}{P_{rx}-(P_1+P_2)}=\frac{P_3}{P_{rx}-\sum_{q=1}^{2}P_q} \quad \text{（第三个单元的耦合系数）} \tag{D-3}$$

一般的

$$\begin{aligned}\kappa_n&=\frac{P_n}{P_{rx}-(P_1+P_2+\cdots+P_{n-1})}\\&=\frac{P_n}{P_{rx}-\sum_{q=1}^{n-1}P_q} \quad \text{（第 } n \text{ 个单元的耦合系数）}\end{aligned} \tag{D-4}$$

对于图D-1中所示的无耗网络，馈入电路的总功率将等于传送到各个天线单元和终端负载的功率之和。如果同一阵列用作接收机，则所接收的总功率应该等于由各个天线单元接收到的功率的总和(假设传输到负载的功率为0)。因而

$$P_{rx}=P_1+P_2+\cdots+P_n+\cdots+P_{N-1}+P_N=\sum_{p=1}^{N}P_p \tag{D-5}$$

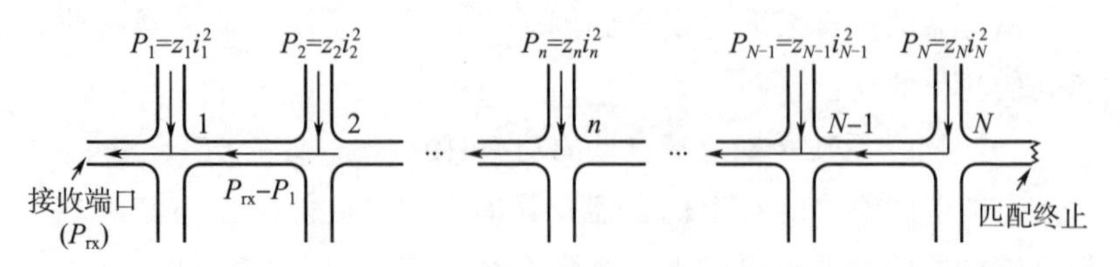

图 D-1 耦合器的耦合与传输系数

用电流和阻抗表示功率，则可得到

$$P_{rx}=z_1i_1^2+z_2i_2^2+\cdots+z_ni_n^2+\cdots+z_{N-1}i_{N-1}^2+z_Ni_N^2=\sum_{p=1}^{N}z_pi_p^2 \tag{D-6}$$

式中 z_p ——第 p 个天线单元的净阻抗；

i_p ——第 p 个天线单元上的电流；

P_{rx} ——总接收功率。

这里，z_p 由 $z_p=\sum_{q=1}^{N}z_{p,q}\dfrac{I_q}{I_p}$ 给出，其中，p，q 分别是阻抗矩阵的行数和列数。

$$z_{p,q}=\begin{pmatrix} z_{1,1} & z_{1,2} & \cdots & z_{1,N} \\ z_{2,1} & z_{2,2} & \cdots & z_{2,N} \\ \vdots & \vdots & \vdots & \vdots \\ z_{N,1} & z_{N,2} & \cdots & z_{N,N} \end{pmatrix} \tag{D-7}$$

因而，耦合器的耦合系数可以写为

$$\kappa_n=\frac{z_ni_n^2}{\sum_{p=1}^{N}z_pi_p^2-\sum_{q=1}^{n-1}z_qi_q^2} \tag{D-8}$$

传输系数由下式给出

$$\tau_{c_n}^2=1-\kappa_n^2 \tag{D-9}$$

缩略语列表

ACM	Array correlation matrix	阵列相关矩阵
AMC	Artificial magnetic conductors	人工磁导体
AWGN	Additive white gaussian noise	加性高斯白噪声
CFRP	Carbon fibre reinforced polymer	碳纤维增强聚合物
CLAS	Conformal load - bearing antenna structure	共形承载天线结构
CNT	Carbon nanotube	碳纳米管
DC	Direct current	直流
DDD	Direct data domain	直接数据域
DF - GSC	Decision feedback - generalised sidelobe canceller	决策反馈广义旁瓣对消器
DNG	Double negative	双负
DOA	Direction - of - arrival	波达方向（来波方向）
DOF	Degree of freedom	自由度
DPS	Double positive	双正
EBG	Electromagnetic band gap	电磁带隙
ECM	Equivalent current method	等效电流法
EM	Electromagnetic	电磁
EMC	Electromagnetic compatibility	电磁兼容

EMI	Electromagnetic interference	电磁干扰
ENG	Epsilon negative	负介电常数
ERAKO	Electronic radar with conformal array antenna	共形阵列天线电子雷达
ESPRIT	Estimation of signal parameters via rotational invariance techniques	采用旋转不变性技术的信号参数估计
FDMA	Frequency division multiple access	频分多址
FDTD	Finite difference time domain	有限差分时域
FEM	Finite element method	有限元方法
FHC	Filled - hole - compression	填孔压缩
FHR	Fraunhofer institute for highfrequency physics and radar techniques	夫琅禾费高频物理与雷达技术研究所
FPGA	Field programmable gate array	现场可编程门阵列
FSS	Frequency selective surface	频率选择表面
GA	Genetic algorithm	遗传算法
GA - CG	Genetic algorithm and conjugate gradient	遗传算法与共轭梯度
GFRP	Glass fibre reinforced polymer	玻璃纤维增强聚合物
GO	Geometrical optics	几何光学
GSC	Generalised sidelobe canceller	广义旁瓣对消器
GTD	Geometrical theory of diffraction	几何绕射理论

HF	High frequency	高频
INR	Interference to noise ratio	干扰噪声比
LCMP	Linearly constrained minimum power	线性约束最小幂
LCMV	Linearly constrained minimum variance	线性约束最小方差
LHM	Left handed material	左手材料
LMS	Least mean square	最小均方
LP	Linear programming	线性规划
LS	Least squares	最小二乘
MMSE	Minimum mean square error	最小均方差
MNG	Mu negative	负磁导率（Mu）
MoM	Method of moments	矩量法
MSE	Mean square error	均方误差
MUSIC	Multiple signal classification	多信号分类
NLMS	Normalised least mean square	归一化最小均方
NU	Non - uniform	非均匀
NURBS	Non - uniform rational B - spline	非均匀有理B样条
OHC	Open - hole - compression	开孔压缩
OML	Outer mould line	外模线
PEC	Perfect electric conductor	理想电导体
PMC	Perfect magnetic conductor	理想磁导体
PO	Physical optics	物理光学

PSLL	Peak sidelobe level	第一旁瓣电平
PSO	Particle swarm optimization	粒子群优化
QFRP	Quartz fibre reinforced polymer	石英纤维增强聚合物
QPSK	Quadrature phase - shift keying	正交移相编码
QRD	QR decomposition	QR 分解
RAM	Radar absorbing material	雷达吸波材料
RAS	Radar absorbing structure	雷达吸波结构
RCS	Radar cross section	雷达散射截面
RCSR	Radar cross section reduction	雷达散射截面减缩
RF	Radio frequency	射频
RHM	Right handed material	右手材料
RLS	Recursive least square	递归最小二乘
RMIM	Receiving - mutual impedance method	接收互阻抗方法
SINR	Signal - to - noise - interference - ratio	信号-噪声干扰比(信干比)
SLL	Sidelobe level	旁瓣电平
SMI	Sample matrix inversion	采样矩阵求逆
SMILE	Scheme for spatial multiplexing of local elements	局部单元空间复用方案
SNR	Signal to noise ratio	信噪比
TDMA	Time division multiple access	时分多址

TE	Transverse electric	横电
TM	Transverse magnetic	横磁
UAV	Unmanned aerial vehicle	无人机
UHF	Ultra high frequency	超高频
UTD	Uniform theory of diffraction	一致性绕射理论
UWB	Ultra wideband	超宽带

符号列表

这里列出的符号在本书中首次出现时给出定义。一些在某一章中单独定义的符号没有在这里列出。

英文小写字母

a	偶极子线的半径
a_n	幅度分布
b_0	探测符号（Detected symbol)
c	光速
d	单元间距
$\boldsymbol{d}_{mn}$	第 mn 个单元的位置向量
$\boldsymbol{d}_n$	距离向量
d_r	单元对间的相对距离
d_x	沿 x 轴的单元间距
d_y	沿 y 轴的单元间距
$\boldsymbol{e}$	误差向量
$\boldsymbol{e}_i$	特征向量
f	频率
f_0	中心频率
f_i	残差响应值
f_j	第 j 个单元对来波信号的模式响应
f_{ep}	电等离子体频率

f_m　阻尼频率

f_{mo}　磁谐振频率

f_{mp}　磁等离子体频率

$\boldsymbol{g}$　增益向量

$\boldsymbol{g}_i$　特征向量波束

$\boldsymbol{h}$　天线有效高度

i_n　第 n 个天线单元端部的电流

i　干扰信号

$\hat{\boldsymbol{i}}_\theta$　俯仰方向上的单位向量

$\hat{\boldsymbol{i}}_\phi$　方位方向上的单位向量

j　$\sqrt{-1}$

k　传播常数

l　天线单元长度

n　折射率

n_k　第 k 个单元处的静态接收机噪声电压

p_d　期望信号的极化

p_{ik}　第 k 个干扰信号的极化

r_1　由天线 1 顶端到天线 2 高度 z 的距离

r_2　由天线 1 镜像基座到天线 2 高度 z 的距离

r_c　耦合器反射系数

r_0　由天线 1 基座到天线单元高度的距离

s　距离

t　时间

w　权重

w_a，w_b　DF - GSC 中的权重

$\boldsymbol{w}_{\text{opt}}$	复最优权重向量
w_m	补偿器的抽头权重
$\boldsymbol{w}_q$	波束合成器的复静态权重向量
$\boldsymbol{x}$	接收信号向量
$\boldsymbol{x}_d$	期望接收信号向量
x_n	单元激励
$y(n)$	在时间 n 波束合成器输出端的信号
z	天线 2 的高度
$z_{a_{x,y}}$	第 x 个偶极子与第 y 个偶极子间的互阻抗
z_p	第 p 个天线单元的净阻抗

英文大写字母

A	幅度
A_n	实激励
A_e	天线阵列的有效单元面积
A_{em}	单个单元的最大有效面积
A_p	天线阵列物理面积
A_d	期望信号的幅度
A_{ik}	干扰信号的幅度
A_r	参考信号的幅度
$\boldsymbol{B}$	分块矩阵
C_i	余弦积分
C	欧拉常数
D	绕射系数
$\hat{D}'$	阵列单元辐射方向图

$\boldsymbol{E}$	电场
E_t	电场的切向分量
E_{direct}	直接射线电场
E_i	入射电场
E_T	透射场
E_b	后向行波的散射电场
E_f	前向行波的散射电场
E'_{Δ}	魔 T 差臂出现的反射信号
$E^s_{\Sigma_q}$	考虑 q 级耦合器时魔 T 和臂的总散射场
$(E_1)_{mn}$	入射到魔 T 端口 2 上的信号
$(E'_1)_{mn}$	回到魔 T 输入端口（端口 2）的反射信号
$(E'_1)_{m'n}$	回到魔 T 输入端口（端口 3）的反射信号
E_{in}	输入负载反射波引起的散射电场
E^s	散射电场
E_{self}	自反射引起的散射电场
$E_{Z_{21}}$	沿天线 2 轴线电场的平行分量
$\boldsymbol{E}^r_{c_n}$	第 n 级耦合器的散射场
$\boldsymbol{E}^r_n$	总散射场
$\boldsymbol{E}^r_{p_n}$	第 n 个移相器的散射场
$\boldsymbol{E}^r_{r_n}$	第 n 个偶极子的散射场
$\boldsymbol{E}^r_{s_n}$	耦合器耦合端口之外散射的总散射场
$(E_{\Delta})_{mn}$	魔 T 差臂的组合信号
$E^s_{\Delta_q}$	考虑 q 级耦合器时魔 T 差臂的总散射场
E'_{Σ}	魔 T 和臂出现的反射信号
$(E_{\Sigma})_{mn}$	魔 T 和臂的组合信号

$\boldsymbol{E}^s$	总散射电场
F_{norm}	归一化的单元散射方向图
G	天线增益
$\boldsymbol{H}$	磁场
H_t	磁场切向分量
$\boldsymbol{I}$	单位矩阵
I_{1m}	天线 1 上感应的电流
I_{2m}	天线 2 上感应的电流
I_n	第 n 个天线单元馈电端点上的电流
J	成本函数
J_{ex}	剩余 MSE
J_{min}	最小输出功率
L_n	延迟线长度
M	旁瓣包络中考虑的方向数量
$\boldsymbol{M}_i$	个体场源矩阵
$\boldsymbol{M}_q$	静态接收机噪声矩阵
$\boldsymbol{M}_r$	第 r 个干扰源的协方差矩阵
$\boldsymbol{M}_{rl}$	第 r 个干扰信号第 l 条谱线的协方差矩阵
N	天线单元数量
N_x	沿 x 轴的单元数量
N_y	沿 y 轴的单元数量
P	投影运算符
P_n	第 n 个耦合器上接收到的功率
P_{rx}	总接收功率
P_{in}	总输入功率

P_L	进入负载的功率
P_d	输出的期望信号功率
P_{ik}	输出的干扰信号功率
P_s	期望信号功率
P_r	功率比
$\boldsymbol{R}_x$	阵列相关矩阵
R	目标与观察点间的距离
R_a	天线电阻
R_d	欧姆电阻
R_r	辐射电阻
$R_{\perp}$	垂直极化反射系数
$R_{\parallel}$	平行极化反射系数
R_{21}	天线 1 和天线 2 间的单元互阻
R_{mutual}	互阻
$\boldsymbol{R}_n$	非期望信号及热噪声的归一化协方差矩阵
R_{self_n}	第 n 个偶极子的自耦合辐射电阻
S	旁瓣包络
S_i	正弦积分
T	透射系数
$\boldsymbol{U}$	导向向量
$\boldsymbol{U}_d$	期望信号向量
$\boldsymbol{U}_{ik}$	第 k 个干扰信号的信号向量
$\boldsymbol{U}_s$	导向向量
V	单元输出电压
V_{21}	由天线 1 产生的天线 2 处的开路电压

V_g	由发电机引起的开路电压
V_j	第 j 个单元的输入终端电压
V_0	天线终端处的开路电压
V_{0j}	第 j 个天线单元的开路电压
V^s	信号源电压
$\boldsymbol{W}$	权重向量
$\boldsymbol{X}(\phi)$	单元激励向量
$X(t)$	输入信号
X_{21}	天线 1 与天线 2 间的互感
$\boldsymbol{X}_d$	期望信号向量
$\boldsymbol{X}_{ik}$	干扰信号向量
X_{mutual}	互感
$\boldsymbol{X}_n$	噪声向量
X_{self}	自感
X_a	天线电抗
Y	输出信号
$\boldsymbol{Z}$	阻抗矩阵
Z_a	天线阻抗
Z_{21}	天线 1 与天线 2 单元间的互阻抗
Z_g	发电机内部阻抗
Z_{ii}	自阻抗
Z_{ij}	第 i 个和第 j 个单元间的互阻抗
Z_L	负载阻抗
Z_{mutual}	互阻抗
Z_o	特征阻抗

Z_{pn}　第 n 个移相器的终端阻抗

希腊字母

α　沿 x 方向的单元间孔间延迟

α_i　第 i 层波向量的 z 分量

α_s　沿 x 方向扫描天线波束的单元间相位

β　入射波的单元间空间延迟

β_i　波源的特征值

β_o　静态特征值

β_s　扫描天线波束的单元间相位

γ　转换因子增益常数

γ_e　电阻尼因子

γ_m　磁阻尼因子

δ_{ij}　德尔塔函数

$\delta_{m'n}$　入射到魔 T 端口 2 上的波的相位角

$\delta_{m'n}$　入射到魔 T 端口 3 上的波的相位角

ε　媒质介电常数

ε_0　真空介电常数

ε_r　相对介电常数

ε'_r　复相对介电常数的实部

ε''_r　复相对介电常数的虚部

ζ_i　载波信息（信号中包含的信息）

η　征征阻抗

η_0　自由空间阻抗

θ　入射角

θ_d	期望信号的俯仰角
θ_i	波源的入射角
θ_{ik}	干扰信号的俯仰角
θ_0	视线方向角
(θ, ϕ)	入射信号方向
(θ_s, ϕ_s)	波束扫描角
κ_n	第 n 个耦合器的耦合系数
λ	波长
μ_0	真空磁导率
μ_r	相对磁导率
μ	媒质磁导率
μ_a	自适应权重 w_a 的步长
μ_b	自适应权重 w_b 的步长
$\boldsymbol{v}(\theta)$	θ 方向上的导向向量
ν_d	视线方向扫描向量的导数
$\boldsymbol{v}_s$	视线方向的导向向量
ξ_d	期望信号功率与热噪声功率之比
ξ_{ik}	干扰信号功率与热噪声功率之比
ρ	旁瓣包络
ρ_{dj}	相对于坐标原点在第 j 个单元处的期待信号相位
ρ_{ikj}	相对于坐标原点在第 j 个单元处的干扰信号相位
ρ_p	移相器反射系数
ρ_r	辐射单元反射系数
ρ_{c_n}	第 n 个耦合器耦合端口处的反射系数
ρ_{in}	阵列接收端口的反射系数

ρ_{l_n}	第 n 个耦合器隔离端口终端负载反射系数
ρ_{p_n}	第 n 个移相器的反射系数
ρ_{r_n}	第 n 个辐射单元的反射系数
σ	目标雷达散射截面
σ_n^2	每个天线单元上不相关噪声的方差
σ_c	因耦合器产生的相控阵 RCS
σ_p	因移相器产生的相控阵 RCS
σ_r	因辐射单元产生的相控阵 RCS
σ_s	因散射产生的相控阵 RCS
σ_Δ	因魔 T 差臂处的散射产生的相控阵 RCS
σ_Σ	因魔 T 和臂处的散射产生的相控阵 RCS
$\sigma_\Sigma\Delta$	因魔 T 和臂及差臂处的散射产生的相控阵 RCS
σ^2	热噪声功率
τ	天线单元相对于空间参考点的时间延迟
τ_c	耦合器的透射系数
τ_{c_n}	第 n 个耦合器的透射系数
τ_p	移相器的透射系数
τ_r	辐射单元的透射系数
τ_{p_n}	第 n 个移相器的透射系数
τ_{r_n}	第 n 个辐射单元的透射系数
ϕ	方位角
ϕ_d	期望信号的方位角
ϕ_{ik}	干扰信号的方位角
ψ	耦合器间的电长度
ω	角频率

ω_0	载频
Γ_0	反射系数
Γ_n	进入第 n 个单元的信号部分；回到天线孔径再辐射
Γ_n^r	回到第 n 个单元的总反射信号
Δ	采样间隔
Δf	偏移频率
Λ	本征值
$\boldsymbol{\Phi}$	信号协方差矩阵
Ψ_d	坐标原点处期望信号的载波相位
Ψ_{ik}	坐标原点处干扰信号的载波相位

建议深入阅读的文献

相控阵分析

Balanis，C. A. 2012. Advanced Engineering Electromagnetics. Second edition. Hoboken，NJ：John Wiley & Sons，1018.

Bernardi，G.，M. Felaco，M. D. Urso，L. Thimmoneri，A. Ferina，and E. F. Meliado. 2011. ‘A simple strategy to tackle mutual coupling and platform effects in surveillance systems.’ Progress in Electromagnetics Research C. 20：1 - 15.

Bhattacharyya，A. K. 2006. Phased Array Antennas：Floquet Analysis，Synthesis，BFNs and Active Array Systems. NY，USA：Wiley - Interscience，496.

Compton，Jr.，R. T. 1982. ‘A method of choosing element patterns in an adaptive array.’ IEEE Transactions on Antennas and Propagation 30：489 - 93.

Elliott，R. S. 2005. Antenna Theory and Design. Singapore：John Wiley & Sons，594.

Elliott，R. S. and G. J. Stern. 1981a. ‘The design of microstrip dipole arrays including mutual coupling，Part Ⅰ：Theory.’ IEEE Transactions on Antennas and Propagation 29：757 - 60.

Elliott，R. S. and G. J. Stern. 1981b. ‘The design of microstrip dipole arrays including mutual coupling，Part Ⅱ：Experiment.’

IEEE Transactions on Antennas and Propagation 29：761 – 65.

Fenn，A. J. ，D. H. Temme，W. P. Delaney，and W. E. Courtney. 2000. ‘The development of phasedarray radar technology.’ Lincoln Laboratory Journal 12 (2)：321 – 40.

Fourikis，N. 1997. Phased Array – Based Systems and Applications. New York，USA：Wiley – Interscience，426.

Hansen，R. C. 2009. Phased Array Antennas. Second edition. Hoboken，NJ：Wiley – Interscience，547.

Jha，R. M. ，V. Sudhakar，and N. Balakrishnan. 1987. ‘Ray analysis of mutual coupling between antennas on a general paraboloid of revolution (GPOR).’ Electronics Letters. 23：583 – 84.

Kraus，J. D. and R. J. Marhefka. 2001. Antennas for All Applications. Third edition. UK：McGraw – Hill Higher Education，962.

Kumar，B. P. and G. R. Branner. 1999. ‘Design of unequally spaced arrays for performance improvement.’ IEEE Transactions on Antennas and Propagation 47：511 – 23.

Obelleiro，F. ，L. Landesa，J. M. Taboada，and J. L. Rodriguez. 2001. ‘Synthesis of onboard array antennas including interaction with the mounting platform and mutual coupling effects.’ IEEE Antennas and Propagation Magazine 43 (2)：76 – 82.

Oraizi，H. and M. Fallahpour. 2011. ‘Sum，difference and shaped beam pattern synthesis by nonuniform spacing and phase control.’ IEEE Transactions of Antennas and Propagation 59：4505 – 11.

Pathak，P. H. and N. Wang. 1981. ‘Ray analysis of mutual coupling between antennas on a convex surface.’ IEEE Transactions on Antennas and Propagation 29：911－22.

Pesavento，M.，A. B. Gershman，and Z.－Q. Luo. 2002. ‘Robust array interpolation using second－order cone programming.’ IEEE Signal Processing Letters 9：8－11.

Singh，H.，Sneha H. L.，and R. M. Jha. 2013. ‘Mutual coupling effect in phased arrays：A review.’ International Journal of Antennas and Propagation. USA：Hindawi Publishers，23.

Skobelev，S. P. 2011. Phased Array Antennas with Optimised Element Patterns. Norwood，MA：Artech House Publishers，261.

Stern，G. J. and R. S. Elliott. 1981. ‘The design of microstrip dipole arrays including mutual coupling，Part II：Experiment.’ IEEE Transactions on Antennas and Propagation 29：761－65.

Stutzman，W. L. and G. A. Thiele，2013. Antenna Theory and Design. Third edition. Hoboken，NJ：John Wiley & Sons，822.

Wirth W.－D. 2013. Radar Techniques using Array Antennas. Second edition. London，UK：IET Press，560.

共形阵列分析

Corcoles，J.，M. A. Gonzalez de Aza，and J. Zapata. 2014. ‘Full－wave analysis of finite periodic cylindrical conformal arrays with Floquet spherical modes and hybrid element－generalised scattering matrix method.’ Journal of Electromagnetic Waves and Applications 28：102－11.

Gerini，G. and L. Zappelli. 2005. ‘Multilayer array antennas with integrated frequency selective surfaces conformal to a circular cylindrical surface.' IEEE Transactions on Antennas and Propagation 53：2020－30.

He，Q. Q. and B.－Z. Wang. 2007. 'Radiation pattern synthesis for a conformal dipole antenna array.' Progress In Electromagnetics Research，PIER 76：327－40.

Josefsson，L. and P. Persson. 2006. Conformal Array Antenna：Theory and Design. Hoboken，NJ：John Wiley & Sons，472.

Kumar，B. P. and G. R. Branner. 2005. 'Generalized analytical technique for the synthesis of unequally spaced arrays with linear，planar，cylindrical or spherical geometry.' IEEE Transactions on Antennas and Propagation 53：621－34.

Morton，T. E. and K. M. Pasala. 2006. 'Performance analysis of conformal conical arrays for airborne vehicles.' IEEE Transactions on Aerospace and Electronic Systems 42：876－90.

Wan，L.－T.，L.－T. Liu，W.－J. Si，and Z.－X. Tian. 2013. 'Joint estimation of 2D－DOA and frequency based on space－time matrix and conformal array.' The Scientific World Journal，10.

Yang，K.，Z. Zhao，Z. Nie，J. Ouyang，and Q. H. Liu. 2011. 'Synthesis of conformal phased arrays with embedded element pattern decomposition.' IEEE Transactions on Antennas and Propagation 59：2882－88.

RCS 预估技术

Adana，F. S. D.，I. Gonzalez，O. Gutierrez，and M. F. Catedra. 2003. 'Asymptotic method for analysis of RCS of arbitrary targets composed by dielectric and/or magnetic materials.' IEEE Proceedings on Radar, Sonar and Navigation 150: 375-78.

Adana, F. S. D., S. Nieves, E. Garcia, I. Gonzalez, O. Gutierrez, and M. F. Catedra. 2003. 'Calculation of RCS from the double reflection between planar facets and curved surfaces.' IEEE Transactions on Antennas and Propagation 51: 2509-12.

Bao, G. and W. Zhang. 2005. 'An improved mode-matching method for large cavities.' IEEE Antennas and Wireless Propagation Letters 4: 393-96.

Burkholder, R. J. and T. Lundin. 2005. 'Forward-backward iterative physical optics algorithm for computing the RCS of open-ended cavities.' IEEE Transactions on Antennas and Propagation 53: 793-99.

Hemon, R., P. Pouliguen, H. He, J. Saillard, and J. F. Damiens. 2008. 'Computation of EM field scattered by an open-ended cavity and by a cavity under radome using the iterative physical optics.' Progress In Electromagnetics Research 80: 77-105.

Jha, R. M. and W. Wiesbeck. 1995. 'The geodesic constant method: A novel approach to analytical surface-ray tracing on convex conducting bodies.' IEEE Antennas and Propagation Magazine37 (2): 28-38.

Jung, Y.-H., S.-M. Hong, and S. Choi. 2010. 'Estimation of radar cross section of a target under track.' EURASIP Journal on Advances in Signal Processing, 6.

Ling, H., R.-C. Chou and S. W. Lee. 1989. 'Shooting and bouncing rays: Calculating the RCS of an arbitrarily shaped cavity.'

IEEE Transactions on Antennas and Propagation 37：194 - 205.

Ling，H.，S. W. Lee and R. - C. Chou. 1989. ‘High - frequency RCS of open cavities with rectangular and circular cross sections.’ IEEE Transactions on Antennas and Propagation 37：648 - 54.

Lu，B.，S. X. Gong，Y. J. Zhang，S. Zhang，and J. Ling. 2011. ‘Analysis and synthesis of radar cross section of array antennas.’ Progress in Electromagnetics Research M 16：73 - 84.

Odendaal，J. W. and D. Grygier. 2000. ‘RCS measurements and results of an engine - inlet system design optimization.’ IEEE Antennas and Propagation Magazine 42（6）：16 - 23.

Thors，B.，L. Josefsson，and R. G. Rojas. 2004. ‘The RCS of a cylindrical array antenna coated with a dielectric layer.’ IEEE Transactions on Antennas and Propagation 52：1851 - 58.

Visser，H. J. 2005. Array and Phased Array Antenna Basics. West Sussex，England：John Wiley & Sons，359.

Wang，W. T.，Y. Liu，S. X. Gong，Y. J. Zhang，and X. Wang. 2010. ‘Calculation of antenna mode scattering based on method of moments.’ Progress in Electromagnetics Research Letters 15：117 - 26.

Wentworth，S. M. 2006. Fundamentals of Electromagnetics with Engineering Applications. New York：John Wiley & Sons，588.

Yan，Y.，W. - X. Zhao，X. - W. Zhao，Y. Zhang，and C. - H. Liang. 2012. ‘Parallel computation of RCS of electrically large platform with coatings modeled with NURBS surfaces.’ International Journal of Antennas and Propagation，10.

Zhang, S., S. X. Gong, Y. Guan, and B. Lu. 2011. 'Optimized element positions for prescribed radar cross section pattern of linear dipole arrays.' International Journal of RF and Microwave Computer - Aided Engineering 21 (6): 622 - 27.

有源 RCS 减缩

Clarkson, P. M. 1993. Optimal and Adaptive Signal Processing. Boca Raton, Florida: CRC Press, 529.

Gupta, I. J., J. A. Ulrey, and E. H. Newman. 2005. 'Effects of antenna element bandwidth on adaptive array performance.' IEEE Transactions on Antennas and Propagation 53: 2332 - 36.

Haykin, S. and K. J. R. Liu. 2010. Handbook on Array Processing and Sensor Networks. Hoboken, NJ: Wiley - IEEE Press, 904.

Hui, H. T. 2004. 'A practical approach to compensate for the mutual coupling effect of an adaptive dipole array.' IEEE Transactions on Antennas and Propagation 52: 1262 - 69.

Hui, H. T. 2002. 'Reducing the mutual coupling effect in adaptive nulling using a re - defined mutual impedance.' IEEE Microwave and Wireless Components Letter 12: 178 - 80.

Kim, K., T. K. Sarkar, and M. S. Palma. 2002. 'Adaptive processing using a single snapshot for a nonuniformly spaced array in the presence of mutual coupling and near - field scatterers.' IEEE Transactions on Antennas and Propagation 50: 582 - 90.

Liu, H. 2011. Smart Antenna Beam Pattern Synthesis via System - based Convex Optimisation Framework. ProQuest, UMI Dissertation Publishing, 84.

Lu, J., H. Xiao, Z. Xi, and M. Zhang. 2013. 'Cued search algorithm with uncertain detection performance for phased array radars.' Journal of Systems Engineering and Electronics 24 (6): 938 - 45.

Monzingo, R. A. and T. W. Miller. 2004. Introduction to Adaptive Arrays. Rayleigh NC: Scitech Publishing, 543.

Mouhamadou, M., P. Vaudon, and M. Rammal. 2006. 'Smart antenna array patterns synthesis null steering and multi user beam forming by phase control.' Progress In Electromagnetics Research 60: 95 - 106.

Parhizgar, N., M. A. M. Shirazi, A. Alighanbari, and A. Sheikhi. 2013. 'Adaptive nulling of a linear dipole array in the presence of mutual coupling.' International Journal of RF and Microwave Computer Aided Engineering 24 (1): 30 - 38.

Shahbazpanahi, S., A. B. Gershman, Z. - Q. Luo, and K. M. Wong. 2003. 'Robust adaptive beamforming for general - rank signal models.' IEEE Transactions on Signal Processing 51: 2257 - 69.

Svendsen, A. S. C. and I. J. Gupta. 2012. 'The effect of mutual coupling on the nulling performance of adaptive antennas.' IEEE Antennas and Propagation Magazine 54 (3): 17 - 38.

Tennant, A., M. M. Dawoud, and A. P. Anderson. 1994. 'Array pattern nulling by element position perturbations using a genetic algorithm.' Electronics Letters 30: 174 - 76.

Tsoulos, G. V. 2001. Adaptive Antennas for Wireless Communications. New York: Wiley - IEEE Press, 776.

Vorobyov，S. A.，A. B. Gershman，and Z. – Q. Luo. 2003. 'Robust adaptive beamforming using worst – case performance optimization：A solution to the signal mismatch problem.' IEEE Transactions on Signal Processing 51：313 – 24.

Xu，S.，Y. M. Xu，and J. Huang. 2012. 'The research of active cancellation stealth system design.' Applied Mechanics and Materials 192：390 – 96.

Yuan，Q.，Q. Chen，and K. Sawaya. 2006. 'Performance of adaptive array antenna with arbitrary geometry in the presence of mutual coupling.' IEEE Transactions on Antennas and Propagation 54：1991 – 96.

RCS 减缩与控制

Abdelaziz，A. A. 2008. 'Improving the performance of an antenna array by using radar absorbing cover.' Progress in Electromagnetics Reasearch Letters 1：129 – 38.

Galarregui，J. C. I.，A. Tellechea，J. L. M. D. Falcon，I. Ederra，R. G. Garcia，and P. D. Maagt. 2013. 'Broadband radar cross – section reduction using AMC technology.' IEEE Transactions on Antennas and Propagation 61：6136 – 43.

He，X. X.，S. S. Huang，T. Chen，and Y. Yang. 2013. 'Ladder arrangement method for stealth design of vivaldi antenna array.' International Journal of Antennas and Propagation，7.

Lu，B.，S. – X. Gong，J. Zhang，and J. Ling. 2011. 'Analysis and synthesis of radar cross section of array antennas.' Progress In Electromagnetics Research，16：73 – 84.

Moore，F. W. 2002. ‘Radar cross - section reduction via route planning and intelligent control.’ IEEE Transactions on Control Systems Technology 10：696 - 700.

Shang，Y. P.，S. Q. Xiao，J. L. Li，and B. Z. Wang. 2012. ‘An electronically controllable method for radar cross section reduction for a microstrip antenna.’ Progress In Electromagnetics Research 127：15 - 30.

Zhu，X.，W. Shao，J. L. Li，and Y. Dong 2012. ‘Design and optimization of low RCS patch antennas based on a genetic algorithm.’ Progress In Electromagnetics Research 122：327 - 39.

基于超材料的 RCS 减缩

Alu，A. and N. Engheta. 2005. ‘Achieving with plasmonic and metamaterial coatings.’ Physical Review E 72：9.

Alu，A. and N. Engheta. 2006. ‘Erratum：Achieving with plasmonic and metamaterial coatings.’ Physical Review E 73.

Caloz，C. and T. Itoh. 2006. Electromagnetic Metamaterials：Transmission Line Theory and Microwave Applications：The Engineering Approach. Hoboken，NJ：John Wiley & Sons，360.

Cui，T. J.，D. R. Smith，and R. Liu. 2010. Metamaterials：Theory，Design，and Applications. New York：Springer，367.

Donzelli，G.，A. Vallecchi，F. Capolino，and A. Schuchinsky. 2009. ‘Anisotropic metamaterials made of paired conductors：Particle resonances，phenomena and properties.’ Metamaterials 3 (1)：10 - 27.

Galarregui, J. C. I. , A. T. Pereda, J. L. M. de Falcón, I. Ederra, R. Gonzalo, and P. de Maagt. 2013. 'Broadband radar cross - section reduction using AMC technology.' IEEE Transactions on Antennas and Propagation 61: 6136 - 43.

Haghparast, M. and M. S. Abrishamian. 2011. 'Reducing backscattering cross section of an electrically large sphere with metamaterial coating.' Applied Physics A: Materials Science &Processing 103: 587 - 90.

Komeylian, S. , and F. H. Kashani. 2012. 'Reducing radar cross section by investigation electromagnetic materials.' Advanced Electromagnetics 1 (3): 111 - 15.

Munk, B. A. 2009. Metamaterials: Critique and Alternatives. Hoboken, NJ: John Wiley & Sons, 189.

Said, Z. , A. Sihvola, and A. P. Vinogradov. 2009. Metamaterials and Plasmonics: Fundamentals, Modelling, Applications. Springer, 306.

Solymar, L. and E. Shamonina. 2009. Waves in Metamaterials. Great Britain, UK: Oxford University Press, 400.

Vallecchi, A. and F. Capolino. 2009. 'Metamaterials based on pairs of tightly - coupled scatterers.' Theory and Phenomena of Metamaterials. Boca Raton, FL: CRC Press.

Zhang, J. , J. Wang, M. Chen, and Z. Zhang. 2012. 'RCS reduction of patch array antenna by electromagnetic band - gap structure.' IEEE Antennas and Wireless Propagation Letters 11: 1048 - 51.

基于 FSS 的 RCS 减缩

Costa, F., S. Genovesi, and A. Monorchio. 2012. 'A frequency selective absorbing ground plane for low - RCS microstrip antenna arrays.' Progress in Electromagnetics Research 126: 317 - 32.

Genovesi S., F. Costa, and A. Monorchio. 2012. 'Low - profile array with reduced radar cross section by using hybrid frequency selective surfaces.' IEEE Transactions on Antennas and Propagation 60: 2327 - 35.

Jiang, W., T. Hong, and S. - X. Gong. 2013. 'Application of bionics in frequency selective surface design and antenna radar cross section reduction.' Progress in Electromagnetics Research C 42: 29 - 38.

Kern, D. J., D. H. Werner, A. Monorchio, L. Lanuzza, and M. J. Wilhelm. 2005. 'The design synthesis of multiband artificial magnetic conductors using high impedance frequency selective surfaces.' IEEE Transactions on Antennas and Propagation 53: 8 - 17.

Khosravi M. and M. S. Abrishamian. 2007. 'Reduction of Monostatic RCS by switchable FSS elements.' PIERS Online 3 (6): 770 - 73.

Mingyun, L., H. Minjie, and W. Zhe. 2009. 'Design of multi - band frequency selective surfaces using multi - periodicity combined elements.' Journal of Systems Engineering and Electronics 20 (4): 675 - 80.

Sarabandi，K. and N. Behdad. 2007. ‘A frequency selective surface with miniaturised elements.’ IEEE Transactions on Antennas and Propagation 55：1239 – 45.

Turpin，J.，P. E. Sieber，and D. H. Werner. 2013. ‘Absorbing ground planes for reducing planar antenna radar cross – section based on frequency selective surfaces.’ IEEE Antennas and Wireless Propagation Letters 12：1456 – 59.

Yang，G. H.，S. Ma，E. C. Wang，Y. Qin，and X. Gu. 2013. ‘Design of active frequency selective surfaces for the RCS reduction.’ International Journal of Security and Its Applications 7 (5)：407 – 14.